51CTO学院丛书

异步图书
www.epubit.com

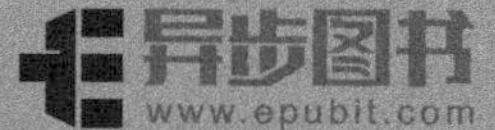

华为HCNA路由与交换学习指南

51CTO学院策划
韩立刚　李圣春　韩利辉　著

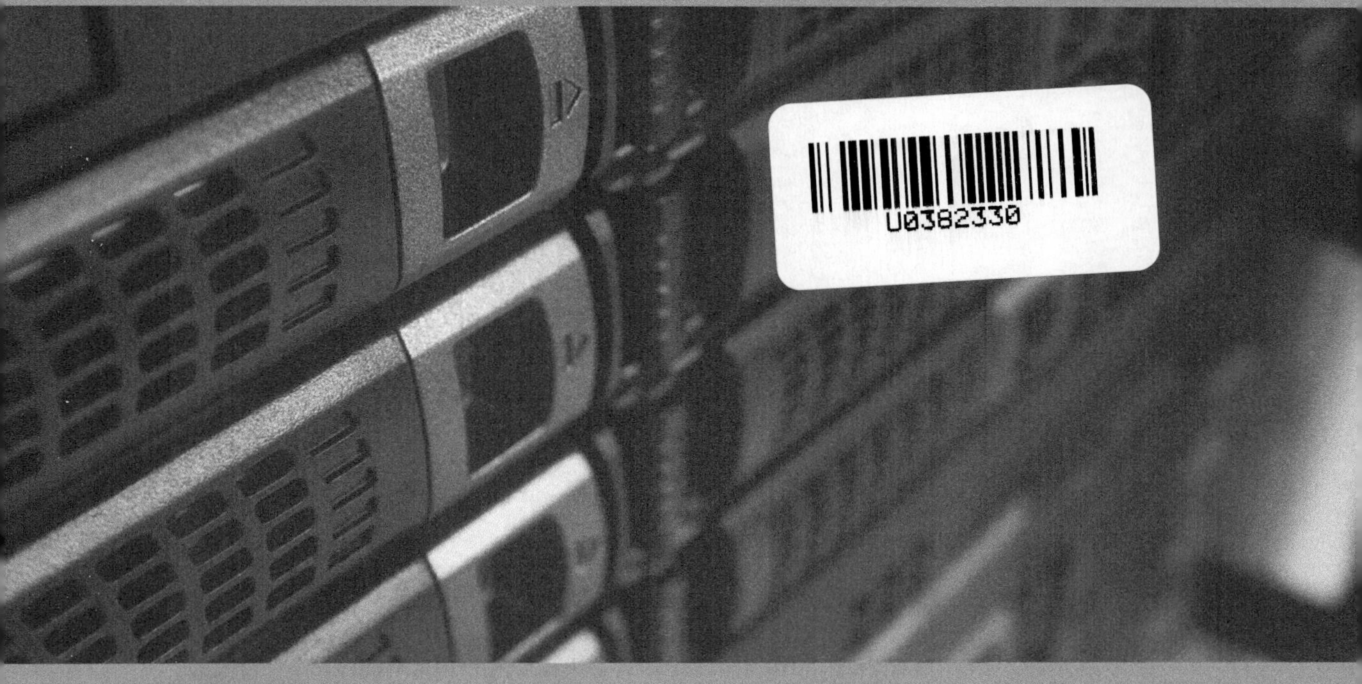

人民邮电出版社
北京

图书在版编目（CIP）数据

华为HCNA路由与交换学习指南 / 韩立刚，李圣春，韩利辉著. -- 北京 : 人民邮电出版社，2019.6（2022.6重印）
（51CTO学院丛书）
ISBN 978-7-115-50776-1

Ⅰ. ①华… Ⅱ. ①韩… ②李… ③韩… Ⅲ. ①计算机网络－路由选择－指南②计算机网络－信息交换机－指南
Ⅳ. ①TN915.05-62

中国版本图书馆CIP数据核字(2019)第024449号

内 容 提 要

本书专门介绍华为认证网络工程师（HCNA）路由与交换技术的相关内容。全书共分为13章。本书首先介绍了计算机网络的产生和演进、计算机通信使用的协议、IP 地址和子网划分；然后介绍了使用华为设备进行企业组网的基本技术，包括路由器和交换机的基本配置、IP 地址的规划、静态路由和动态路由的配置、使用交换机进行组网；最后讲解了高级网络技术，其中涉及网络安全的实现、网络地址转换和端口映射、将路由器配置为 DHCP 以实现 IP 地址的自动分配，以及 IPv6、广域网、VPN 相关的知识。

本书以理论知识为铺垫，重点凸显内容的实用性，旨在通过以练代学的方式提升读者的理论理解能力和实操能力。本书适合备考华为 HCNA 认证的考生阅读，也适合有志投身于网络技术领域的初学者阅读，还可作为网络专业课程的教材。

◆ 策　　划　51CTO 学院
著　　　　韩立刚　李圣春　韩利辉
责任编辑　武晓燕
责任印制　焦志炜

◆ 人民邮电出版社出版发行　　北京市丰台区成寿寺路 11 号
邮编　100164　　电子邮件　315@ptpress.com.cn
网址　http://www.ptpress.com.cn
北京天宇星印刷厂印刷

◆ 开本：800×1000　1/16
印张：23.75　　　2019 年 6 月第 1 版
字数：523 千字　　　2022 年 6 月北京第 15 次印刷

定价：99.80 元

读者服务热线：(010)81055410　印装质量热线：(010)81055316
反盗版热线：(010)81055315
广告经营许可证：京东市监广登字 20170147 号

作者简介

韩立刚，微软最有价值专家（MVP），具有 18 年的微软、思科、华为技术培训和实战经验；现任国内最大的 IT 在线教育网站 51CTO 学院金牌讲师，课程访问量超过 1000 万次，有 2000 余名正式学生。

在 IT 教育领域倡导“视频教学+QQ 答疑”和“终身师徒关系”的教学模式，是多本计算机相关图书的作者。

共录制了 40 余门课程，其中有从零起点到能够胜任企业高端 IT 运维职位的系列课程，还有部分课程涵盖了网络、Windows 和 Linux 服务器、虚拟化和云计算、数据库等主流的 IT 技术。

李圣春，思科互联网认证专家、华为互联网认证专家，51CTO 认证讲师。

计算机网络技术专家，思科、华为系列培训主管，具有丰富的工程项目和扎实的理论知识，讲课风格亲切自然、课程内容贴近实战。善于举例，喜欢通过生活案例来诠释技术原理，强调培养学习能力的重要性。

韩利辉，思科网络工程师 CCNP，华为网络工程师。精通计算机网络、Windows 服务器、微软数据库管理和设计。先后就职于国内大型上市软件公司、IT 集成商、世界 500 强外企等，担任资深技术专家、技术总监等职务。

致　谢

感谢我们的祖国各行各业的迅猛发展，为那些不甘于平凡的人提供了展现个人才能的空间，很庆幸自己生活在这个时代。

互联网技术的发展为每个老师提供了广阔的舞台，感谢 51CTO 学院为全国的 IT 专家和 IT 教育工作者提供教学平台。

感谢我的学生们！正是他们的提问，才让我了解到学习者的困惑，讲课技巧的提升离不开对学生的了解。更要感谢那些工作在一线的 IT 运维人员，在帮他们解决工作中遇到的疑难杂症的同时，我讲课的案例也得到了丰富。

感谢那些深夜还在网上看视频学习我课程的学生，虽然没有见过面，却能够让我感受到你们怀揣梦想、想通过知识改变命运的决心和毅力。这也一直激励着我，不断录制新课程，编写、出版新教程。

前　言

我大学学的专业是无机化工，1999 年毕业后到化肥厂工作。我的直觉告诉我 IT 技术在未来必将得到广泛应用，IT 技术更能体现个人价值，且学高端 IT 技术只需一台计算机。于是怀揣着对未来美好生活的期待，我毅然决定改行，进军 IT 领域，开始学习 IT 技术。

从一名非计算机专业的大学生到一位 IT 职业培训讲师，从 IT 菜鸟到出版了 10 多本计算机图书的作者，从化工技术员到微软最有价值专家，我历经 18 年，这期间有对学习 IT 技术持之以恒的坚持，也有对 IT 职业化培训的思考。面对互联网时代的到来，我敏锐地察觉到 IT 培训要和互联网结合，要通过在线教育打破教学的时间和空间限制。

由于我自己学的是非计算机专业，我从零基础开始学习计算机网络，后成为计算机网络课程的讲师，因此我非常了解零基础的学生学习计算机网络时所遇到的困惑，所以我的授课内容易学易懂。在微软高级培训中心我经常给企业网管做培训，帮他们解决工作中的问题。我还录了实战风格的网络课程，很多计算机专业的学生学习我的网络课程，也能感觉到我和学院派讲师的差别。

我听过很多老师的计算机网络课程，有些老师参照书本制作 PPT，上课照着 PPT 讲解，所讲内容仅限于书中的内容，对知识没有进一步扩展，和实际不进行关联，这其实和学生自己看书差不多。这些老师尊重知识、尊重书本、尊重作者，但这种教学方式却没有尊重学生。作为老师，一定要了解学生，才能把课讲好。

我讲“计算机网络”课程 18 年，讲“计算机网络原理”课程 10 年，每一年都有新的提高，每一遍都有新的认识。如今我把对网络的认识写成书，用直白的语言、通俗的案例给大家阐述计算机网络技术，将实战融入理论。本书还讲解了如何使用华为路由器和交换机搭建计算机网络的学习环境。读者在阅读完本书之后，能够掌握计算机网络通信理论，使用华为路由器和交换机组建企业局域网和广域网，熟练配置华为网络设备。

本书特色

相较于市面上已有的其他图书，本书具有如下特色。

- 理论与实践并重，用理论引导实践，用实践验证理论。
- 无须购买硬件设备，可使用 eNSP 软件来模拟网络设备，搭建学习环境。

- 一图胜千言。本书所讲的内容大多数配有形象的示意图，以降低读者的学习门槛。
- 每章配备课后习题，帮助读者夯实对每章内容的理解。
- 配有完备的 PPT 以及视频课程（收费），多角度进一步帮助读者理解、掌握本书的内容。

本书组织结构

本书共分为 13 章，每章讲解的主要内容如下。

- 第 1 章，认识计算机网络，讲解 Internet 的产生和发展、局域网组网设备的演进、企业局域网的规划和设计。
- 第 2 章，TCP/IP 协议，介绍计算机通信使用的应用层协议、传输层协议、网络层协议和数据链路层协议。
- 第 3 章，IP 地址和子网划分，介绍 IP 地址的组成和 IP 地址分类、子网划分和变长子网划分、使用超网合并网段。
- 第 4 章，管理华为设备，展示 eNSP 搭建实验环境，通过 Console 口、telnet 接口对路由器进行常规配置，创建登录账户和密码，管理路由器配置文件，使用抓包工具捕获链路中的数据包。
- 第 5 章，静态路由，讲解网络畅通的条件、在路由器上添加静态路由、通过路由汇总和默认路由来简化路由表。
- 第 6 章，动态路由，介绍 RIP 协议和 OSPF 协议的工作特点、配置路由器使用的 RIP 协议和 OSPF 协议构造路由表。
- 第 7 章，交换机组网，介绍配置交换机的端口安全、生成树协议阻断交换机组网的环路、创建 VLAN 隔绝网络广播、使用 3 层交换和单臂路由器实现 VLAN 间路由。
- 第 8 章，网络安全，讲解在路由器上创建基本访问控制列表和高级访问控制列表以实现数据包过滤，实现网络安全，使用 ACL 保护路由器 telnet 安全。
- 第 9 章，网络地址转换和端口映射，介绍在路由器上配置 NAPT，实现私网访问 Internet，配置端口映射实现 Internet 访问内网服务器。
- 第 10 章，将路由器配置为 DHCP 服务器，配置路由器作为 DHCP 服务器为网络中的计算机分配 IP 地址，实现跨网段分配 IP 地址。
- 第 11 章，IPv6，讲解 IPv6 地址分类和地址格式、IPv6 静态路由和动态路由，以及 IPv6 和 IPv4 共存技术。
- 第 12 章，广域网，介绍广域网链路使用的数据链路层协议，HDLC、PPP、帧中继，将路由器配置为 PPPoE 客户端和 PPPoE 服务器。
- 第 13 章，VPN，介绍站点间 VPN，配置 GRE 隧道 VPN、IPSec VPN 和基于 tunnel 接口的 IPSec VPN，配置远程访问 VPN。
- 习题答案，给出了每章课后习题的答案。

本书资源

作者为本书提供了完整的 PPT 以及完全配套的视频课程。PPT 资源可通过本书在异步社区的相应页面进行下载，也可以向本书作者索要。与本书完全配套的视频课程，可到 51CTO 学院官方网站搜索“华为认证网络工程师（HCNA）路由交换视频教程”，找到韩立刚录制的课程，然后进行访问（注意，视频课程为收费课程）。

由于作者水平有限，书中错漏之处在所难免，恳请广大读者批评指正。欢迎各位读者扫描下方的二维码，关注我的微信公众号，或者加入 QQ 群（群号：301678170）与我进行沟通。

微信公众号

扫码加入 QQ 群

韩立刚微信

资源与支持

本书由异步社区出品，社区（https://www.epubit.com/）为您提供相关资源和后续服务。

配套资源

本书提供如下资源：

- 配套 PPT。

要获得以上配套资源，请在异步社区本书页面中点击 配套资源 ，跳转到下载界面，按提示进行操作即可。注意：为保证购书读者的权益，该操作会给出相关提示，要求输入提取码进行验证。

提交勘误

作者和编辑尽最大努力来确保书中内容的准确性，但难免会存在疏漏。欢迎您将发现的问题反馈给我们，帮助我们提升图书的质量。

当您发现错误时，请登录异步社区，按书名搜索，进入本书页面，点击“提交勘误”，输入勘误信息，单击“提交”按钮即可。本书的作者和编辑会对您提交的勘误进行审核，确认并接受后，您将获赠异步社区的 100 积分。积分可用于在异步社区兑换优惠券、样书或奖品。

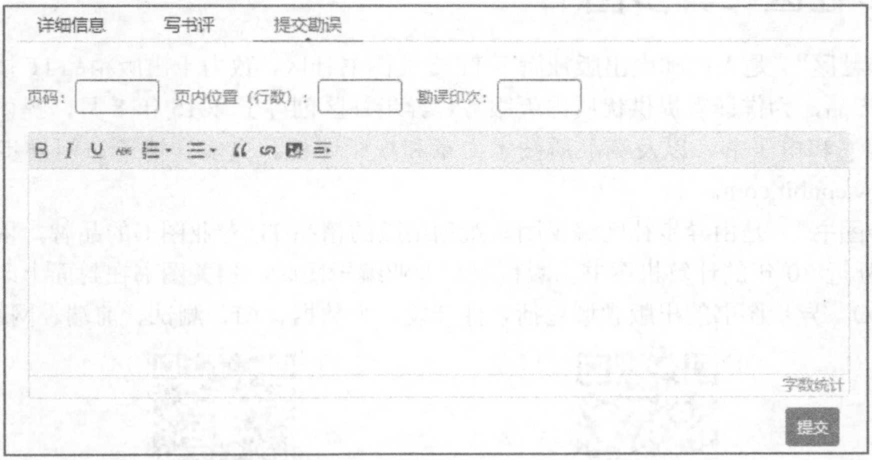

扫码关注本书

扫描下方二维码，您将会在异步社区微信服务号中看到本书信息及相关的服务提示。

与我们联系

我们的联系邮箱是 contact@epubit.com.cn。

如果您对本书有任何疑问或建议，请您发邮件给我们，并请在邮件标题中注明本书书名，以便我们更高效地做出反馈。

如果您有兴趣出版图书、录制教学视频，或者参与图书翻译、技术审校等工作，可以发邮件给我们；有意出版图书的作者也可以到异步社区在线提交投稿（直接访问 www.epubit.com/selfpublish/submission 即可）。

如果您是学校、培训机构或企业，想批量购买本书或异步社区出版的其他图书，也可以发邮件给我们。

如果您在网上发现有针对异步社区出品图书的各种形式的盗版行为，包括对图书全部或部分内容的非授权传播，请您将怀疑有侵权行为的链接发邮件给我们。您的这一举动是对作者权益的保护，也是我们持续为您提供有价值的内容的动力之源。

关于异步社区和异步图书

“异步社区” 是人民邮电出版社旗下 IT 专业图书社区，致力于出版精品 IT 技术图书和相关学习产品，为作译者提供优质出版服务。异步社区创办于 2015 年 8 月，提供大量精品 IT 技术图书和电子书，以及高品质技术文章和视频课程。更多详情请访问异步社区官网 https://www.epubit.com。

“异步图书” 是由异步社区编辑团队策划出版的精品 IT 专业图书的品牌，依托于人民邮电出版社近 30 年的计算机图书出版积累和专业编辑团队，相关图书在封面上印有异步图书的 LOGO。异步图书的出版领域包括软件开发、大数据、AI、测试、前端、网络技术等。

异步社区

微信服务号

目　录

第 1 章　认识计算机网络……1
1.1　Internet 的产生和中国的 ISP……1
1.1.1　Internet 的产生和发展……1
1.1.2　中国的 ISP……3
1.1.3　跨 ISP 访问网络带来的问题……3
1.1.4　多层级的 ISP 结构……4
1.2　局域网的发展……5
1.2.1　局域网和广域网……5
1.2.2　同轴电缆组建的局域网……6
1.2.3　集线器组建的局域网……7
1.2.4　网桥优化以太网……8
1.2.5　网桥 MAC 地址表构建过程……9
1.2.6　交换机组网……11
1.2.7　以太网网卡……12
1.3　企业局域网的规划和设计……13
1.3.1　二层结构的局域网……13
1.3.2　三层结构的局域网……14
1.4　习题……15

第 2 章　TCP/IP 协议……17
2.1　介绍 TCP/IP 协议……17
2.1.1　理解协议……17
2.1.2　TCP/IP 协议的分层……20
2.2　应用层协议……22
2.2.1　应用和应用层协议……22
2.2.2　应用层协议的标准化……23
2.2.3　以 HTTP 协议为例认识应用层协议……24

2.2.4 抓包分析应用层协议……28
2.2.5 应用层协议和高级防火墙……30
2.3 传输层协议……34
2.3.1 TCP 和 UDP 的应用场景……34
2.3.2 TCP 协议可靠传输的实现……37
2.3.3 TCP 协议功能和首部……38
2.3.4 传输层协议和应用层协议之间的关系……39
2.3.5 服务和端口之间的关系……42
2.3.6 端口和网络安全的关系……44
2.3.7 使用 Windows 防火墙和 TCP/IP 筛选实现网络安全……45
2.4 网络层协议……51
2.4.1 IP 协议……51
2.4.2 ARP 协议……53
2.4.3 ICMP 协议……54
2.4.4 IGMP 协议……56
2.5 数据链路层协议……58
2.6 物理层协议……59
2.7 OSI 参考模型……60
2.7.1 OSI 参考模型和 TCP/IP 协议……60
2.7.2 OSI 参考模型每层功能……61
2.8 习题……62

第 3 章 IP 地址和子网划分……65
3.1 学习 IP 地址的预备知识……65
3.1.1 二进制和十进制……65
3.1.2 二进制数的规律……67
3.2 理解 IP 地址……68
3.2.1 MAC 地址和 IP 地址……68
3.2.2 IP 地址的组成……69
3.2.3 IP 地址格式……70
3.2.4 子网掩码的作用……70
3.3 IP 地址分类……73
3.3.1 A 类地址……73
3.3.2 B 类地址……74
3.3.3 C 类地址……74
3.3.4 D 类和 E 类地址……74

3.3.5 保留的 IP 地址……75
3.3.6 实战：本地环回地址……77
3.3.7 实战：给本网段发送广播……78
3.4 公网地址和私网地址……79
3.4.1 公网地址……79
3.4.2 私网地址……81
3.5 子网划分……82
3.5.1 地址浪费……83
3.5.2 等长子网划分……83
3.5.3 B 类网络子网划分……87
3.5.4 A 类网络子网划分……88
3.6 变长子网划分……89
3.6.1 变长子网划分介绍……90
3.6.2 点到点网络的子网掩码……91
3.6.3 子网掩码的另一种表示方法——CIDR……92
3.6.4 判断 IP 地址所属的网段……93
3.6.5 子网划分需要注意的几个问题……94
3.7 超网合并网段……95
3.7.1 合并网段……95
3.7.2 不是任何连续的网段都能合并……96
3.7.3 哪些网段能够合并……97
3.7.4 网段合并的规律……99
3.7.5 判断一个网段是超网还是子网……99
3.8 习题……100

第 4 章 管理华为设备……104
4.1 介绍华为网络设备操作系统……104
4.2 介绍 eNSP……105
4.2.1 安装 eNSP……105
4.2.2 华为路由器型号……106
4.3 路由器的基本操作……108
4.3.1 通过 Console 配置路由器……108
4.3.2 配置路由器名称和接口地址……110
4.3.3 配置路由器安全……114
4.3.4 配置 eNSP 和物理网络连接……116
4.3.5 配置路由器允许 telnet 配置……117

4.4 配置文件的管理 122
4.4.1 保存当前配置 122
4.4.2 设置下一次启动加载的配置文件 124
4.4.3 文件管理 124
4.4.4 将配置导出到 FTP 或 TFTP 服务器 126
4.5 捕获数据包 130
4.6 习题 133

第 5 章 静态路由 136
5.1 什么是路由 136
5.1.1 网络层实现的功能 136
5.1.2 网络畅通的条件 137
5.1.3 静态路由 138
5.2 实战：配置静态路由 141
5.2.1 查看路由表 141
5.2.2 添加静态路由 142
5.2.3 测试网络是否畅通 143
5.2.4 删除静态路由 143
5.3 路由汇总 144
5.3.1 通过路由汇总简化路由表 144
5.3.2 路由汇总例外 146
5.3.3 无类域间路由（CIDR） 147
5.4 默认路由 147
5.4.1 全球最大的网段 148
5.4.2 使用默认路由作为指向 Internet 的路由 148
5.4.3 让默认路由代替大多数网段的路由 150
5.4.4 默认路由和环状网络 150
5.4.5 使用默认路由和路由汇总简化路由表 152
5.4.6 默认路由造成的往复转发 153
5.4.7 Windows 上的默认路由和网关 154
5.5 网络排错案例 157
5.5.1 排除网络故障要俯视全网 158
5.5.2 计算机网关也很重要 158
5.6 习题 159

第 6 章 动态路由 165
6.1 动态路由 165

6.2 RIP 协议 ……166
6.2.1 RIP 协议的特点 ……166
6.2.2 RIP 协议的工作原理 ……166
6.2.3 在路由器上配置 RIP 协议 ……168
6.2.4 查看路由表 ……170
6.2.5 观察 RIP 协议的路由更新活动 ……173
6.2.6 测试 RIP 协议的健壮性 ……174
6.2.7 RIP 协议数据包报文格式 ……175
6.2.8 RIP 协议定时器 ……177
6.3 动态路由——OSPF 协议 ……177
6.3.1 什么是最短路径优先 ……178
6.3.2 OSPF 术语 ……179
6.3.3 OSPF 协议的工作过程 ……181
6.3.4 OSPF 的 5 种报文 ……182
6.3.5 OSPF 支持多区域 ……182
6.4 配置 OSPF 协议 ……184
6.4.1 配置 OSPF 协议 ……184
6.4.2 查看 OSPF 协议的 3 张表 ……186
6.4.3 OSPF 协议配置排错 ……190
6.5 习题 ……191

第 7 章 交换机组网 ……197
7.1 交换机常规配置 ……198
7.2 交换机端口安全 ……199
7.2.1 交换机端口安全详解 ……199
7.2.2 配置交换机端口安全 ……199
7.2.3 镜像端口监控网络流量 ……202
7.3 生成树协议 ……204
7.3.1 交换机组网 ……204
7.3.2 生成树协议的工作过程 ……205
7.3.3 生成树的端口状态 ……207
7.3.4 STP 改进 ……208
7.3.5 实战：查看和配置 STP ……208
7.4 VLAN ……212
7.4.1 什么是 VLAN ……212
7.4.2 理解 VLAN ……213

7.4.3 跨交换机 VLAN……215
7.4.4 实战：配置跨交换机的 VLAN……217
7.4.5 实战：使用三层交换实现 VLAN 间路由……221
7.4.6 使用路由器实现 VLAN 间路由……222
7.4.7 实战：使用单臂路由器实现 VLAN 间路由……223
7.5 一个网段，多个 VLAN……225
7.5.1 混合端口……225
7.5.2 实战：使用混合端口控制 VLAN 间通信……226
7.5.3 实战：跨交换机的混合端口……227
7.6 端口隔离……229
7.7 链路聚合……230
7.8 习题……233

第 8 章 网络安全……239
8.1 基本 ACL……239
8.1.1 基本 ACL 的应用……239
8.1.2 编辑 ACL 中的规则……244
8.1.3 使用 ACL 保护路由器安全……244
8.2 高级 ACL……245
8.2.1 针对 VLAN 1 创建高级 ACL……246
8.2.2 针对 VLAN 2 创建高级 ACL……248
8.2.3 针对 VLAN 3 创建高级 ACL……248
8.3 习题……249

第 9 章 网络地址转换和端口映射……252
9.1 公网地址和私网地址……252
9.2 NAT 的类型……254
9.2.1 静态 NAT……254
9.2.2 动态 NAT……254
9.2.3 网络地址端口转换……255
9.3 配置静态 NAT……256
9.4 使用外网端口地址做 NAPT……257
9.5 使用公网地址池做 NAPT……258
9.6 配置端口映射……259
9.7 灵活运用 NAPT……261
9.7.1 悄悄在公司网络中接入一个网段……261

9.7.2 实现单向访问 ……263
9.8 习题 ……264

第 10 章 将路由器配置为 DHCP 服务器 ……266
10.1 静态地址和动态地址 ……266
10.2 将华为路由器配置为 DHCP 服务器 ……267
10.3 抓包分析 DHCP 分配地址的过程 ……269
10.4 跨网段分配 IP 地址 ……272
10.5 使用接口地址池为直连网段分配地址 ……274
10.6 习题 ……275

第 11 章 IPv6 ……277
11.1 IPv6 的改进 ……277
11.1.1 IPv4 和 IPv6 的比较 ……278
11.1.2 ICMPv6 协议的功能 ……278
11.2 IPv6 地址 ……280
11.2.1 IPv6 地址格式 ……280
11.2.2 IPv6 地址分类 ……282
11.3 自动配置 IPv6 地址 ……283
11.3.1 自动配置 IPv6 地址的两种方法 ……284
11.3.2 IPv6 地址无状态自动配置 ……285
11.3.3 抓包分析 RA 和 RS 数据包 ……287
11.3.4 IPv6 地址有状态自动配置 ……290
11.4 IPv6 路由 ……292
11.4.1 IPv6 静态路由 ……293
11.4.2 RIPng ……295
11.4.3 OSPFv3 ……296
11.5 IPv6 和 IPv4 共存技术——IPv6 over IPv4 ……298
11.6 习题 ……300

第 12 章 广域网 ……302
12.1 广域网 ……303
12.2 HDLC 协议 ……304
12.3 PPP 协议 ……306
12.3.1 介绍 PPP 协议 ……306
12.3.2 配置 PPP 协议：身份验证用 PAP 模式 ……307
12.3.3 配置 PPP 协议：身份验证用 CHAP 模式 ……309

12.3.4 抓包分析 PPP 帧……310
12.3.5 配置 PPP 为另一端分配地址……312
12.4 PPPoE……314
12.4.1 配置 Windows PPPoE 拨号上网……314
12.4.2 配置路由器 PPPoE 拨号上网……319
12.5 帧中继……321
12.5.1 帧中继虚链路……321
12.5.2 配置点到点帧中继接口……323
12.5.3 配置点到多点帧中继接口……327
12.5.4 全互连的点到多点接口……331
12.6 习题……334

第 13 章 VPN……336
13.1 虚拟专用网络……336
13.1.1 专用网络……336
13.1.2 虚拟专用网络……337
13.2 配置站点间 VPN……337
13.2.1 GRE 隧道 VPN……338
13.2.2 介绍 IPSec VPN……342
13.2.3 配置 IPSec VPN……343
13.2.4 基于 Tunnel 接口的 IPSec VPN……346
13.3 远程访问 VPN……347
13.4 习题……351

部分习题答案……353

第1章

认识计算机网络

本章内容

- Internet 的产生和中国的 ISP
- 局域网的发展
- 企业局域网的规划和设计

全球最大的互联网络就是 Internet，本章讲解网络的产生以及 Internet 的发展，路由器在网络中的作用，中国的互联网和 ISP。

企业网络管理员主要管理企业的局域网。本章开门见山为你讲解局域网使用的协议、局域网组网设备的演进，还讲解了同轴电缆组建的局域网、集线器组建的局域网、网桥优化以太网、交换机组网。本章最后还讲解了典型的企业局域网的规划和设计，根据企业的计算机数量和物理位置，局域网可以设计成二层结构的局域网和三层结构的局域网。

1.1 Internet 的产生和中国的 ISP

1.1.1 Internet 的产生和发展

Internet 是全球最大的互联网络，家庭通过电话线使用 ADSL 拨号上网接入的就是 Internet，企业的网络通过光纤接入 Internet，现在我们使用智能手机通过 4G 技术也可以很容易接入 Internet。Internet 正在深刻地改变着我们的生活，网上购物、网上订票、预约挂号、QQ 聊天、支付宝转账、共享单车等应用都离不开 Internet。现在我们就讲解一下 Internet 的产生和发展过程。

最初计算机是独立的，没有相互连接，在计算机之间复制文件和程序很不方便，于是就用同轴电缆将一个办公室内（短距离、小范围）的计算机连接起来组成网络（局域网），计算机的网络接口卡（网卡）与同轴电缆连接，如图 1-1 所示。

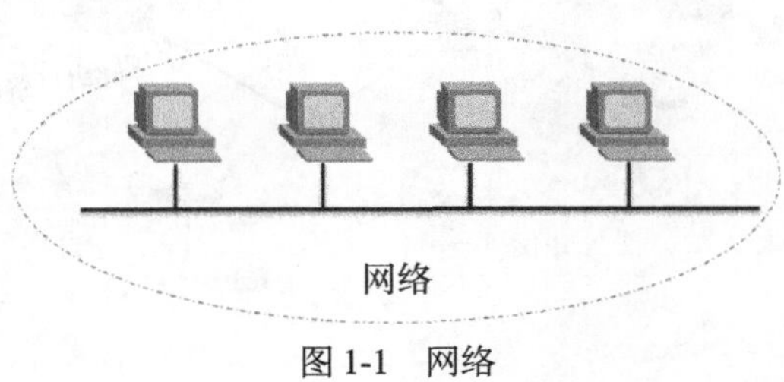

图 1-1 网络

位于异地的多个办公室（如图 1-2 所示的 Office1 和 Office2）的网络，如果需要通信，就要通过路由器连接，形成互联网。路由器有广域网接口用于长距离数据传输，路由器负责在不同网络之间转发数据包。

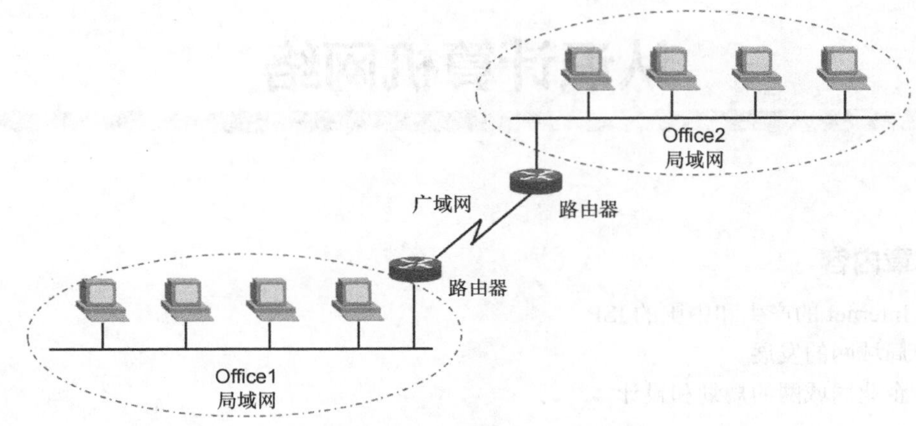

图 1-2 路由器连接多个网络，形成互联网

最初只是美国各大学和科研机构的网络进行互联，随后越来越多的公司、政府机构也接入网络。这个在美国产生的开放式的网络后来又不局限于美国，越来越多的国家网络通过海底光缆、卫星接入美国这个开放式的网络，如图 1-3 所示，就形成了现在的 Internet，Internet 是全球最大的互联网络。在这张图中你能体会到路由器的重要性，如何规划网络、配置路由器为数据包选择最佳路径是网络工程师主要和重要的工作。当然，学完本书，你也能掌握对 Internet 的网络地址进行规划和简化路由器路由表的方法。

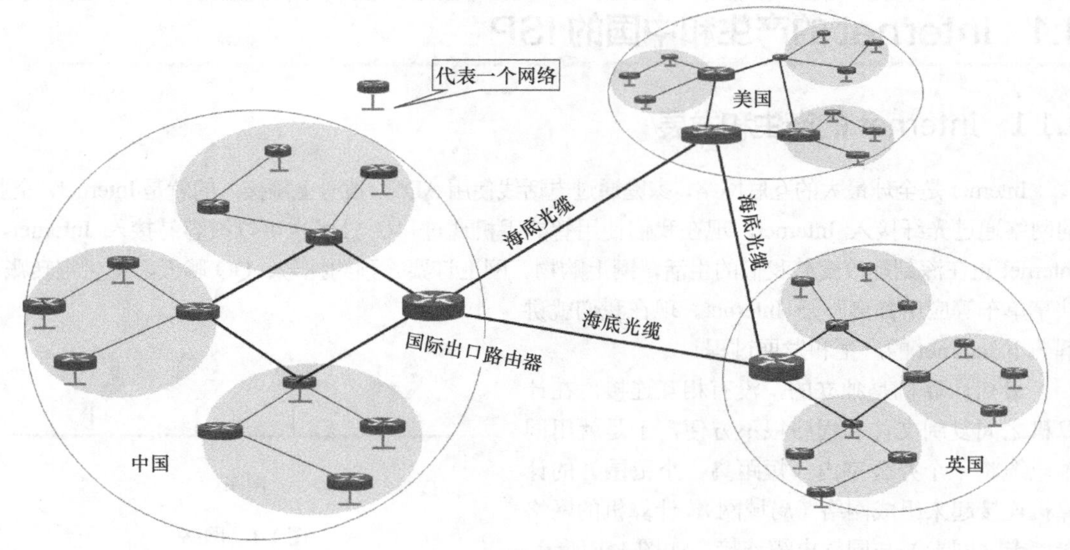

图 1-3 Internet 示意图

1.1.2 中国的 ISP

Internet 是全球网络，在中国主要有 3 家"互联网服务提供商（Internet Service Provider，ISP）"，它们向广大用户和企业提供互联网接入业务、信息业务和增值业务。中国三大网络服务提供商分别是中国电信、中国移动、中国联通。

这些运营商在全国各大城市和地区铺设了通信光缆，用于计算机网络通信。运营商的作用就是为城镇居民、企业和机构提供 Internet 的接入服务，在大城市建立机房。小企业没有机房，可以购买服务器，将服务器托管到运营商的机房。用户和企业可以根据 ISP 所提供的网络带宽、入网方式、服务项目、收费标准以及管理措施等选择适合自己的 ISP。

1.1.3 跨 ISP 访问网络带来的问题

不同的运营商独立地规划和部署自己的网络，在同一运营商内部，网络能实现高度冗余和带宽的优化，运营商之间的网络连接链路数量有限，跨运营商通信网速比较慢。如图 1-4 所示，A 运营商网络和 B 运营商网络使用 1000 Mbit/s 的线路连接，虽然带宽很高，但其承载了所有 A 运营商访问 B 运营商的流量以及 B 运营商访问 A 运营商的流量，因此还是显得拥堵。A 小区的用户访问 A 网站速度快，访问 B 运营商机房中的 D 网站时速度就会显得较慢。

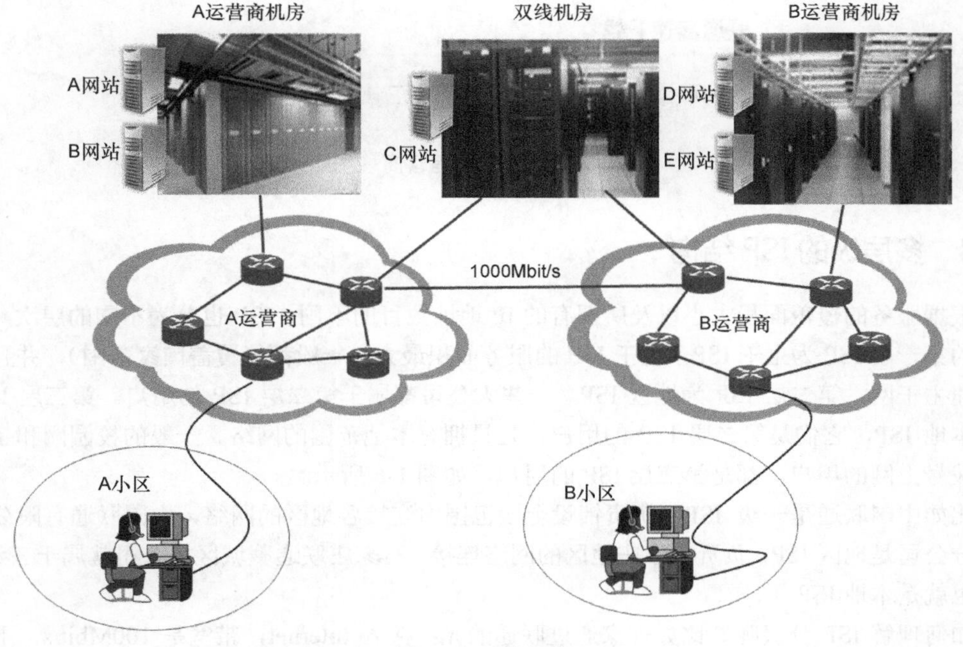

图 1-4 双线机房

为了解决跨运营商访问网速慢的问题，可以把公司的服务器托管在双线机房，即同时连接

A 运营商和 B 运营商的机房，如图 1-4 所示。这样通过 A 运营商上网的网民和通过 B 运营商上网的网民访问 C 网站时，速度没有差别。

有些网站为了解决跨运营商访问慢的问题，将内容相同的网站部署到多个运营商。如图 1-4 所示，把 B 网站部署在两台服务器上，分别托管在 A 运营商机房和 B 运营商机房，网站内容一模一样，对用户来说就是一个网站。如果用户需要从网站下载较大文件，可以让用户选择从哪个运营商下载。比如下载软件，用户可以根据是联通上网还是电信上网选择联通下载还是电信下载，如图 1-5 所示。

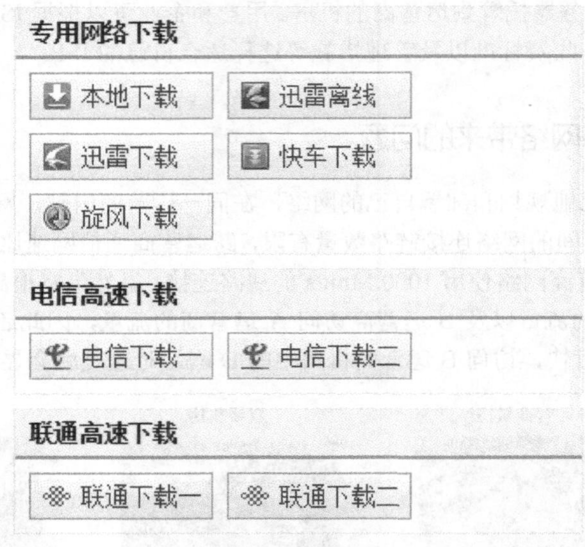

图 1-5　选择运营商

1.1.4　多层级的 ISP 结构

根据服务的覆盖面积大小以及所拥有的 IP 地址数目的不同，ISP 也分为不同的层次。最高级别的第一层 ISP 为主干 ISP，主干 ISP 的服务面积最大（一般都能覆盖国家范围），并且还拥有高速主干网。第二层 ISP 为地区 ISP，一些大公司都属于第二层 ISP 的用户。第三层 ISP 又称为本地 ISP，它们是第二层 ISP 的用户，且只拥有本地范围的网络。一般的校园网和企业网以及拨号上网的用户，都是第三层 ISP 的用户，如图 1-6 所示。

比如中国联通是一级 ISP，负责铺设全国范围内连接各地区的网络，中国联通有限公司石家庄分公司是地区 ISP，负责石家庄地区的网络连接，石家庄联通藁城区分公司就属于三级 ISP 了，也就是本地 ISP 了。

如何理解 ISP 分级呢？比如你家通过联通的光纤接入 Internet，带宽是 100Mbit/s，上网费每年 700 元。你的 3 个邻居通过你家的路由器上网，每家每年给你 300 元上网费，你就相当于一个四级 ISP 了，你每年还能赢利 200 元。

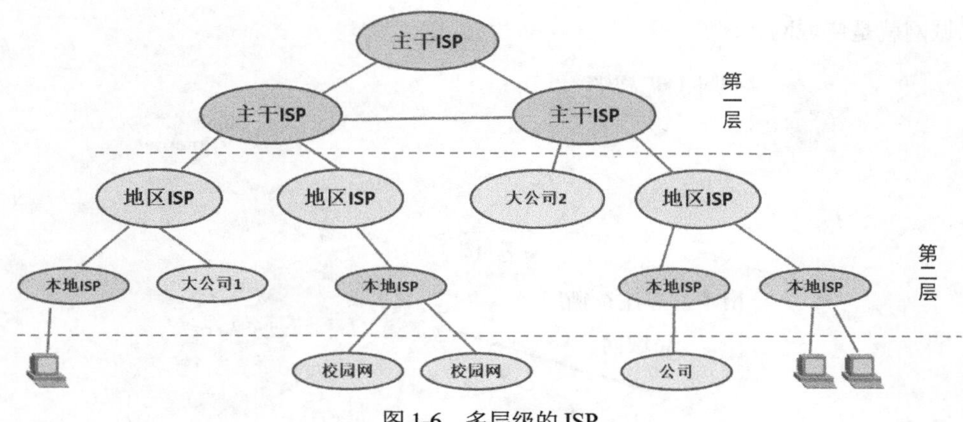

图 1-6 多层级的 ISP

有些公司的网站是为全国甚至全球提供服务的，比如淘宝网和 12306 网上订票网站，这样的网站最好接入主干 ISP，全国网民访问主干网都比较快。有些公司的网站主要服务于本地区，比如 58 同城之类的网站，负责石家庄地区的网站就可以部署在石家庄地区的 ISP 机房。藁城区中学的网站主要是藁城区的学生和学生家长访问，藁城区中学的网站通过联通的本地 ISP 接入 Internet。

网络规模大一点的公司接入 Internet，ISP 通常会部署光纤提供接入，家庭用户或企业小规模网络上网，ISP 通常会通过电话线使用 ADSL 拨号提供 Internet 接入。随着光纤线路的普及，现在农村和城市的小区也可以使用光纤接入 Internet 了。

1.2 局域网的发展

本节讲解局域网的发展。先给大家介绍什么是局域网和广域网，再讲解局域网通信的特点以及使用的协议，最后介绍局域网组网设备，包括网卡、同轴电缆、集线器、网桥和交换机。

1.2.1 局域网和广域网

首先通过举例来简单了解一下局域网和广域网的概念。

中国电信运营商的网络覆盖全国，属于广域网。企业的网络通常覆盖一个厂区的几栋大楼，学校的网络覆盖整座学校。这种企业或学校自己组建的覆盖小范围的网络就是局域网。

如图 1-7 所示，车辆厂在石家庄和唐山都有厂区，南车石家庄车辆厂和北车唐山车辆厂都组建了自己的网络，可以看到企业按部门规划网络，基本上一个部门一个网段（网络），使用三层交换（可以充当路由器）连接各个部门的网络，企业的服务器连接到三层交换机，这就是企业的局域网。

北车唐山车辆厂需要访问南车石家庄车辆厂的服务器，这就需要将这两个厂区的网络连接起来。车辆厂不可能自己架设网线或光纤来将这两个不同城市厂区的局域网连接起来，架设和维护成本太高了。该厂租用了联通的专线以将两个局域网连接起来，只需每年缴费即可，连接后的局域网就是广域网。

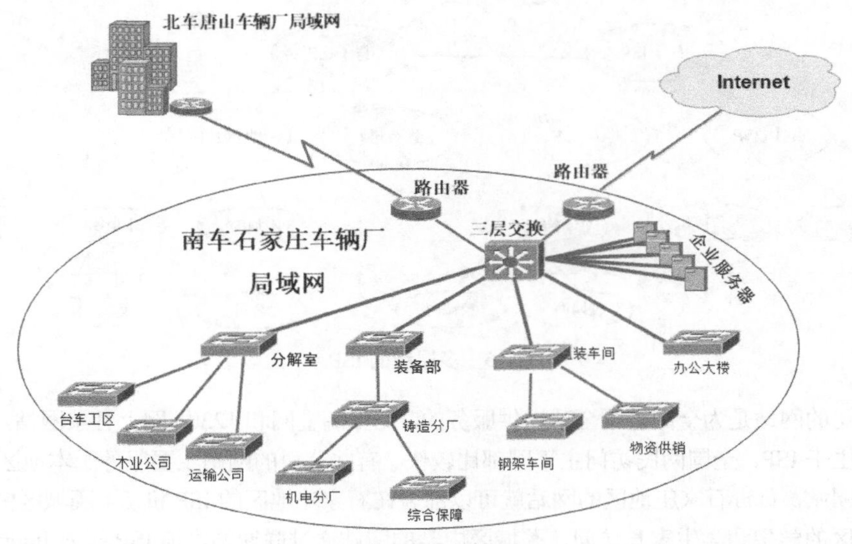

图 1-7 车辆厂

现在总结一下，局域网通常是企业或学校自己花钱购买网络设备组建，带宽通常为 10Mbit/s、100Mbit/s 或 1000Mbit/s，自己维护，覆盖范围小。广域网是连接不同地区局域网与城域网计算机通信的远程网，通常跨接很大的物理范围。常见的广域网有互联网，通常是花钱租用联通、电信等运营商的线路，花钱买带宽，不用自己维护，用于长距离通信。

换个角度说，计算机通信经过了 ISP 的线路，就是广域网，也不完全从距离上来划分局域网和广域网。比如你家使用 ADSL 拨号上网，你的邻居也使用 ADSL 拨号上网，你们两家的计算机通过 QQ 传输文件，也是广域网，虽然你和邻居的计算机距离很近。

1.2.2 同轴电缆组建的局域网

早期的计算机网络就是使用一根同轴电缆连接网络中的计算机，计算机之间的通信信号会被同轴电缆传送到所有计算机，所以说同轴电缆是广播信道，如图 1-8 所示。

在这样的广播信道里，如何实现点到点通信呢？那就需要通信的这些计算机都有一个地址，这个地址就是网卡的 MAC 地址。如果这些计算机发现收到的数据帧的目标 MAC 地址和自己网卡的 MAC 地址不一样，就丢弃这个数据帧。

MAC（Media Access Control 或者 Medium Access Control）地址可意译为媒体访问控制，或称为物理地址、硬件地址，用来定义网络设备的位置。

同轴电缆上连接的这些计算机不允许多台计算机同时发送数据，如果多台计算机同时发送数据，发送的信号就会叠加造成信号不能正确识别。所以计算机在发送数据之前先侦听网络中有没有数据在传输，发现没有信号传输才发送数据，这就是载波侦听。

即便在开始发送的时候没有检测出有信号在传输，在开始发送后，也有可能在同轴电缆的某处和其他计算机发送的信号迎面相撞，发送端收到相撞后的信号后认为发送失败。发送端必须能够检测出这种发生在链路上的冲突，然后通过退避算法计算退避时间并尝试再次发送，这就是冲突检测。

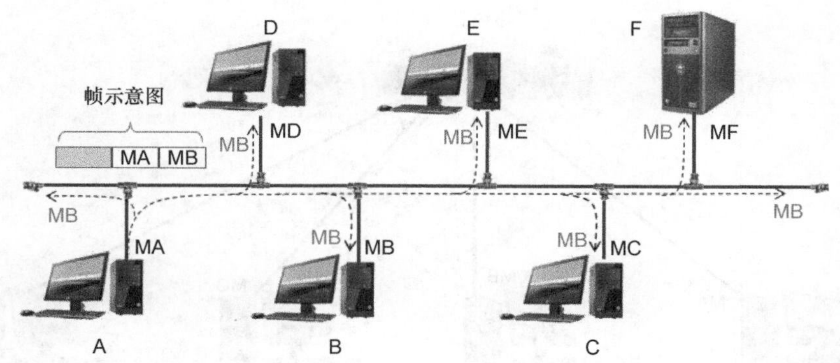

图 1-8 广播信道局域网——总线型

这种使用共享介质进行通信的网络，网络中的设备接口必须有 MAC 地址，每台计算机发送数据的机会均等（多路访问，Multiple Access），发送之前检测链路是否有信号在传输（载波侦听，Carrier Sense）。即便开始发送了，也要检测是否在链路上产生冲突（冲突检测，Collision Detection），这种带冲突检测的载波侦听多路访问机制就是 CSMA/CD 协议，使用 CSMA/CD 协议的网络就是以太网。局域网通常使用共享介质线路组建，使用 CSMA/CD 协议通信，所以有人不严谨地说局域网就是以太网，但你应该知道以太网的实质和局域网的实质，使用 CSMA/CD 协议的是以太网，覆盖小范围的网络是局域网。

1.2.3 集线器组建的局域网

同轴电缆随后被集线器（HUB）这种设备替代，使用双绞线可以很方便地将计算机接入到网络中。其功能和同轴电缆一样，只是负责将一个接口收到的信号扩散到全部接口，计算机通信依然共享介质，使用的依然是 CSMA/CD 协议，因此使用集线器组建的网络也被称为以太网，如图 1-9 所示，图中的 MA、MB、MC 和 MD 分别代表计算机的 MAC 地址。

使用集线器和同轴电缆组网具有如下特点。

- 网络中的计算机共享带宽，如果集线器带宽是 10Mbit/s，网络中有 4 台计算机，理想状态下平均每台计算机的通信带宽是 2.5Mbit/s，可见以太网中计算机数量越多，平均到每台计算机的带宽越少，理想状态是不考虑产生冲突后重传浪费的时间。
- 不安全，由于集线器会把一个接口收到的信号传播到全部接口，在一台计算机上安装抓包软件就能够捕获以太网中全部的计算机通信流量。安装抓包软件之后，只要网卡收到的数据帧就接收，而不看目标 MAC 地址是否是自己。

- 使用集线器联网的计算机就在冲突域中，通信要避免冲突。
- 接入集线器的设备需要有 MAC 地址。
- 使用 CSMA/CD 协议进行通信。
- 每个接口的带宽相同。

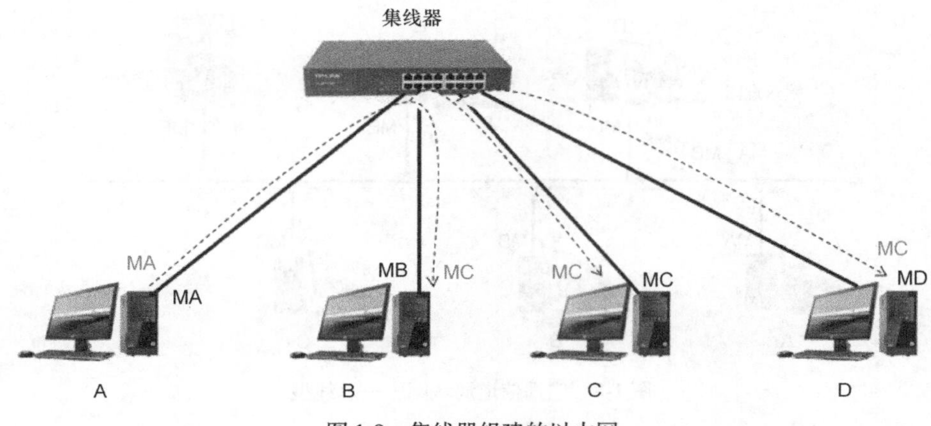

图 1-9 集线器组建的以太网

1.2.4 网桥优化以太网

如果网络中的计算机数量太多，就将计算机接入多个集线器，再将集线器连接起来。集线器相连可以扩大以太网的规模，但随之而来的一个问题就是冲突的增加。如图 1-10 所示，集线器 1 和集线器 2 相连，形成了一个大的以太网，这两个集线器就形成了一个大的冲突域。A 计算机和 B 计算机通信的数据也被传输到集线器 2 的全部接口，D 计算机和 E 计算机就不能通信了，冲突域变大，冲突增加。

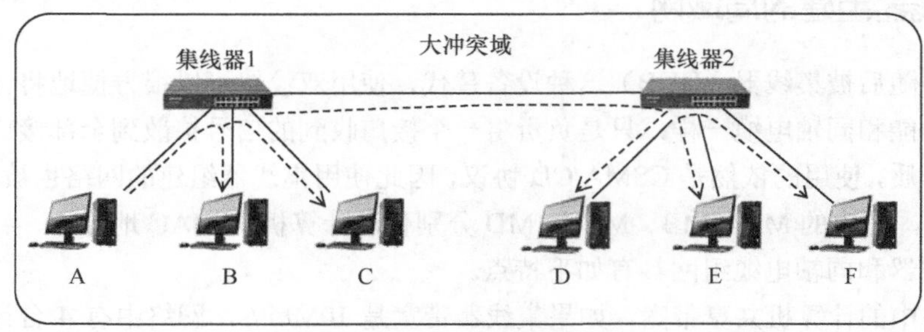

图 1-10 扩展的以太网

为了解决集线器级联冲突域增大的问题，研究人员研发了网桥这种设备，用网桥的每个接口连接一个集线器，网桥能够构造 MAC 地址表，记录每个接口对应的 MAC 地址，如图 1-11 所示。网桥的 E0 接口连接集线器 1，集线器 1 上连接 3 台计算机，这 3 台计算机的 MAC 地址分别为 MA、MB 和 MC，于是网桥就在 MAC 地址表中记录 E0 接口对应 MA、MB 和 MC 3 个 MAC 地址。E1 接口连接集线器 2，集线器 2 连接的 3 台计算机的 MAC 地址分别是 MD、ME 和 MF，于是在 MAC 地址表中 E1 接口对应 MD、ME 和 MF 3 个 MAC 地址。

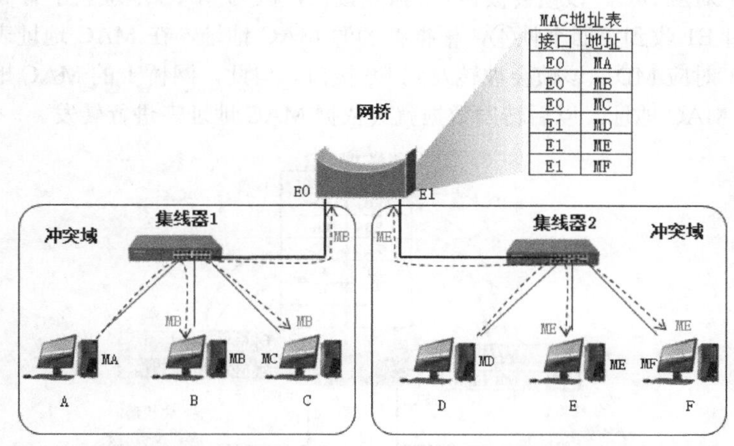

图 1-11 网桥优化以太网

有了 MAC 地址表，A 计算机发送给 B 计算机的帧被传输到网桥的 E0 接口，网桥查 MAC 地址表后发现目标 MAC 对应的接口就是 E0，该帧就不会转发到 E1 接口。这时 D 计算机也可以向 E 计算机发送数据了。这样网桥就把一个大的冲突域划分成了两个小的冲突域，从而优化了集线器组建的以太网。

如果 A 计算机向 D 计算机发送帧，网桥会根据帧的目标 MAC 地址对照 MAC 地址表以确定转发端口，从 E1 接口发送出去。当然从 E1 接口发送出去时，也要冲突检测载波侦听，寻找机会发送出去。

网桥组网有以下特点。

- 网桥基于帧的目标 MAC 地址选择转发端口。
- 一个接口一个冲突域，冲突域数量增加，冲突减少。
- 网桥接口收到一个帧后，先接收存储，再查 MAC 地址表选择转发端口，增加了时延。
- 网桥接口 E0 和 E1 的带宽可以不同，集线器所有接口的带宽一样。

1.2.5 网桥 MAC 地址表构建过程

网桥刚刚接入网络时，MAC 地址表是空的，MAC 地址表是自动构建的，构建过程如图 1-12 所示，图中画出了 4 个帧，用来说明 MAC 地址表的构建过程。

1. 网桥接口 E0 收到第一个帧①，看到权该帧的源 MAC 地址是 MA，就能断定 E0 接口对应 MAC 地址 MA，在 MAC 地址表中添加一条记录以表示接口 E0 对应 MA。由于 MAC 地址表中没有 MB 的记录，该帧就被转发到网桥的所有接口。

2．网桥接口 E0 收到第二个帧②，根据帧的源 MAC 地址，在 MAC 地址表中添加一条记录以表示接口 E0 对应 MB，该帧就不会被转发到 E1 接口，你说为什么？

3．网桥接口 E1 收到第三个帧③，根据帧的源 MAC 地址，在 MAC 地址表中添加一条记录以表示接口 E1 对应 MC。该帧会被转发到 E0 接口，因为 MAC 地址表中有 MA 的记录。

4．网桥接口 E1 收到第四个帧④，根据帧的源 MAC 地址，在 MAC 地址表中添加一条记录以表示接口 E1 对应 MD，该帧会被转发到 E0 接口。自此，网桥 1 的 MAC 地址表包括网络中全部计算机的 MAC 地址。以后转发数据就会依据 MAC 地址表进行转发。

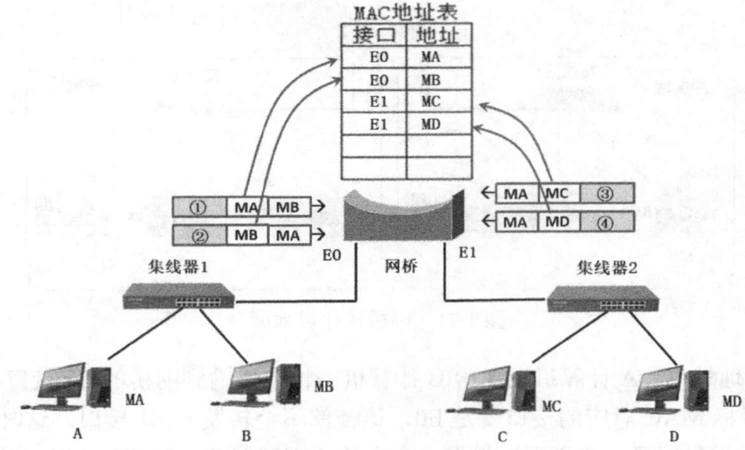

图 1-12　MAC 地址表的自动构建过程

如图 1-13 所示，两个网桥连接 3 个集线器，图中的表格里列出了网桥 1 和网桥 2 的 MAC 地址表。大家可以看到网桥 1 的 MAC 地址表中，E1 接口对应 4 个 MAC 地址 MC、MD、ME 和 MF。网桥 2 的 E2 接口对应 4 个 MAC 地址 MA、MB、MC 和 MD。对于网桥 1，它只知道 E1 接口那面有 4 台计算机，根本不知道有网桥 2。当然，网桥 2 只知道 E2 接口那面有 4 台计算机，不知道有网桥 1。

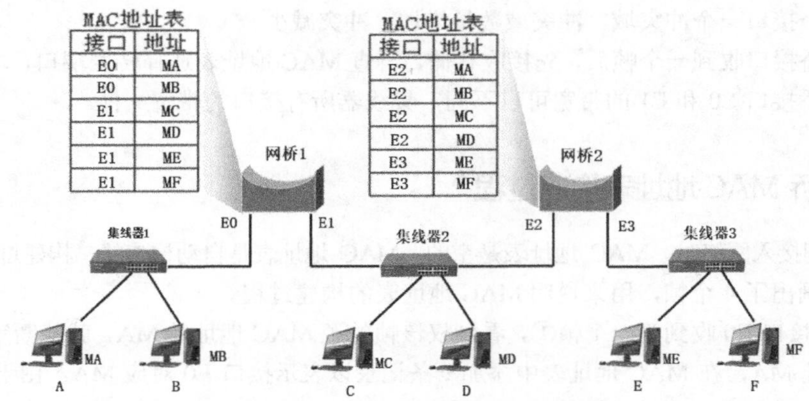

图 1-13　构建 MAC 地址表的过程

1.2.6 交换机组网

随着技术的发展，网桥接口越来越多，数据交换能力越来越强。这种高性能网桥我们称为交换机（Switch），交换机是现在企业组网的主流设备。

交换机和网桥一样，可以构造 MAC 地址表，基于 MAC 地址转发帧。由于交换机直接连接计算机，如图 1-14 所示，因此 A 给 B 发送数据不影响 D 给 C 发送数据。如果两台计算机同时向 B 计算机发送数据，会不会产生冲突呢？答案是，不会。

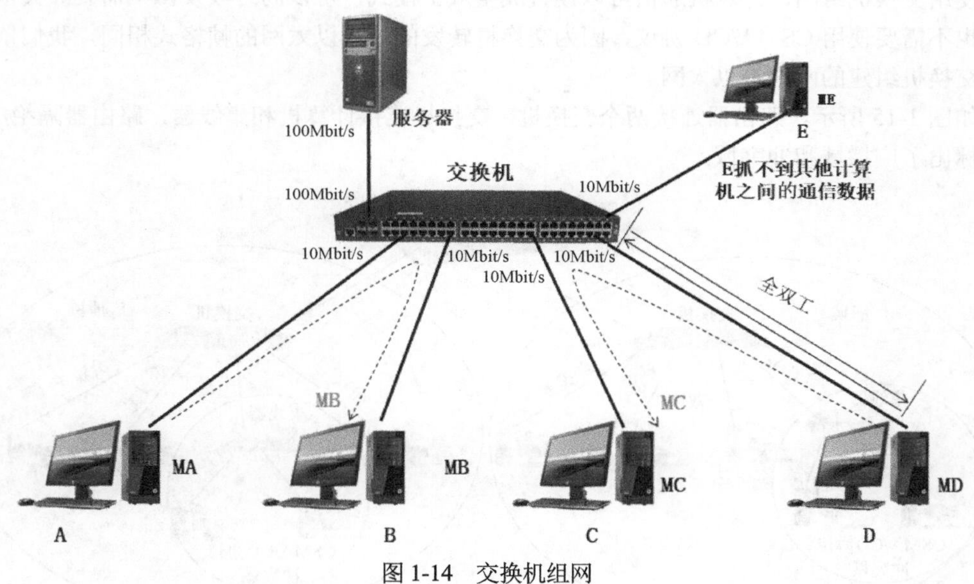

图 1-14 交换机组网

交换机的每个接口都有接收缓存和发送缓存，帧可以在缓存中排队。接收到的帧先进入接收缓存，再查找 MAC 地址表以确定转发端口，放到转发端口的发送缓存，排队等待发送。因此，多台计算机同时给一台计算机发送数据，会放到缓存排队等待发送，而不会产生冲突。正是因为交换机使用的是存储转发，交换机的接口可以工作在不同的速率下。

使用交换机组网比集线器和同轴电缆更安全，如图 1-14 所示，E 计算机即便安装了抓包软件，也不能捕获 A 给 B 计算机发送的帧，因为交换机根本不会将帧转发给 E 计算机。

计算机的网卡直接连接交换机的接口，可以工作在全双工模式，即可以同时发送和接收帧而不用冲突检测。集线器和同轴电缆组建的以太网只能工作在半双工模式，即不能同时收发。

如果交换机收到一个广播帧，即目标 MAC 地址是 FF-FF-FF-FF-FF-FF 的数据帧，交换机将该帧发送到所有交换机端口（除发送端口外），因此交换机组建的网络就是一个广播域。

MAC 地址由 48 位二进制数组成，F 是十六进制数，F 代表 4 位二进制数 1111。

交换机组网有以下特点。

- 交换机端口带宽独享。
- 比集线器安全。
- 交换机接口直接连接计算机，可以工作在全双工模式下。
- 全双工模式不再使用 CSMA/CD 协议。
- 接口可以工作在不同的速率下。
- 交换机所有接口是一个广播域。

使用交换机组网，计算机通信可以设置成全双工模式，可以同时收发，不需要冲突检测，因此也不需要使用 CSMA/CD 协议，因为交换机转发的帧和以太网的帧格式相同，我们依然习惯说交换机组建的网络是以太网。

如图 1-15 所示，路由器连接两个交换机，交换机连接计算机和集线器，路由器隔绝广播，图中标出了广播域和冲突域。

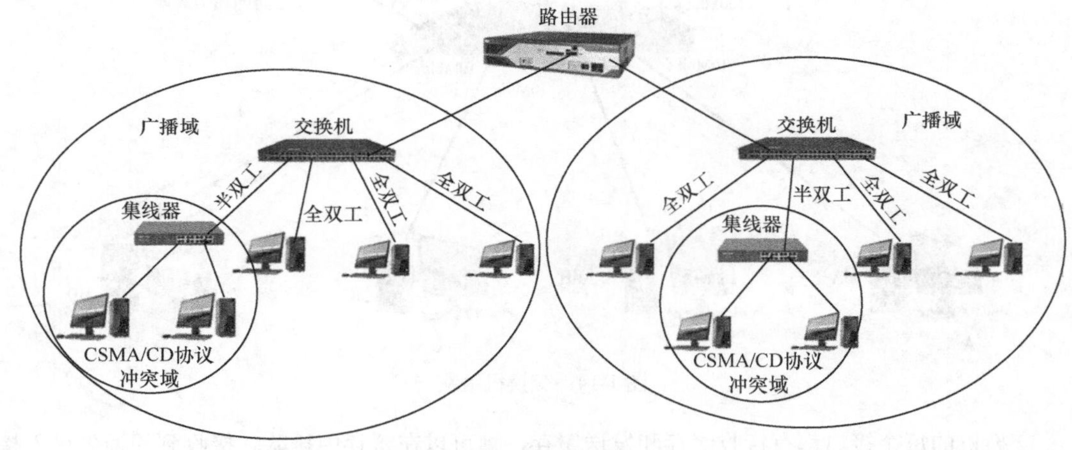

图 1-15 广播域和冲突域

1.2.7 以太网网卡

为了在广播信道中实现点到点通信，需要网络中的每个网卡有一个地址。这个地址称为物理地址或 MAC 地址（因为这种地址用在 MAC 帧中）。IEEE 802 标准为局域网规定了一种 48 位二进制的全球地址。

在生产网卡时，这种 48 位二进制（占 6 个字节）的 MAC 地址已被固化在网卡的 ROM 中。因此，MAC 地址也称为硬件地址或物理地址。当把这块网卡插入（或嵌入）某台计算机后，网卡上的 MAC 地址就成为这台计算机的 MAC 地址了。

如何确保各网卡生产厂家生产的网卡的 MAC 地址全球唯一呢？这就要有一个组织为这些网卡生产厂家分配地址块。现在 IEEE 的注册管理机构 RA 是局域网全球地址的法定管理机构，它负责分配地址字段的 6 个字节中的前 3 个字节（高位 24 位）。世界上凡要生产局域网网卡的厂家都必须向 IEEE 购买由这 3 个字节构成的这个号（即地址块），这个号的正式名称是组织唯一标识符，通常也叫作公司标识符。例如，如图 1-16 所示，3Com 公司生产的网卡的 MAC 地址的前 3 个字节是 02-60-8C（在计算机中是以十六进制显示的）。地址字段中的后 3 个字节（低位 24 位）则由厂家自行指派，称为扩展标识符，只要保证生产出的网卡没有重复地址即可。由此可见，用一个地址块可以生成 2^{24} 个不同的地址。

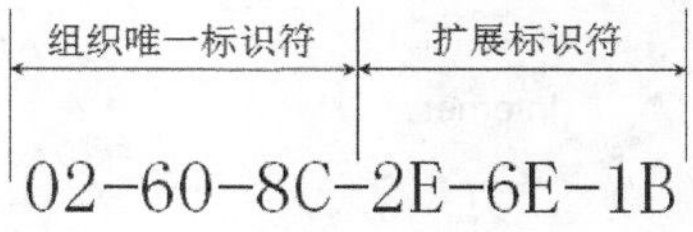

组织唯一标识符 | 扩展标识符

02-60-8C-2E-6E-1B

图 1-16 3Com 公司生产的网卡的 MAC 地址

连接在以太网上的路由器接口和计算机网卡的一样，也有 MAC 地址。

网卡有帧过滤功能，网卡从网络上每收到一个 MAC 帧，就先用硬件检查 MAC 帧中的目的地址。如果是发往本站的帧，则收下，然后进行其他的处理；否则就将此帧丢弃，不再进行其他的处理。这样做不浪费主机的 CPU 和内存资源。这里“发往本站的帧”包括以下 3 种帧。

- 单播（unicast）帧（一对一），即收到的帧的 MAC 地址与本站的硬件地址相同。
- 广播（broadcast）帧（一对全体），即发送给本局域网上所有计算机的帧（目标 MAC 地址全 1）。
- 多播（multicast）帧（一对多），即发送给本局域网上一部分计算机的帧。

所有的网卡都至少应当能够识别前两种帧，即能够识别单播和广播地址。有的网卡可用编程方法识别多播地址。当操作系统启动时，它就把网卡初始化，使网卡能够识别某些多播地址。显然，只有目的地址才能使用广播地址和多播地址。

在 Windows 中查看网卡 MAC 地址的命令如下：

```
C:\Users\hanlg>ipconfig /all
以太网适配器 以太网:
   媒体状态  . . . . . . . . . . . . . : 媒体已断开连接
   连接特定的 DNS 后缀   . . . . . . . :
   描述. . . . . . . . . . . . . . . . : Realtek PCIe GBE Family Controller
   物理地址. . . . . . . . . . . . . . : F4-8E-38-E7-37-8B    --MAC 地址
......
```

1.3 企业局域网的规划和设计

根据网络规模和物理位置，企业的网络可以设计成二层结构或三层结构。通过本节的学习，你能掌握企业内网的交换机如何部署和连接，以及服务器部署的位置。

1.3.1 二层结构的局域网

现在以某高校网络为例介绍校园网的网络拓扑。如图 1-17 所示，在教室 1、教室 2 和教室 3 分别部署一台交换机，对教室内的计算机进行连接。教室中的交换机要求端口多，这样能够将更多的计算机接入网络，这一级别的交换机称为接入层交换机，接计算机的端口带宽为100Mbit/s。

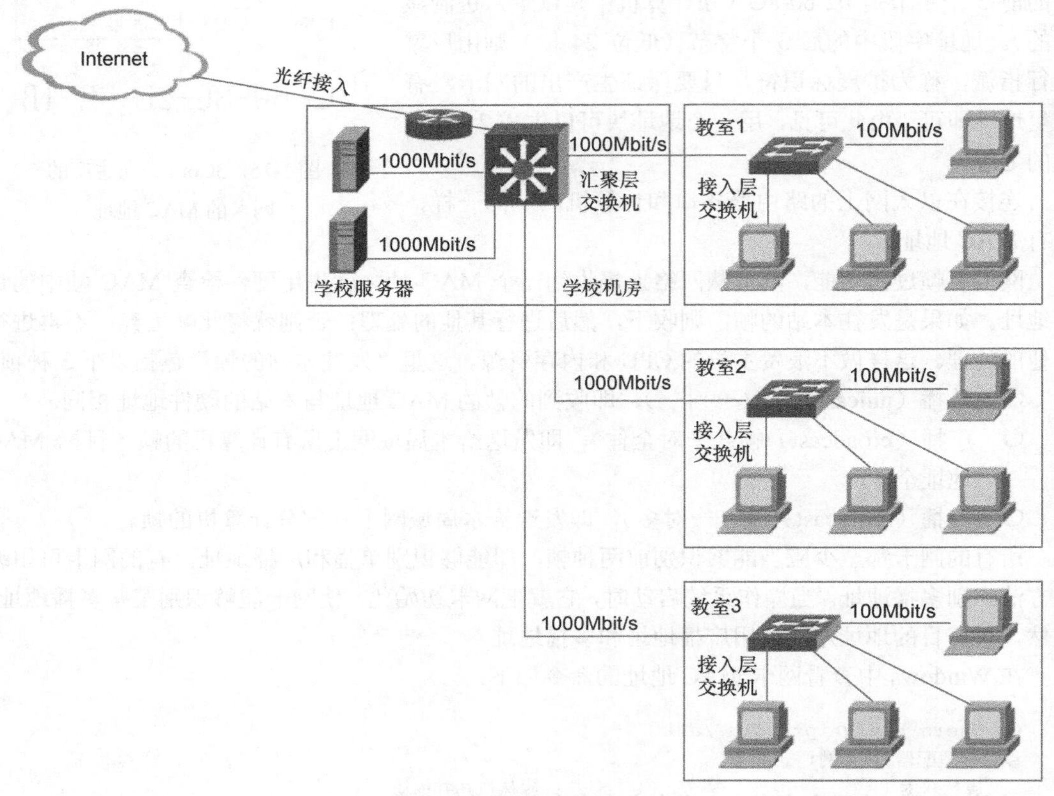

图 1-17　二层结构的局域网

学校机房部署一台交换机，该交换机连接学校的服务器和教室中的交换机，并通过路由器连接 Internet。该交换机汇聚教室中交换机上网流量，该级别的交换机称为汇聚层交换机。可以看到这一级别的交换机端口不一定有太多，但端口带宽要比接入层交换机的带宽高，否则就会成为制约网速的瓶颈。

1.3.2　三层结构的局域网

在网络规模比较大的学校，局域网可能采用三层结构。如图 1-18 所示，某高校有 3 个学院，每个学院有自己的机房和网络，学校网络中心为 3 个学院提供 Internet 接入，各学院的汇聚层交换机连接到网络中心的交换机，网络中心的交换机称为核心层交换机，学校的服务器接入到核心层交换机，为整个学校提供服务。

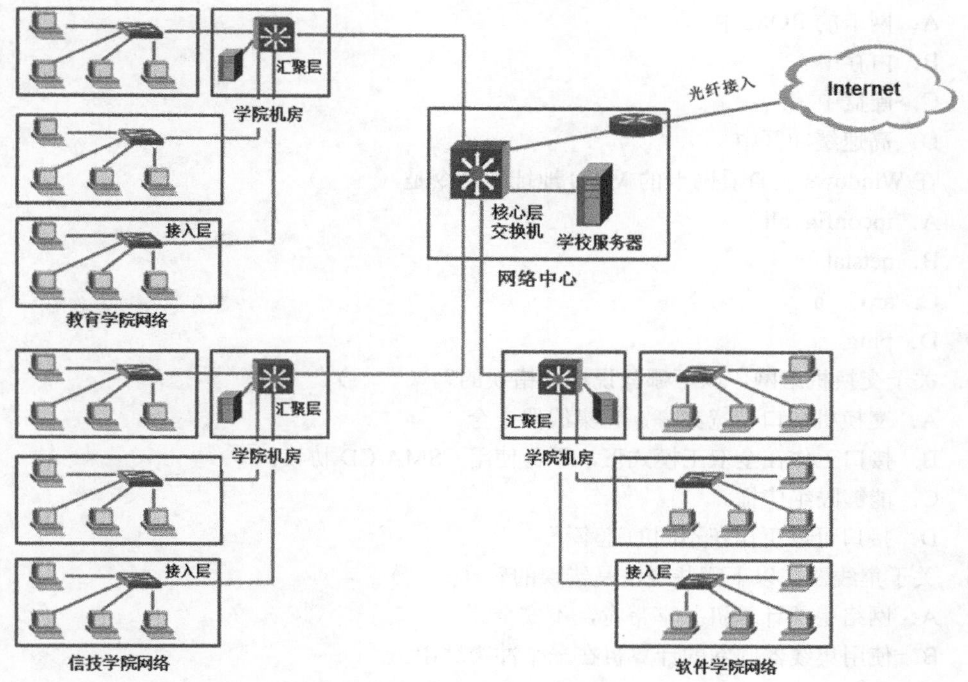

图 1-18 三层结构的局域网

三层结构的局域网中的交换机有 3 个级别：接入层交换机、汇聚层交换机和核心层交换机。层次模型可以用来帮助设计、实现和维护可扩展、可靠、性价比高的层次化互联网络。

1.4 习题

1. 以太网交换机中的端口/MAC 地址映射表（　　）。
   A. 是由交换机的生产厂商建立的
   B. 是交换机在数据转发过程中通过学习动态建立的
   C. 是由网络管理员建立的
   D. 是由网络用户利用特殊命令建立的
2. 以太网使用什么协议在数据链路上发送数据帧（　　）。
   A. HTTP
   B. UDP
   C. CSMA/CD
   D. ARP
3. MAC 地址通常存储在计算机的（　　）。

A．网卡的 ROM 中

B．内存中

C．硬盘中

D．高速缓冲区中

4．在 Windows 上查看网卡的 MAC 地址的命令是（　　）。

A．ipconfig /all

B．netstat

C．arp　-a

D．ping

5．关于交换机组网，以下哪些说法是错误的？（　　）

A．交换机端口带宽独享，比集线器安全。

B．接口工作在全双工模式下，不再使用 CSMA/CD 协议。

C．能够隔绝广播。

D．接口可以工作在不同的速率下。

6．关于集线器，以下哪些说法是错误的？（　　）

A．网络中的计算机共享带宽，不安全。

B．使用集线器联网的计算机在一个冲突域中。

C．接入集线器的设备需要有 MAC 地址，集线器基于帧的 MAC 地址转发。

D．使用 CSMA/CD 协议进行通信，每个接口带宽相同。

7．如图 1-19 所示，计算机 C 给计算机 F 发送一个帧，在图中写出网桥 1 和网桥 2 在 MAC 地址表中增加的内容，MA、MB、MC、MD、ME 和 MF 是计算机网卡的 MAC 地址。

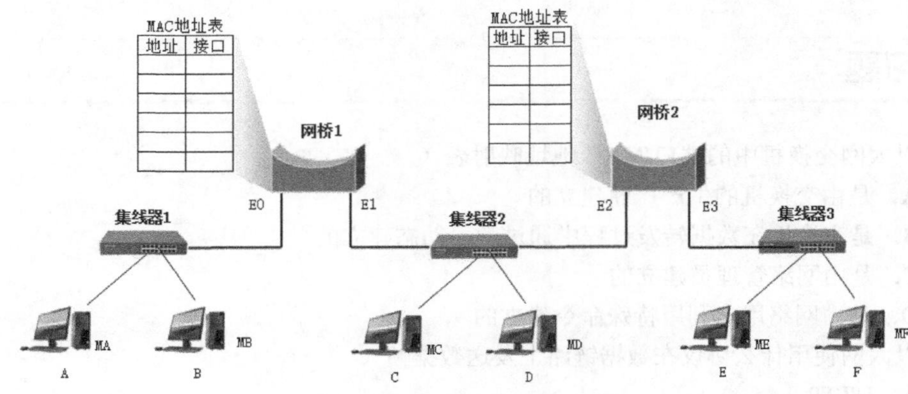

图 1-19　构建 MAC 地址表

8．网卡的 MAC 地址在出厂时就已固化到 ROM 中，但是我们可以配置计算机不使用网卡 ROM 中的 MAC 地址，而使用指定的 MAC 地址。上百度网站查资料，将你的计算机网卡的 MAC 地址加 1，比如网卡的 MAC 地址是 F4-8E-38-E7-37-83，更改为 F4-8E-38-E7-37-84。

第2章

TCP/IP 协议

本章内容

- 应用层协议
- 传输层协议
- 网络层协议
- 数据链路层协议
- 物理层协议

本章讲解计算机通信使用的 TCP/IP 协议，协议分层的标准和好处。

首先讲解什么是协议、签协议的意义和协议包含的内容，计算机通信使用的协议应该包含哪些约定，抓包分析应用层协议通信数据包，观察客户端发送请求和服务器端返回响应的交互过程，通过禁用应用层协议的特定方法限制客户端对服务器端的特定访问，实现高级安全控制。

然后讲解传输层协议 TCP 和 UDP 的应用场景，TCP 协议实现可靠传输的机制，传输层协议和应用层协议之间的关系，服务和端口的关系，端口和网络安全的关系，随后展示如何设置 Windows 防火墙，关闭端口以实现网络安全。

最后讲解网络层协议、数据链路层协议和物理层协议。

2.1 介绍 TCP/IP 协议

2.1.1 理解协议

对于很多学习计算机网络的读者来说，协议是很不好理解的概念。因为他们没有看见过 TCP/IP 协议长什么模样，所以总是感觉非常抽象，难以想象。为此，在讲 TCP/IP 协议之前，先让大家看一份租房协议，再去理解 TCP/IP 协议就不抽象了。

其实协议对于大家并不陌生，大学生走出校门参加工作就要和用人单位签署就业协议，工作后还有可能要租房住，就要和房东签署租房协议。下面就通过一份租房协议来理解签协议的意义以及协议包含的内容，进而理解计算机通信使用的协议。

如果你租房不和房东签协议，只是口头和房东约定房租多少，每个月几号交房租，押金多少，家具家电设施损坏谁负责，时间一长这些约定大家就都记不清了，一旦出现某种情况，你和房东的认识不一致，就容易产生误解和矛盾。

为了避免纠纷，就需要和房东签一份租房协议，将双方关心的事情协商一致写到协议中，双方确认后签字，协议一式两份，双方都要遵守，如图 2-1 所示。

租房协议

甲方（出租方）：__________身份证：____________________

乙方（承租方）：__________身份证：____________________

经双方协商一致，甲方将坐落于__________房屋出租给乙方________使用。

一、租房从_____年____月___日起至_______年____月____日止。

二、月租金为______元/月，押金_____元，以后每月____日交房租。

三、约定事项

1、乙方正式入住时，应及时地更换房门锁，若发生因门锁问题导致的意外，与甲方无关。因用火不慎或使用不当引起的火灾、电气灾害等非自然类的灾害所造成一切损失均由乙方负责。

2、乙方无权转租、转借、转卖该房屋，及屋内家具家电，不得擅自改动房屋结构，爱护屋内设施，如有人为原因造成破损丢失应维修完好，否则照价赔偿。并做好防火，防盗，防漏水，和阳台摆放、花盆的安全工作，若造成损失责任自负。

3、乙方必须按时缴纳房租，否则视为乙方违约。协议终止。

4、乙方应遵守居住区内各项规章制度，按时缴纳水、电、气、光纤、电话、物业管理等费用。乙方交保证金______元给甲方，乙方退房时交清水、电、气、光纤和物业管理等费用并保证屋内设施家具、家电无损坏，下水管道，厕所无堵漏。甲方如数退还保证金。

5、甲方保证该房屋无产权纠纷。如遇拆迁，乙方无条件搬出，已交租金甲方按未满天数退还。

四、另水_______吨，气_______立方，电______度。

五、本协议一式两份，自双方签字之日起生效。

甲方签字（出租方）： 乙方签字（承租方）：

电话： 电话：

________年_____月_____日

图 2-1 租房协议

假如图 2-1 所示的租房协议是全球租房协议的标准，那么租房协议就可以进一步简化和规范为图 2-2 所示的样子。出租房和承租方在签订租房协议时，只需填写以下表格中要求的内容即可，协议中的约定和条款就不用填写了，双方都知道使用的是全球通用租房协议。表格中出租方姓名、身份证、承租方姓名、身份证、房屋位置等称为字段，这些字段可以是定长，也可以是变长。如果是变长，要定义字段间的分界符。

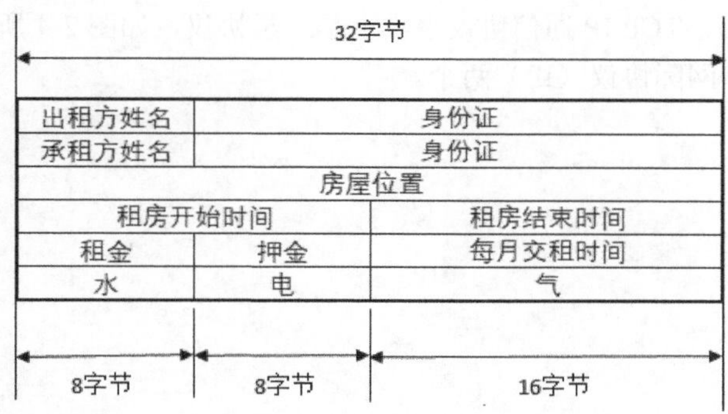

图 2-2　简化和规范后的租房协议

计算机通信协议也把协议中需要填写的内容进行简化和规范进而形成表格。比如网络层的 IP 协议，就被简化为网络层首部，如图 2-3 所示。网络中的计算机通信只需按照以下表格填写内容，通信双方的计算机就能够按照网络层协议的约定工作。以后大家使用抓包工具分析数据包时，看到网络层封装的首部就是 IP 协议。

<table>
<tr><td>0</td><td>4</td><td>8</td><td>16</td><td>19</td><td>24　31</td></tr>
<tr><td>版本</td><td>首部长度</td><td>区分服务</td><td colspan="3">总长度</td></tr>
<tr><td colspan="3">标识</td><td>标志</td><td colspan="2">片偏移</td></tr>
<tr><td colspan="2">生存时间</td><td>协议</td><td colspan="3">首部检验和</td></tr>
<tr><td colspan="6">源 IP 地址</td></tr>
<tr><td colspan="6">目标 IP 地址</td></tr>
<tr><td colspan="5">可选字段（长度可变）</td><td>填充</td></tr>
</table>

图 2-3　IP 协议简化和规范后需要填写的内容

在计算机通信的协议中除了定义甲方和乙方遵循的约定外，也要定义该协议简化和规范化后的格式。在后面讲到的应用层协议中我们将其称为报文格式，网络层协议和传输层协议我们称为网络层首部和传输层首部。有的协议需要定义多种报文格式，比如 ICMP 协议就有 3 种报文格式：ICMP 请求报文、ICMP 响应报文、ICMP 差错报告报文。再比如 HTTP 协议，它定义了两种报文格式：HTTP 请求报文、HTTP 响应报文。

前面的租房协议是双方协议，协议中有甲乙双方。有的协议是多方协议，比如大学生大四实习，要和实习单位签一份实习协议，实习协议就是三方协议——学生、校方和实习单位。在谢希仁编写的《计算机网络》那本书中，协议的甲方和乙方被称为“对等实体”。

2.1.2 TCP/IP 协议的分层

TCP/IP 通信协议是目前最完整、使用最广泛的通信协议。它的魅力在于可使不同硬件结构、不同操作系统的计算机相互通信。TCP/IP 协议既可用于广域网，也可用于局域网，它是 Internet/Intranet 的基石。TCP/IP 通信协议事实上是一组协议，如图 2-4 所示，其主要协议有传输控制协议（TCP）和网际协议（IP）两个。

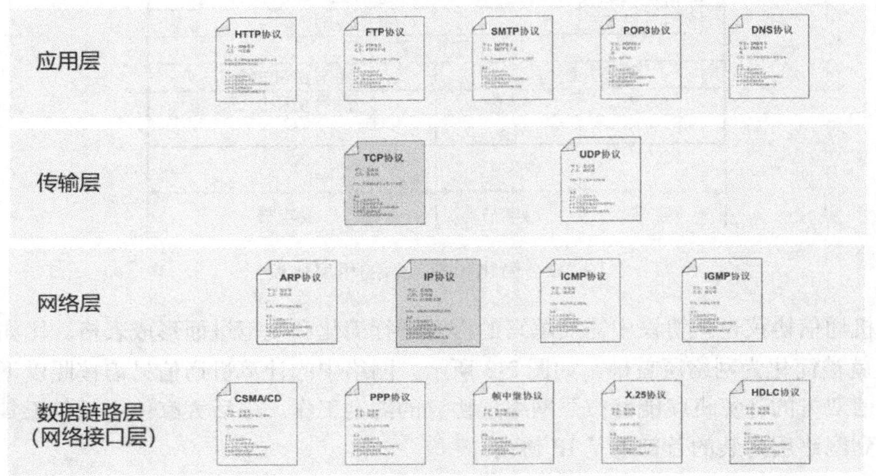

图 2-4 TCP/IP 协议组

从图 2-4 可以看出我们通常所说的 TCP/IP 协议不是一个协议，也不是 TCP 和 IP 两个协议，而是一组独立的协议。这组协议按功能进行了分层，TCP/IP 协议分为 4 层，数据链路层和物理层被视为网络接口层，如图 2-5 所示。

层							
应用层		HTTP	FTP	SMTP	POP3	DNS	DHCP
传输层		TCP			UDP		
网络层		ARP	IP			ICMP	IGMP
网络接口层	数据链路层	CSMA/CD	PPP	HDLC	Frame Relay		x.25
	物理层	RJ-45接口	同异步WAN 接口		E1/T1接口		POS光口

图 2-5 TCP/IP 协议的分层

1. 应用层

应用层协议定义了互联网上常见的应用（服务器和客户端通信）通信规范。互联网上的应用很多，这就意味着应用层协议也很多，图中只列出了几个常见的应用层协议，但你不能认为就只有这几个。每个应用层协议定义了客户端能够向服务器端发送哪些请求（也可以认为是哪些命令，这些命令发送的顺序），服务器端能够向客户端返回哪些响应，这些请求报文和响应报文都有哪些字段，每个字段实现什么功能，每个字段的各种取值所代表的意思。

2. 传输层

传输层有两个协议，TCP 和 UDP。如果要传输的数据需要分成多个数据包发送，发送端和接收端的 TCP 协议确保接收端最终完整无误收到所传数据。如果在传输过程中出现丢包，发送端会超时重传丢失的数据包；如果发送的数据包没有按发送顺序到达接收端，接收端会把数据包在缓存中排序，等待迟到的数据包，最终收到连续、完整的数据。

UDP 协议用于一个数据包就完成数据发送的情景，这种情况就不检查是否丢包，数据包是否按顺序到达了，以及数据发送是否成功，都由应用程序判断。UDP 协议要比 TCP 协议简单得多。

3. 网络层

网络层协议负责在不同网段转发数据包，为数据包选择最佳转发路径，网络中的路由器负责在不同网段转发数据包，为数据包选择转发路径，因此我们称路由器工作在网络层，是网络层设备。

4. 数据链路层

数据链路层协议负责把数据包从链路的一端发送到另一端。网络设备由网线或线缆连接，连接网络设备的这段网线或线缆称为一条链路。在不同的链路上传输数据有不同的机制和方法，也就是不同的数据链路层协议，比如以太网使用 CSMA/CD 协议，点到点链路使用 PPP 协议。

5. 物理层

物理层定义网络设备接口有关的一些特性，进行标准化，比如接口的形状、尺寸、引脚数目和排列、固定和锁定装置、接口电缆的各条线上出现的电压范围等规定，可以认为是物理层协议。

协议按功能分层的好处就是，某一层的改变不会影响其他层。某层协议可以改进或改变，但其功能是不变的。比如计算机通信可以使用 IPv4，也可以使用 IPv6。网络层协议变了，但其功能依然是为数据包选择转发路径，不会引起传输层协议的改变，也不会引起数据链路层协议的改变。

这些协议，每一层为上一层提供服务，物理层为数据链路层提供服务，数据链路层为网络层提供服务，网络层为传输层提供服务，传输层为应用层提供服务。以后网络出现故障时，比如不能访问 Internet 浏览网页了，排除网络故障要从底层到高层逐一检查。比如先看看网线是否连接，这是物理层排错；再 ping Internet 上的一个公网地址，看看是否畅通，这是网络层排错；最后检查浏览器设置是否正确，这是应用层排错。

2.2 应用层协议

2.2.1 应用和应用层协议

网络中的计算机通信，实际上是计算机上的应用程序之间的通信。比如打开 QQ 和别人聊天，打开浏览器访问网站，打开暴风影音在线看电影，这些都会产生网络流量。

应用程序通常分为客户端程序和服务器端程序，客户端程序向服务端程序发送请求，服务端程序向客户端程序返回响应，提供服务。服务器端程序运行后等待客户端的连接请求。比如百度网站，不管是否有人访问百度网站，百度 Web 服务就一直等待客户端的访问请求，如图 2-6 所示。

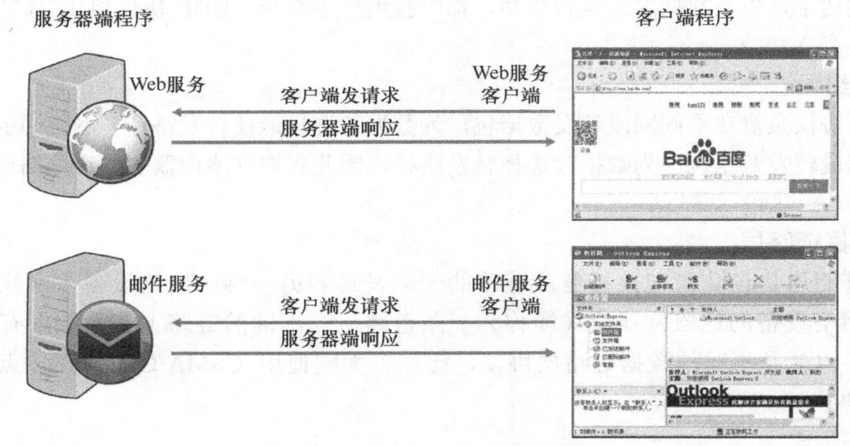

图 2-6 客户端和服务器端程序通信

客户端程序能够向服务端程序发送哪些请求，也就是客户端能够向服务器端发送哪些命令，这些命令发送的顺序，发送的请求报文有哪些字段，分别代表什么意思，都需要提前约定好。

服务器端程序收到客户端发送来的请求，应该有哪些响应，什么情况发送什么响应，发送的响应报文有哪些字段，分别代表什么意思，也需要提前约定好。

这些提前约定好的客户端程序和服务器端程序通信规范就是应用程序通信使用的协议，称为应用层协议。Internet 上有很多应用，比如访问网站的应用、收发电子邮件的应用、文件传输的应用、域名解析应用等，每一种应用都需要一个专门的应用层协议，这就意味着应用层协议需要很多。

应用层协议的甲方和乙方是服务器端程序和客户端程序，在很多计算机网络原理的教材中，协议中的甲方和乙方称为对等实体。

2.2.2 应用层协议的标准化

TCP/IP 协议是互联网通信的工业标准，TCP/IP 协议中的应用层协议 HTTP、FTP、SMTP、POP3 都是标准化的应用层协议，应用层协议的标准化有什么好处呢？

Internet 上用于通信的服务器端软件和客户端软件往往不是一家公司开发的，比如 Web 服务器有微软公司的 IIS 服务器，还有开放源代码的 Apache、俄罗斯人开发的 Nginx 等，浏览器有微软的 IE 浏览器、UC 浏览器、360 浏览器、火狐浏览器、谷歌浏览器等。你会发现 Web 服务器和浏览器虽然是不同公司开发的，但这些浏览器却能够访问全球所有的 Web 服务器，这是因为 Web 服务器和浏览器都是参照 HTTP 协议进行开发的，如图 2-7 所示。

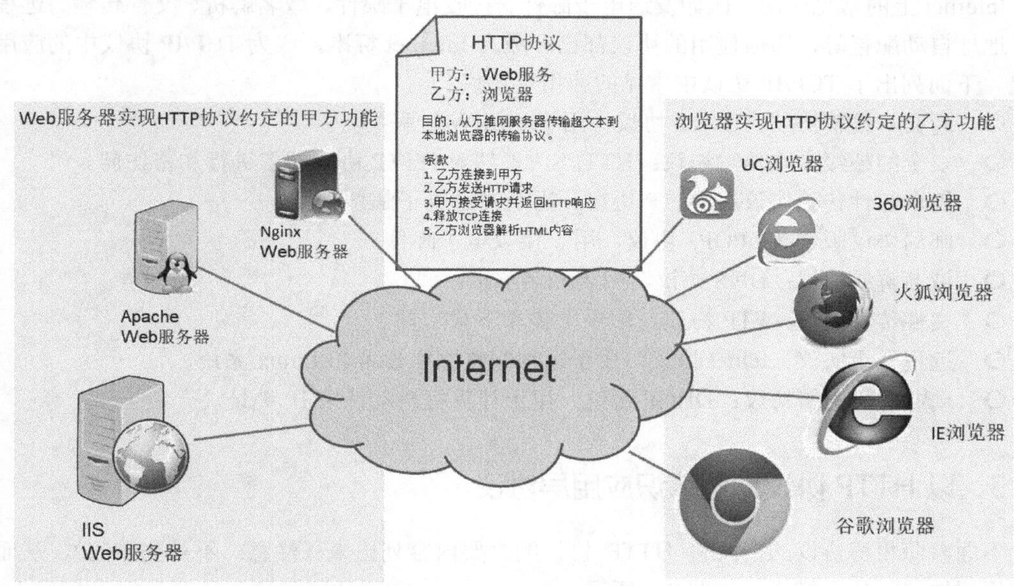

图 2-7 HTTP 使得各种浏览器能够访问各种 Web 服务器

HTTP 协议定义了 Web 服务器和浏览器通信的方法，协议双方就是 Web 服务器和浏览器，为了更形象，称 Web 服务器为甲方、浏览器为乙方。

HTTP 协议是 TCP/IP 协议中的一个标准协议，是一个开放式协议。由此你可以想到，肯定还有私有协议。比如思科公司的路由器和交换机上运行的 CDP 协议（思科发现协议），只有思科的设备支持。比如你公司开发的一款软件有服务器端和客户端，它们之间的通信规范由开发者定义，这就是应用层协议。不过那些做软件开发的人如果不懂网络，没有学过 TCP/IP 协议，他们并不会意识到他们定义的通信规范就是应用层协议，这样的协议就是私有协议，这些私有协议就不属于 TCP/IP 协议。

网络标准形成的过程

RFC（Request For Comments）意即“请求评议”，包含了关于Internet的几乎所有重要的文字资料。通常，当某家机构或团体开发出一套标准或提出对某种标准的设想，想要征询外界的意见时，就会在Internet上发放一份RFC，对这一问题感兴趣的人可以阅读该RFC并提出自己的意见；绝大部分网络标准的指定都以RFC的形式开始，经过大量的论证和修改过程，由主要的标准化组织指定。但RFC中收录的文件并不都正在使用或为大家公认，也有很大一部分只在某个局部领域被使用或并没有被采用，一份RFC具体处于什么状态都在文件中有明确的标识。

一个RFC文件在成为官方标准前一般至少要经历4个阶段：Internet草案、建议标准、草案标准、Internet标准。

Internet上的常见应用，比如发送电子邮件、接收电子邮件、域名解析、文件传输、远程登录、地址自动配置等，通信使用的协议都已经成为Internet标准，成为TCP/IP协议中的应用层协议。下面列出了TCP/IP协议中常见的应用层协议。

- 超文本传输协议：HTTP协议，用于访问Web服务器。
- 安全的超级文本传输协议：HTTPS，能够对HTTP协议通信进行加密访问。
- 简单邮件传输协议：SMTP协议，用于发送电子邮件。
- 邮局协议版本3：POP3协议，用于接收电子邮件。
- 域名解析协议：DNS协议，用于域名解析。
- 文件传输协议：FTP协议，用于上传和下载文件。
- 远程登录协议：telnet协议，用于远程配置网络设备和Linux系统。
- 动态主机配置协议：DHCP协议，用于计算机自动请求IP地址。

2.2.3 以HTTP协议为例认识应用层协议

下面参照租房协议的格式将HTTP协议的主要内容列出来（注意：不是完整的），从而认识应用层协议长什么模样，如图2-8所示。

可以看到HTTP协议定义了浏览器访问Web服务器的步骤，能够向Web服务器发送哪些请求（方法），HTTP请求报文格式（有哪些字段，分别代表什么意思），也定义了Web服务器能够向浏览器发送哪些响应（状态码），HTTP响应报文格式（有哪些字段，分别代表什么意思）。

举一反三，其他的应用层协议也需要定义以下内容。

- 客户端能够向服务器发送哪些请求（方法或命令）。
- 客户端和服务器命令交互顺序，比如POP3协议，需要先验证用户身份才能收邮件。
- 服务器有哪些响应（状态代码），每种状态代码代表什么意思。
- 定义协议中每种报文的格式：有哪些字段，字段是定长还是变长，如果是变长，字段分割符是什么，都要在协议中定义。一个协议有可能需要定义多种报文格式，比如ICMP协议定义了ICMP请求报文格式、ICMP响应报文格式、ICMP差错报告报文格式。

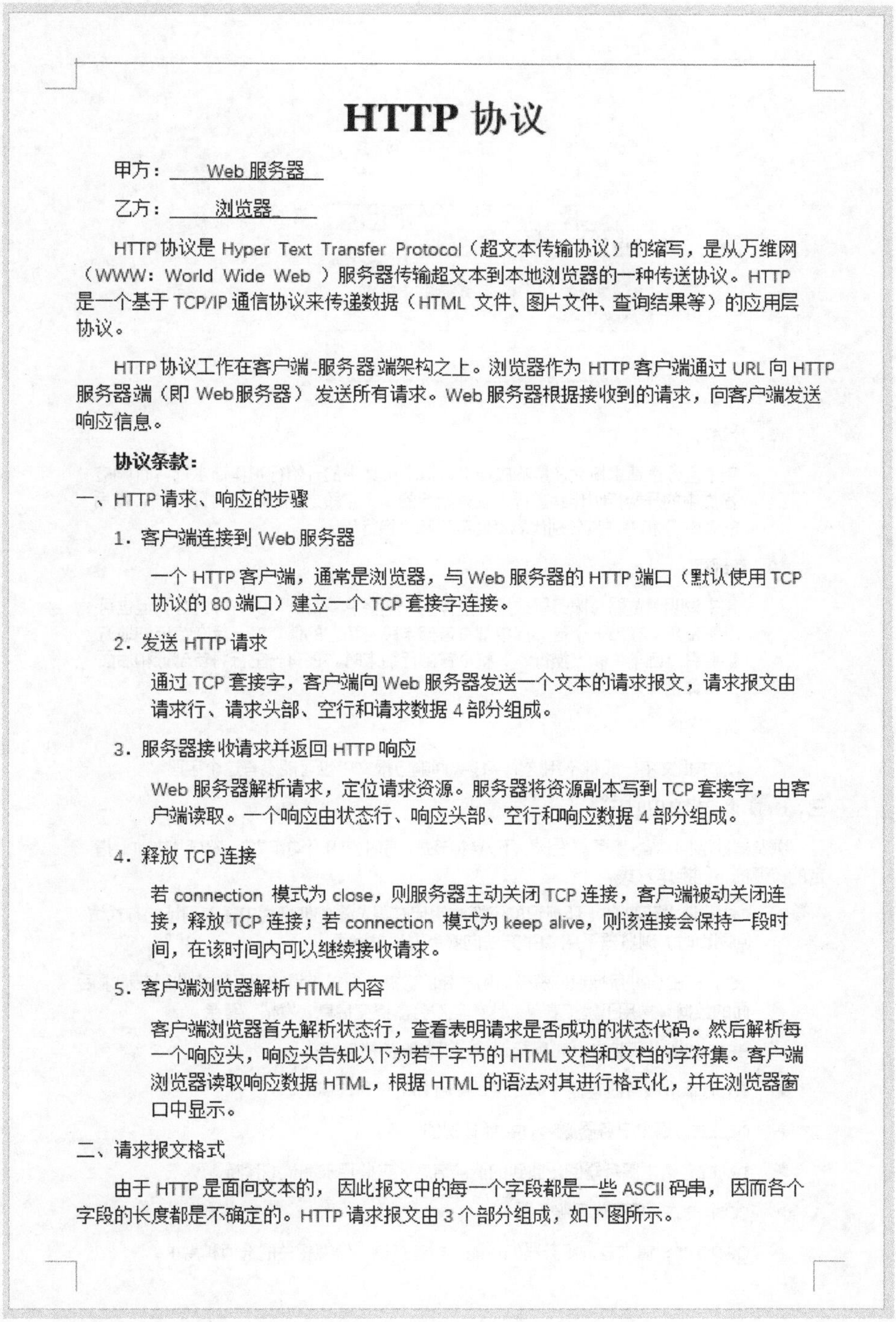

HTTP 协议

甲方：<u>Web 服务器</u>

乙方：<u>浏览器</u>

HTTP 协议是 Hyper Text Transfer Protocol（超文本传输协议）的缩写，是从万维网（WWW：World Wide Web ）服务器传输超文本到本地浏览器的一种传送协议。HTTP 是一个基于 TCP/IP 通信协议来传递数据（HTML 文件、图片文件、查询结果等）的应用层协议。

HTTP 协议工作在客户端-服务器端架构之上。浏览器作为 HTTP 客户端通过 URL 向 HTTP 服务器端（即 Web服务器）发送所有请求。Web 服务器根据接收到的请求，向客户端发送响应信息。

协议条款：

一、HTTP 请求、响应的步骤

1．客户端连接到 Web 服务器

一个 HTTP 客户端，通常是浏览器，与 Web 服务器的 HTTP 端口（默认使用 TCP 协议的 80 端口）建立一个 TCP 套接字连接。

2．发送 HTTP 请求

通过 TCP 套接字，客户端向 Web 服务器发送一个文本的请求报文，请求报文由请求行、请求头部、空行和请求数据 4 部分组成。

3．服务器接收请求并返回 HTTP 响应

Web 服务器解析请求，定位请求资源。服务器将资源副本写到 TCP 套接字，由客户端读取。一个响应由状态行、响应头部、空行和响应数据 4 部分组成。

4．释放 TCP 连接

若 connection 模式为 close，则服务器主动关闭 TCP 连接，客户端被动关闭连接，释放 TCP 连接；若 connection 模式为 keep alive，则该连接会保持一段时间，在该时间内可以继续接收请求。

5．客户端浏览器解析 HTML 内容

客户端浏览器首先解析状态行，查看表明请求是否成功的状态代码。然后解析每一个响应头，响应头告知以下为若干字节的 HTML 文档和文档的字符集。客户端浏览器读取响应数据 HTML，根据 HTML 的语法对其进行格式化，并在浏览器窗口中显示。

二、请求报文格式

由于 HTTP 是面向文本的，因此报文中的每一个字段都是一些 ASCII 码串，因而各个字段的长度都是不确定的。HTTP 请求报文由 3 个部分组成，如下图所示。

图 2-8　HTTP 协议

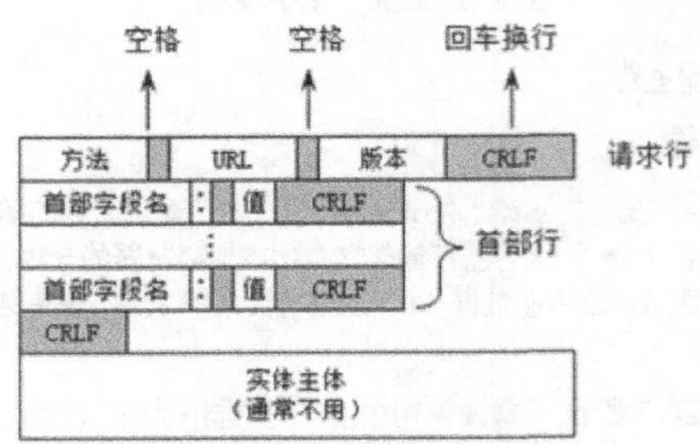

1．开始行

用于区分是请求报文还是响应报文。请求报文中的开始行叫作请求行，而响应报文中的开始行叫作状态行。在开始行的3个字段之间都以空格分隔开，最后的“CR”和“LF”分别代表“回车”和“换行”。

2．首部行

用来说明浏览器、服务器或报文主体的一些信息。首部可以有好几行，但也可以不使用。在每一个首部行中都有首部字段名和它的值，每一行在结束的地方都要有“回车”和“换行”。整个首部行结束时，还有一空行将首部行和后面的实体主体分开。

3．实体主体

请求报文中一般都不用这个字段，而响应报文中也可能没有这个字段。

三、HTTP请求报文中的方法

浏览器能够向Web服务器发送以下八种方法（有时也叫“动作”）来表明对URL指定的资源的不同操作方式。

- GET：请求获取URL所标识的资源。使用在浏览器的地址栏中输入网址的方式访问网页时，浏览器采用GET方法向服务器请求网页。
- POST：在URL所标识的资源后附加新的数据。要求被请求服务器接收附在请求后面的数据，常用于提交表单。比如向服务器提交信息、发帖、登录。
- HEAD：请求获取由URL所标识的资源的响应消息报头。
- PUT：请求服务器存储一个资源，并用URL作为其标识。
- DELETE：请求服务器删除URL所标识的资源。
- TRACE：请求服务器回送收到的请求信息，主要用于测试或诊断。
- CONNECT：用于代理服务器。
- OPTIONS：请求查询服务器的性能，或者查询与资源相关的选项和需求。

图2-8 HTTP协议（续一）

方法名称是区分大小写的。当某个请求所针对的资源不支持对应的请求方法的时候，服务器应当返回状态代码 405（Method Not Allowed）；当服务器不认识或者不支持对应的请求方法的时候，应当返回状态代码 501（Not Implemented）。

四、响应报文格式

每一个请求报文发出后，都能收到一个响应报文。响应报文的第一行就是状态行。状态行包括 3 项内容，即 HTTP 的版本、状态代码，以及解释状态代码的简单短语，如下图所示。

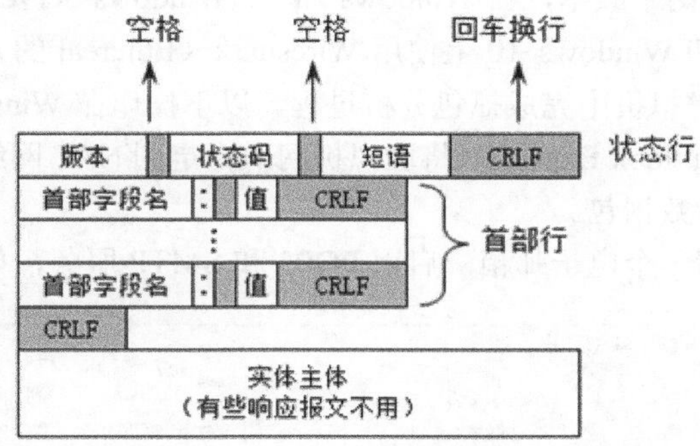

五、HTTP 响应报文状态码

每一个请求报文发出后，都能收到一个响应报文。响应报文的第一行就是状态行。状态行包括 3 项内容，即 HTTP 的版本、状态代码，以及解释状态代码的简单短语。

状态代码（Status-Code）都是 3 位数字的，分为 5 大类共 33 种，例如：

1xx 表示通知信息，如请求收到了或正在进行处理。

2xx 表示成功，如接收或知道了。

3xx 表示重定向，如要完成请求还必须采取进一步的行动。

4xx 表示客户端错误，如请求中有错误的语法或不能完成。

5xx 表示服务器出现差错，如服务器失效无法完成请求。

下面几种状态行在响应报文中是经常见到的。

HTTP/1.1 202 Accepted （接收）

HTTP/1.1 400 Bad Request （错误的请求）

HTTP/1.1 404 Not Found （找不到）

图 2-8 HTTP 协议（续二）

2.2.4 抓包分析应用层协议

在计算机中安装抓包工具可以捕获网卡发出和接收到的数据包，当然也能捕获应用程序通信的数据包。这样就可以直观地看到客户端和服务器端的交互过程，客户端发送了哪些请求，服务器返回了哪些响应，这就是应用层协议的工作过程。

下面会给大家展示使用抓包工具捕获 SMTP 客户端（Outlook Express）向 SMTP 服务器端发送电子邮件的过程，可以看到客户端向服务器发送的请求（命令）以及服务器向客户端发送的响应（状态代码）。

抓包工具 Ethereal 有两个版本，在 Windows XP 和 Windows Server 2003 上使用 Ethereal 抓包工具，在 Windows 7 和 Windows 10 上使用 Wireshark（Ethereal 的升级版）抓包工具。建议在 VMWare Workstation 虚拟机中完成抓包分析过程。以下操作在 Windows XP 虚拟机中进行，因为 Windows XP 中有 Outlook Express，将虚拟机网卡指定到 NAT 网络，这样抓包工具不会捕获物理网络中大量无关的数据包。

登录网易邮箱，申请一个电子邮箱，启用 POP3 和 SMTP 服务，如图 2-9 所示。

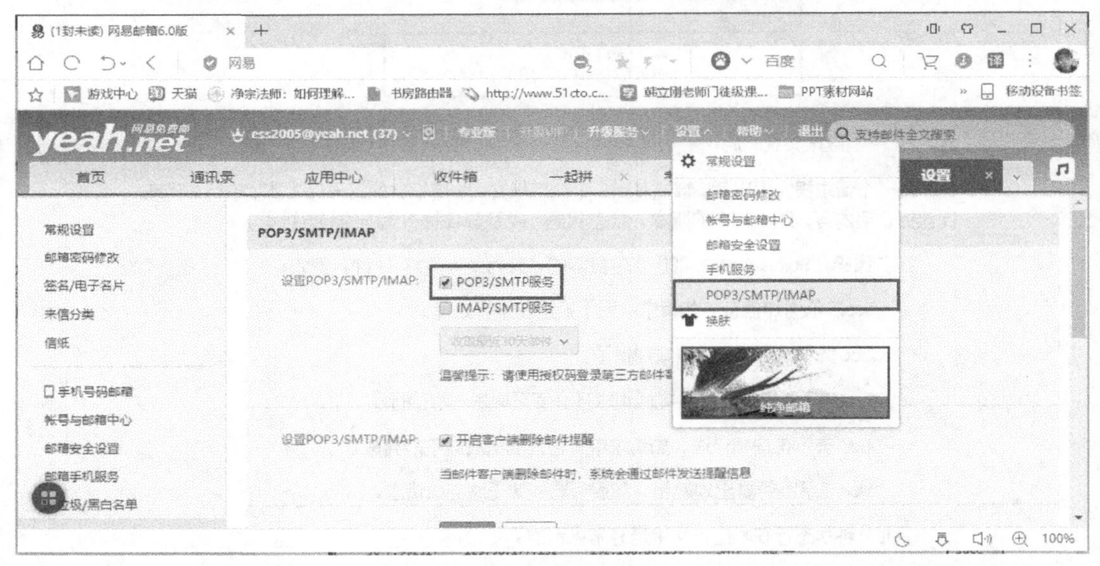

图 2-9 启用 POP3 和 SMTP 服务

在 Windows XP 上，安装 Ethereal，运行抓包工具，打开 Outlook Express，使用申请的电子邮件账户连接到邮件服务器，给自己写一封邮件，单击“发送/接收”，停止抓包，如图 2-10 所示，可以看到发送邮件的协议 SMTP，右击该数据包，单击“Follow TCP Stream”。

Outlook Express 就是 SMTP 客户端，如图 2-11 所示，可以看到 SMTP 客户端向 SMTP 服务器发送电子邮件的交互过程。

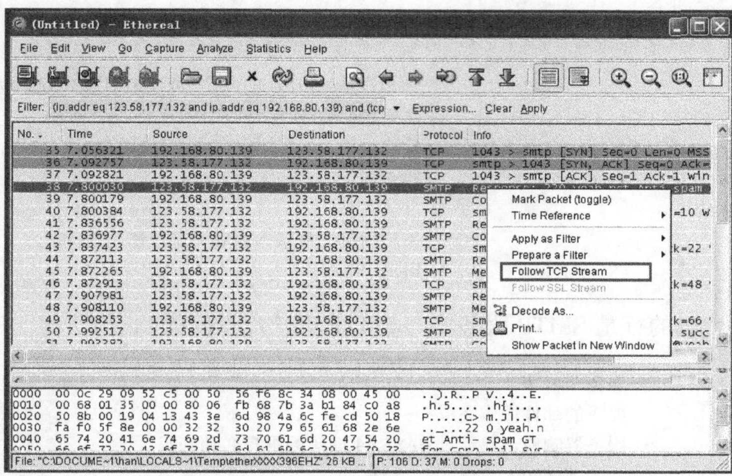

图 2-10 筛选数据包

图 2-11 发送电子邮件的交互过程

图中 SMTP 客户端向 SMTP 服务器发送的命令以及顺序如下。

```
EHLO xp                              -- EHLO 是对 HELO 的扩展，可以支持用户认证，xp 是客户端计算机名
AUTH LOGIN                           --需要身份验证
MAIL FROM: <ess2005@yeah.net>        --发件人
RCPT TO: <ess2005@yeah.net>          --收件人
DATA --邮件内容
.                                    --表示结束，将输入内容一起发送出去
QUIT                                 --退出
```

图中有状态代码的行是 SMTP 服务器向 SMTP 客户端返回的响应。

```
220<domain>        --服务器就绪
250                --要求的邮件操作完成
334                --服务器响应，已经过 BASE64 编码的用户名和密码
354                --开始邮件输入，以“.”结束
221                --服务关闭
```

从以上捕获的数据包，我们就可以看到 SMTP 协议、客户端向服务器发送的命令以及服务器返回的响应。

2.2.5 应用层协议和高级防火墙

高级防火墙能够识别应用层协议的方法，可以设置高级防火墙禁止客户端向服务器发送某个请求，也就是禁用应用层协议的某个方法。比如浏览器请求网页使用的是 GET 方法，向 Web 服务器提交内容使用的是 POST 方法，如果企业不允许员工在 Internet 上的论坛发帖，可以在企业网络边缘部署高级防火墙以禁止 HTTP 协议的 POST 方法，如图 2-12 所示。

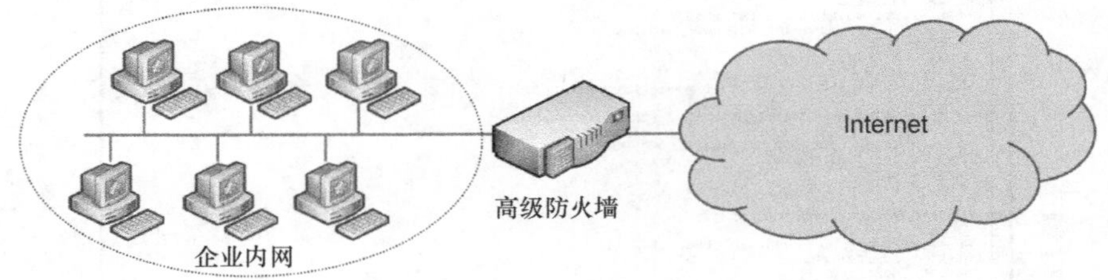

图 2-12 部署高级防火墙

图 2-13 所示是微软企业级防火墙 TMG，配置 HTTP 协议，阻止 POST 方法。注意：方法名称区分大小写。

在 Windows Server 2012 R2 上安装 FTP 服务，可以设置禁止 FTP 协议的某些方法。下面的操作就是在 Windows 7 中安装 Wireshark 抓包工具，开始抓包后，访问 Windows Server 2012 R2 上的 FTP 服务，上传一个 test.txt 文件，重命名为 abc.txt，最后删除 FTP 服务器上的 abc.txt 文件，抓包工具捕获 FTP 客户端发送的全部命令。

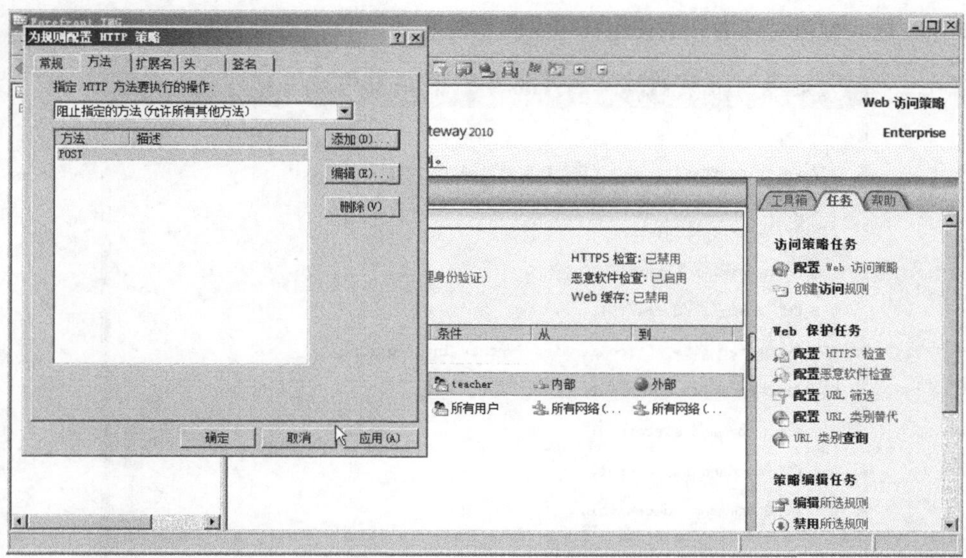

图 2-13　配置 HTTP 协议，阻止 POST 方法

如图 2-14 所示，右击 FTP 协议数据包，单击“跟踪流”→“TCP 流”。

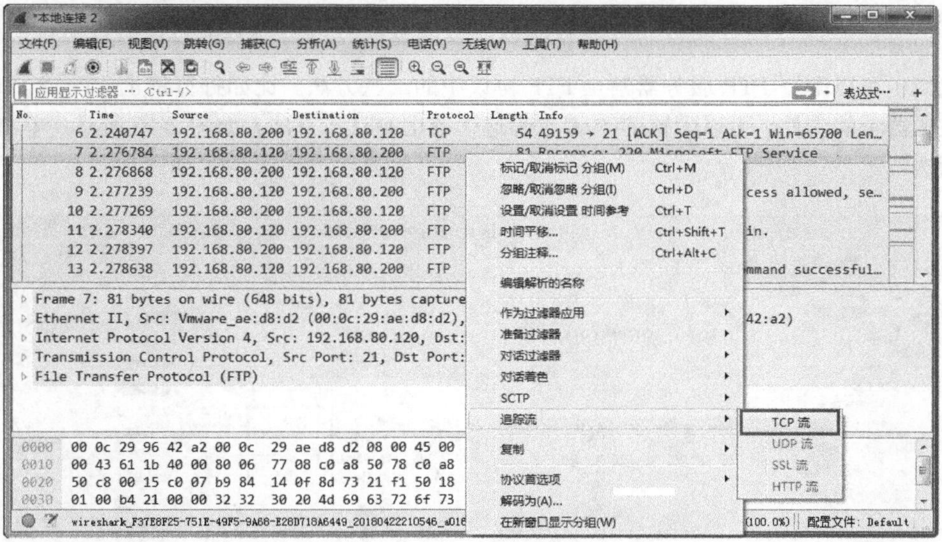

图 2-14　访问 FTP 服务器的数据包

接下来会出现图 2-15 所示的窗口，将 FTP 客户端访问 FTP 服务器的所有交互过程中产生的数据整理到一起，可以看到 FTP 协议中的方法，“STOR”方法上传 test.txt，“CWD”方法改变工作目录，“RNFR”方法重命名 test.txt，“DELE”方法删除 abc.txt 文件。如果想看到 FTP 协议的其他方法，可以使用 FTP 客户端在 FTP 服务器上执行创建文件夹、删除文件夹、下载文

件等操作，这些操作对应的方法使用抓包工具都能看到。

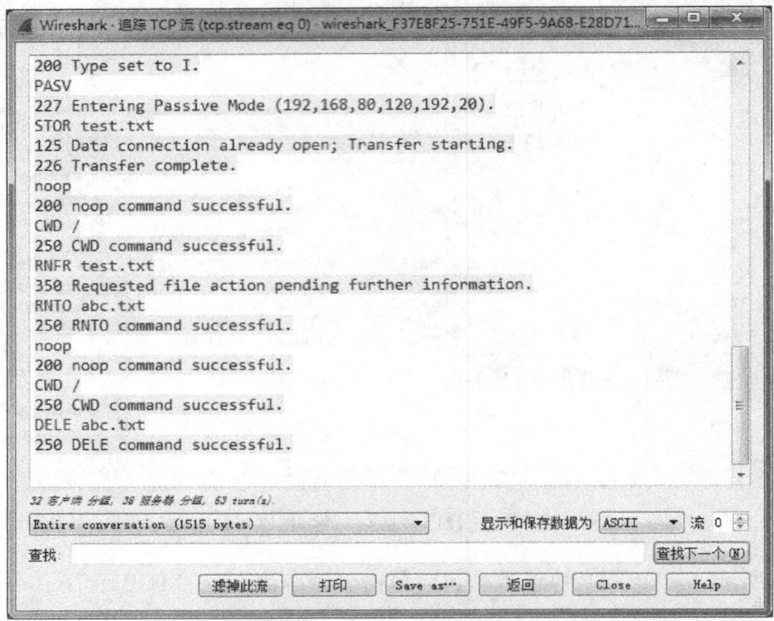

图 2-15　FTP 客户端访问 FTP 服务器的交互过程

我们也可以配置 FTP 服务器禁止 FTP 协议中的一些方法。比如打算禁止 FTP 客户端删除 FTP 服务器上的文件，可以配置 FTP 请求筛选，禁止 DELE 方法。如图 2-16 所示，单击“FTP 请求筛选”。

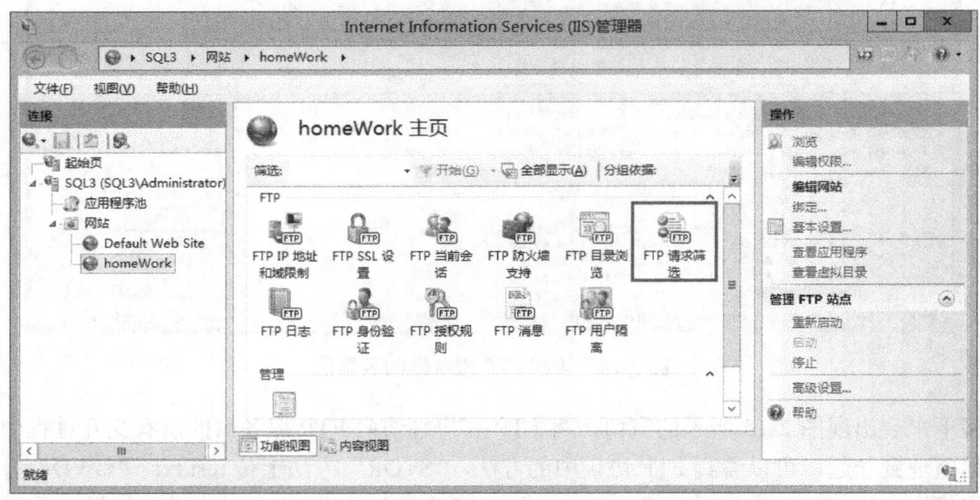

图 2-16　配置 FTP 请求筛选

如图 2-17 所示，在“FTP 请求筛选”界面，单击“命令”，再单击“拒绝命令...”，在出现的“拒绝命令”对话框中输入“DELE”，单击“确定”。

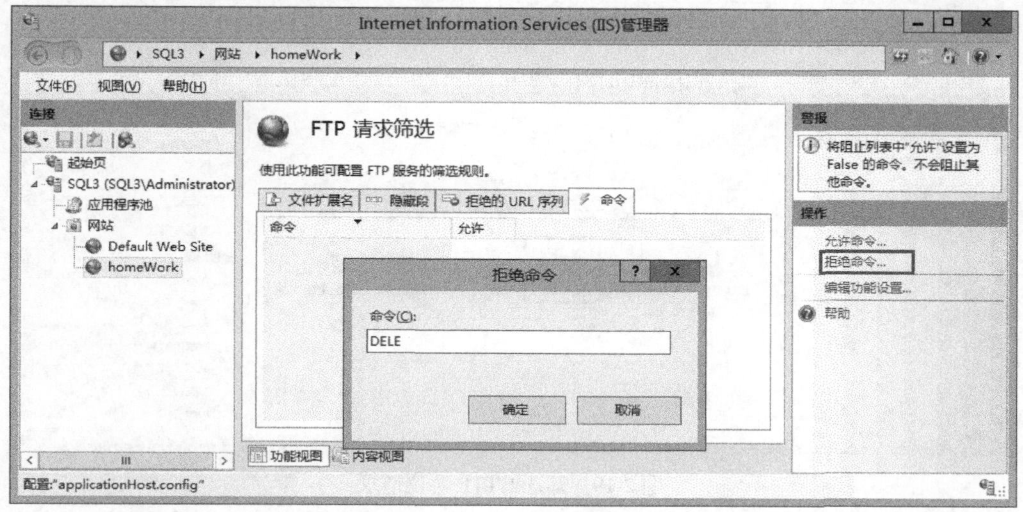

图 2-17 禁用 DELE 方法

在 Windows 7 上再次删除 FTP 服务器上的文件，就会出现提示“500 Command not allowed”，如图 2-18 所示，意为命令不被允许。

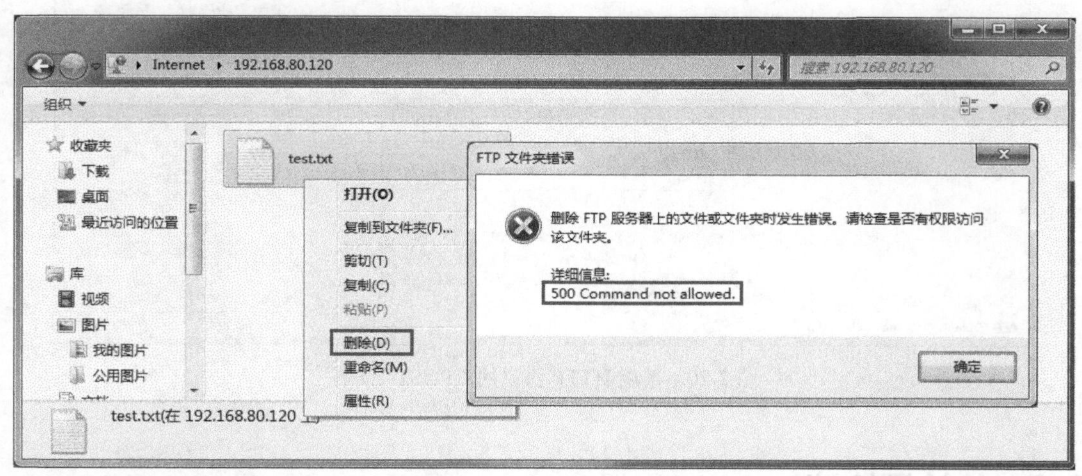

图 2-18 命令不允许

Windows Server 2012 R2 的 Web 站点也可以禁止 HTTP 协议的某些方法，如图 2-19 所示，单击“请求筛选”。

如图 2-20 所示，在“HTTP 谓词”选项卡下，单击“拒绝谓词...”，输入拒绝的方法“POST”，浏览器向该网站发送的 POST 请求就被拒绝。

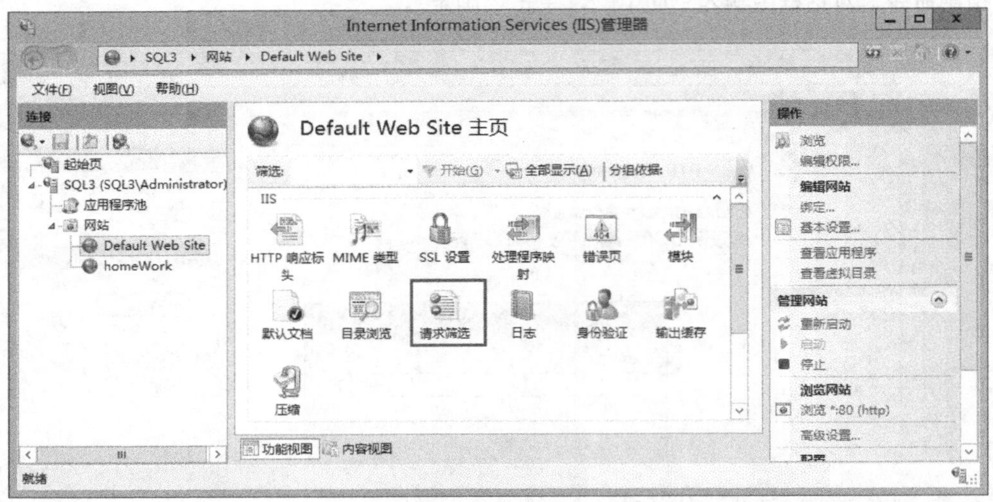

图 2-19 筛选 HTTP 协议请求

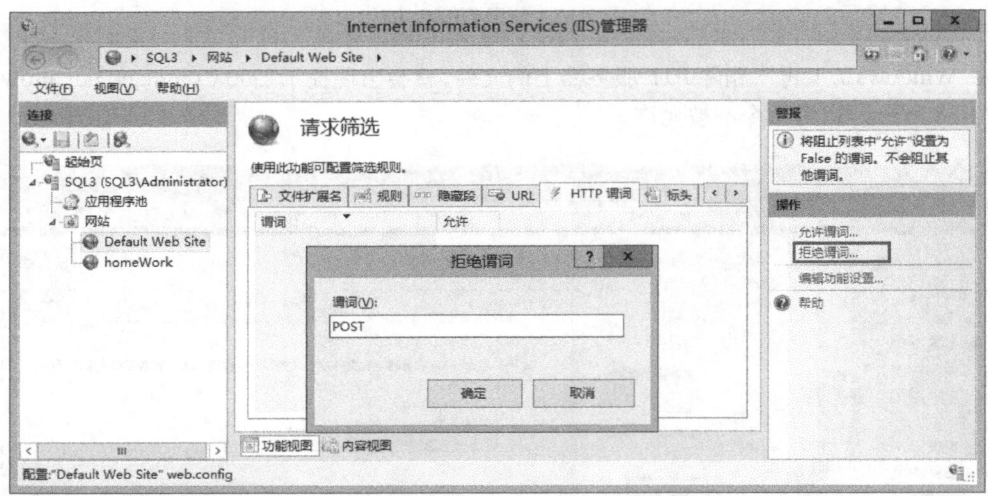

图 2-20 禁用 HTTP 协议的“POST”方法

2.3 传输层协议

2.3.1 TCP 和 UDP 的应用场景

使用快递寄东西，要打包，包裹的大小是有限制的。如果寄的东西少，可以打包成一个包裹邮寄；如果寄的东西多，那就要打包成多个包裹，每个包裹都贴上快递单子，作为两个独立的件发送。客户端程序和服务器端程序通信也会分两种情况：

- 应用程序要传输的文件大，就要分段传输，每段封装成一个数据包，在接收端将分段组装成完整的文件。
- 应用程序要传输的文件小，就不需要分段，封装成一个数据包发出。

针对这两种情况，TCP/IP 协议定义了两个传输层协议，为应用程序通信（应用层）提供服务，分别是传输控制协议（Transmission Control Protocol，TCP）和用户数据报协议（User Datagram Protocol，UDP）。

传输层协议的甲方和乙方分别是通信的两台计算机的传输层，如图 2-21 所示，传输层协议为应用层协议提供服务。

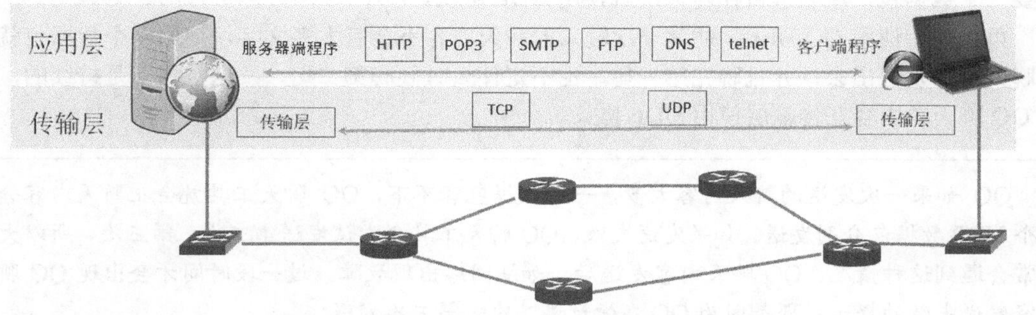

图 2-21　传输层协议与应用层协议之间的关系

如果应用程序要传输的文件大，需要将内容分段发送，在传输层通常就使用 TCP 协议，在发送方和接收方之间建立连接，实现可靠传输、流量控制和拥塞避免。

网络中一个数据包的大小通常是 1500 个字节，其中的数据是 1460 个字节，这就意味着如果要传输的文件大于 1460 个字节，就要分成多个数据包传输。比如要从网络中下载一部 500MB 的电影，或下载一个 200MB 的软件，这么大的文件需要分段发送，发送过程需要持续几分钟或几十分钟。在此期间，发送方将要发送的文件内容以字节为单位流入发送缓存，在发送缓存中分段，并对分段进行编号，加上 IP 地址后封装成数据包，按顺序发送。

网络就像公路，数据包就像汽车，在上下班高峰期交通会出现拥堵。当网络中涌入的数据包超出路由器转发能力时，路由器会丢弃来不及处理的数据包（丢包）。不同分段可能会沿不同的路径到达目的计算机，虽然发送端按分段的编号顺序发送分段，但这些分段不一定按顺序到达接收端（乱序）。

可见网络是不可靠的，既不能保证不丢包，也不能保证按顺序到达。TCP 协议能够实现发送端和接收端的可靠传输，对丢了的数据包自动重传，分段在接收端缓存中能正确排序。TCP 协议能够在不可靠的网络上实现数据的可靠传输。TCP 协议在传输数据之前需要建立 TCP 连接，进行可靠传输（丢包自动重传，分段在接收端排序），通信过程有流量控制，拥塞避免，通信结束后要释放连接。

如果应用程序要发送的数据一个数据包就能发送全部内容，在传输层通常就使用 UDP 协议。一个数据包就能发送全部内容，在传输层不需要分段，不需要编号，不需要在发送方和接收方建立连接，不判断数据包是否到达目的端（不可靠传输），发送过程也不需要流量控制、拥塞避免。这就使得 UDP 具有 TCP 望尘莫及的速度优势。TCP 协议中植入了各种可靠保障功能，在实际执行的过程中会占用系统资源，使速度受到影响。UDP 由于排除了信息可靠传输机制，降低了执行时间，使速度得到了保证。

比如在计算机上打开浏览器，输入 http://www.epubit.com，计算机就需要将该域名解析成 IP 地址，就会向 DNS 服务器发送一个数据包，查询该域名对应的 IP 地址，DNS 服务器将查询结果放到一个数据包发送给计算机。发送域名解析请求只需要一个数据包，返回解析结果也只需要一个数据包，域名解析在传输层就使用 UDP 协议。

再比如，使用 QQ 聊天，通常一次输入的聊天内容不会有太多文字，使用一个数据包就能把聊天内容发送出去，并且聊完第一句，也不定什么时候聊第二句，发送数据不是持续的，发送 QQ 聊天的内容在传输层使用 UDP 协议。

QQ 如果一次发送的聊天内容太多，一个数据包容不下，QQ 聊天工具就会把聊天内容分成两个 UDP 数据包分别发送。如果发送失败，QQ 聊天工具会尝试发送第二次、第三次，所以大家通常会遇到这种情况，QQ 聊天内容发送后，如果网络出现故障，过一段时间才会出现 QQ 聊天内容发送失败的提示，那是因为 QQ 在尝试第二次、第三次发送。

上面举两个例子就是给大家介绍 UDP 协议的应用场景，UDP 协议不负责可靠传输。如果客户端发送的 UDP 报文在网络中丢失，客户端程序没有收到返回的数据包，就再发送一遍，大家可以认为发送成功与否是由应用层判断的。

大家知道了两个传输层协议 TCP 和 UDP 的特点和应用场景，就很容易判断某个应用层协议在传输层使用什么协议。

前面讲了，QQ 聊天时传输层协议使用的是 UDP 协议。如果使用 QQ 给好友传一个文件，传输层使用什么协议呢？传输文件需要持续几分钟或几十分钟，肯定不是使用一个数据包就能把文件传输完的，需要将要传输的文件分段传输，在传输期间需要建立会话、可靠传输、流量控制、拥塞避免等，可以断定在传输层应该使用 TCP 协议来实现这些功能。

访问网站、发送电子邮件、访问 FTP 服务器下载文件，这些应用在传输层使用什么协议呢？其实只要想一想，要传输的网页、所发送电子邮件的内容和附件、从 FTP 下载的文件都需要拆分成多个数据包发送，就可以判断这些应用在传输层应该使用 TCP 协议。

在这里需要强调的是：使用多播通信发送数据在传输层也使用 UDP 协议，多播通信虽然是持续发送数据包，但不需要和接收方建立会话进行可靠传输，因此在传输层使用 UDP 协议。比如机房多媒体教室软件，教师端发送屏幕广播，机房的学生计算机接收到教师计算机传输的屏幕，传输层使用 UDP 协议。

实时通信通常也会使用 UDP 协议，比如和好友 QQ 语音聊天，要求双方聊天的内容即刻发送到对方，不允许有很大延迟。如果聊天过程中网络堵塞，有丢包现象，对方听到的声音就会出现断断续续。有人说那就使用可靠传输吧，大家想想那将会出现什么样的场景呢？如果使用 TCP 实现可靠通信，聊天的内容丢包重传，在接收端排序后再播放声音，你的好友等到这句完整的话，可能需要几秒钟，你们就不能愉快地聊天了，所以实时通信在传输层还是选择 UDP 协议。

下面重点讲解传输层协议中的 TCP 协议。

2.3.2 TCP 协议可靠传输的实现

下面举例说明发送端和接收端实现可靠传输的方式。

如图 2-22 所示，浏览器请求 Web 服务器上的一个网页，网页中的内容以字节流的形式源源不断地流入发送缓存，在发送缓存中将内容分段，并给分段编号，分段大小通常不超过 1460 个字节。接收端有接收缓存，无论分段是否按顺序到达，在接收缓存中按编号排序，会等待迟到的分段，浏览器从接收缓存读取连续的字节。

丢包怎么解决呢？超时自动重传。即发送端每发送一个分段，就记下发送时间，等一段时间（一段往返时间再多一点的时间），如果还没有收到接收端的确认，就会自动重发这个分段。这就意味着，接收端只要没有告诉发送端收到，发送端就会超时自动重传。

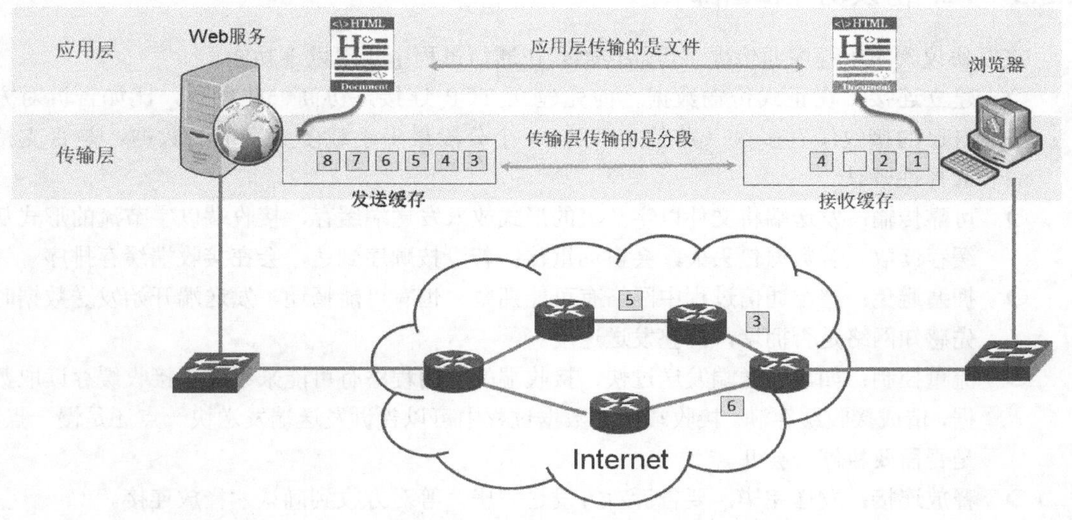

图 2-22 TCP 可靠传输的实现

现在 Internet 中的计算机无论使用什么操作系统，相互之间都能够实现可靠传输，这归功于 Internet 上不同的操作系统可靠传输使用的都是 TCP 协议，如图 2-23 所示。

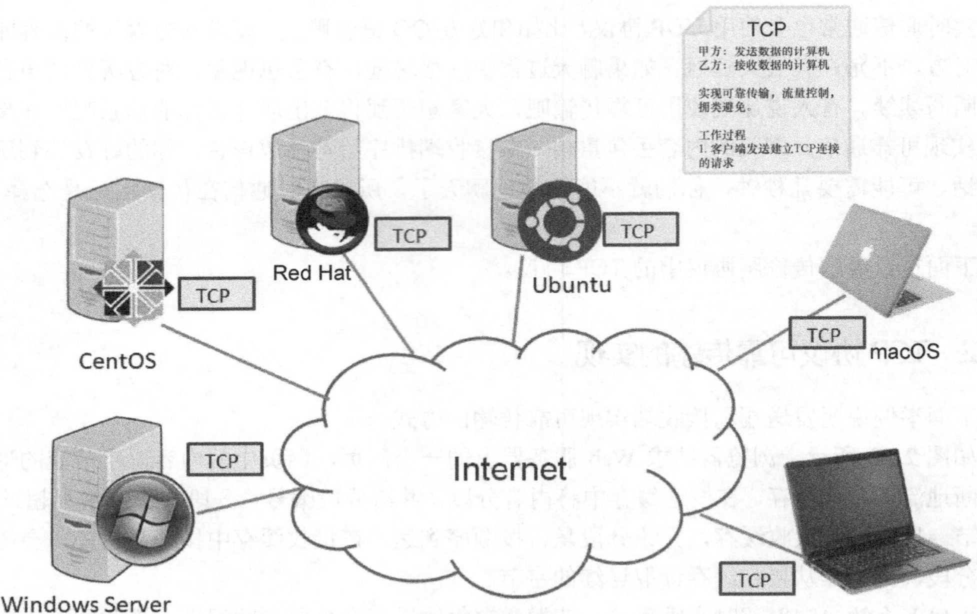

图 2-23 TCP 协议使得全球使用不同操作系统的计算机能够进行可靠传输

2.3.3 TCP 协议功能和首部

TCP 协议为应用程序通信提供可靠传输。在通信过程中实现以下功能。

- 建立连接：在正式传输数据之前先建立 TCP 连接，协商一些参数，比如告诉对方自己的接收缓存多大（单位字节），一个分段最多承载多少字节的数据，是否支持选择性确认。
- 可靠传输：发送端将文件以字节流的形式放入发送端缓存，接收端以字节流的形式从缓存读取。若数据包丢失，会自动重传；若没按顺序到达，会在接收端缓存排序。
- 拥塞避免：整个通信过程中网络有可能拥塞，也有可能畅通，发送端开始发送数据时先感知网络是否拥堵，调整发送速度。
- 流量控制：如果发送端发送过快，接收端的应用程序有可能来不及从接收缓存读取数据，造成接收缓存满。接收端接收数据过程中可以告诉发送端发送快一点还是慢一点，是否需要暂停一会儿。
- 释放连接：发送完毕，要告诉对方发送完毕，等对方收到确认才释放连接。

要实现以上功能，传输层分段要加上 TCP 首部，TCP 协议规定了 TCP 首部有哪些字段、每个字段所代表的意义，发送方和接收方使用传输层首部这些字段实现可靠传输、流量控制、拥塞避免。TCP 首部长度不固定，有 20 个字节的固定长度，选项部分长度不固定，如图 2-24 所示。

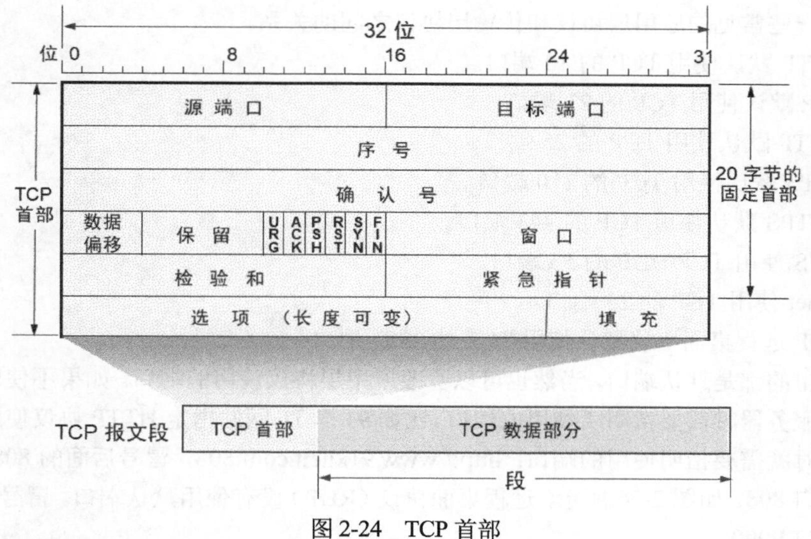

图 2-24 TCP 首部

图中的源端口、目标端口、序号、确认号、数据偏移等是首部的字段。图中标识的 32 位，是指长度为 32 位的二进制。可以看到源端口占 16 位二进制，即两个字节（1 个字节=8 位二进制），最大值是 65 535，序号和确认号占 32 位的二进制，4 个字节。URG、ACK、PSH、RST、SYN 和 FIN 字段占一位二进制，我们称之为标记位。各字段的意义在这里不做过多讲解，要想详细掌握各字段的意义，需要学习计算机网络原理。

2.3.4 传输层协议和应用层协议之间的关系

TCP/IP 协议中的应用层协议很多，传输层就两个协议，如何使用两个传输层协议标识应用层协议呢？

用传输层协议加一个端口号来标识一个应用层协议。如图 2-25 所示，图中标明了传输层协议和应用层协议之间的关系。

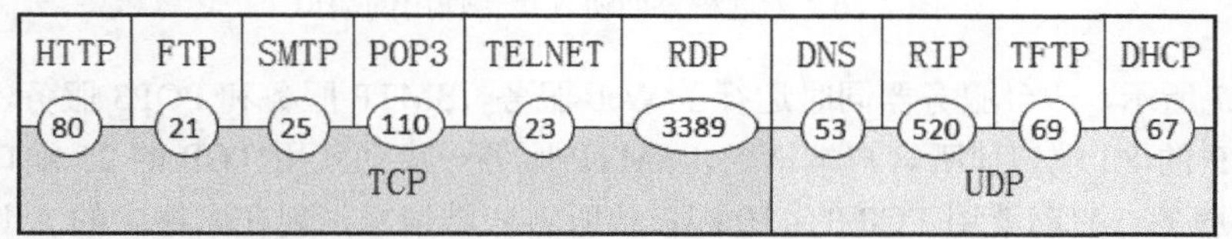

图 2-25 传输层协议和应用层协议之间的关系

DNS 同时占用 UDP 和 TCP 端口 53 是公认的，通过抓包分析，几乎所有的情况都在使用 UDP，说明 DNS 主要还是使用 UDP， DNS 在进行区传送的情况下会使用 TCP 协议（区传送是指一个区域内主 DNS 服务器和辅助 DNS 服务器之间建立通信连接并进行数据传输的过程），这个存在疑问？

下面是一些常见的应用层协议和传输层协议之间的关系。

- HTTP 默认使用 TCP 的 80 端口。
- FTP 默认使用 TCP 的 21 端口。
- SMTP 默认使用 TCP 的 25 端口。
- POP3 默认使用 TCP 的 110 端口。
- HTTPS 默认使用 TCP 的 443 端口。
- DNS 使用 TCP/UDP 的 53 端口。
- telnet 使用 TCP 的 23 端口。
- RDP 远程桌面协议默认使用 TCP 的 3389 端口。

以上列出的都是默认端口，当然也可以更改应用层协议使用的端口。如果不使用默认端口，客户端访问服务器时需要指明所使用的端口。比如 91 学 IT 网站指定 HTTP 协议使用 808 端口，访问该网站时就需要指明使用的端口：http://www.91xueit.com:808，冒号后面的 808 指明 HTTP 协议使用端口 808。如图 2-26 所示，远程桌面协议（RDP）没有使用默认端口，冒号后面的 9090 指定使用端口 9090。

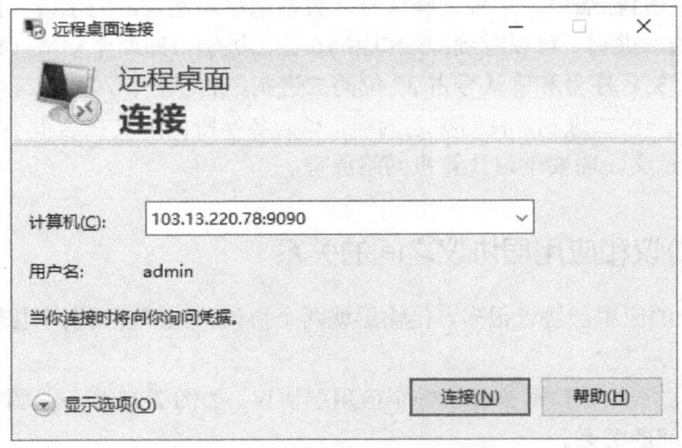

图 2-26 为远程桌面协议指定使用的端口

如图 2-27 所示，一台服务器同时运行了 Web 服务、SMTP 服务和 POP3 服务，Web 服务一启动就用 TCP 的 80 端口侦听客户端请求，SMTP 服务一启动就用 TCP 的 25 端口侦听客户端请求，POP3 服务一启动就用 TCP 的 110 端口侦听客户端请求。现在网络中的 A 计算机、B 计算机和 C 计算机分别打算访问端口服务器的 Web 服务、SMTP 服务和 POP3 服务。发送 3 个数据包①②③，这 3 个数据包的目标端口分别是 80、25 和 110，服务器收到这 3 个数据包，就根据目标端口将数据包提交给不同的服务进行处理。

现在大家就会明白，数据包的目标 IP 地址用来定位网络中的某台服务器，目标端口用来定位服务器上的某个服务。

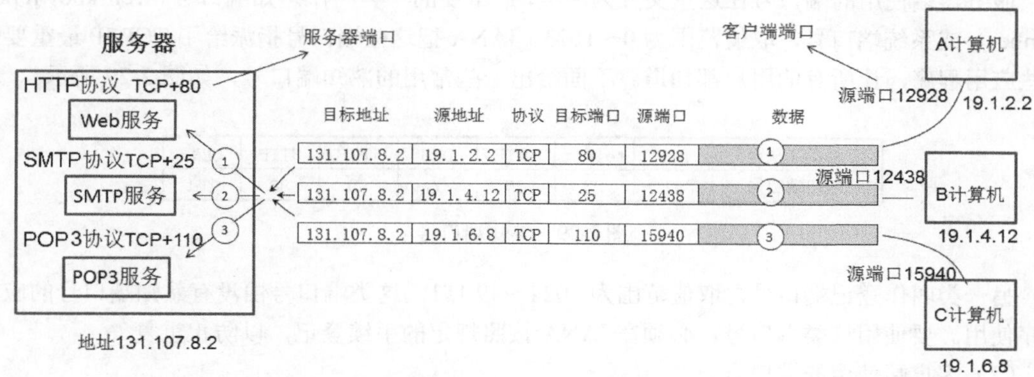

图 2-27 应用层协议和传输层协议之间的关系

上图给大家展示了 A、B、C 计算机访问服务器的数据包，有目标端口和源端口，源端口是计算机临时为客户端程序分配的，服务器向 A、B、C 计算机发送数据包时，源端口就会变成目标端口。

如图 2-28 所示，A 计算机打开谷歌浏览器，一个窗口访问百度网站，另一个窗口访 51CTO 网页，这就需要建立两个 TCP 连接。A 计算机会给每个窗口临时分配一个客户端端口（要求本地唯一），这样从 51CTO 学院返回的数据包的目标端口是 13456，从百度网站返回的数据包的目标端口是 12928，这样 A 计算机就知道这些数据包来自哪个网站，应给哪一个窗口。

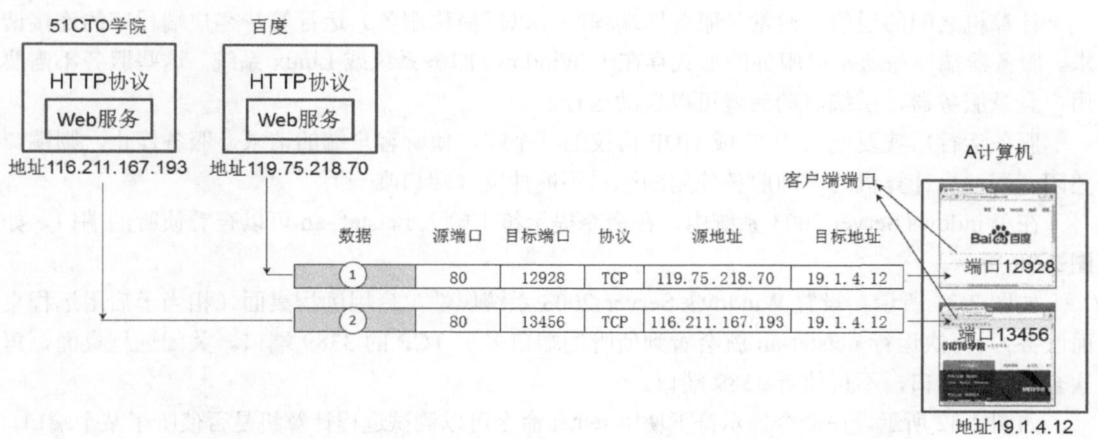

图 2-28 源端口的作用

在传输层使用 16 位二进制标识一个端口，端口号的取值范围是 0～65 535，这个数目对一台计算机来说足够用了。

端口号分为如下两大类。

（1）服务器端使用的端口号。

服务器端使用的端口号在这里又分为两类，最重要的一类叫作熟知端口号（well-known port number）或系统端口号，取值范围为0～1023。IANA 把这些端口号指派给了 TCP/IP 最重要的一些应用程序，让所有的用户都知道。下面给出一些常用的熟知端口号，如图 2-29 所示。

应用程序或服务	FTP	telnet	SMTP	DNS	TFTP	HTTP	SNMP
熟知端口号	21	23	25	53	69	80	161

图 2-29　熟知端口号

另一类叫作登记端口号，取值范围为1024～49 151。这类端口号由没有熟知端口号的应用程序使用。要使用这类端口号，必须在 IANA 按照规定的手续登记，以防止重复。

（2）客户端使用的端口号。

当打开浏览器访问网站，或登录 QQ 等客户端软件和服务器建立连接时，计算机会为客户端软件分配临时端口，这就是客户端端口，取值范围为 49 152～65 535。由于这类端口号仅在客户进程运行时才动态选择，因此又叫作临时（短暂）端口号。这类端口号留给客户进程暂时使用。当服务器进程收到客户进程的报文时，就知道了客户进程所使用的端口号，因而可以把数据发送给客户进程。通信结束后，刚才已使用过的客户端口号就不复存在。这个端口号就可以供其他客户进程以后使用。

2.3.5　服务和端口之间的关系

计算机之间的通信，通常是服务器端程序（以后简称服务）运行等待客户端程序的连接请求。服务器端程序通常以服务的形式存在于 Windows 服务系统或 Linux 系统。这些服务不需要用户登录服务器，系统启动后就可以自动运行。

服务运行后就要使用 TCP 或 UDP 协议的某个端口侦听客户端的请求，服务停止，则端口关闭，同一台计算机的不同服务使用的端口不能冲突（端口唯一）。

在 Windows Server 2003 系统中，在命令提示符下输入 netstat -an 可以查看侦听的端口，如图 2-30 所示。

如图 2-31 所示，设置 Windows Server 2003 系统属性，启用远程桌面（相当于启用远程桌面服务），再次运行 netstat-an 就会看到侦听的端口多了 TCP 的 3389 端口。关闭远程桌面，再次查看侦听端口，不再侦听 3389 端口。

如图 2-32 所示，在命令提示符下使用 telnet 命令可以测试远程计算机是否侦听了某个端口，只要 telnet 没有提示端口打开失败，就意味着远程计算机侦听该端口。使用端口扫描工具也可以扫描远程计算机打开的端口，如果服务使用默认端口，根据服务器侦听的端口就能判断远程计算机开启了什么服务。你就明白了那些黑客入侵服务器时，为啥需要先进行端口扫描，扫描端口就是为了明白服务器开启了什么服务，知道运行了什么服务才可以进一步检测该服务是否有漏洞，然后进行攻击。

```
C:\WINDOWS\system32\cmd.exe
C:\Documents and Settings\Administrator>netstat -an

Active Connections

  Proto  Local Address          Foreign Address        State
  TCP    0.0.0.0:135            0.0.0.0:0              LISTENING
  TCP    0.0.0.0:445            0.0.0.0:0              LISTENING
  TCP    0.0.0.0:1027           0.0.0.0:0              LISTENING
  TCP    127.0.0.1:1026         0.0.0.0:0              LISTENING
  TCP    192.168.80.188:139     0.0.0.0:0              LISTENING
  TCP    192.168.80.188:1031    192.168.80.1:139       TIME_WAIT
  TCP    192.168.80.188:1032    192.168.80.1:139       TIME_WAIT
  UDP    0.0.0.0:445            *:*
  UDP    0.0.0.0:500            *:*
  UDP    0.0.0.0:1025           *:*
  UDP    0.0.0.0:1029           *:*
  UDP    0.0.0.0:4500           *:*
  UDP    127.0.0.1:123          *:*
  UDP    127.0.0.1:1030         *:*
  UDP    192.168.80.188:53      *:*
  UDP    192.168.80.188:123     *:*
  UDP    192.168.80.188:137     *:*
  UDP    192.168.80.188:138     *:*

C:\Documents and Settings\Administrator>_
```

图 2-30 Windows 系统侦听的端口

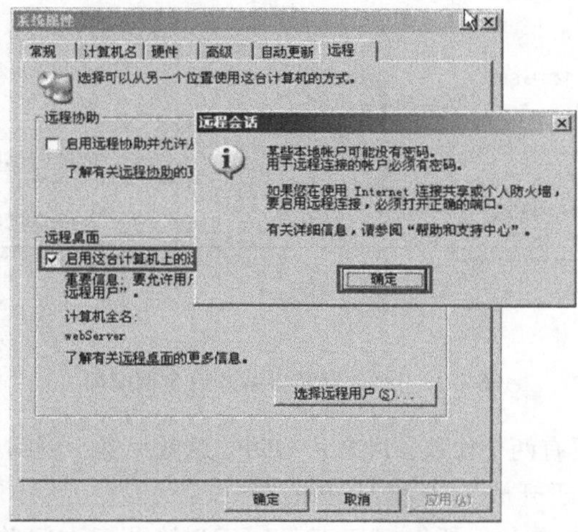

图 2-31 设置 Windows Server 2003 启用远程桌面

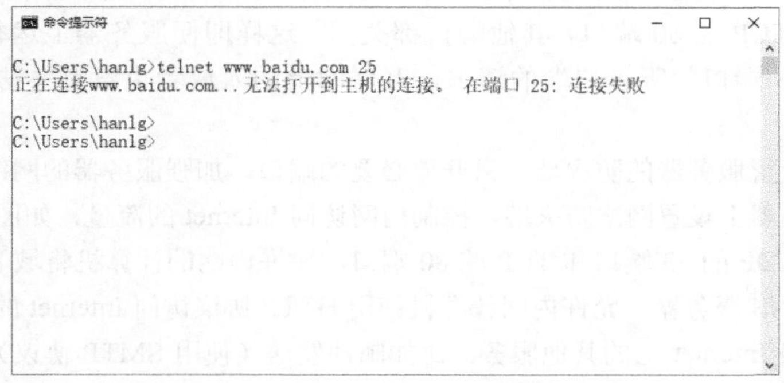

图 2-32 telnet 百度网站是否侦听 25 端口

2.3.6 端口和网络安全的关系

客户端和服务器之间的通信使用应用层协议，应用层协议使用传输层协议+端口标识，知道了这个关系后，网络安全也就应该了解了。

如果在一台服务器上安装了多个服务，其中一个服务有漏洞，被黑客入侵，黑客就能获得操作系统的控制权，进一步破坏掉其他服务。

如图 2-33 所示，服务器对外提供 Web 服务，在服务器上还安装了微软的数据库服务（MsSQL 服务），网站的数据就存储在本地的数据库中。如果没有配置服务器的防火墙对进入的流量做任何限制，且数据库的内置管理员账户 sa 的密码为空或弱密码，网络中的黑客就可以通过 TCP 的 1433 端口连接到数据库服务，猜测数据库的 sa 账户的密码，一旦猜对，就能获得服务器上操作系统管理员的身份，对服务器进行任何操作，这就意味着服务器被入侵。

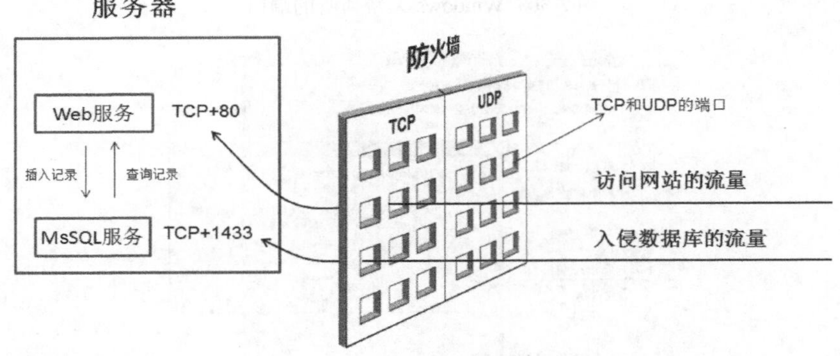

图 2-33 服务器防火墙开放全部端口

TCP/IP 协议在传输层有两个协议：TCP 和 UDP，这就相当于网络中的两扇大门，如图 2-33 所示，门上开的洞就相当于开放 TCP 和 UDP 的端口。

如果想让服务器更加安全，那就把 TCP 和 UDP 这两扇大门关闭，在大门上只开放必要的端口。如图 2-34 所示，如果服务器对外只提供 Web 服务，便可以设置 Web 服务器防火墙只对外开放 TCP 的 80 端口，其他端口都关闭，这样即便服务器上运行了数据库服务，使用 TCP 的 1433 端口侦听客户端的请求，互联网上的入侵者也没有办法通过数据库入侵服务器。

前面讲的是设置服务器的防火墙，只开放必要的端口，加强服务器的网络安全。

也可以在路由器上设置网络防火墙，控制内网访问 Internet 的流量，如图 2-35 所示，企业路由器只开放了 UDP 的 53 端口和 TCP 的 80 端口，允许内网的计算机将域名解析的数据包发送到 Internet 的 DNS 服务器，允许内网计算机使用 HTTP 协议访问 Internet 的 Web 服务器。内网计算机不能访问 Internet 上的其他服务，比如邮件发送（使用 SMTP 协议）和邮件接收（使用 POP3 协议）服务。

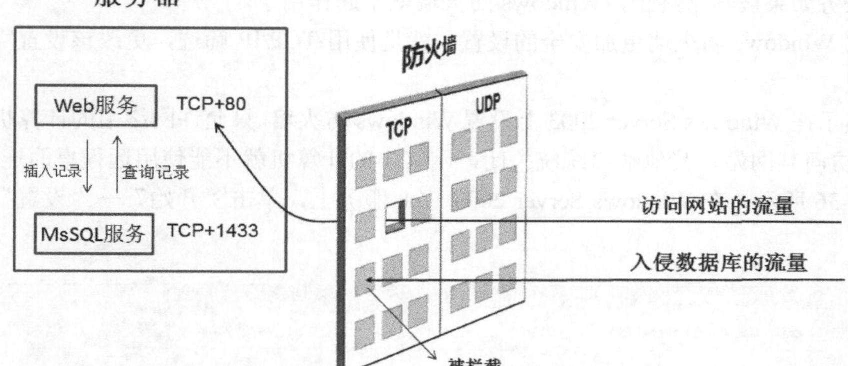

图 2-34 在防火墙中设置对外开放的服务端口

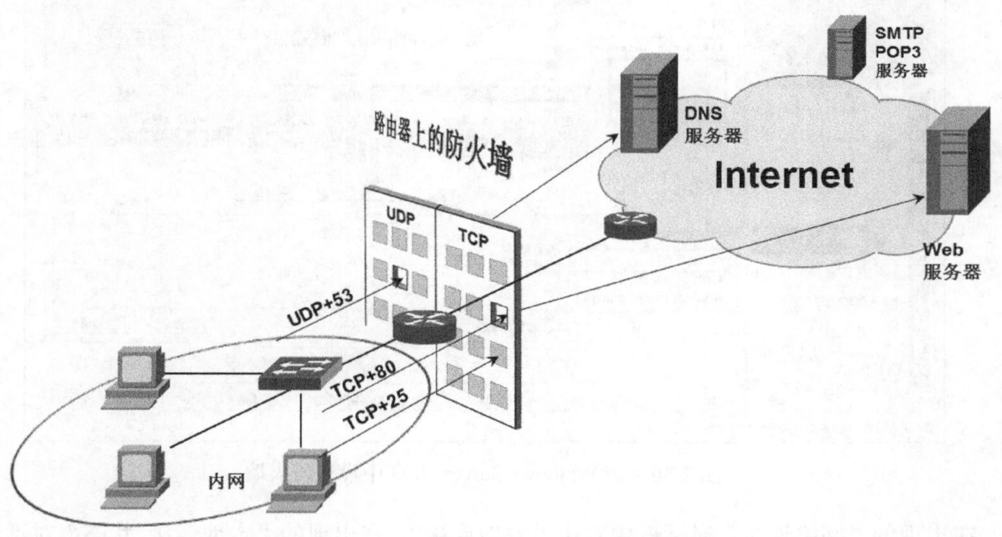

图 2-35 在路由器上封锁端口

现在大家就会明白，如果我们不能访问某台服务器上的服务，也有可能是沿途路由器封掉了该服务使用的端口。在图 2-35 中，对内网计算机 telnet SMTP 服务器的 25 端口，就会失败，这并不是因为 Internet 上的 SMTP 服务器上没有运行 SMTP 服务，而是沿途路由器封掉了访问 SMTP 服务器的端口。

2.3.7 使用 Windows 防火墙和 TCP/IP 筛选实现网络安全

Windows Server 2003 和 Windows XP 都有 Windows 防火墙，通过设置计算机对外开放什么端口来实现网络安全。Windows 防火墙的设置需要 Windows Firewall/Internet Connection Sharing (ICS)

服务，该服务如果被异常终止，Windows 防火墙就不起作用了。

还有比 Windows 防火墙更加安全的设置，就是使用 TCP/IP 筛选，更改该设置需要重启系统才能生效。

现在演示在 Windows Server 2003 上设置 Windows 防火墙，只允许网络中的计算机使用 TCP 的 80 端口访问其网站，其他端口统统关闭，网络中的计算机就不能使用远程桌面连接了。

如图 2-36 所示，在 Windows Server 2003 Web 服务上，单击“开始”→“设置”→“网络连接”。

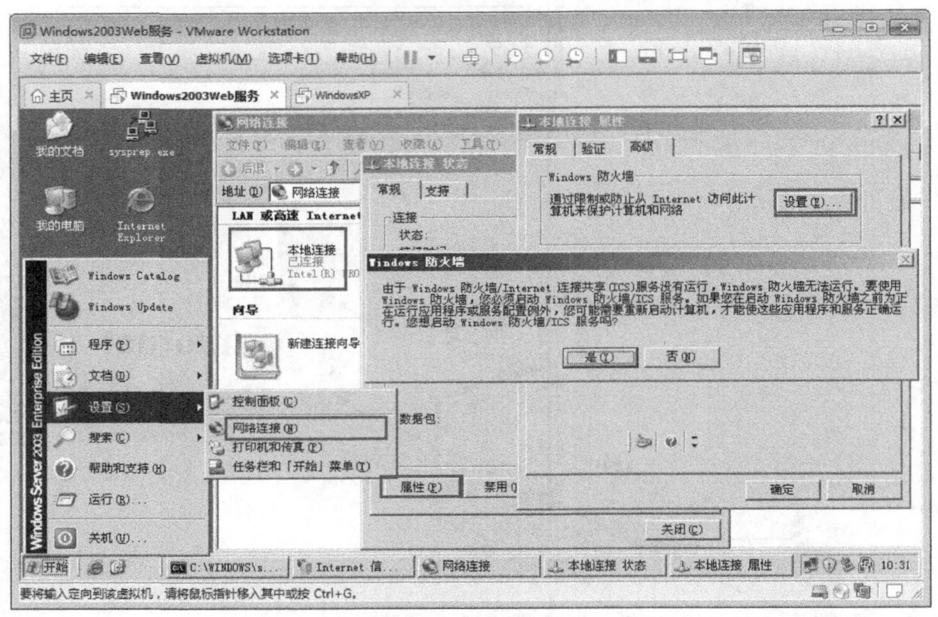

图 2-36 在 Windows Server 2003 中设置防火墙

在出现的“网络连接”对话框中双击“本地连接”。在出现的“本地连接 状态”对话框中，在“常规”选项卡中单击“属性”。在出现的“本地连接 属性”对话框中，在“高级”选项卡中，单击“设置”。在出现的“Windows 防火墙”对话框中，提示要启动 Windows 防火墙/ICS 服务，单击“确定”。

在出现的“Windows 防火墙”对话框中，在“常规”选项卡中选中“启用”，如图 2-37 所示。

如图 2-38 所示，单击“例外”选项卡，可以看到内置的 3 个规则，单击“添加端口”，在出现的添加端口对话框，输入名称和端口号，选择 TCP 协议，单击“确定”。

如图 2-39 所示，在“例外”选项卡中，选中刚刚创建的规则，单击“确定”。

在 Windows XP 上测试，网站能够访问，远程桌面不能连接了，如图 2-40 所示。

在 Windows Server 2003 Web 服务上停止 Windows Firewall/Internet Connection Sharing (ICS) 服务，在 Windows XP 上就能够使用远程桌面连接该服务器了，说明 Windows 防火墙不起作用了，如图 2-41 所示。

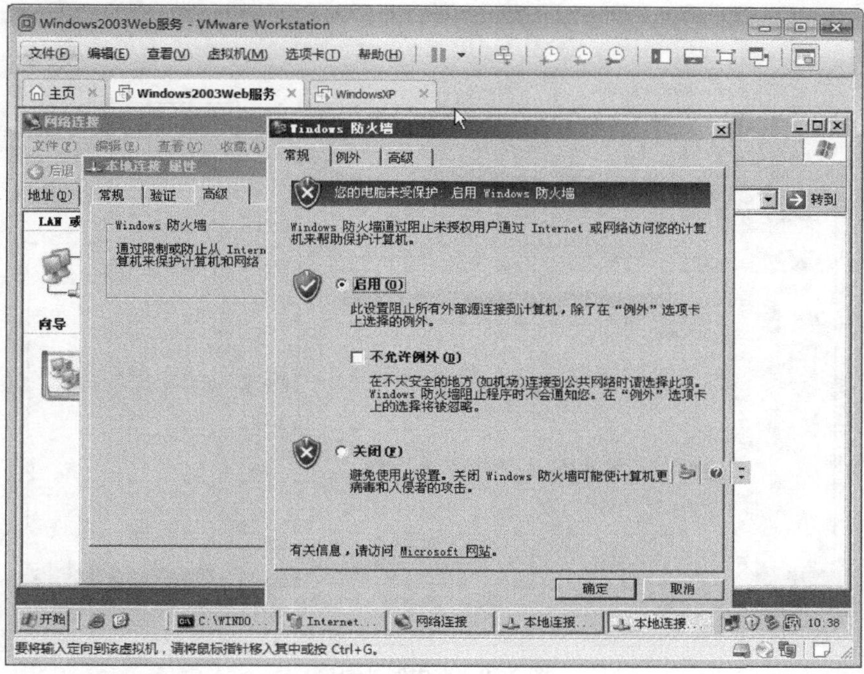

图 2-37 启用 Windows 防火墙

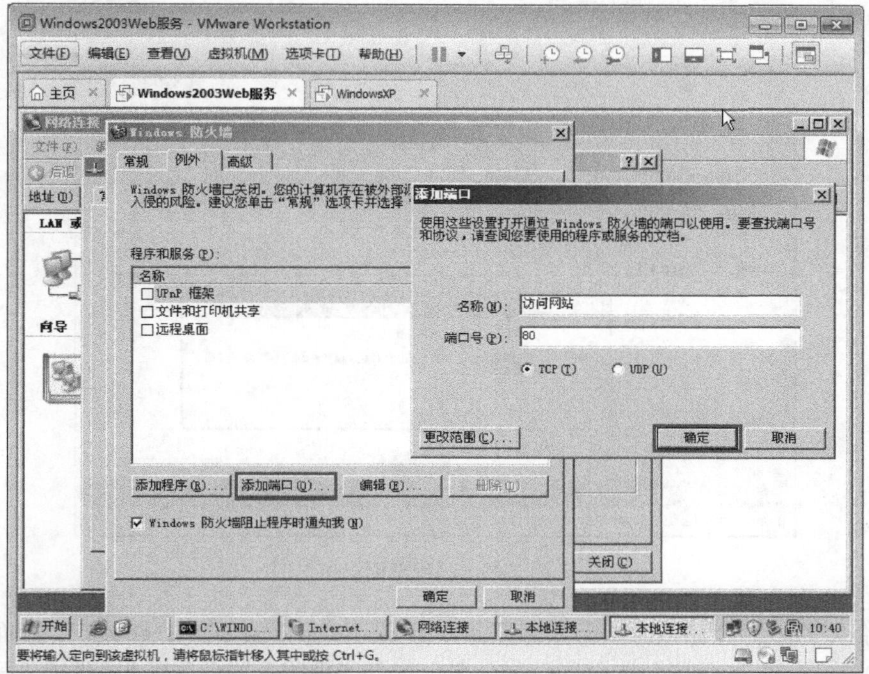

图 2-38 添加例外端口

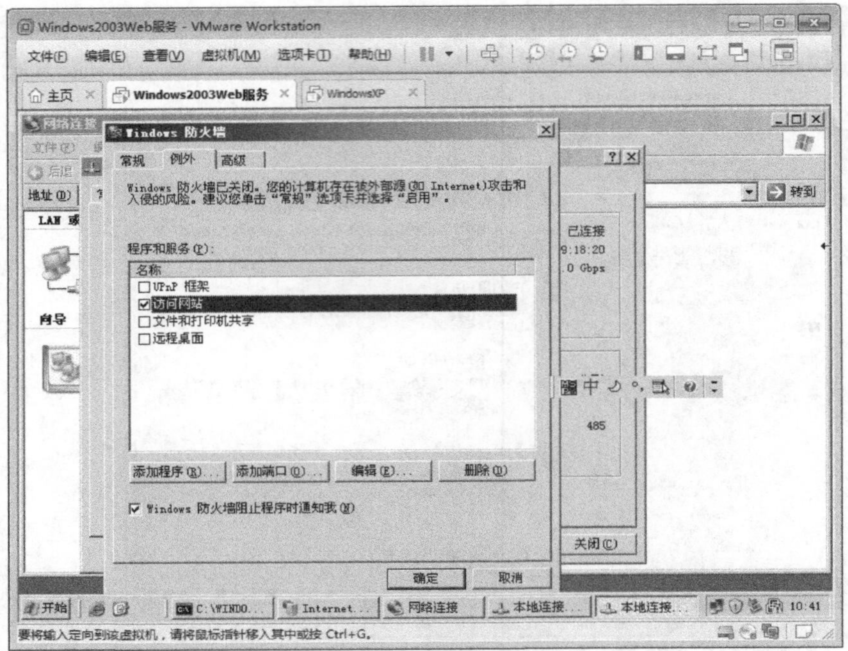

图 2-39 选中例外端口

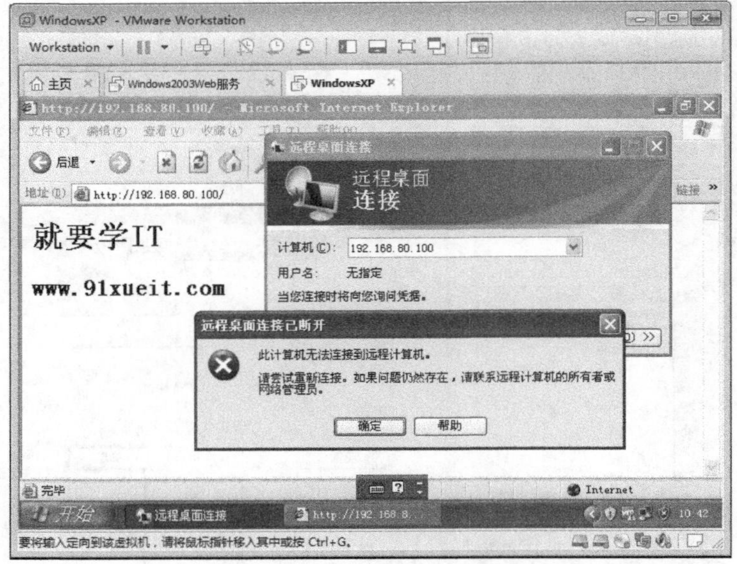

图 2-40 远程桌面测试

下面给大家演示如何在 Windows 上使用 TCP/IP 筛选，只开放 TCP 的 80 端口。上面的操作已经停止了 Windows Firewall/Internet Connection Sharing (ICS)服务，在此基础上，继续下面的操作。

如图 2-42 所示，打开“本地连接 属性”对话框，在“常规”选项卡中选中“Internet 协议（TCP/IP）”，单击“属性”。

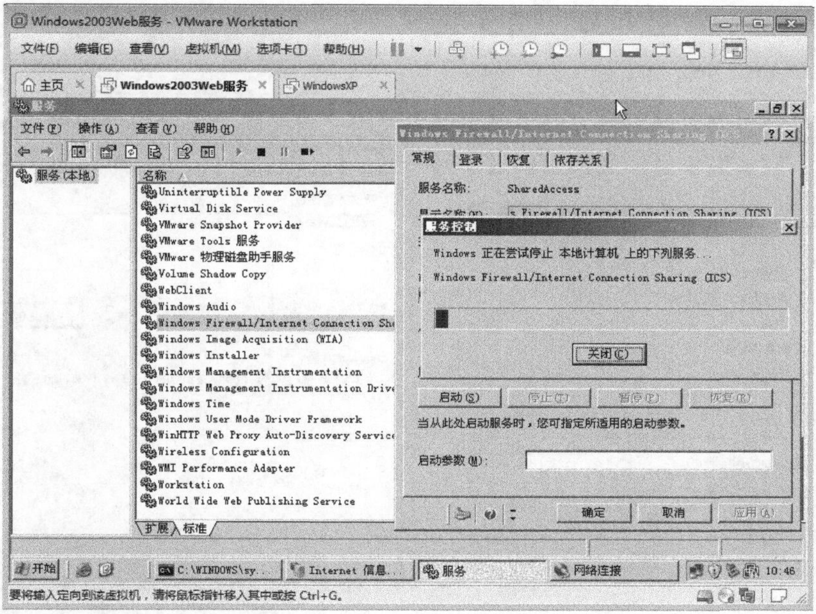

图 2-41 停止 Windows 防火墙/ICS 服务

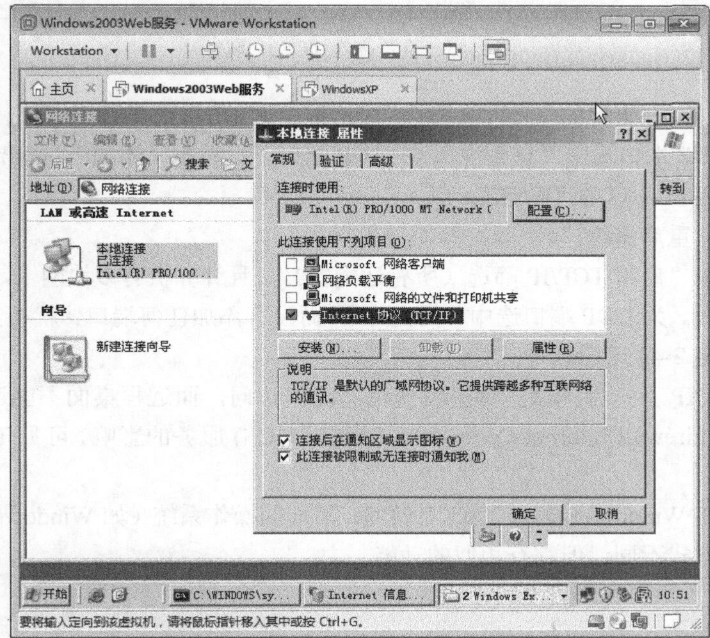

图 2-42 打开“本地连接 属性”对话框

在出现的“Internet 协议（TCP/IP）属性”对话框中单击“高级”，在出现的“高级 TCP/IP 设置”对话框中，在“选项”选项卡中选中“TCP/IP 筛选”，单击“属性”，如图 2-43 所示。

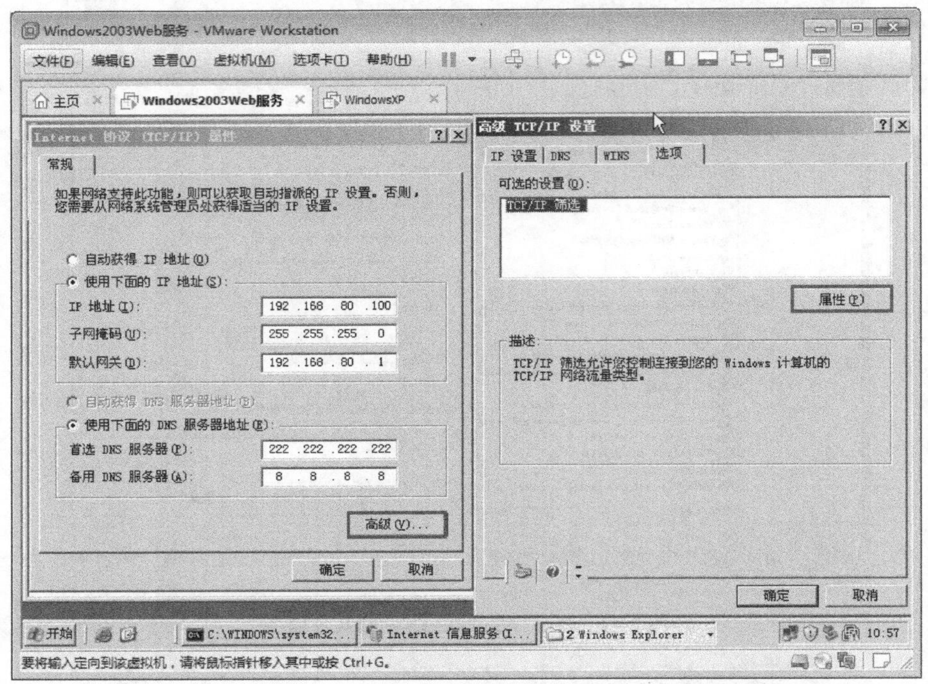

图 2-43 设置高级 TCP/IP 属性

如图 2-44 所示，在出现的“TCP/IP 筛选”对话框中选中“启用 TCP/IP 筛选（所有适配器）”，为 TCP 端口和 UDP 端口选中“只允许”，在 TCP 端口下，单击“添加”，在出现的“添加筛选器”对话框中输入 80，单击“确定”。

设置完成后，重启系统。

如果没有选中“启用 TCP/IP 筛选（所有适配器）”，且计算机有多块网卡，则 TCP/IP 筛选只对当前网卡生效。为 UDP 端口选中“只允许”，而没有添加任何端口，就相当于关闭了 UDP 的全部端口，如图 2-43 所示。

在 Windows XP 上进行测试。你会发现网站能够访问，而远程桌面不能连接，TCP/IP 筛选不受 Windows Firewall/Internet Connection Sharing (ICS) 服务的影响，可见 TCP/IP 筛选的防护更彻底。

以上演示是在 Windows Server 2003 上做的，不同的操作系统（如 Windows 或 Linux）虽然配置命令和配置方式不同，但都有相似的功能。

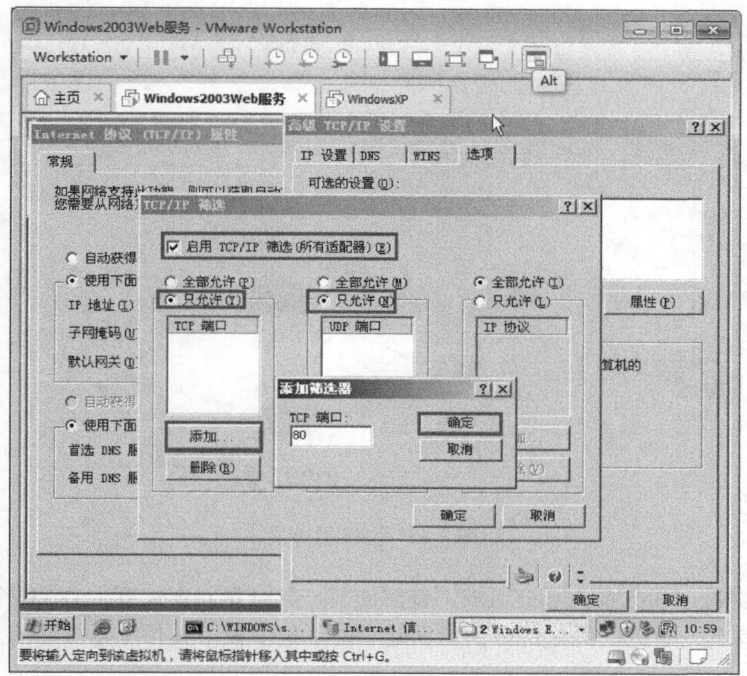

图 2-44 设置 TCP/IP 筛选

2.4 网络层协议

2.4.1 IP 协议

网络层的功能是负责把数据包发送到目标主机，网络中的路由器负责在不同网络间转发数据包，为数据包选择转发路径。路由器厂家有思科、华为、H3C、TP-Link 等，为了让不同厂家的路由器连接的网络能够相互通信，必须有统一的转发标准。TCP/IP 协议中的 IP 协议是数据包在网络中的转发标准。数据包在转发过程中出错可以通过 ICMP 协议报告，ICMP 协议也是网络层协议。

网络层为传输层提供服务，负责把传输层的段发送到接收端。网络层为传输层的段加上网络层首部，在图 2-45 中使用 H 表示，网络层首部包括源 IP 地址和目标 IP 地址，加了网络层首部的段称为“数据包”，网络中的路由器根据数据包的首部转发数据包。

IP 协议是多方协议，发送方的网络层和接收方的网络层以及沿途所有路由器都要遵守 IP 协议的约定来转发数据包。

IP 数据包首部的格式能够说明 IP 协议都具有什么功能。在 TCP/IP 标准中，各种数据格式常常以 32 位（4 字节）为单位来描述，图 2-46 显示了 IP 数据包的完整格式。

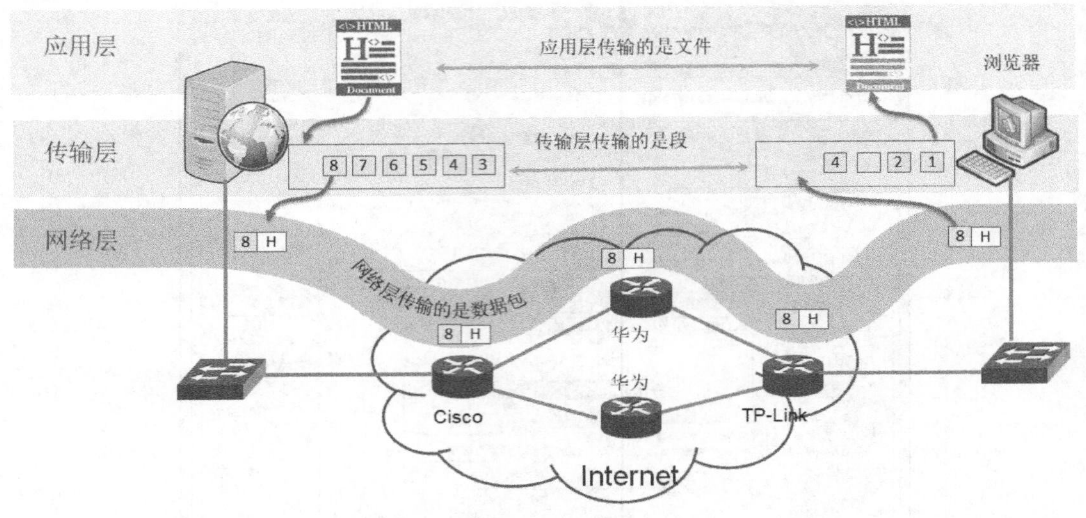

图 2-45 网络层协议

IP 数据包由首部和数据两部分组成。首部的前一部分是固定长度，共 20 个字节，是所有 IP 数据包必须有的。首部的固定部分的后面是一些可选字段，其长度是可变的。

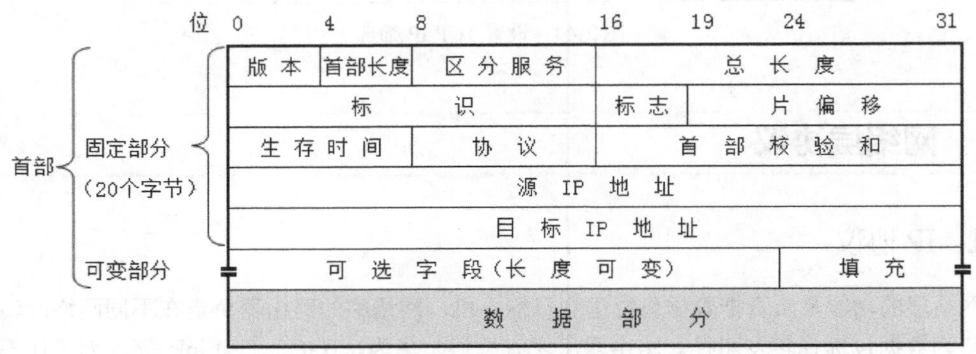

图 2-46 网络层首部格式

版本字段用来指明是 IPv4 还是 IPv6 首部。因为 IP 首部有变长部分，所以首部长度指明了首部有多少个字节。区分服务用来实现 QoS。总长度指明数据包的首部和数据部分总长度，总长度字段为 16 位，因此数据包的最大长度为 $2^{16}-1=65\,535$ 字节，实际上传输这样长的数据包在现实中是极少遇到的。标识和标志以及片偏移用来实现数据包分片后在接收端组装成一个完整的数据包。生存时间用来限定数据包能够经过几台路由器转发，每经过一台路由器，路由器将 TTL 减 1，当 TTL 为 0 时，丢掉数据包。协议字段指出数据包携带的数据是何种协议，以便使目的主机的网络层知道应将数据部分上交给哪个处理过程。常用的一些协议和相应的协议字段值如图 2-47 所示。

协议名	ICMP	IGMP	IP	TCP	EGP	IGP	UDP	IPv6	ESP	OSPF
协议字段值	1	2	4	6	8	9	17	41	50	89

图 2-47 常用协议及相应的协议字段值

首部校验和字段供网络中的路由器用来检查网络层首部在传输过程中是否出现差错。源 IP 地址和目标 IP 地址用来指明数据包的发送者和接收者的地址。

2.4.2 ARP 协议

以太网的网络层还需要 ARP 协议，其作用就是从本网段的 IP 地址解析出 MAC 地址。

如图 2-48 所示，网络中有两个以太网和一个点到点网络，计算机和路由器接口的地址如图 2-48 所示，图中的 MA、MB、……、MH 代表对应接口的 MAC 地址。下面讲解计算机 A 和本网段计算机 C 的通信过程，以及计算机 A 和计算机 H 跨网段的通信过程。

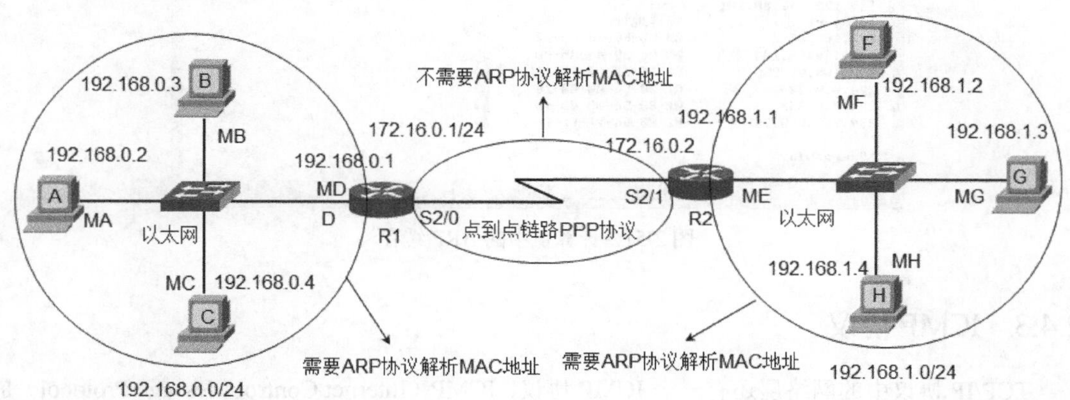

图 2-48 以太网和点到点网络示意图

如果计算机 A ping 计算机 C 的 IP 地址 192.168.0.4，计算机 A 判断目标 IP 地址和自己在一个网段，目标 MAC 地址就是计算机 C 的 MAC 地址，图 2-49 是计算机 A 发送给计算机 C 的帧示意图。

如果计算机 A ping 计算机 H 的 IP 地址 192.168.1.4，计算机 A 判断出目标 IP 地址和自己不在一个网段，数据包就要发送给路由器 R1，目标 MAC 地址就是网关的 MAC 地址，也就是路由器 R1 的 D 接口的 MAC 地址，图 2-50 所示。

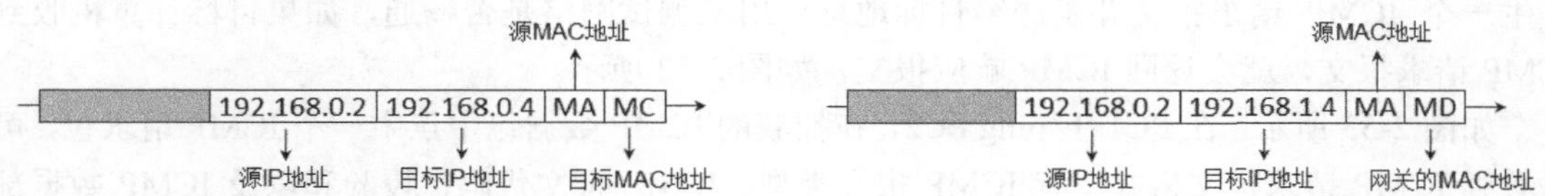

图 2-49 同一网段通信帧目标 MAC 地址　　图 2-50 跨网段通信帧目标 MAC 地址

为了将计算机接入以太网，我们只需要给计算机配置 IP 地址、子网掩码和网关，并没有告诉计算机网络中其他计算机的 MAC 地址。计算机需要知道本网段计算机的 MAC 地址和网关的 MAC 地址。本案例中，计算机 A 是如何知道计算机 C 或网关的 MAC 地址的？

在 TCP/IP 协议的网络层有 ARP（Address Resolution Protocol）协议，在计算机与目标计算机通信之前，需要使用该协议解析到目标计算机（同一网段通信）或网关（跨网段通信）的 MAC 地址。ARP 协议通过广播（目标 MAC 地址是 FF-FF-FF-FF-FF-FF）解析 MAC 地址。

这里大家需要知道：ARP 协议只在以太网中使用，点到点链路使用 PPP 协议通信，PPP 帧的数据链路层根本不用 MAC 地址，所以也不用 ARP 协议解析 MAC 地址。

在 Windows 操作系统上，打开命令提示符，输入 arp-a，执行后就能够看到 ARP 协议解析到的 MAC 地址，如图 2-51 所示，类型是"动态"的，是通过 ARP 协议解析到的。

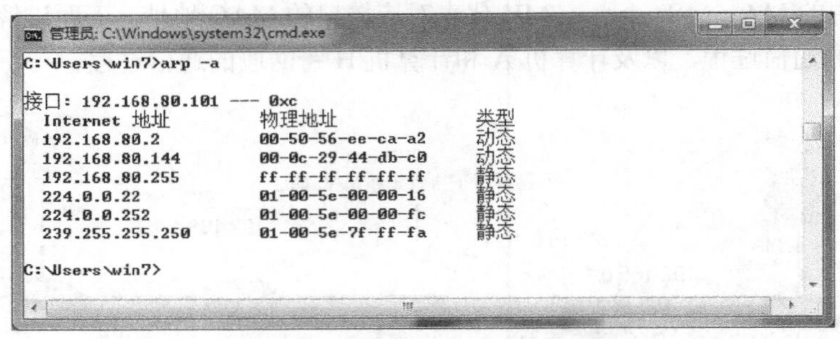

图 2-51 计算机中的 ARP 缓存

2.4.3 ICMP 协议

TCP/IP 协议中的网络层还有一个 ICMP 协议，ICMP（Internet Control Message Protocol）是 Internet 控制报文协议，用于在 IP 主机、路由器之间传递控制消息，判断网络是否畅通，诊断网络故障。控制消息是指网络通不通、主机是否可达、路由是否可用等网络本身的消息。

IP 协议转发数据包的过程中如果出现差错，出问题的路由器会产生一个 ICMP 差错报告并返回给发送端。网络管理员经常需要判断某台计算机到某个地址是否畅通，这也会用到 ICMP 协议的诊断报告功能。

ICMP 报文是在 IP 数据包内部传输的，封装在 IP 数据包内。ICMP 报文通常被 IP 层或更高层协议（TCP 或 UDP）使用，一些 ICMP 报文把差错报文返回给用户进程。

注意，现在我们不是查看网络层首部格式，而是查看 ICMP 报文的格式。ping 命令就能够产生一个 ICMP 请求报文并发送给目标地址，用来测试网络是否畅通，如果目标计算机收到 ICMP 请求报文，就会返回 ICMP 响应报文，如图 2-52 所示。

如图 2-53 所示，在 PC1 上 ping PC2，在捕获的 ICMP 数据包中点中一个 ICMP 请求包，可以看到 ICMP 请求报文格式，有 ICMP 报文类型、ICMP 报文代码、校验和以及 ICMP 数据部分。请求报文类型值为 8，报文代码为 0。

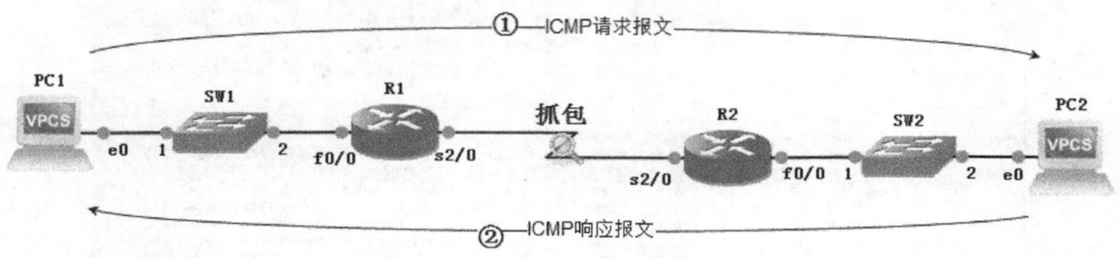

图 2-52 ICMP 请求与响应报文

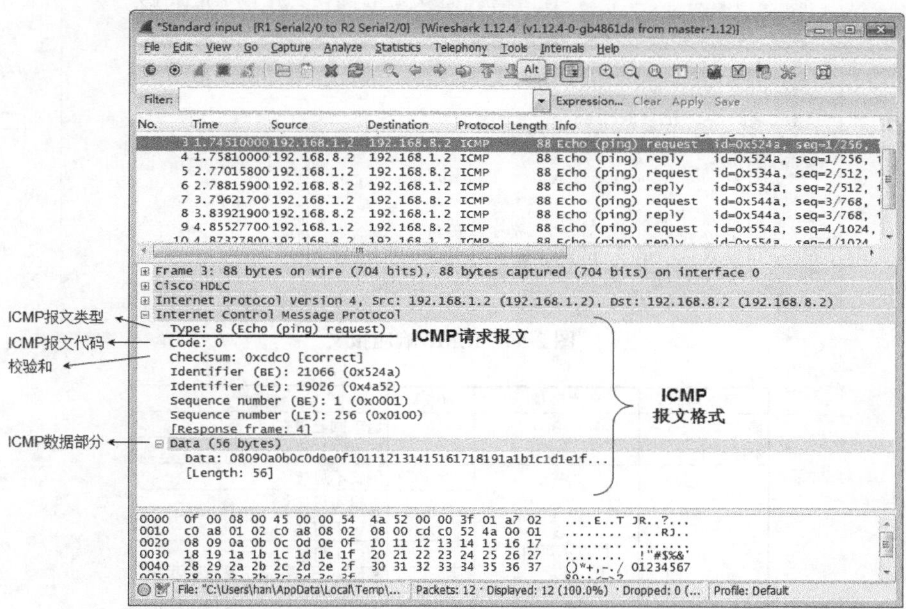

图 2-53 ICMP 请求报文

如图 2-54 所示，点中一个 ICMP 响应报文，可以看到响应报文类型值为 0，报文代码为 0。ICMP 除了定义请求报文和响应报文的格式以外，还定义了差错报告报文的格式。

ICMP 报文分几种类型，每种类型又使用代码来进一步指明 ICMP 报文所代表的不同含义。图 2-55 中列出了几种常见的 ICMP 报文类型和代码所代表的含义。

ICMP 差错报告共有 5 种，具体如下。

- 终点不可到达。当路由器或主机没有到达目标地址的路由时，就丢弃数据包，给源点发送终点不可到达报文。
- 源点抑制。当路由器或主机由于拥塞而丢弃数据包时，就会向源点发送源点抑制报文，使源点知道应当降低数据包的发送速率。
- 时间超时。当路由器收到生存时间为零的数据包时，除丢弃数据包外，还要向源点发送时间超时报文。当终点在预先规定的时间内不能收到一个数据包的全部数据报片时，就把已收到的数据报片都丢弃，并向源点发送时间超时报文。

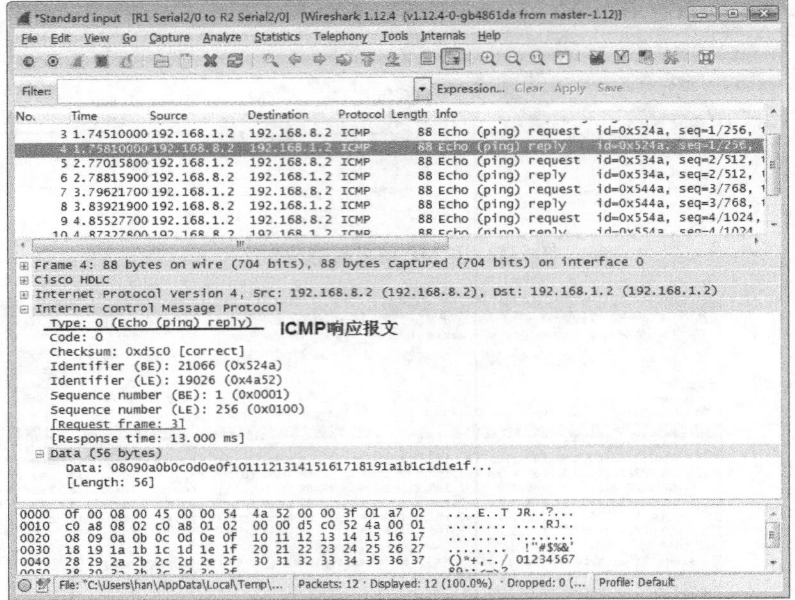

图 2-54 ICMP 响应报文

报文种类	类型值	代码	描述
请求报文	8	0	请求回显报文
响应报文	0	0	回显应答报文
差错报告报文	3（终点不可到达）	0	网络不可达
		1	主机不可达
		2	协议不可达
		3	端口不可达
		4	需要进行分片但设置了不分片
		13	由于路由器过滤，通信被禁止
	4	0	源端被关闭
	5（改变路由）	0	对网络重定向
		1	对主机重定向
	11	0	传输期间生存时间（TTL）为零
	12（参数问题）	0	坏的IP首部
		1	缺少必要的选项

图 2-55 常见的 ICMP 报文类型和代码所代表的含义

- 参数问题。在路由器或目的主机收到的数据包的首部中，当有的字段的值不正确时，就丢弃数据包，并向源点发送参数问题报文。
- 改变路由（重定向）。路由器把改变路由报文发送给主机，让主机知道下次应将数据包发送给另外的路由器（可通过更好的路由）。

2.4.4 IGMP 协议

在网络层还有一个 IGMP 协议，即 Internet 组管理协议 （Internet Group Management

Protocol)，它是 Internet 协议家族中的一个组播协议，该协议运行在主机和组播路由器之间。先给大家介绍一下什么是组播。

计算机通信分为一对一通信、组播通信和广播通信。

如图 2-56 所示，教室中有一台流媒体服务器，课堂上老师安排学生在线学习这台流媒体服务器上的课程“Excel VBA”，教室中的每台计算机访问这台流媒体服务器以观看这个视频，这就是一对一通信，可以看到流媒体服务器到交换机的流量很大。

大家知道电视台发送视频信号，可以让无数台电视机同时收看节目。现在老师安排学生同时学习“Excel VBA”这门课程，在网络中也可以让流媒体服务器像电视台一样，不同的视频节目使用不同的组播地址（相当于电视台的不同频道）发送到网络中，网络中的计算机要想收到某个视频流，只需要将网卡绑定到相应的组播地址即可，这个绑定过程通常由应用程序来实现，组播节目文件就自带组播地址信息，只要使用暴风影音或其他视频播放软件播放，就会自动给计算机网卡绑定组播地址。

如图 2-57 所示，上午 8 点学校老师安排学生 1 班学习“Excel VBA”视频，安排 2 班学生学习“PPT 2010”视频，机房管理员提前就配置好了流媒体服务器，8 点钟准时使用 224.4.5.4 这个组播地址发送“Excel VBA”这个课程视频，使用 224.4.5.3 这个组播地址发送“PPT 2010”这个课程视频。

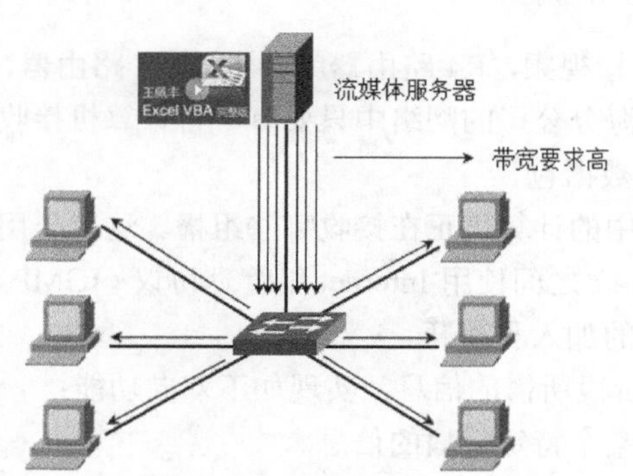

图 2-56　点到点通信示意图

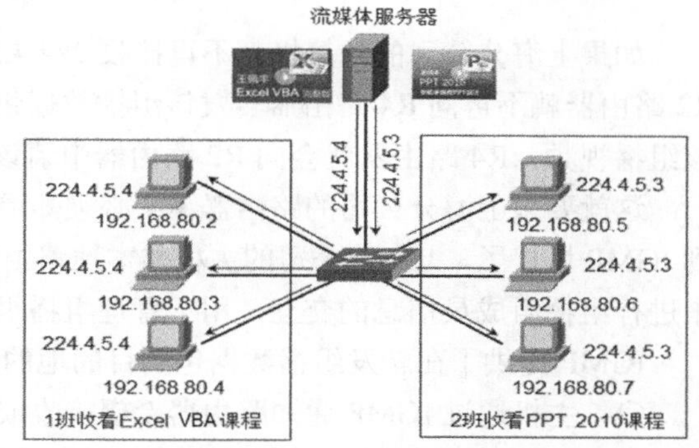

图 2-57　组播通信应用场景

网络中的计算机除配置唯一地址外，收看组播视频还需要绑定组播地址，观看组播视频过程中，学生不能“快进”或“倒退”。这样流媒体服务器的带宽压力大大降低，网络中有 10 个学生收看视频和 1000 个学生收看视频对流媒体服务器来说流量是一样的。

通过上面的介绍，你是否更好地理解了组播这个概念呢？“组”就是一组计算机绑定相同的地址。如果计算机同时收看多个组播视频，则计算机的网卡需要同时绑定多个组播地址。

大家知道了组播，再理解 IGMP 协议的作用就容易了。

前面给大家介绍组播时，碰到的是流媒体服务器和接收组播的计算机在同一网段的情景。组播也可以跨网段，如图 2-58 所示，流媒体服务器在北京总公司的网络，上海分公司和石家庄分公司接收流媒体服务器的组播视频。这就要求网络中的路由器启用组播转发，组播数据流要从路由器 R1 发送到 R2，路由器 R2 将组播数据流同时转发到路由器 R3 和 R4。

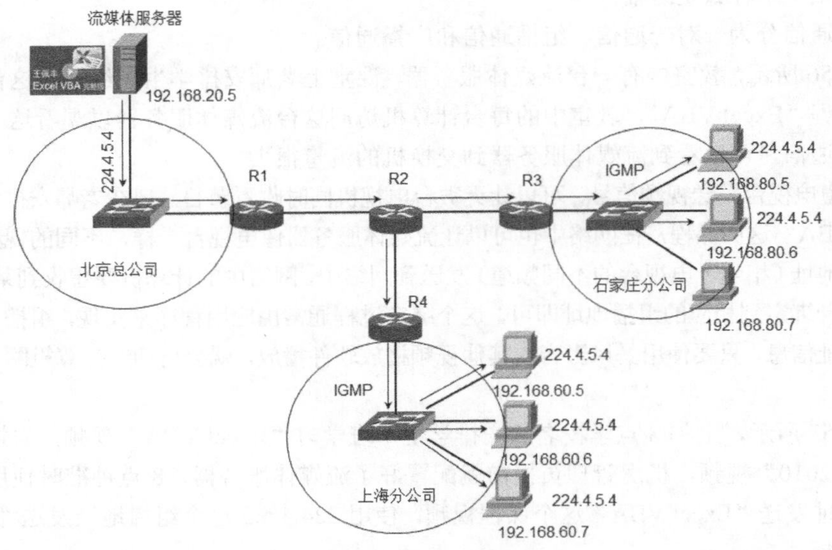

图 2-58 跨网段组播应用场景

如果上海分公司的计算机都不再接收 224.4.5.4 组播视频，R4 路由器就会告诉 R2 路由器，R2 路由器就不再向 R4 路由器转发该组播数据包。上海分公司的网络中只要有一台计算机接收该组播视频，R4 路由器就会向 R2 路由器申请该组播数据包。

这就要求上海分公司的路由器 R4 必须知道网络中的计算机正在接收哪些组播。这就要用到 IGMP 协议了，上海分公司的主机与本地路由器（R4）之间使用 Internet 组管理协议（IGMP）来进行组播组成员信息的交互，用于管理组播组成员的加入和离开。

IGMP 提供了在转发组播数据包到目的地的最后阶段所需的信息，实现如下双向功能：

- 主机通过 IGMP 通知路由器希望接收或离开某个特定组播的信息。
- 路由器通过 IGMP 周期性地查询局域网内的组播组成员是否处于活动状态，实现所连网段组播成员关系的收集与维护。

2.5 数据链路层协议

如图 2-59 所示，计算机 A 与计算机 D 通信，要经过 3 段链路：以太网链路、点到点链路和以太网链路。不同的数据链路使用不同的数据链路层协议，比如以太网使用 CSMA/CD 协议，点到点链路使用 PPP 协议。

不同的数据链路层协议，定义的帧格式也不一样，数据包经过不同的链路就要封装成该数据链路层协议的帧格式。计算机 A 给计算机 D 发送一个数据包，将该数据包封装成以太网帧，可以看到以太网帧有 MAC 地址，到达 RouterA。RouterA 去掉数据链路层的封装，看到数据包，RouterA 要把数据包发送到 RouterB，经过点到点链路，该链路使用 PPP 协议，把数据包封装成 PPP 帧，发送到 RouterB，RouterB 收到后需要将数据包发送到计算机 D，把数据包封装成以太网帧。

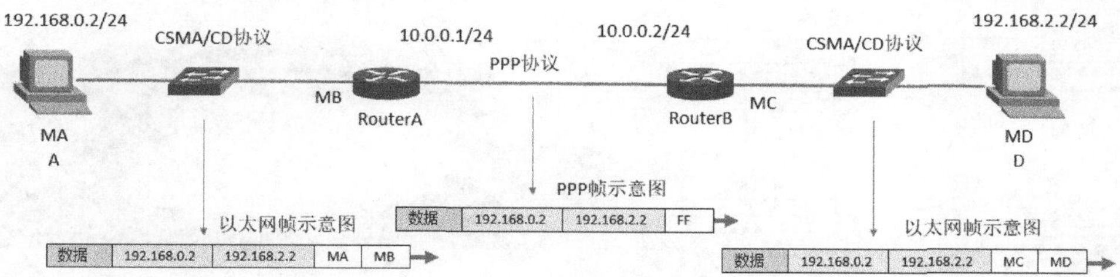

图 2-59 数据链路层封装

通过以上讲解，大家知道了数据链路层的功能就是将数据包封装成帧，从链路的一端发送到另一端，路由器才能收到数据包，为数据包选择转发路径。因此数据链路层为网络层提供服务，如图 2-60 所示。

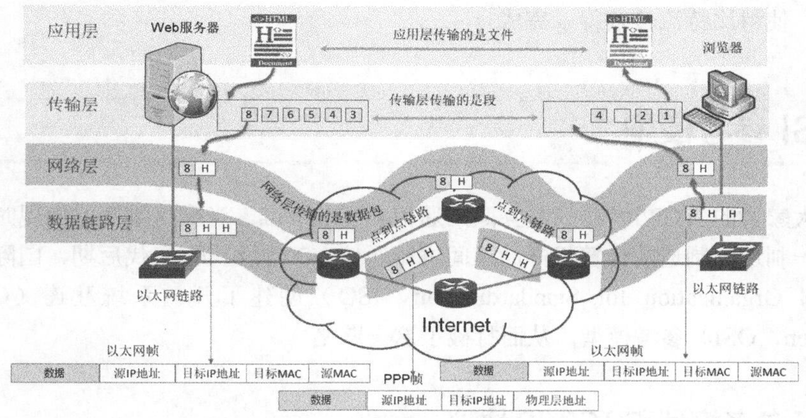

图 2-60 数据链路层功能

数据链路层协议有很多，以太网数据链路是 CSMA/CD 协议，针对点到点链路的数据链路层协议除了 PPP，还有 HDLC、帧中继等。

2.6 物理层协议

物理层协议定义了与传输媒体的接口有关的一些特性，定义了这些接口标准，各厂家生产的网络设备接口才能相互连接和通信，比如定义了以太网接口标准，不同厂家的以太网设备就能相互连接。物理层为数据链路层提供服务。

物理层包括以下几方面的定义，大家可以认为是物理层协议包括的内容。

机械特性：指明接口所用接线器的形状和尺寸、引脚数目和排列、固定的锁定装置等，平时常见的各种规格的接插部件都有严格的标准化规定。这很像平时常见的各种规格的电源插头，其尺寸都有严格的规定。图 2-61 所示是某广域网接口和线缆接口。

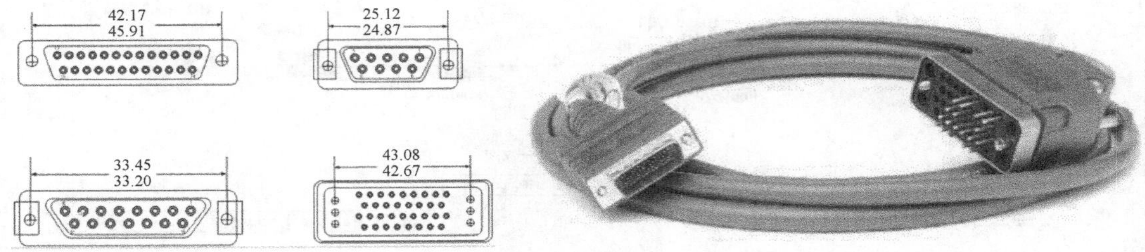

图 2-61 某广域网接口和线缆接口

电气特性：指明在接口电缆的各条线上出现的电压范围，比如+10V 和−10V 电压之间。

功能特性：指明某条线上出现的某一电平的电压表示何种意义。

过程特性：定义在信号线上进行二进制比特流传输的一组操作过程，包括各信号线的工作顺序和时序，使得比特流传输得以完成。

2.7 OSI 参考模型

前面给大家讲的 TCP/IP 协议是互联网通信的工业标准。当网络刚开始出现时，典型情况下只能在同一制造商制造的计算机产品之间进行通信。20 世纪 70 年代后期，国际标准化组织（International Organization for Standardization，ISO）创建了开放系统互连（Open System Interconnection，OSI）参考模型，从而打破了这一壁垒。

2.7.1 OSI 参考模型和 TCP/IP 协议

OSI 参考模型将计算机通信过程按功能划分为 7 层，并规定了每一层实现的功能。这样互联网设备的厂家以及软件公司就能参照 OSI 参考模型来设计自己的硬件和软件，不同供应商的网络设备之间就能够互相协同工作。

OSI 参考模型不是具体的协议，TCP/IP 协议是具体的协议，怎么来理解它们之间的关系呢？

我们先来定义一下汽车参考模型，汽车要有动力系统、转向系统、制动系统、变速系统，这就相当于 OSI 参考模型。参照这个汽车参考模型可以研发的汽车可以很多种，比如奥迪轿车，它实现了汽车参考模型的全部功能，此时奥迪汽车就相当于 TCP/IP 协议。当然还有宝马汽车，它也实现了汽车参考模型的全部功能，它相当于 IPX/SPX 协议。这些不同的汽车，它们的动力系统有的使用汽油，有的使用天然气，发动机有的是 8 缸，有的是 10 缸，但实现的功能都是汽车参考模型的动力系统。变速系统有的是手动挡，有的是自动挡，有的是 4 级变速，有的是 6 级变速，有的是无级变速，实现的功能都是汽车参考模型的变速功能。

同样 OSI 参考模型只定义了要实现的功能，并没有规定如何实现以及实现的细节，不同的协议组实现方法可以不同。

OSI 参考模型将计算机通信分成 7 层，TCP/IP 协议对其进行了合并简化，其应用层实现了 OSI 参考模型的应用层、表示层和会话层的功能，并将数据链路层和物理层合并成网络接口层，如图 2-62 所示。

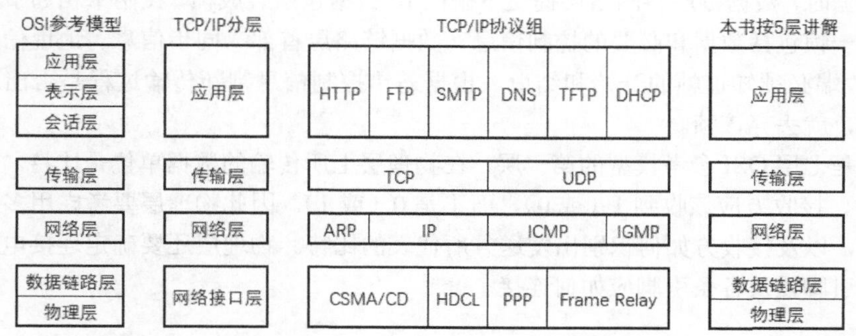

图 2-62 OSI 参考模型和 TCP/IP 分层对照

本书后面的内容就以 TCP/IP 协议分层来划分，为了给大家讲解得更加清楚，本书将 TCP/IP 协议组的网络接口层按照 OSI 参考模型拆分成数据链路层和物理层。

2.7.2 OSI 参考模型每层功能

国际标准化组织（ISO）指定的 OSI 参考模型把计算机通信分成了 7 层。

应用层是七层 OSI 参考模型的第七层，应用层根据互联网中需要通信的应用程序的功能，定义客户端和服务端程序通信的规范，应用层向表示层发出请求。

表示层是七层 OSI 参考模型的第六层，它的功能是定义数据格式、检查是否加密或压缩。例如，FTP 允许你选择以二进制或 ASCII 格式传输。如果选择二进制，那么发送方和接收方不改变文件的内容。如果选择 ASCII 格式，发送方将把文本从发送方的字符集转换成标准的 ASCII 后发送数据。接收方再将收到的标准的 ASCII 转换成接收方计算机的字符集。这一层常常是软件开发人员需要考虑的问题，比如 QQ 软件开发人员就要考虑用户的聊天记录在网络传输之前加密，防止有人使用捕包工具捕获用户数据，泄露信息；针对 QQ 视频聊天，开发人员就要考虑如何通过压缩数据节省网络带宽。

会话层是七层 OSI 参考模型的第五层，它定义了如何开始、控制和结束一个会话，包括对多个双向消息的控制和管理，以便在只完成连续消息的一部分时就可以通知应用，从而使表示层看到的数据是连续的。

传输层是七层OSI参考模型的第四层，它负责常规数据递送，面向连接或无连接。面向连接实现可靠传输，比如TCP协议，面向无连接，提供不可靠传输，比如UDP协议。传输层把消息分成若干个分组，并在接收端对它们进行重组。

网络层是七层OSI参考模型的第三层，它根据网络地址为数据包选择转发路径。网络层为传输层提供服务，只是尽力转发数据包，不保证不丢包，也不保证按顺序到达接收端。

数据链路层是七层OSI参考模型的第二层，数据链路层常简称为链路层，两台主机之间的数据传输，总是在一段一段的链路上传送的，这就需要专门的链路层的协议。在两个相邻节点之间传送数据时，数据链层将网络层提交下来的IP数据包组装成帧，在两个相邻节间的链路上传送帧。每一帧包括数据和必要的控制信息（数据链路层首部、同步信息、地址信息、差错控制等）。接收端必须知道帧的开始和结束，根据差错控制信息判断传输过程是否出现差错，如果出现差错，就丢弃该帧。

物理层是七层OSI参考模型的第一层，在物理层上所传输的数据单位是比特。发送方发送1（或0）时，接收方应该收到1（或0），而不是0（或1）。因此物理层要考虑用多大电压代表“1”或“0”，以及接收方如何识别出发送方所代表的比特。物理层还要确定连接电缆的插头应当有多少根引脚以及各条引脚应如何连接。

2.8 习题

1. 计算机通信实现可靠传输的是TCP/IP协议的哪一层？（ ）
   A. 物理层
   B. 应用层
   C. 传输层
   D. 网络层
2. 由IPv4升级到IPv6，对TCP/IP协议来说是哪一层做了更改？（ ）
   A. 数据链路层
   B. 网络层
   C. 应用层
   D. 物理层
3. ARP协议有何作用？（ ）
   A. 将计算机的MAC地址解析成IP地址
   B. 域名解析
   C. 可靠传输
   D. 将IP地址解析成MAC地址
4. 以太网使用什么协议在链路上发送帧？（ ）

A．HTTP

B．TCP

C．CSMA/CD

D．ARP

5．TCP 和 UDP 端口号的范围是多少？（　　）

A．0～256

B．0～1023

C．0～65535

D．1024～65535

6．下列网络协议中，默认使用 TCP 端口号 25 的是（　　）。

A．HTTP

B．telnet

C．SMTP

D．POP3

7．在 Windows 系统中，查看侦听的端口使用的命令是（　　）。

A．ipconfig /all

B．netstat -an

C．ping

D．telnet

8．在 Windows 中，ping 命令使用的协议是（　　）。

A．HTTP

B．IGMP

C．TCP

D．ICMP

9．计算机 A 给计算机 D 发送数据包要经过两个以太网帧，如图 2-63 所示，写出数据包的源 IP 地址和目标 IP 地址、源 MAC 地址和目标 MAC 地址。

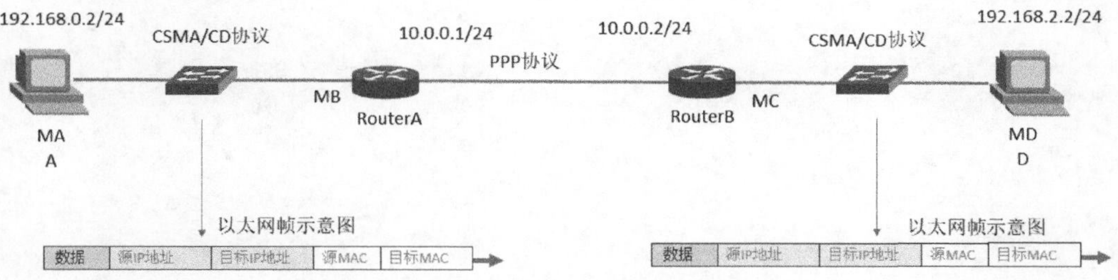

图 2-63　计算机 A 与计算机 D 通信示意图

10．TCP/IP 协议按什么分层？写出每一层协议实现的功能。

11．列出几个常见的应用层协议。

12．应用层协议要定义哪些内容？

13．写出传输层的两个协议以及应用场景。

14．写出网络层的4个协议以及每个协议的功能。

第3章 IP 地址和子网划分

本章内容

- IP 地址层次结构
- IP 地址分类
- 公网地址
- 私网地址
- 保留的 IP 地址
- 等长子网划分
- 变长子网划分
- 超网

本章讲解 IP 地址的格式、子网掩码的作用、IP 地址的分类以及一些特殊的地址，介绍什么是公网地址和私网地址，以及私网地址如何通过 NAT 访问 Internet。

为了避免 IP 地址的浪费，我们需要根据每个网段的计算机数量分配合理的 IP 地址块，有可能需要将一个大的网段分成多个子网。本章给大家讲解如何进行等长子网划分和变长子网划分。当然，如果一个网络中的计算机数量非常多，有可能一个网段的地址块容纳不下，也可以将多个网段合并成一个大的网段，这个大的网段就是超网。最后会给大家介绍子网划分和合并网络的规律。

3.1 学习 IP 地址的预备知识

网络中计算机和网络设备接口的 IP 地址由 32 位的二进制数组成，我们后面学习的 IP 地址和子网划分需要将二进制数转换成十进制数，还需要将十进制数转换成二进制数。因此在学习 IP 地址和子网划分之前，先补充一下二进制的相关知识，同时要求大家记住下面讲到的二进制和十进制之间的关系。

3.1.1 二进制和十进制

学习子网划分，需要大家看到一个十进制形式的子网掩码时就能很快地判断出该子网掩码写成二进制形式的话有几个 1；看到一个二进制形式的子网掩码时，也要能熟练写出该子网掩码对应的十进制形式的子网掩码。

二进制是计算技术中广泛采用的一种数制，二进制数是用 0 和 1 两个数码来表示的数。它的基数为 2，进位规则是“逢二进一”，借位规则是“借一当二”，当前的计算机系统使用的基本上都是二进制。

下面列出二进制和十进制的对应关系，要求最好记住这些对应关系，其实也不用死记硬背，这里有规律可循，如下所示，二进制数中的 1 向前移 1 位，对应的十进制数乘以 2。

二进制	十进制
1	1
10	2
100	4
1000	8
1 0000	16
10 0000	32
100 0000	64
1000 0000	128

下面列出的二进制数和十进制数的对应关系最好也记住，要求给出下面的一个十进制数，立即就能写出对应的二进制数，给出一个二进制数，能立即写出对应的十进制数。后面给出了记忆规律。

二进制	十进制	
1000 0000	128	
1100 0000	192	这样记 1000 0000+100 0000，也就是 128+64=192
1110 0000	224	这样记 1000 0000+100 0000+10 0000，也就是 128+64+32=224
1111 0000	240	这样记 128+64+32+16=240
1111 1000	248	这样记 128+64+32+16+8=248
1111 1100	252	这样记 128+64+32+16+8+4=252
1111 1110	254	这样记 128+64+32+16+8+4+2=254
1111 1111	255	这样记 128+64+32+16+8+4+2+1=255

可见 8 位二进制数全是 1，最大值写成十进制数就是 255。

万一忘记上面的对应关系，可以使用下面的方法，如图 3-1 所示，只要记住数轴上的几个关键点，对应关系立刻就能想出来。画一条线，左端代表二进制数 0000 0000，右端代表二进制数 1111 1111。

可以看到，从 0 到 255 共计 256 个数字，中间的数字就是 128，对应的二进制数就是 1000 0000，这是一个分界点，128 以前的 8 位二进制数的最高位都是 0，128 之后的二进制数的最高位都是 1。

128 到 255 中间的数，就是 192，二进制数就是 1100 0000，这就意味着 192 以后的二进制数的最前面两位都是 1。

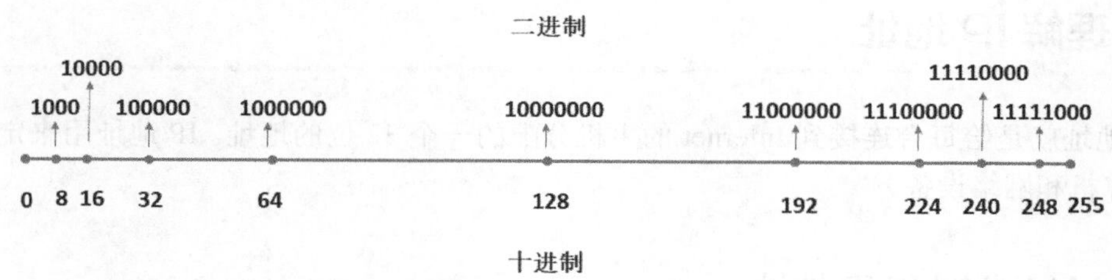

图 3-1 二进制和十进制的对应关系（一）

192 到 255 中间的数，就是 224，二进制数就是 1110 0000，这就意味着 224 以后的二进制数的最前面 3 位都是 1。

通过这种方式很容易找出 0 到 128 之间的数 64，它是二进制数 0100 0000 对应的十进制数。0 到 64 之间的数 32，是二进制数 0010 0000 对应的十进制数。

通过这种方式，即便忘记上面的对应关系，只要画一条数轴，按照上面的方法很快就能找到二进制和十进制的对应关系。

3.1.2 二进制数的规律

在后面学习合并网段时，需要判断给出的几个子网是否能够合并成一个网段，这要求大家能够写出一个十进制数转换成二进制数后的后几位。下面就给大家看看二进制数的规律，教大家一种能快速写出一个数的二进制形式的后几位的方法，如图 3-2 所示。

十进制	二进制	十进制	二进制
0	0	11	1011
1	1	12	1100
2	10	13	1101
3	11	14	1110
4	100	15	1111
5	101	16	10000
6	110	17	10001
7	111	18	10010
8	1000	19	10011
9	1001	20	10100
10	1010	21	10101

图 3-2 十进制和二进制的对应关系（二）

通过十进制和二进制的对应关系能找到以下规律：

能够被 2 整除的数，写成二进制形式，后一位是 0。如果余数是 1，则最后一位是 1。

能够被 4 整除的数，写成二进制形式，后两位是 00。如果余数是 2，那就把 2 写成二进制形式，后两位是 10。

能够被 8 整除的数，写成二进制形式，最后 3 位是 000。如果余数是 5，就把 5 写成二进制形式，后 3 位是 101。

能够被 16 整除的数，写成二进制形式，最后 4 位是 0000。如果余数是 6，就把 6 写成二进制形式，最后 4 位是 0110。

我们可以得出规律，如果想写出一个十进制数转换成二进制数后的后面 n 位，可以将该数除以 2n，将余数写成 n 位的二进制数即可。

根据前面的规律，写出十进制数 242 转换成二进制数后的最后 4 位。

2^4 是 16，242 除以 16，余 2，将余数写成 4 位的二进制数就是 0010。

3.2 理解 IP 地址

IP 地址就是给每台连接到 Internet 的主机分配的一个 32 位的地址。IP 地址用来定位网络中的计算机和网络设备。

3.2.1 MAC 地址和 IP 地址

计算机的网卡有物理层地址（MAC 地址），为什么还需要 IP 地址呢？

如图 3-3 所示，网络中有 3 个网段，一台交换机一个网段，使用两台路由器连接这 3 个网段。图中的 MA、MB、MC、MD、ME、MF 以及 M1、M2、M3 和 M4，代表计算机和路由器接口的 MAC 地址。

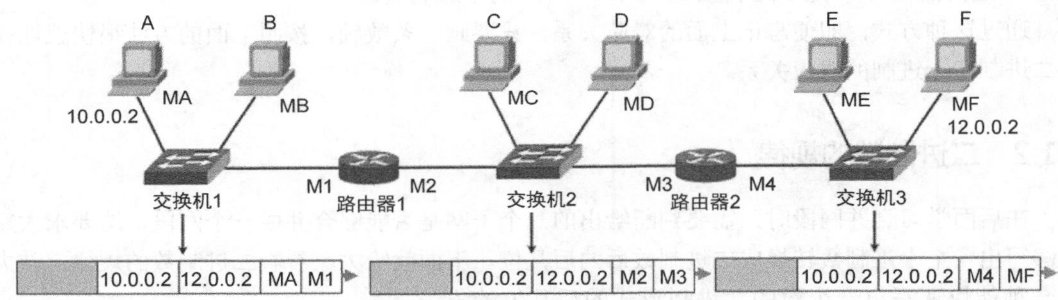

图 3-3 MAC 地址和 IP 地址的作用

计算机 A 给计算机 F 发送一个数据包，计算机 A 在网络层给数据包添加源 IP 地址（10.0.0.2）和目标 IP 地址（12.0.0.2）。

该数据包要想到达计算机 F，要通过路由器 1 进行转发，该数据包如何才能让交换机 1 转到路由器 1 呢？那就需要给数据包添加 MAC 地址，源 MAC 地址为 MA，目标 MAC 地址为 M1。

路由器 1 收到该数据包，需要将该数据包转发到路由器 2，这就要求将数据包重新封装成帧，帧的目标 MAC 地址是 M3、源 MAC 地址是 M2，这也要求重新计算帧校验序列。

数据包到达路由器 2，数据包需要重新封装，目标 MAC 地址为 MF，源 MAC 地址为 M4。交换机 3 将该帧转发给计算机 F。

从图 3-3 可以看出，数据包的目标 IP 地址决定了数据包最终到达哪一台计算机，而目标 MAC 地址决定了数据包的下一跳由哪台设备接收，不一定是终点。

如果全球的计算机网络是一个大的以太网，仅使用 MAC 地址就可以通信，那就不需要 IP 地址了。真要是这样的话，大家想想那样将是什么样的场景？一台计算机发出广播帧，全球计算机都能收到，都要处理，整个网络的带宽将会被广播帧大量占用。所以还必须让路由器隔绝广播，让路由器负责在不同网络间转发数据包，这就需要 IP 地址。

3.2.2 IP 地址的组成

在讲解 IP 地址之前，先介绍一下大家熟知的电话号码，让你们通过电话号码来理解 IP 地址。

大家都知道，电话号码由区号和本地号码组成。如图 3-4 所示，石家庄地区的区号是 0311，北京市的区号是 010，保定地区的区号是 0312。同一地区的电话号码有相同的区号。打本地电话不用拨区号，打长途需要拨区号。

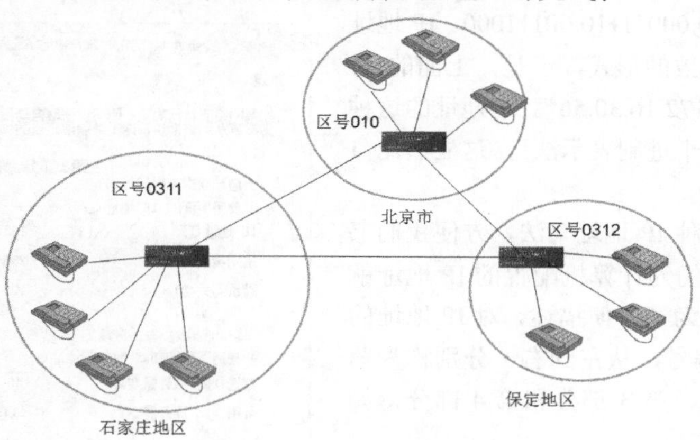

图 3-4　区号和电话号码

和电话号码一样，计算机的 IP 地址也由两部分组成，一部分为网络标识，另一部分为主机标识。如图 3-5 所示，同一网段的计算机网络部分相同，路由器连接的是不同网段，负责不同网段之间的数据转发，交换机连接的是同一网段的计算机。

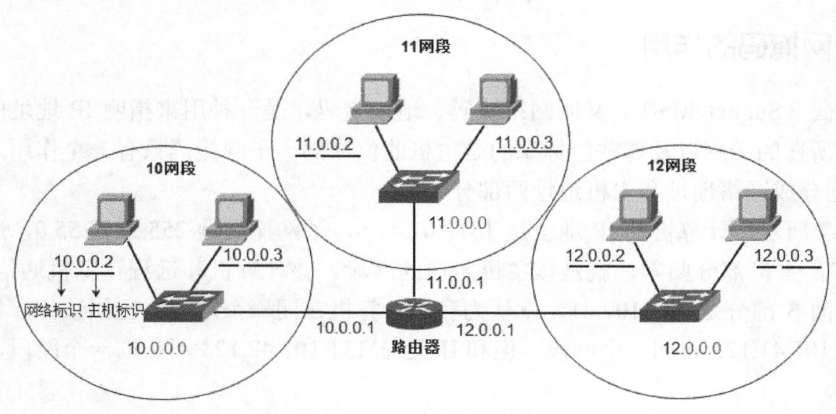

图 3-5　网络标识和主机标识

计算机在和其他计算机通信之前，首先要判断目标 IP 地址和自己的 IP 地址是否在同一网段，这决定了为数据包添加的目标 MAC 地址是目标计算机还是路由器接口的 MAC 地址。

3.2.3 IP 地址格式

按照 TCP/IP 协议规定，IP 地址用 32 位的二进制数来表示，也就是 32 比特，换算成字节，就是 4 个字节。例如一个采用二进制形式的 IP 地址是“10101100000100000001111000111000”，这么长的 IP 地址，人们处理起来也很费劲。为了方便人们使用，这些 IP 地址通常被分割为 4 个部分，每一部分 8 位二进制数，中间使用符号“.”分开，分成 4 部分的二进制地址 10101100.00010000.00011110.00111000。IP 地址经常被写成十进制数的形式，于是，上面的 IP 地址可以表示为“172.16.30.56”。IP 地址的这种表示法叫作“点分十进制表示法”，这显然比 1 和 0 容易记忆。

点分十进制这种 IP 地址写法，方便我们书写和记忆，通常我们为计算机配置的 IP 地址就是这种写法。本书为了方便描述，对 IP 地址的这 4 部分进行了编号，从左到右，分别称为第 1 部分、第 2 部分、第 3 部分和第 4 部分，如图 3-6 所示。

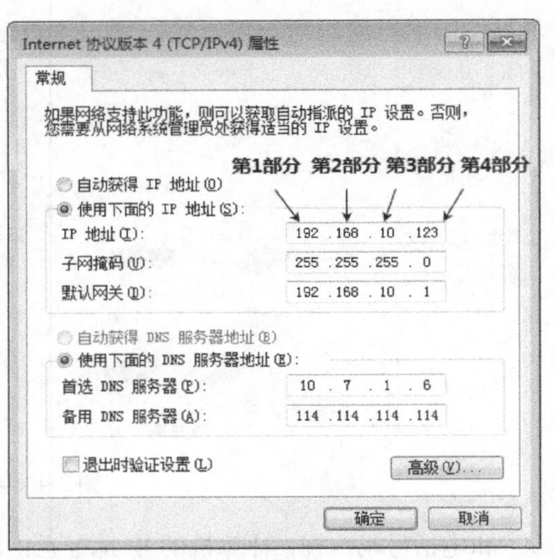

图 3-6 点分十进制表示法

8 位的二进制数 11111111 转换成十进制数就是 255。因此点分十进制的每一部分最大不能超过 255。大家看到给计算机配置 IP 地址时，还会配置子网掩码和网关，下面介绍子网掩码的作用。

3.2.4 子网掩码的作用

子网掩码（Subnet Mask）又叫网络掩码、地址掩码，是一种用来指明 IP 地址的哪些位标识的是主机所在的子网以及哪些位标识的是主机的位掩码。子网掩码只有一个作用，就是将某个 IP 地址划分成网络地址和主机地址两部分。

如图 3-7 所示，计算机的 IP 地址是 131.107.41.6，子网掩码是 255.255.255.0，所在网段是 131.107.41.0，主机部分归零，就是该主机所在的网段。该计算机和远程计算机通信，目标 IP 地址只要前面 3 部分是 131.107.41，就认为和该计算机在同一个网段，比如该计算机的地址和 IP 地址 131.107.41.123 在同一个网段，但和 IP 地址 131.107.42.123 不在同一个网段，因为网络部分不相同。

如图 3-8 所示，计算机的 IP 地址是 131.107.41.6，子网掩码是 255.255.0.0，该计算机所在网段是 131.107.0.0。该计算机和远程计算机通信，目标 IP 地址只要前面两部分是 131.107，就认为和该计算机在同一个网段，比如该计算机的地址和 IP 地址 131.107.42.123 在同一个网段，但和 IP 地址 131.108.42.123 不在同一个网段，因为网络部分不同。

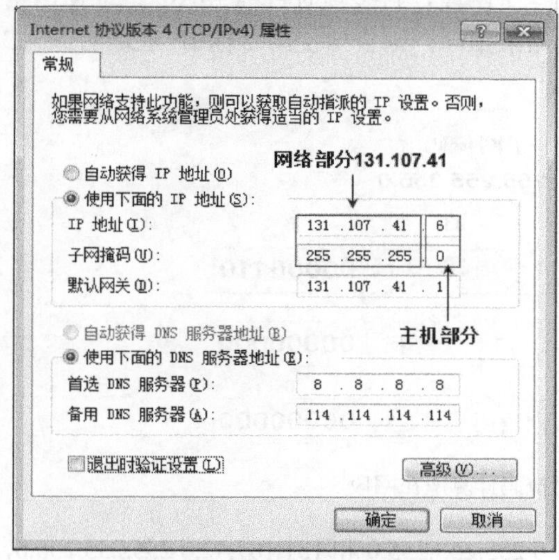

图 3-7 子网掩码的作用（一）

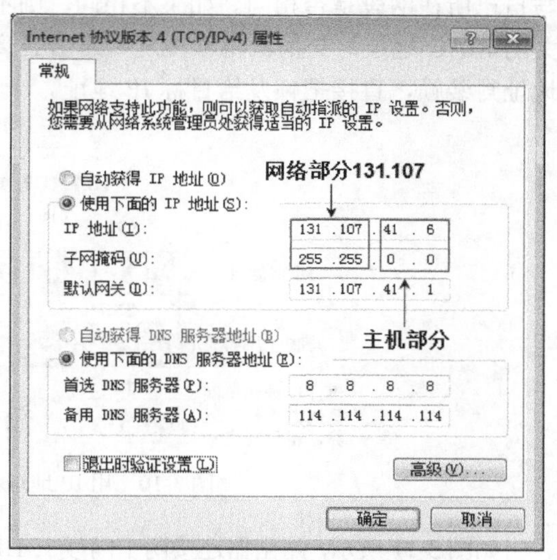

图 3-8 子网掩码的作用（二）

如图 3-9 所示，计算机的 IP 地址是 131.107.41.6，子网掩码是 255.0.0.0，该计算机所在网段是 131.0.0.0。该计算机和远程计算机通信，目标 IP 地址只要前面一部分是 131，就认为和该计算机在同一个网段。比如该计算机的地址和 IP 地址 131.108.42.123 在同一个网段，但和 IP 地址 132.108.42.123 不在同一个网段，因为网络部分不同。

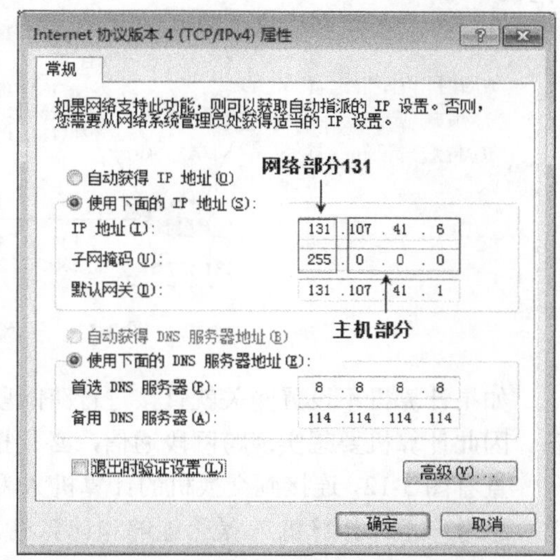

图 3-9 子网掩码的作用（三）

计算机如何使用子网掩码计算自己所在的网段呢？

如图 3-10 所示，如果一台计算机的 IP 地址配置为 131.107.41.6，子网掩码为 255.255.255.0。将其 IP 地址和子网掩码都写成二进制形式，对 IP 地址和子网掩码对应的二进制位进行“与”运算，两个都是 1 才得 1，否则都得 0，即 1 和 1 做与运算得 1，0 和 1 或 1 和 0 做与运算都得 0，0 和 0 做与运算得 0。这样 IP 地址和子网掩码做完与运算后，主机位不管是什么值都归零，网络位的值保持不变，由此得到该计算机所处的网段为 131.107.41.0。

子网掩码很重要，配置错误会造成计算机通信故障。计算机和其他计算机进行通信时，首先断定目标地址和自己本身的地址是否在同一个网段，先对自己的子网掩码和 IP 地址进行与运算，得到自己所在的网段，再对自己的子网掩码和目标地址进行与运算，看看得到的网络部分与自己所在网段是否相同。如果不相同，则不在同一个网段，封装帧时目标 MAC 地址使用网关的 MAC 地址，交换机将帧转发给路由器接口；如果相同，则直接使用目标 IP 地址的 MAC 地址封装帧，直接把帧发给目标 IP 地址。

图 3-10 用 IP 地址和子网掩码计算所在网段

如图 3-11 所示，路由器连接两个网段 131.107.41.0 255.255.255.0 和 131.107.42.0 255.255.255.0，同一个网段中计算机的子网掩码相同，计算机的网关就是到其他网段的出口，也就是路由器接口地址。路由器接口使用的地址可以是本网段中的任何一个地址，不过通常会使用该网段的第一个可用地址或最后一个可用地址，这是为了尽可能避免和网络中的计算机产生地址冲突。

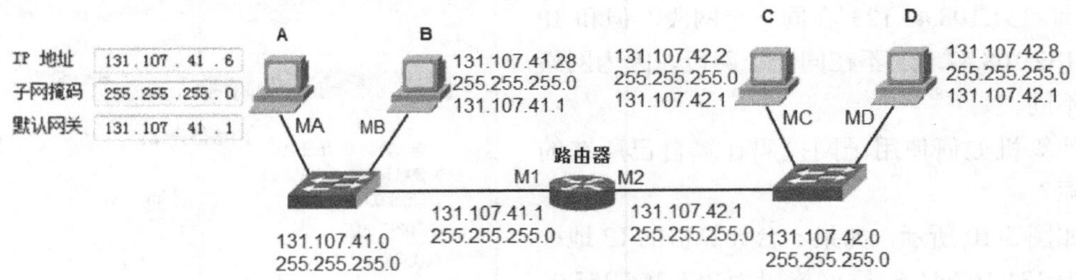

图 3-11 子网掩码和网关的作用

如果计算机不设置网关就直接进行跨网段通信，那就不知道谁是路由器，下一跳给哪台设备。因此计算机要想实现跨网段通信，必须指定网关。

查看图 3-12，连接到交换机的计算机 A 和计算机 B 的子网掩码设置不一样，都没有设置网关。思考一下，计算机 A 是否能够和计算机 B 通信？提示：数据包能去能回，网络才通。

计算机 A 和自己的子网掩码做与运算，得到自己所在的网段为 131.107.0.0，目标地址 131.107.41.28 也属于 131.107.0.0 网段，计算机 A 把帧直接发送给计算机 B。计算机 B 给计算机 A 发送返回的数据包，计算机 B 在 131.107.41.0 网段，目标地址 131.107.41.6 碰巧也属于 131.107.41.0 网段，所以计算机 B 也能够把数据包直接发送到计算机 A，因此计算机 A 能够和计算机 B 通信。

查看图 3-13，连接到交换机的计算机 A 和计算机 B 的子网掩码设置不一样，IP 地址如图 3-13 所示，都没有设置网关。思考一下，计算机 A 是否能够和计算机 B 通信？

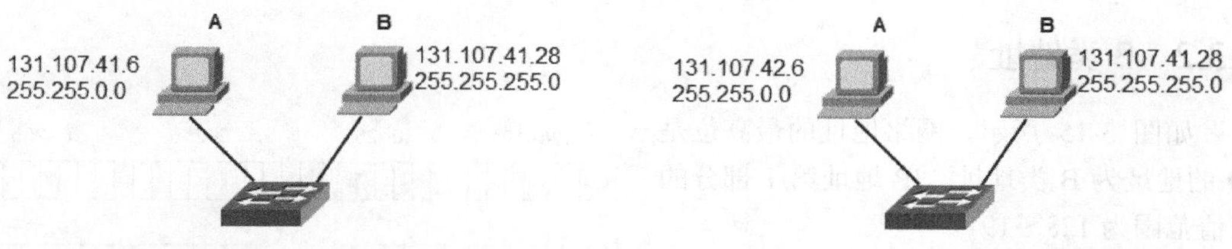

图 3-12 子网掩码设置不一样（一） 图 3-13 子网掩码设置不一样（二）

计算机 A 和自己的子网掩码做与运算，得到自己所在的网段 131.107.0.0，目标地址 131.107.41.28 也属于 131.107.0.0 网段，计算机 A 把数据包发送给计算机 B。计算机 B 给计算机 A 发送返回的数据包，计算机 B 使用自己的子网掩码计算自己所在网段，得到自己所在的网段 131.107.41.0，地址 131.107.42.6 不属于 131.107.41.0 网段，计算机 B 没有设置网关，不能把数据包发送到计算机 A，因此计算机 A 能发送数据包给计算机 B，但是计算机 B 不能发送返回的数据包，因此网络不通。

3.3 IP 地址分类

最初设计互联网时，Internet 委员会定义了 5 种 IP 地址类型以适合不同容量的网络，即 A 类～E 类。其中 A、B、C 3 类由 Internet NIC 在全球范围内统一分配，D、E 类为特殊地址。

IPv4 地址由 32 位二进制数组成，分为网络 ID 和主机 ID。对于哪些位是网络 ID、哪些位是主机 ID，最初是使用 IP 地址的第 1 部分进行标识的。也就是说，只要看到 IP 地址的第 1 部分，就能知道该 IP 地址的子网掩码。通过这种方式将 IP 地址分成了 A 类、B 类、C 类、D 类和 E 类。

3.3.1 A 类地址

如图 3-14 所示，网络地址的最高位是 0 的 IP 地址为 A 类地址。网络 ID 为 0 不能用，127 作为保留网段，因此 A 类地址的第 1 部分取值范围为 1～126。

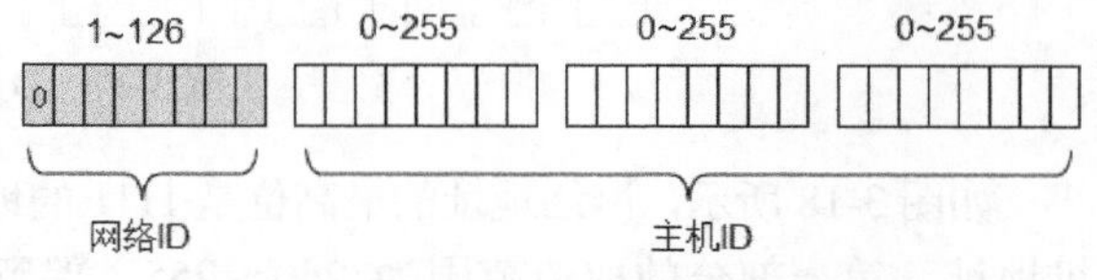

图 3-14 A 类地址的网络位和主机位

A 类网络默认子网掩码为 255.0.0.0。主机 ID 由第 2 部分、第 3 部分和第 4 部分组成，每部分的取值范围为 0～255，共 256 种取值。要是学过排列组合就会知道，A 类网络主机的数量是 256×256×256=16777216，这里还需要减去 2，主机 ID 全 0 的地址为网络地址，而主机 ID 全部为 1 的地址为广播地址。如果给主机 ID 全部是 1 的地址发送数据包，计算机会产生数据链路层广播帧，并发送到本网段的全部计算机。

3.3.2 B 类地址

如图 3-15 所示，网络地址的最高位是 10 的地址为 B 类地址。IP 地址第 1 部分的取值范围为 128～191。

B 类网络的默认子网掩码为 255.255.0.0。主机 ID 由第 3 部分和第 4 部分组成，每个 B 类网络可以容纳的最大主机数量 256×256−2=65534。

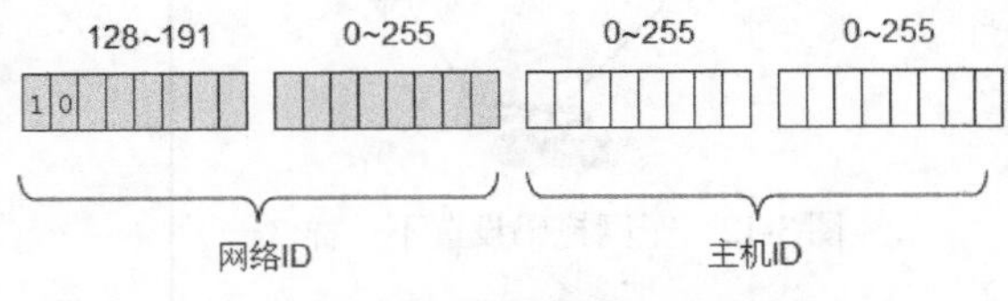

图 3-15 B 类地址的网络位和主机位

3.3.3 C 类地址

如图 3-16 所示，网络地址的最高位是 110 的地址为 C 类地址。IP 地址第 1 部分的取值范围为 192～223。

C 类网络的默认子网掩码为 255.255.255.0。主机 ID 由第 4 部分组成，每个 C 类网络可以容纳的最大主机数量 256−2=254。

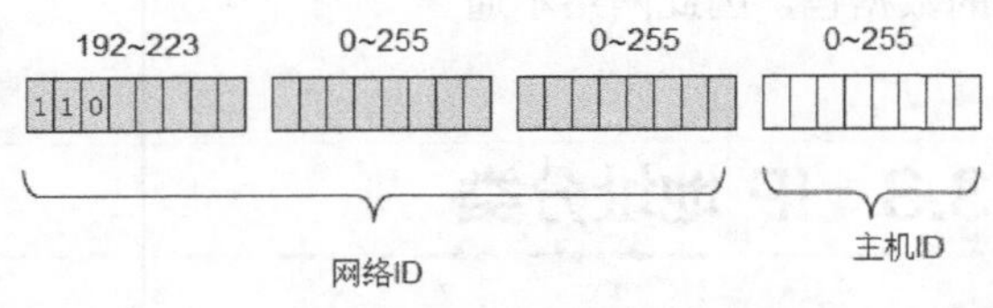

图 3-16 C 类地址的网络位和主机位

3.3.4 D 类和 E 类地址

如图 3-17 所示，网络地址的最高位是 1110 的地址为 D 类地址。D 类地址第 1 部分的取值范围为 224～239。用于多播（也称为组播）的地址，组播地址没有子网掩码。希望读者能够记住多播地址的范围，因为有些病毒除了在网络中发送广播之外，还有可能发送多播数据包，使用捕包工具排除网络故障，必须能够断定捕获的数据包是多播还是广播。

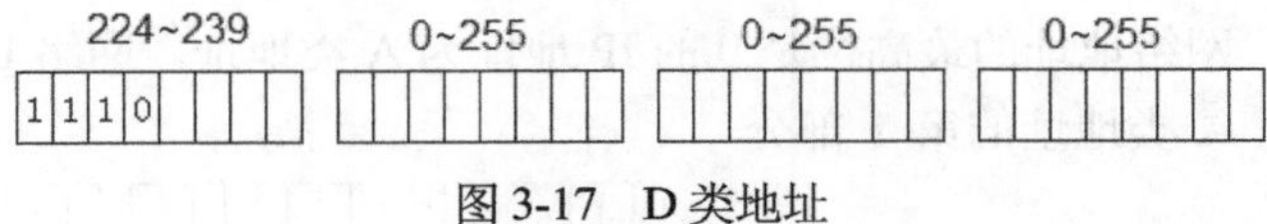

图 3-17 D 类地址

如图 3-18 所示，网络地址的最高位是 1111 的地址为 E 类地址，E 类地址不区分网络地址和主机地址。第一部分的取值范围为 240～255，保留为今后使用，E 类地址的范围为 240.0.0.0～255.255.255.254，255.255.255.255，作为广播地址。本书中并不讨论这些类型的地址（并且也不要求了解这些内容）。

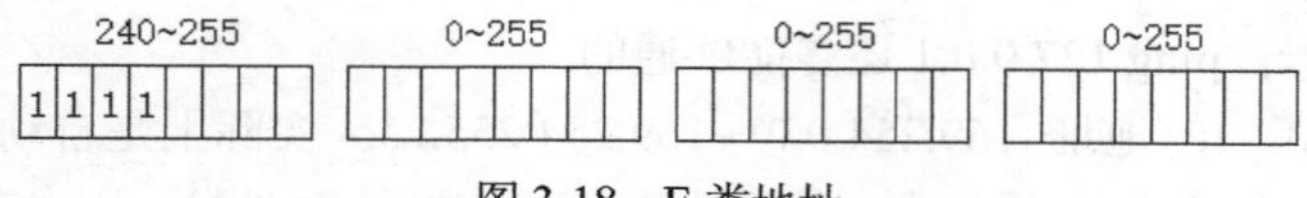

图 3-18 E 类地址

为了方便大家记忆，观察图 3-19，我们为 IP 地址的第 1 部分画一条数轴，数值范围为 0～255。A 类地址、B 类地址、C 类地址和 D 类地址以及 E 类地址的取值范围一目了然。

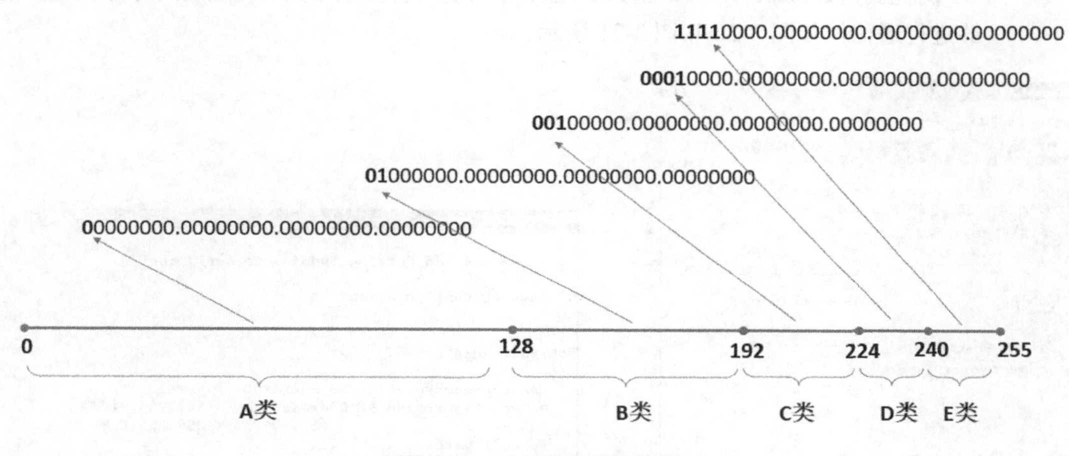

图 3-19 IP 地址分类助记图

3.3.5 保留的 IP 地址

有些 IP 地址被保留用于某些特殊目的，网络管理员不能将这些地址分配给计算机。下面列出了这些被排除在外的地址，并说明了为什么要保留它们。

- 主机 ID 全为 0 的地址：特指某个网段，比如 192.168.10.0 255.255.255.0，指 192.168.10.0 网段。
- 主机 ID 全为 1 的地址：特指该网段的全部主机，如果你的计算机发送数据包时使用主机 ID 全是 1 的 IP 地址，则数据链路层地址使用广播地址 FF-FF-FF-FF-FF-FF。比如同一网段的计算机名称解析就需要发送名称解析的广播包。假如你的计算机 IP 地址是 192.168.10.10，子网掩码是 255.255.255.0，它要发送一个广播包，如目标 IP 地址是 192.168.10.255，帧的目标 MAC 地址是 FF-FF-FF-FF-FF-FF，那么该网段中的全部计算机都能收到。
- 127.0.0.1：它是回送地址，指本机地址，一般用来测试。回送地址(127.x.x.x)是指本机回送地址(Loopback Address)，即主机 IP 堆栈内部的 IP 地址，主要用于网络软件测试以及本地主机进程之间的通信。无论什么程序，一旦使用回送地址发送数据，协议软件就立即返回，不进行任何网络传输。任何计算机都可以用该地址访问自己的共享资源或网站，如果 ping 该地址后能通，说明计算机的 TCP/IP 协议工作正常，即便计算机没有网卡，ping 127.0.0.1 还是能够通的。

- 169.254.0.0：IP 地址 169.254.0.0～169.254.255.255 实际上是自动私有 IP 地址。在 Windows 2000 以前的系统中，如果计算机无法获取 IP 地址，则自动配置成“IP 地址：0.0.0.0”“子网掩码：0.0.0.0”的形式，导致其不能与其他计算机进行通信。对于 Windows 2000 以后的操作系统，则在无法获取 IP 地址时自动配置成“IP 地址：169.254.×.×”“子网掩码：255.255.0.0”的形式，这样可以使所有获取不到 IP 地址的计算机之间能够进行通信，如图 3-20 和图 3-21 所示。

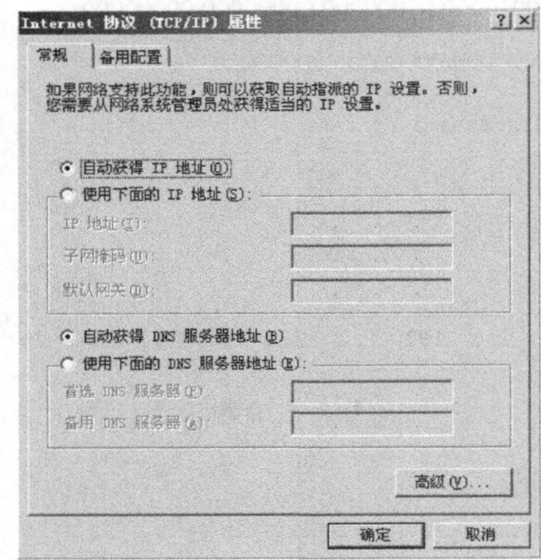

图 3-20 自动获得地址

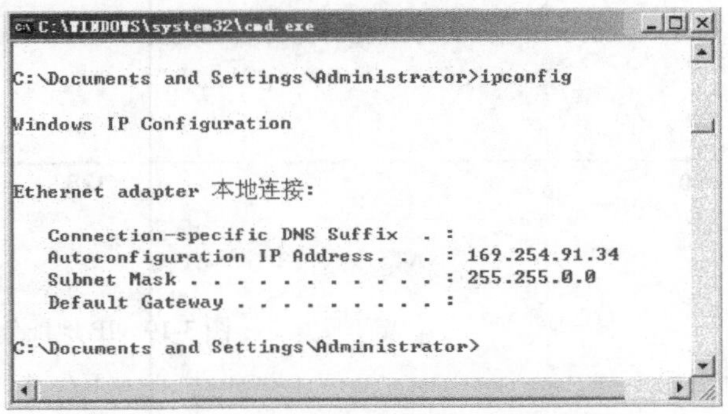

图 3-21 Windows 自动配置的 IP 地址

- 0.0.0.0：如果计算机的 IP 地址和网络中其他计算机的 IP 地址有冲突，使用 ipconfig 命令看到的就是 0.0.0.0，子网掩码也是 0.0.0.0，如图 3-22 所示。

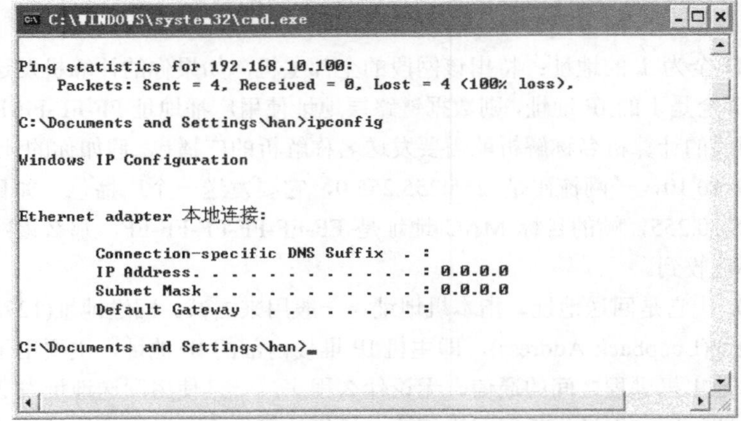

图 3-22 IP 地址冲突

3.3.6 实战：本地环回地址

127.0.0.0 255.0.0.0 这个网段中的任何一个 IP 地址都可以作为访问本地计算机的地址，该网段中的地址称为本地环回地址。

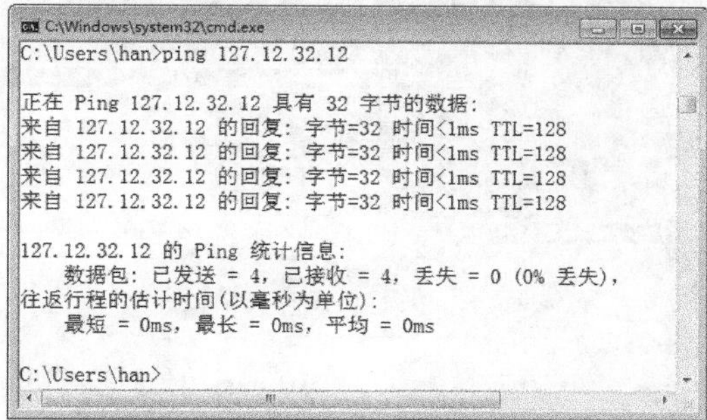

图 3-23　本地环回地址

如图 3-23 所示，在 Windows 7 操作系统中 ping 127 网段中的任何一个地址都可以通。

如图 3-24 所示，禁用 Server 计算机的网卡，ping 127.0.0.1 也能通，说明访问该地址不产生网络流量。在 Windows Server 2003 操作系统中 ping 127 网段的任何地址，都会从 127.0.0.1 地址返回数据包。

如图 3-25 所示，启用网卡，重启 Server 计算机，选择“开始”→“运行”命令，在打开的“运行”对话框中输入“\\127.0.0.1”，单击“确定”按钮，能够通过 127.0.0.1 访问到本机的共享资源。

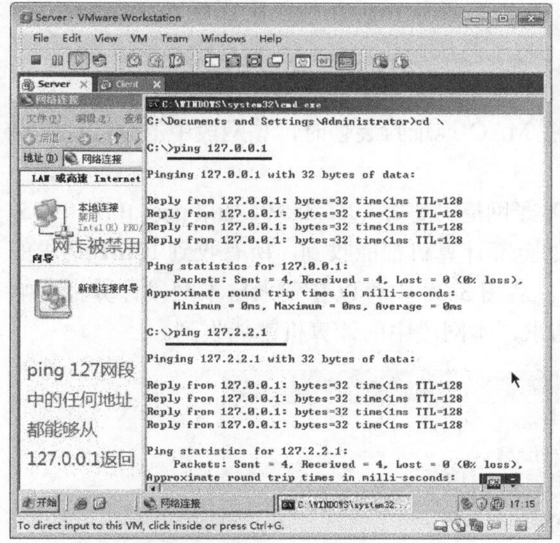

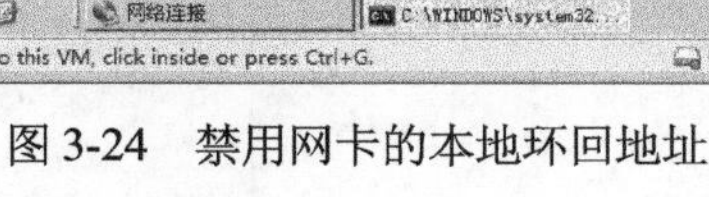

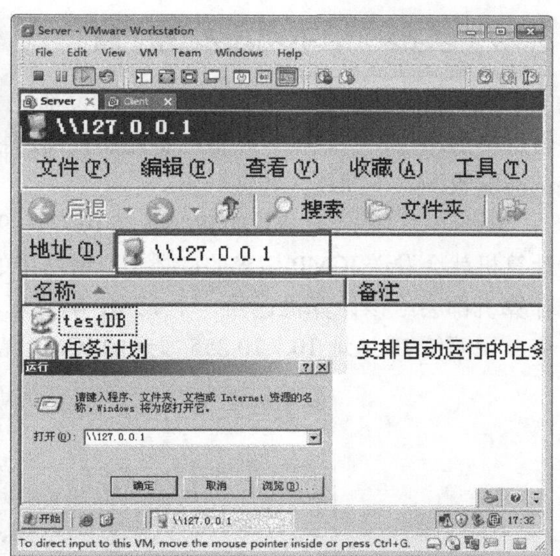

图 3-24　禁用网卡的本地环回地址　　图 3-25　启用网卡的本地环回地址

如果计算机启用了远程桌面，可以使用远程桌面客户端连接 127.0.0.1 地址，连接本地计算机的远程桌面服务，如图 3-26 所示。总之，想访问本地资源，却又懒得查看本地计算机的 IP 地址和计算机名称，都可以使用 127.0.0.1 访问。比如本地有个网站，可以打开 IE 浏览器，通过 http://127.0.0.1 访问本地计算机的网站，如图 3-27 所示。即便启用了 Windows 防火墙，也不会影响使用本地环回地址访问本地资源。

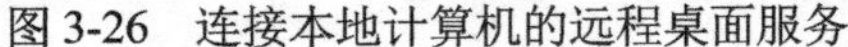
图 3-26 连接本地计算机的远程桌面服务

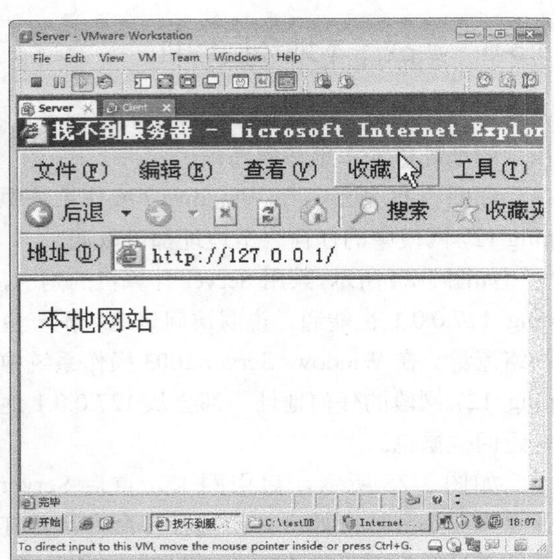

图 3-27 访问本地环回地址

3.3.7 实战：给本网段发送广播

前面给大家讲了，IP 地址中的主机位都是 1 的地址代表该网段的全部计算机。如果计算机给这样的地址发送数据包，数据链路层使用广播 MAC 地址封装帧时，该网段中的全部计算机都能够收到。下面就来验证一下。

如图 3-28 所示，计算机的 IP 地址是 10.7.10.49，子网掩码是 255.255.255.0，如果 ping 10.7.10.255，计算机就会发送 ICMP 请求的广播帧，网络中的全部计算机都能收到，所有收到 ICMP 请求的计算机都会给该计算机返回一个 ICMP 响应包。从图 3-28 中可以看到来自本网段计算机的响应，说明给 IP 地址 10.7.10.255 发送的 ICMP 请求，本网段中的计算机都能收到。

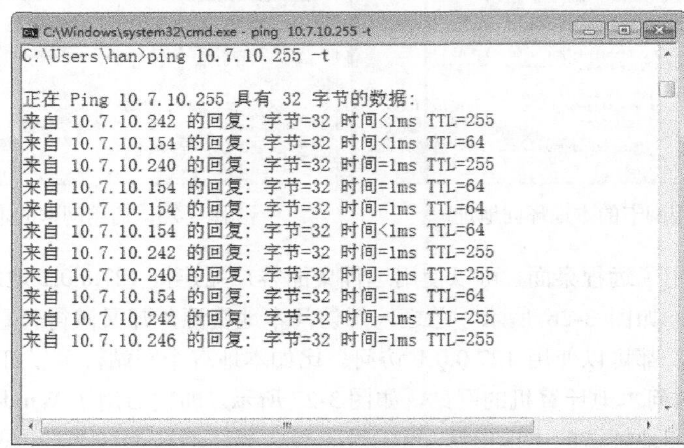

图 3-28 本网广播地址

使用抓包工具也能捕获计算机发送和接收的广播帧。如图 3-29 所示，目标 IP 地址的主机位全 1 的数据包，目标 MAC 地址是广播地址 ff-ff-ff-ff-ff-ff。

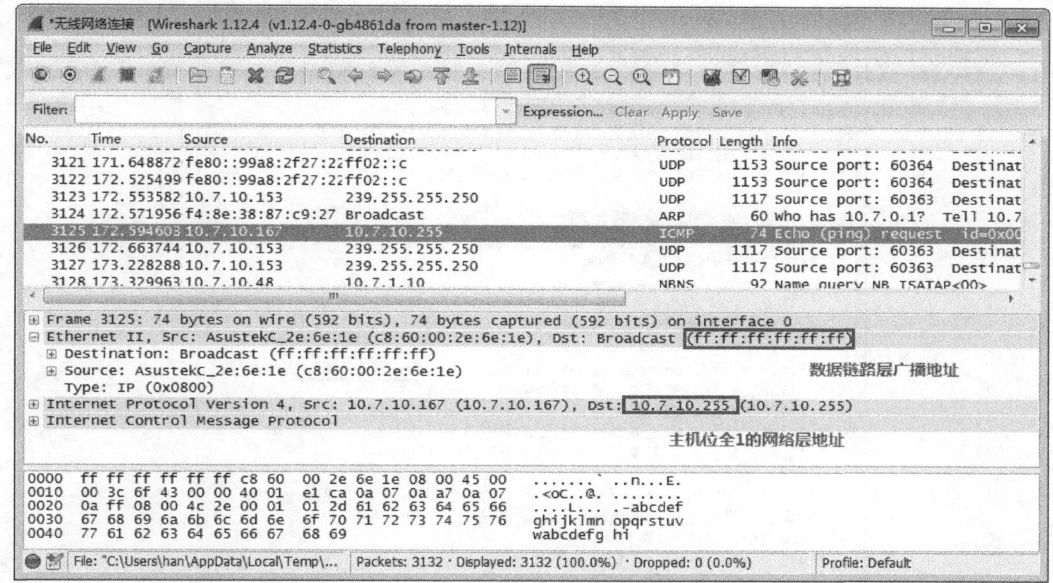

图 3-29　本地广播数据链路层是广播 MAC 地址

3.4　公网地址和私网地址

网络中的计算机 IP 地址分为公网 IP 地址和私网 IP 地址，下面就给大家进行详细讲解。

3.4.1　公网地址

Internet 上有上千万台主机，都需要使用 IP 地址进行通信，接入 Internet 的各个国家的各级 ISP 使用的 IP 地址块不能重叠，这就要求整个 Internet 有一个组织进行统一的地址规划和分配。这些统一规划和分配的全球唯一的地址被称为“公网地址（Public Address）”。

公网地址的分配和管理由 Inter NIC（Internet Network Information Center，互联网信息中心）负责。各级 ISP 使用的公网地址都需要向 Inter NIC 提出申请，由 Inter NIC 统一发放，这样就能确保地址块不冲突。

正因为 IP 地址是统一规划和分配的，我们只要知道 IP 地址，就能很方便地查到该地址属于哪个城市的哪个 ISP。如果你的网站遭到来自某个地址的攻击，通过以下方式可以知道攻击者所在的城市和所属的运营商。

比如我们想知道淘宝网、51CTO 学院的网站在哪个城市的哪个 ISP 机房，先解析出这些网站的 IP 地址，如图 3-30 所示。在命令提示符中 ping 该网站的域名，就能看到解析出的该网站的 IP 地址。

图 3-30　查看所解析网站的 IP 地址

如图 3-31 所示，在百度网页上输入 120.55.239.108 这个 IP 地址，就能查到这个 IP 地址所在城市和所属 ISP。

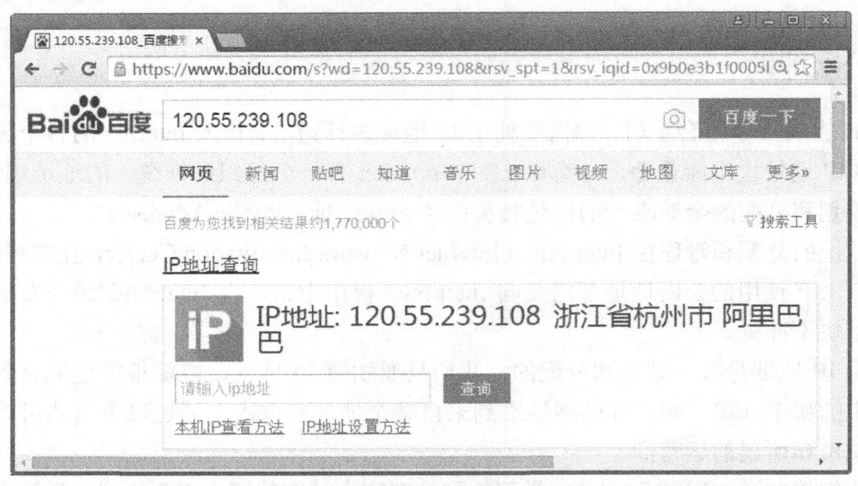

图 3-31　查看的服务器地址所属的运营商和所在地

如图 3-32 所示，在百度网页上查找淘宝网 IP 地址所在地和所属运营商。

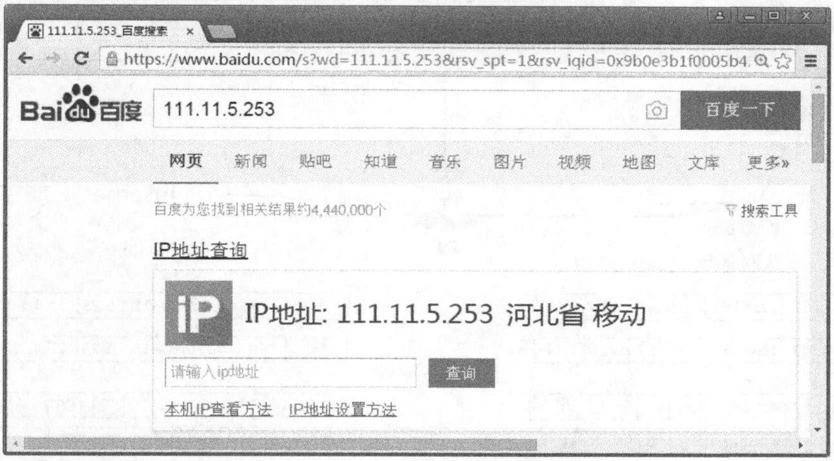

图 3-32 淘宝 IP 地址所属运营商和所在地

3.4.2 私网地址

创建 IP 寻址方案的人也创建了私网 IP 地址。这些地址可以用于私有网络，在 Internet 上没有这些 IP 地址，Internet 上的路由器也没有到私有网络的路由。我们在 Internet 上不能访问这些私网地址，从这一点来说使用私网地址的计算机更加安全，同时也很有效地节省了宝贵的公网 IP 地址。

下面列出保留的私网 IP 地址。

A 类：10.0.0.0 255.0.0.0，保留了一个 A 类网络。

B 类：172.16.0.0 255.255.0.0～172.31.0.0 255.255.0.0，保留了 16 个 B 类网络。

C 类：192.168.0.0 255.255.255.0～192.168.255.0 255.255.255.0，保留了 256 个 C 类网络。

使用私网地址的计算机可以通过 NAT（Network Address Translation，网络地址转换）技术访问 Internet。如图 3-33 所示，企业内网使用私有网段的地址 10.0.0.0 255.0.0.0，在连接 Internet 的路由器 R1 上配置 NAT，R1 连接 Internet 的接口有公网地址 11.1.5.25。配置了 NAT 功能的路由器，内网计算机访问 Internet 的数据包经过 R1 路由器转发到 Internet，源地址和源端口替换成公网地址 11.1.5.25，同时对源端口也进行替换，替换成公网端口，公网端口由路由器统一分配，确保公网端口唯一。以后返回来的数据包还要根据公网端口将数据包的目标地址和目标端口替换成内网计算机的私网地址和专用端口。

在 NAT 路由器上维护一张端口地址转换表，用来记录内网计算机端口地址和公网端口地址的映射关系。只要内网有到 Internet 的流量，就会在该表中添加记录，数据包回来时，再根据这张表将数据包目标地址和端口修改成内网地址和和专用端口，发送给内网计算机。由于经过 NAT 路由器需要修改数据包网络层地址和传输层的端口，因此性能比路由器直接转发差一些。

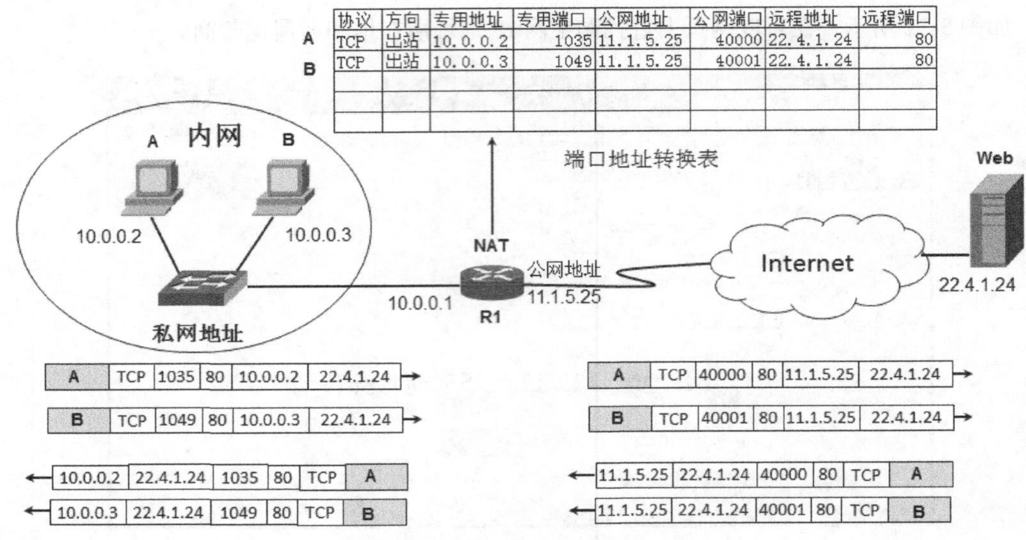

图 3-33　网络地址端口转换示意图

这种地址转换不只是网络地址转换（NAT），严格来说应该是端口地址转换（PAT），不过我们通常模糊地说这就是 NAT。

地址转换应用非常普遍，家庭拨号上网的路由器，内置的就有 NAT 功能，拨号上网获得一个公网地址，能够让家中多台计算机访问 Internet。

如果你负责为一家公司规划网络，到底使用哪一类私有地址呢？如果这家公司目前有 7 个部门，每个部门不超过 200 台计算机，可以考虑使用保留的 C 类私有地址；如果要为石家庄市教委规划网络，负责石家庄市教委和石家庄地区的几百所中小学的网络连接，那么由于网络规模较大，可以选择保留的 A 类私网地址，最好用 10.0.0.0 网络地址并带有/24 的子网掩码，从而有 65 536 个网络可供使用，并且每个网络允许带有 254 台主机，这会给学校留有非常大的地址空间。

3.5　子网划分

当今在 Internet 上使用的协议是 TCP/IP 协议第四版，也就是 IPv4，IP 地址由 32 位的二进制数组成，这些地址如果全部能分配给计算机，共计 2^{32} = 4 294 967 296，大约 40 亿个可用地址，这些地址去除 D 类地址和 E 类地址，还有保留的私网地址，能够在 Internet 上使用的公网地址就变得越发紧张；并且我们每个人需要使用的地址也不止 1 个，现在智能手机、智能家电接入互联网也都需要 IP 地址。

在 IPv6 还没有完全在互联网上普遍应用的 IPv4 和 IPv6 共存阶段，IPv4 公网地址资源紧张，这就需要子网划分技术，使得 IP 地址能够充分利用，减少地址浪费。

3.5.1 地址浪费

如图 3-34 所示，按照 IP 地址传统的分类方法，一个网段有 200 台计算机，分配一个 C 类网络 212.2.3.0 255.255.255.0，可用的地址范围为 212.2.3.1～212.2.3.254，没有全部用完，这种情况还不算是极大浪费。

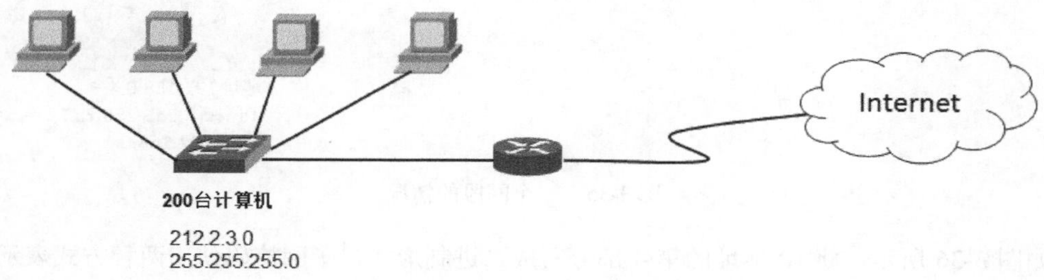

图 3-34 地址分配合理

如果一个网络中有 400 台计算机，分配一个 C 类网络，地址就不够用了，那就分配一个 B 类网络 131.107.0.0 255.255.0.0，该 B 类网络可用的地址范围为 131.107.0.1～131.107.255.254，一共有 65534 个地址可用，这就造成了极大浪费。

下面给大家讲解子网划分，就是要打破 IP 地址的分类所限定的地址块，使得 IP 地址的数量和网络中的计算机数量更加匹配。由简单到复杂，先讲解等长子网划分，再讲解变长子网划分。

3.5.2 等长子网划分

子网划分，就是借用现有网段的主机位做子网位，划分出多个子网。子网划分的任务包括两部分：

- 确定子网掩码的长度；
- 确定子网中第一个可用的 IP 地址和最后一个可用的 IP 地址。

等长子网划分就是将一个网段等分成多个网段。

（1）等分成两个子网。

下面以一个 C 类网络划分为两个子网为例，讲解子网划分的过程。

如图 3-35 所示，某公司有两个部门，每个部门 100 台计算机，通过路由器连接 Internet。给这 200 台计算机分配一个 C 类网络 192.168.0.0，该网段的子网掩码为 255.255.255.0，连接局域网的路由器接口使用该网段的第一个可用 IP 地址 192.168.0.1。

为了安全考虑，你打算将这两个部门的计算机分为两个网段，中间使用路由器隔开。计算机数量没有增加，还是 200 台，因此一个 C 类网络的 IP 地址是足够用的。现在将 192.168.0.0 255.255.255.0 这个 C 类网络划分成两个子网。

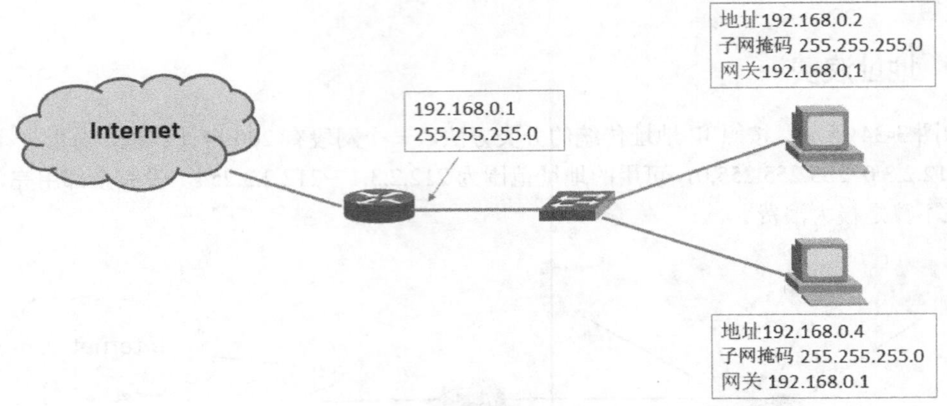

图 3-35 一个网段的情况

如图 3-36 所示，将 IP 地址的第 4 部分写成二进制形式，子网掩码使用两种方式表示：二进制形式和十进制形式。子网掩码的位数往右移一位（子网掩码增加一个 1），这样 C 类地址主机 ID 的第 1 位就成为网络位，该位为 0 是 A 子网，该位为 1 是 B 子网。

如图 3-36 所示，IP 地址的第 4 部分，值在 0～127 之间的，第 1 位均为 0；值在 128～255 之间的，第 1 位均为 1。分成 A、B 两个子网，以 128 为界。现在的子网掩码中的 1 有 25 个，写成十进制就是 255.255.255.128。子网掩码向后（往右）移动 1 位，就划分出两个子网。

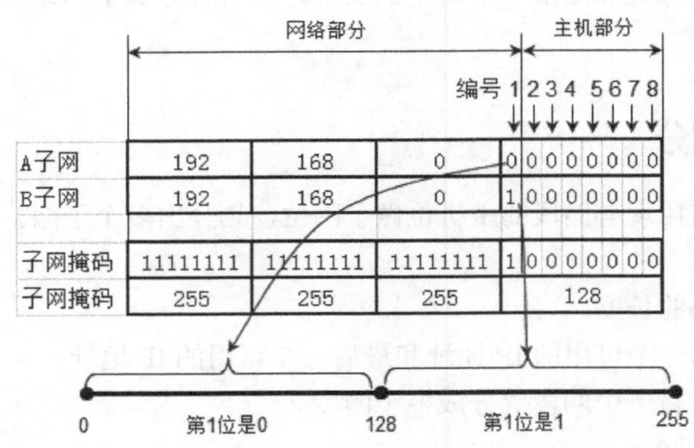

图 3-36 等分成两个子网

A 和 B 两个子网的子网掩码都为 255.255.255.128。

A 子网可用的地址范围为 192.168.0.1～192.168.0.126，IP 地址 192.168.0.0 由于主机位全为 0，不能分配给计算机使用，如图 3-37 所示，192.168.0.127 由于主机位全为 1，也不能分配给计算机使用。

B 子网可用的地址范围为 192.168.0.129～192.168.0.254，IP 地址 192.168.0.128 由于主机位全为 0，不能分配给计算机使用，IP 地址 192.168.0.255 由于主机位全为 1，也不能分配给计算机使用。

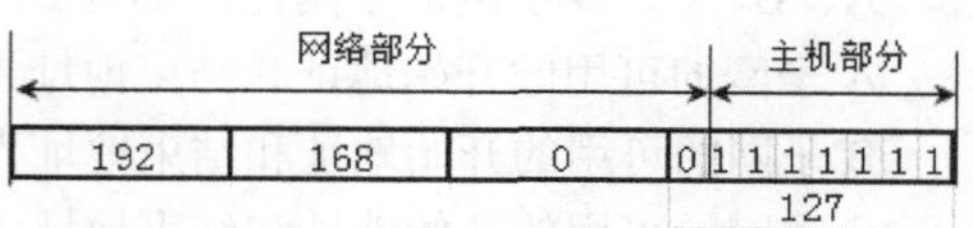

图 3-37 网络部分和主机部分

划分成两个子网后的网络规划如图 3-38 所示。

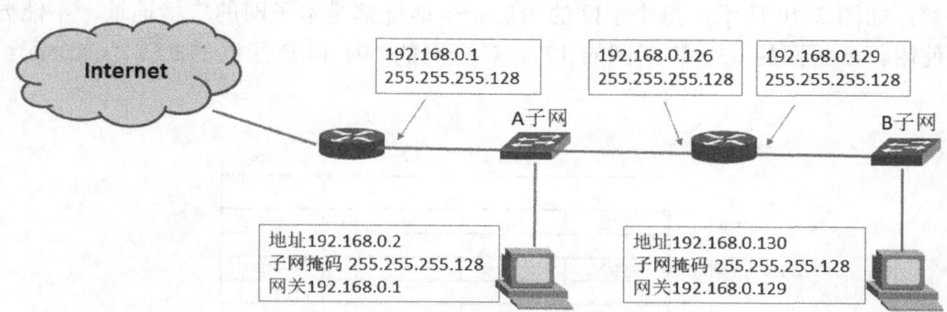

图 3-38 划分子网后的地址规划

（2）等分成 4 个子网。

假如公司有 4 个部门，每个部门有 50 台计算机，现在使用 192.168.0.0/24 这个 C 类网络。从安全考虑，打算将每个部门的计算机放置到独立的网段，这就要求将 192.168.0.0 255.255.255.0 这个 C 类网络划分为 4 个子网，如何划分成 4 个子网呢？

如图 3-39 所示，将 192.168.0.0 255.255.255.0 网段的 IP 地址的第 4 部分写成二进制形式，要想分成 4 个子网，需要将子网掩码往右移（往后）两位，这样第 1 位和第 2 位就变为网络位。就可以分成 4 个子网，第 1 位和第 2 位为 00 是 A 子网，为 01 是 B 子网，为 10 是 C 子网，为 11 是 D 子网。

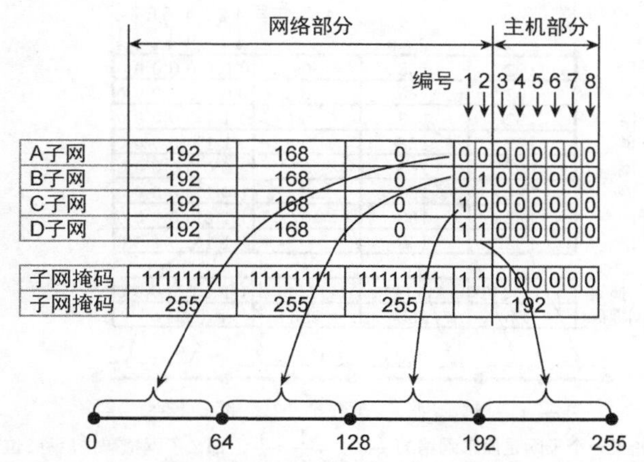

图 3-39 等分为 4 个子网

A、B、C、D 子网的子网掩码都为 255.255.255.192。

A 子网的可用的开始地址和结束地址为 192.168.0.1～192.168.0.62；

B 子网的可用的开始地址和结束地址为 192.168.0.65～192.168.0.126；

C 子网的可用的开始地址和结束地址为 192.168.0.129～192.168.0.190；

D 子网的可用的开始地址和结束地址为 192.168.0.193～192.168.0.254。

注意：如图 3-40 所示，每个子网的最后一个地址都是本子网的广播地址，不能分配给计算机使用。A 子网的 63、B 子网的 127、C 子网的 191 和 D 子网的 255 不能分配给计算机使用。

	网络部分				主机位全1
A子网	192	168	0	0 0	1 1 1 1 1 1
					63
B子网	192	168	0	0 1	1 1 1 1 1 1
					127
C子网	192	168	0	1 0	1 1 1 1 1 1
					191
D子网	192	168	0	1 1	1 1 1 1 1 1
					255
子网掩码	11111111	11111111	11111111	1 1	0 0 0 0 0 0
子网掩码	255	255	255		192

图 3-40 网络部分和主机部分

（3）等分为 8 个子网。

如果想把一个 C 类网络等分成 8 个子网，如图 3-41 所示，子网掩码需要往右移 3 位。才能划分出 8 个子网，第 1 位、第 2 位和第 3 位都变成网络位。

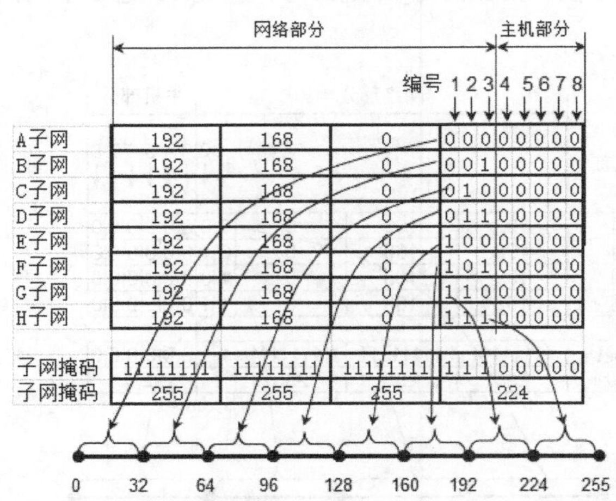

网络部分
主机部分
编号 1 2 3 4 5 6 7 8
A子网 192 168 0 0 0 0 0 0 0 0 0
B子网 192 168 0 0 0 1 0 0 0 0 0
C子网 192 168 0 0 1 0 0 0 0 0 0
D子网 192 168 0 0 1 1 0 0 0 0 0
E子网 192 168 0 1 0 0 0 0 0 0 0
F子网 192 168 0 1 0 1 0 0 0 0 0
G子网 192 168 0 1 1 0 0 0 0 0 0
H子网 192 168 0 1 1 1 0 0 0 0 0
子网掩码 11111111 11111111 11111111 1 1 1 0 0 0 0 0
子网掩码 255 255 255 224
0 32 64 96 128 160 192 224 255
规律：如果一个子网是原来网络的$\frac{1}{2}\times\frac{1}{2}\times\frac{1}{2}=\frac{1}{8}$，那么子网掩码往后移3位。

图 3-41 等分成 8 个子网

每个子网的子网掩码都一样，为 255.255.255.224。

A 子网可用的开始地址和结束地址为 192.168.0.1～192.168.0.30；

B 子网可用的开始地址和结束地址为 192.168.0.33～192.168.0.62；

C 子网可用的开始地址和结束地址为 192.168.0.65～192.168.0.94；

D 子网可用的开始地址和结束地址为 192.168.0.97～192.168.0.126；

E 子网可用的开始地址和结束地址为 192.168.0.129～192.168.0.158；

F 子网可用的开始地址和结束地址为 192.168.0.161～192.168.0.190；

G 子网可用的开始地址和结束地址为 192.168.0.193～192.168.0.222；

H 子网可用的开始地址和结束地址为 192.168.0.225～192.168.0.254。

注意：每个子网能用的主机 IP 地址，都要去掉主机位全 0 和主机位全 1 的地址。如图 3-41 所示，31、63、95、127、159、191、223、255 都是相应子网的广播地址。

每个子网是原来网络的$\frac{1}{2}\times\frac{1}{2}\times\frac{1}{2}$，即 3 个$\frac{1}{2}$，子网掩码往右移 3 位。

总结：如果一个子网的地址块是原来网段的$\left(\frac{1}{2}\right)^n$，子网掩码中的 1 就在原网段的基础上增加 n 位。

3.5.3 B 类网络子网划分

前面给大家使用一个 C 类网络讲解了等长子网划分，总结的规律照样适用于 B 类网络的子网划分。在不熟悉的情况下容易出错，最好将主机位写成二进制形式，确定子网掩码和每个子网的第一个和最后一个能用的地址。

如图 3-42 所示，将 131.107.0.0 255.255.0.0 等分成两个子网。子网掩码往右移 1 位，就能等分成两个子网。

	网络部分		主机部分		
A子网	131	107	0	0 0 0 0 0 0 0	0 0 0 0 0 0 0 0
B子网	131	107	1	0 0 0 0 0 0 0	0 0 0 0 0 0 0 0
子网掩码	11111111	11111111	1	0 0 0 0 0 0 0	0 0 0 0 0 0 0 0
子网掩码	255	255	128		0

图 3-42 B 类网络子网划分

这两个子网的子网掩码都是 255.255.128.0。

要确定 A 子网的第一个可用地址和最后一个可用地址，大家在不熟悉的情况下最好按照图 3-43 将主机部分写成二进制形式，主机位不能全是 0，也不能全是 1，然后根据二进制写出第一个可用地址和最后一个可用地址。

A 子网的第一个可用地址是 131.107.0.1，最后一个可用地址是 131.107.127.254。大家思考一下，A 子网中的 131.107.0.255 这个地址是否可以分配给计算机使用？

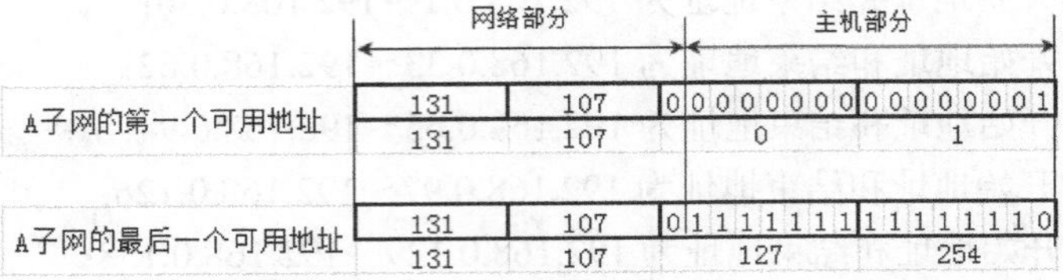

	网络部分		主机部分	
A子网的第一个可用地址	131	107	00000000	00000001
	131	107	0	1
A子网的最后一个可用地址	131	107	01111111	11111110
	131	107	127	254

图 3-43 A 子网地址范围

如图 3-44 所示，B 子网的第一个可用地址是 131.107.128.1，最后一个可用地址是 131.107.255.254。

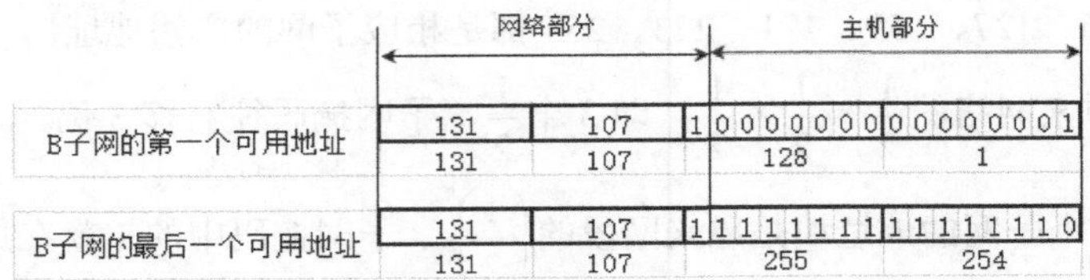

图 3-44 B 子网地址范围

这种方式虽然步骤烦琐一点，但不容易出错，等熟悉了就可以直接写出子网的第一个可用地址和最后一个可用地址了。

3.5.4 A 类网络子网划分

与为 C 类网络和 B 类网络划分子网的规律一样，子网掩码往右移 1 位，就可以划分出两个子网。只是写出每个网段的第一个和最后一个可用地址，需要大家谨慎。

下面以把 A 类网络 42.0.0.0 255.0.0.0 等分成 4 个子网为例，写出各个子网的第一个和最后一个可用地址。如图 3-45 所示划分出 4 个子网，子网掩码需要右移两位。每个子网的子网掩码为 255.192.0.0。

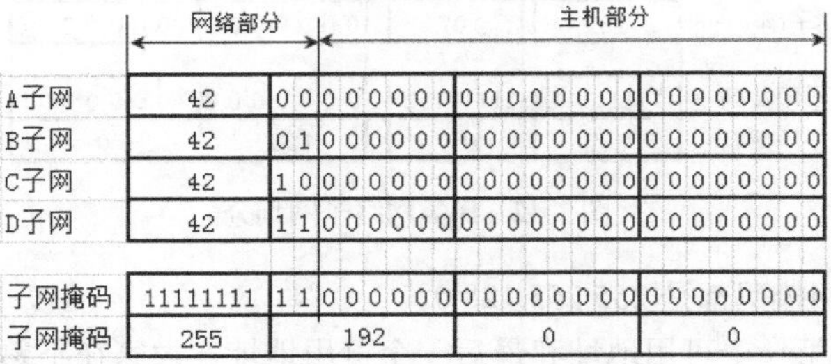

	网络部分		主机部分		
A子网	42	00	000000	00000000	00000000
B子网	42	01	000000	00000000	00000000
C子网	42	10	000000	00000000	00000000
D子网	42	11	000000	00000000	00000000
子网掩码	11111111	11	000000	00000000	00000000
子网掩码	255	192		0	0

图 3-45 A 类网络子网划分

如图 3-46 所示，以十进制和二进制形式对比，写出各个子网能使用的第一个可用地址和最后一个可用地址。

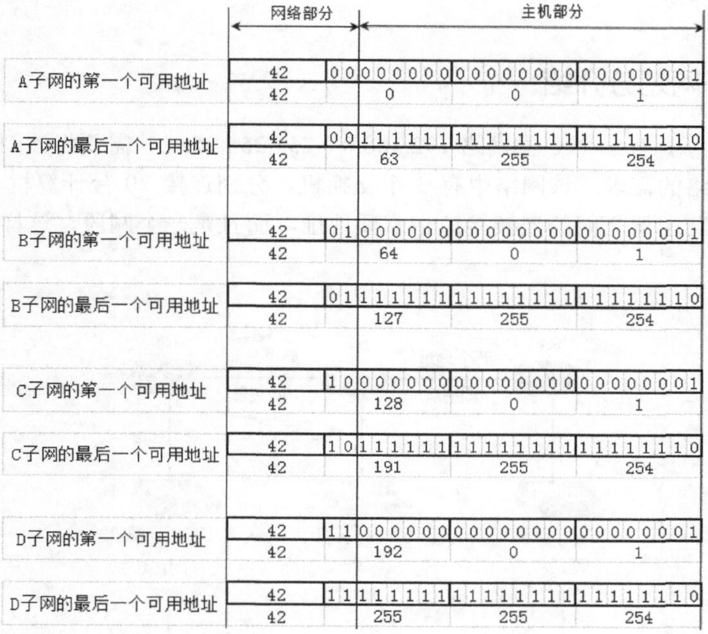

	网络部分	主机部分		
A子网的第一个可用地址	42	00000000	00000000	00000001
	42	0	0	1
A子网的最后一个可用地址	42	00111111	11111111	11111110
	42	63	255	254
B子网的第一个可用地址	42	01000000	00000000	00000001
	42	64	0	1
B子网的最后一个可用地址	42	01111111	11111111	11111110
	42	127	255	254
C子网的第一个可用地址	42	10000000	00000000	00000001
	42	128	0	1
C子网的最后一个可用地址	42	10111111	11111111	11111110
	42	191	255	254
D子网的第一个可用地址	42	11000000	00000000	00000001
	42	192	0	1
D子网的最后一个可用地址	42	11111111	11111111	11111110
	42	255	255	254

图 3-46 子网地址范围

参照图 3-46，我们可以很容易写出这些子网能够使用的第一个可用地址和最后一个可用地址。

A 子网的第一个可用地址为 42.0.0.1，最后一个可用地址为 42.63.255.254。注意：这里 42.63 是可以用的。

B 子网的第一个可用地址为 42.64.0.1，最后一个可用地址为 42.127.255.254。注意：这里 42.127 是可以用的。

C 子网的第一个可用地址为 42.128.0.1，最后一个可用地址为 42.191.255.254。注意：这里 42.191 是可以用的。

D 子网的第一个可用地址为 42.192.0.1，最后一个可用地址为 42.255.255.254。注意：这里 42.255 是可以用的。

通过举例，希望能够起到举一反三的效果，只要掌握子网划分的规律，A 类、B 类、C 类网络的子网划分方法是一样的。

3.6 变长子网划分

前面讲的都是将一个网段等分成多个子网，如果每个子网中计算机的数量不一样，就需要将网段划分成地址空间不等的子网，这就是变长子网划分。有了前面等长子网划分的基础，划分变长子网也就容易了。

3.6.1　变长子网划分介绍

如图 3-47 所示，有一个 C 类网络 192.168.0.0 255.255.255.0，需要将该网络划分成 5 个网段以满足以下网络的需求：该网络中有 3 个交换机，分别连接 20 台计算机、50 台计算机和 100 台计算机，路由器之间的连接接口也需要地址，而且是一个网段，这样网络中一共有 5 个网段。

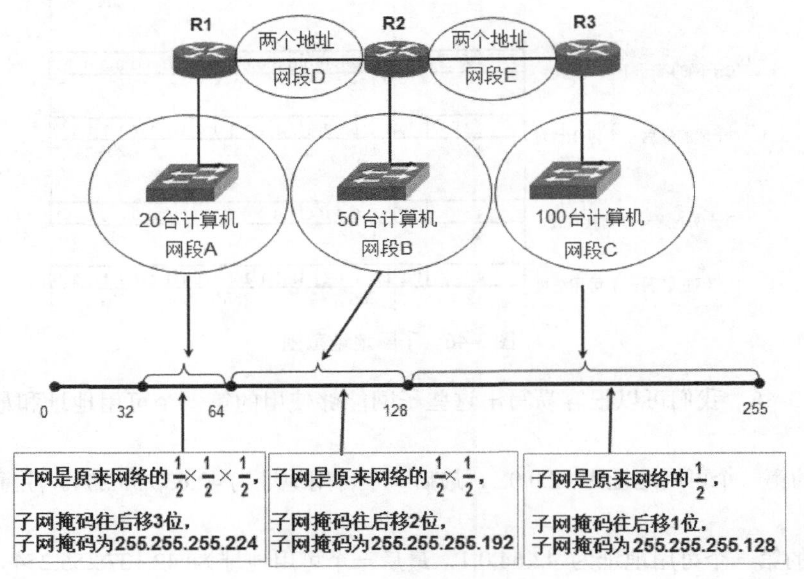

图 3-47　变长子网划分

如图 3-48 所示，将 192.168.0.0 255.255.255.0 的主机位从 0 到 255 画一条数轴，将 128 到 255 之间的地址空间留给有 100 台计算机的网段比较合适，该子网的地址范围是原来网络的 $\frac{1}{2}$，子网掩码往后移 1 位，写成十进制形式就是 255.255.255.128。第一个可用地址是 192.168.0.129，最后一个可用地址是 192.168.0.254。

将 64 到 128 之间的地址空间留给有 50 台计算机的网段比较合适，该子网的地址范围是原来网络的 $\frac{1}{2}\times\frac{1}{2}$，子网掩码往后移 2 位。写成十进制形式就是 255.255.255.192。第一个可用地址是 192.168.0.65，最后一个可用地址是 192.168.0.126。

将 32 到 64 之间的地址空间留给有 20 台计算机的网段比较合适，该子网的地址范围是原来网络的$\frac{1}{2}\times\frac{1}{2}\times\frac{1}{2}$，子网掩码往后移 3 位，写成十进制形式就是 255.255.255.224。第一个可用地址是 192.168.0.33，最后一个可用地址是 192.168.0.62。

当然我们也可以使用以下子网划分方案，有 100 台计算机的网段可以使用 0 到 128 之间的子网，有 50 台计算机的网段可以使用 128 到 192 之间的子网，有 20 台计算机的网段可以使用 192 到 224 之间的子网。

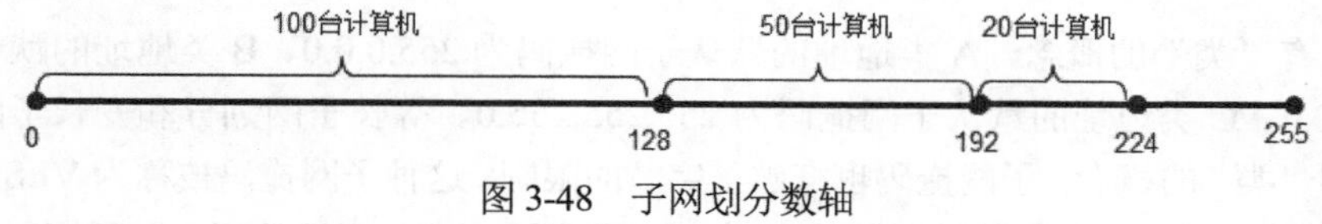

图 3-48 子网划分数轴

规律：如果一个子网的地址块是原来网段的$\left(\frac{1}{2}\right)^n$，子网掩码就在原有网段的基础上后移 n 位，不等长子网，子网掩码也不同。

3.6.2 点到点网络的子网掩码

如果一个网络中只需要两个地址，子网掩码应该是多少呢？如图 3-49 所示，路由器之间的连接接口就是一个网段，并且只需要两个地址。下面看看如何给图 3-49 中的 D 网络和 E 网络规划子网。

如图 3-49 所示，0 到 4 之间的子网可以给 D 网络中的两个路由器接口，第一个可用地址是 192.168.0.1，最后一个可用地址是 192.168.0.2，192.168.0.3 就是 D 网络中的广播地址。

4 到 8 之间的子网可以给 E 网络中的两个路由器接口，第一个可用地址是 192.168.0.5，最后一个可用地址是 192.168.0.6，192.168.0.7 就是 E 网络中的广播地址，如图 3-50 所示。

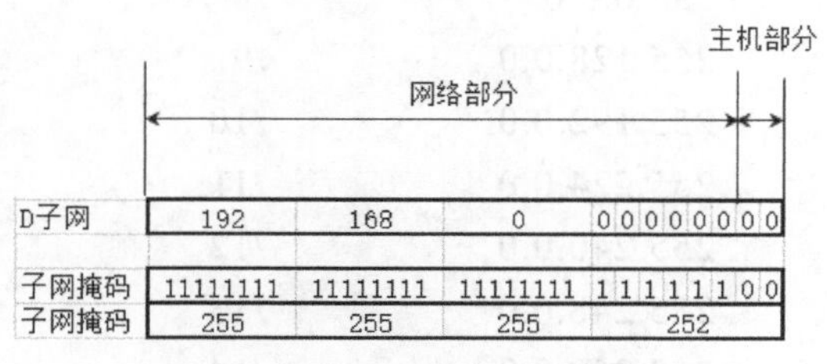

图 3-49 点到点网络的子网掩码（一）

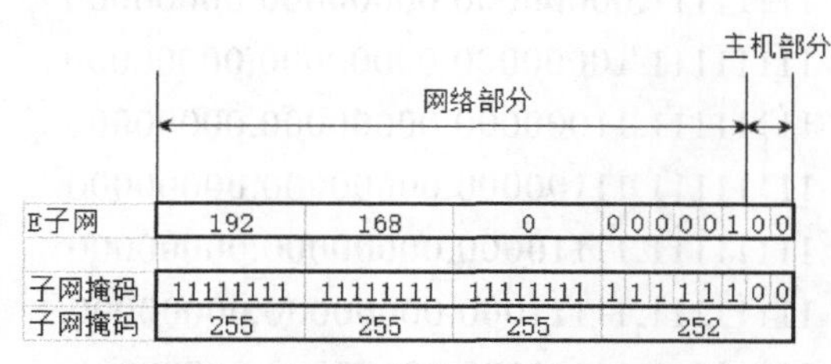

图 3-50 点到点网络的子网掩码（二）

每个子网是原来网络的$\frac{1}{2}\times\frac{1}{2}\times\frac{1}{2}\times\frac{1}{2}\times\frac{1}{2}\times\frac{1}{2}$，也就是$\left(\frac{1}{2}\right)^6$，子网掩码向后移 6 位，11111111.11111111.11111111.11111100 写成十进制形式的子网掩码也就是 255.255.255.252。

子网划分的最终结果如图 3-51 所示，经过精心规划，不但满足 5 个网段的地址需求，还剩余两个地址块，8 到 16 的地址块和 16 到 32 的地址块没有被使用。

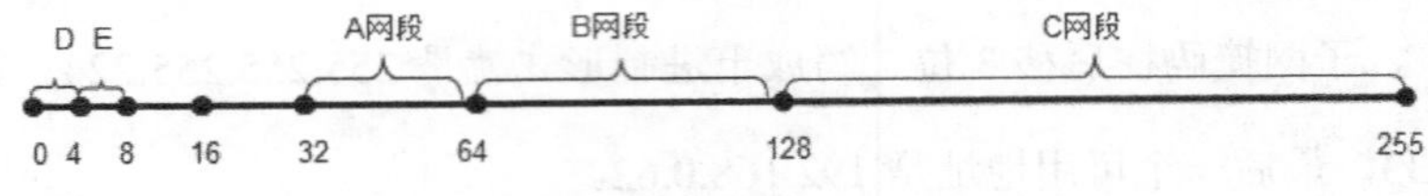

图 3-51 分配的子网和剩余的子网

3.6.3 子网掩码的另一种表示方法——CIDR

IP 地址有“类”的概念，A 类地址的默认子网掩码为 255.0.0.0、B 类地址的默认子网掩码为 255.255.0.0、C 类地址的默认子网掩码为 255.255.255.0。等长子网划分和变长子网划分，打破了 IP 地址“类”的概念，子网掩码也打破了字节的限制，这种子网掩码被称为 VLSM（Variable Length Subnet Masking，可变长子网掩码）。为了方便表示可变长子网掩码，子网掩码还有另一种写法。比如 131.107.23.32/25、192.168.0.178/26，反斜杠后面的数字表示子网掩码写成二进制形式后 1 的个数。

这就打破了 IP 地址“类”的概念，这种方式使得 Internet 服务提供商（ISP）能灵活地将大的地址块分成恰当小的地址块（子网）给客户，不会造成大量 IP 地址浪费。这种方式也可以使得 Internet 上路由器中的路由表大大精简，被称为无类域间路由（Classless Inter-Domain Routing，CIDR），子网掩码中 1 的个数被称为 CIDR 值。

CIDR 的作用就是支持 IP 地址的无类规划，CIDR 采用 13～27 位可变网络 ID，而不是 A、B、C 类网络 ID 所用的固定的 8、16 和 24 位。在 IP 地址的后面添加一个/，后面是二进制子网掩码的位数。比如 192.168.10.32/24，意味着该地址的子网掩码长度为 24，即 11111111.11111111.11111111. 00000000，等价于子网掩码 255.255.255.0。

子网掩码的二进制写法以及对应的 CIDR 的斜线表示形式如下。

二进制写法的子网掩码	子网掩码	CIDR 值
11111111.00000000.00000000.00000000	255.0.0.0	/8
11111111.10000000.00000000.00000000	255.128.0.0	/9
11111111.11000000.00000000.00000000	255.192.0.0	/10
11111111.11100000.00000000.00000000	255.224.0.0	/11
11111111.11110000.00000000.00000000	255.240.0.0	/12
11111111.11111000.00000000.00000000	255.248.0.0	/13
11111111.11111100.00000000.00000000	255.252.0.0	/14
11111111.11111110.00000000.00000000	255.254.0.0	/15
11111111.11111111.00000000.00000000	255.255.0.0	/16
11111111.11111111.10000000.00000000	255.255.128.0	/17
11111111.11111111.11000000.00000000	255.255.192.0	/18
11111111.11111111.11100000.00000000	255.255.224.0	/19
11111111.11111111.11110000.00000000	255.255.240.0	/20

11111111.11111111.11111000.00000000	255.255.248.0	/21
11111111.11111111.11111100.00000000	255.255.252.0	/22
11111111.11111111.11111110.00000000	255.255.254.0	/23
11111111.11111111.11111111.00000000	255.255.255.0	/24
11111111.11111111.11111111.10000000	255.255.255.128	/25
11111111.11111111.11111111.11000000	255.255.255.192	/26
11111111.11111111.11111111.11100000	255.255.255.224	/27
11111111.11111111.11111111.11110000	255.255.255.240	/28
11111111.11111111.11111111.11111000	255.255.255.248	/29
11111111.11111111.11111111.11111100	255.255.255.252	/30

3.6.4 判断 IP 地址所属的网段

下面我们来学习根据给出的 IP 地址和子网掩码判断 IP 地址所属的网段。前面说过，IP 地址中主机位归 0 就是该主机所在的网段。

下面判断地址 192.168.0.101/26 所属的子网。该地址为 C 类地址，默认的子网掩码为 24 位，现在是 26 位。子网掩码往右移了两位，根据以上总结的规律，每个子网是原来网段的 $\frac{1}{2}\times\frac{1}{2}$，将这个 C 类网络等分成了 4 个子网。如图 3-52 所示，101 所处的位置介于 64～128 之间，主机位归 0 后等于 64，因此该地址所属的子网是 192.168.0.64/26。

下面判断地址 192.168.0.101/27 所属的子网。该地址为 C 类地址，默认的子网掩码为 24 位，现在是 27 位。子网掩码往右移了 3 位，根据以上总结的规律，每个子网是原来网段的 $\frac{1}{2}\times\frac{1}{2}\times\frac{1}{2}$，将这个 C 类网络等分成了 8 个子网。如图 3-53 所示，101 所处的位置介于 96～128 之间，主机位归 0 后等于 96，因此该地址所属的子网是 192.168.0.96/27。

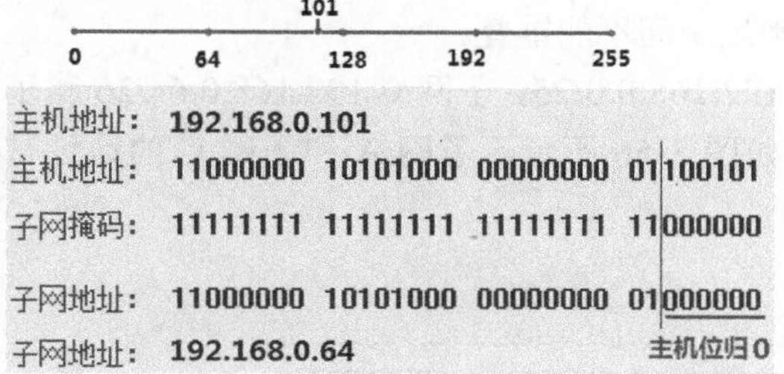

图 3-52 判断地址所属子网（一）

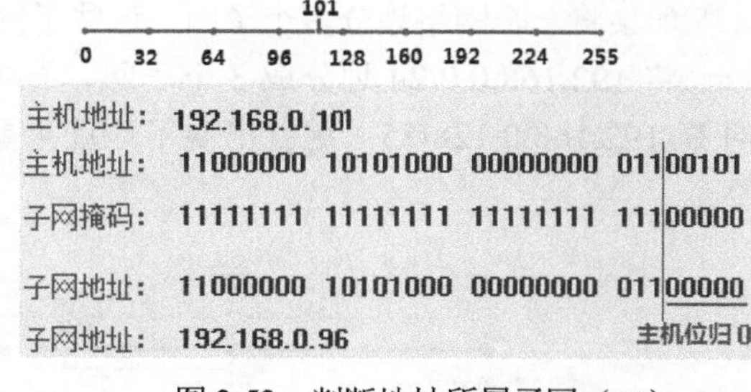

图 3-53 判断地址所属子网（二）

总结出的规律如图 3-54 所示。

IP 地址范围 192.168.0.0～192.168.0.63 都属于 192.168.0.0/26 子网。

IP 地址范围 192.168.0.64～192.168.0.127 都属于 192.168.0.64/26 子网。

IP 地址范围 192.168.0.128～192.168.0.191 都属于 192.168.0.128/26 子网。

IP 地址范围 192.168.0.192～192.168.0.255 都属于 192.168.0.192/26 子网。

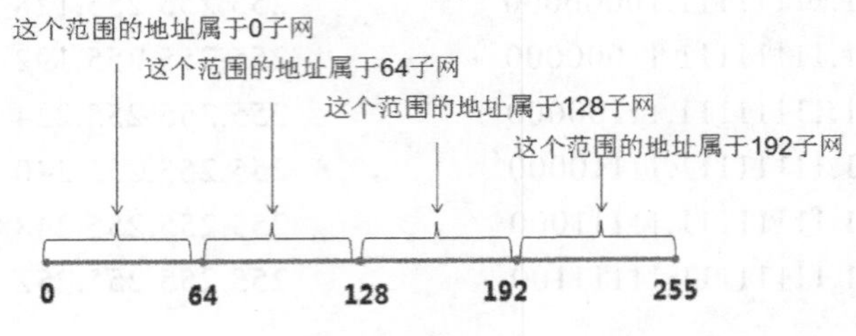

图 3-54 断定 IP 地址所属子网的规律

3.6.5 子网划分需要注意的几个问题

❍ 将一个网络等分成两个子网，每个子网肯定是原来网络的一半。

比如将 192.168.0.0/24 分成两个网段，要求一个子网能够放 140 台主机，另一个子网放 60 台主机，能实现吗？

从主机数量来说，总数没有超过 254 台，该 C 类网络能够容纳这些地址，但划分成两个子网后却发现，这 140 台主机在这两个子网中都不能容纳，如图 3-55 所示，因此不能实现，140 台主机最少占用一个 C 类地址。

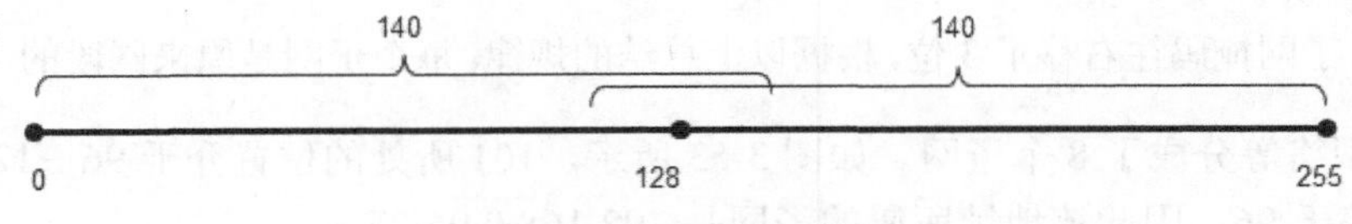

图 3-55 子网地址不能交叉

❍ 子网地址不可重叠。

如果将一个网络划分多个子网，这些子网的地址空间不能重叠。

将 192.168.0.0/24 划分成 3 个子网，子网 A 192.168.0.0/25、子网 C 192.168.0.64/26 和子网 B 192.168.0.128/25，这就出现了地址重叠，如图 3-56 所示，子网 A 和子网 C 的地址重叠了。

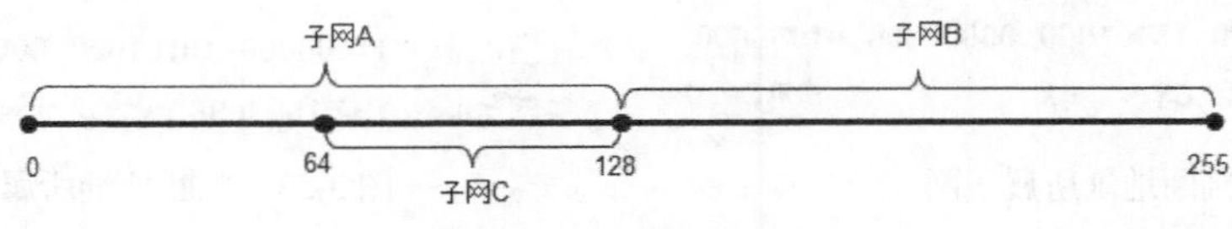

图 3-56 子网地址不能重叠

3.7 超网合并网段

前面讲解的子网划分，就是将一个网络的主机位当作网络位来划分出多个子网。也可以将多个网段合并成一个大的网段，合并后的网段称为超网，下面介绍合并网段的方法。

3.7.1 合并网段

如图 3-57 所示，某企业有一个网段，该网段有 200 台计算机，使用 192.168.0.0 255.255.255.0 网段，后来计算机数量增加到 400 台。

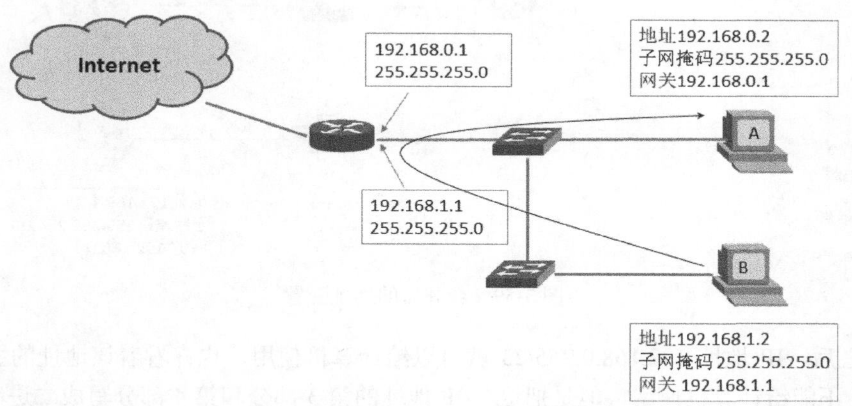

图 3-57 两个网段的地址

在该网络中添加交换机，可以扩展该网络的规模，一个 C 类地址不够用，再添加一个 C 类地址 192.168.1.0 255.255.255.0。这些计算机物理上在一个网段，但是 IP 地址不在一个网段，即逻辑上不在一个网段。如果想让这些计算机能够通信，可以为路由器的接口添加这两个 C 类网络的地址作为这两个网段的网关。

在这种情况下，A 计算机与 B 计算机进行通信，必须通过路由器转发，如图 3-58 所示，这样两个子网才能够通信，本来这些计算机物理上在一个网段，还需要路由器转发，效率不高。

	网络部分				主机部分
192.168.0.0	192	168	0000000	0	00000000
192.168.1.0	192	168	0000000	1	00000000
子网掩码	11111111	11111111	1111111	0	00000000
子网掩码	255	255	254		0

图 3-58 合并两个子网

有没有更好的办法，让这两个 C 类网段的计算机认为在一个网段？这就需要将

192.168.0.0/24 和 192.168.1.0/24 两个 C 类网段合并。

如图 3-57 所示，将这两个网段 IP 地址的第 3 部分和第 4 部分写成二进制形式，可以看到将子网掩码往左（往前）移动 1 位，即子网掩码中 1 的个数减少 1，这两个网段的网络部分就一样了，这两个网段就在一个网段了。

合并后的网段为 192.168.0.0/23，子网掩码写成十进制形式为 255.255.254.0，可用地址的范围为 192.168.0.1～192.168.1.254，网络中计算机的 IP 地址和路由器接口的地址配置，如图 3-59 所示。

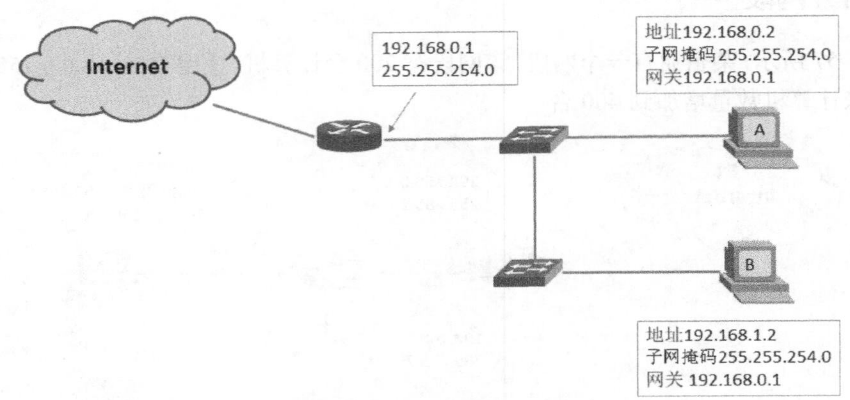

图 3-59 合并后的地址配置

合并之后，IP 地址 192.168.0.255/23 就可以给计算机使用。也许看着该地址的主机位好像全部是 1，不能给计算机使用，但是把这个 IP 地址的第 3 部分和第 4 部分写成二进制形式后，就会看出来主机位不全为 1，如图 3-60 所示。

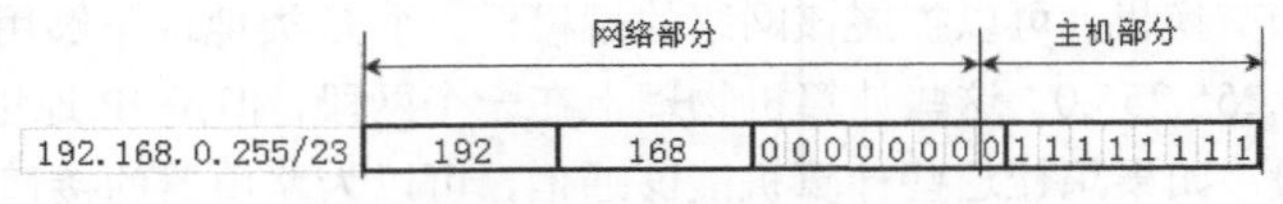

图 3-60 确定是否是广播地址的方法

规律：子网掩码往左移 1 位，能够合并两个连续的网段，但不是任何连续的网段都能合并。

3.7.2 不是任何连续的网段都能合并

前面讲了子网掩码往左移动 1 位，能够合并两个连续的网段，但不是任何两个连续的网段都能够向左移 1 位就合并成一个网段。

比如 192.168.1.0/24 和 192.168.2.0/24 就不能向左移 1 位子网掩码以合并成一个网段。将这两个网段的第 3 部分和第 4 部分写成二进制形式后就能够看出来，如图 3-61 所示。向左移 1 位子网掩码，这两个网段的网络部分还是不相同，说明不能合并成一个网段。

要想合并成一个网段，子网掩码就要向左移 2 位，如果移 2 位，其实就合并了 4 个网段，如图 3-62 所示。

图 3-61 合并网段的规律（一）

图 3-62 合并网段的规律（二）

下面讲解哪些连续的网段能够合并，即合并网段的规律。

3.7.3 哪些网段能够合并

下面深入讲解合并网段的规律。

- 判断两个子网是否能够合并。

如图 3-63 所示，192.168.0.0/24 和 192.168.1.0/24 的子网掩码往左移 1 位，可以合并为一个网段 192.168.0.0/23。

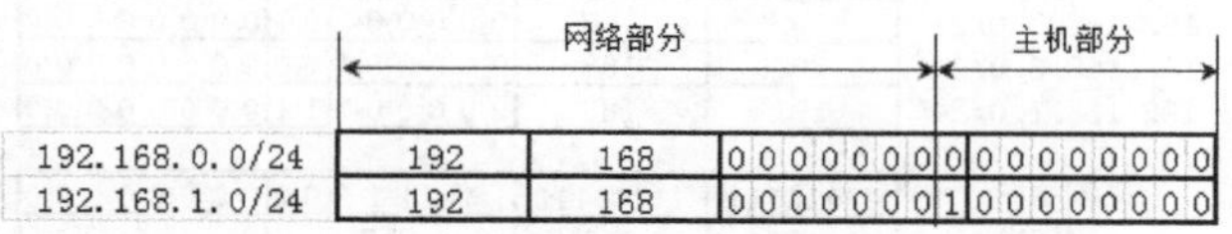

图 3-63 合并 0 和 1

如图 3-64 所示，192.168.2.0/24 和 192.168.3.0/24 的子网掩码往左移 1 位，可以合并为一个网段 192.168.2.0/23。

图 3-64 合并 2 和 3

可以看出规律，合并两个连续的网段时，如果第一个网段的网段号写成二进制形式后，最后一位是 0，这两个网段就能合并。只要一个数能够被 2 整除，写成二进制形式后最后一位肯定是 0。

结论：判断连续的两个网段是否能够合并，只要第一个网段的网络号能被 2 整除，就能够通过左移 1 位子网掩码来合并。

131.107.31.0/24 和 131.107.32.0/24 是否能够通过左移 1 位子网掩码来合并？

131.107.142.0/24 和 131.107.143.0/24 是否能够通过左移 1 位子网掩码来合并？

根据上面的结论：31 除以 2，余 1，131.107.31.0/24 和 131.107.32.0/24 不能通过左移 1 位子网掩码合并成一个网段。142 除以 2，余 0，131.107.142.0/24 和 131.107.143.0/24 能通过左移 1 位子网掩码合并成一个网段。

❍ 判断 4 个网段是否能合并。

如图 3-65 所示，合并 192.168.0.0/24、192.168.1.0/24、192.168.2.0/24 和 192.168.3.0/24 4 个子网，子网掩码需要向左移 2 位。

	网络部分			主机部分
192.168.0.0	192	168	0 0 0 0 0 0 0 0	0 0 0 0 0 0 0 0
192.168.1.0	192	168	0 0 0 0 0 0 0 1	0 0 0 0 0 0 0 0
192.168.2.0	192	168	0 0 0 0 0 0 1 0	0 0 0 0 0 0 0 0
192.168.3.0	192	168	0 0 0 0 0 0 1 1	0 0 0 0 0 0 0 0
子网掩码	11111111	11111111	1 1 1 1 1 1 0 0	0 0 0 0 0 0 0 0
子网掩码	255	255	252	0

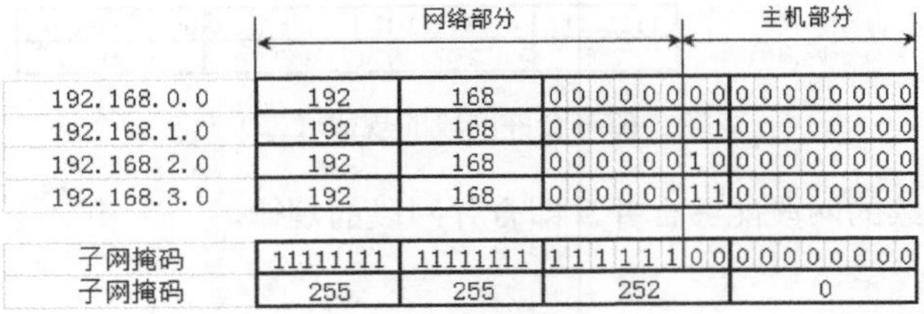

图 3-65 合并 4 个网段（一）

如图 3-66 所示，合并 192.168.4.0/24、192.168.5.0/24、192.168.6.0/24 和 192.168.7.0/24 这 4 个子网，子网掩码需要向左移 2 位。

	网络部分			主机部分
192.168.4.0/24	192	168	0 0 0 0 0 1 0 0	0 0 0 0 0 0 0 0
192.168.5.0/24	192	168	0 0 0 0 0 1 0 1	0 0 0 0 0 0 0 0
192.168.6.0/24	192	168	0 0 0 0 0 1 1 0	0 0 0 0 0 0 0 0
192.168.7.0/24	192	168	0 0 0 0 0 1 1 1	0 0 0 0 0 0 0 0
子网掩码	11111111	11111111	1 1 1 1 1 1 0 0	0 0 0 0 0 0 0 0
子网掩码	255	255	252	0

图 3-66 合并 4 个网段（二）

规律：要合并连续的 4 个网段，只要第一个网段的网络号写成二进制形式以后的后面两位是 00，这 4 个网段就能合并，根据 5.1.2 节讲到的规律，只要一个数能够被 4 整除，写成二进制形式以后的最后两位肯定是 00。

结论：判断连续的 4 个网段是否能够合并，只要第一个网段的网络号能被 4 整除，就能够通过左移 2 位子网掩码合并成一个网段。

判断 131.107.232.0/24、131.107.233.0/24、131.107.234.0/24 和 131.107.235.0/24 这 4 个网段是否能够通过左移 2 位子网掩码合并成一个网段。第一个网段的网络号 232 除以 4，余 0，这 4 个网段能够合并。

判断 131.107.154.0/24、131.107.155.0/24、131.107.156.0/24 和 131.107.157.0/24 这 4 个网段是否能够通过左移 2 位子网掩码合并成一个网段。第一个网段的网络号 154 除以 4，余 2，这 4 个网段不能合并。

依此类推，要想判断连续的 8 个网段是否能够合并，只要第一个网段的网络号能被 8 整除，这 8 个连续的网段就能够通过左移 3 位子网掩码合并成一个超网。

3.7.4 网段合并的规律

如图 3-67 所示，网段合并的规律如下：子网掩码左移 1 位能够合并两个网段，左移 2 位能够合并 4 个网段，左移 3 位能够合并 8 个网段。

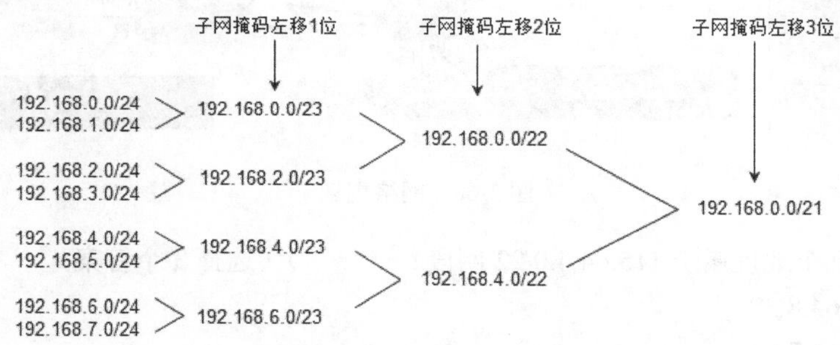

图 3-67 网段合并的规律

规律：子网掩码左移 n 位，合并的网段数量是 2^n。

3.7.5 判断一个网段是超网还是子网

通过左移子网掩码合并多个网段，通过右移子网掩码将一个网段划分成多个子网，使得 IP 地址打破了传统的 A 类、B 类、C 类网络的界限。

判断一个网段到底是子网还是超网，就要看该网段是 A 类网络、B 类网络还是 C 类网络。默认 A 类地址的子网掩码是/8、B 类地址的子网掩码是/16、C 类地址的子网掩码是/24。如果该网段的子网掩码比默认子网掩码长（子网掩码 1 的个数多于默认子网掩码 1 的个数），就是子网；如果该网段的子网掩码比默认子网掩码短（子网掩码 1 的个数少于默认子网掩码 1 的个数），则是超网。

12.3.0.0/16 是 A 类网络还是 C 类网络呢？是超网还是子网呢？该 IP 地址的第一部分是 12，这是一个 A 类网络，A 类地址的默认子网掩码是/8，该 IP 地址的子网掩码是/16，比默认子网掩码长，所以说这是 A 类网络的一个子网。

222.3.0.0/16 是 C 类网络还是 B 类网络呢？是超网还是子网呢？该 IP 地址的第一部分是 222，这是一个 C 类网络，C 类地址的默认子网掩码是/24，该 IP 地址的子网掩码是/16，比默认子网掩码短，所示说这是一个合并了 222.3.0.0/24～222.3.255.0/24 共 256 个 C 类网络的超网。

3.8 习题

1．根据图 3-68 所示网络拓扑和网络中的主机数量，将左侧的 IP 地址拖放到合适接口。

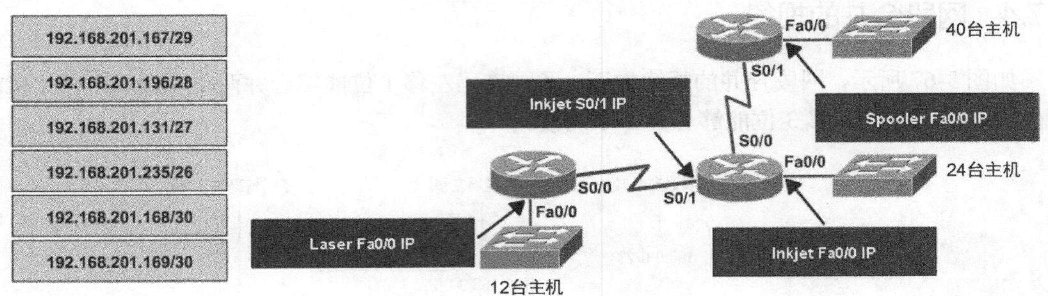

图 3-68 网络规划

2．以下哪几个地址属于 115.64.4.0/22 网段？（ ）（选择 3 个答案）

A．115.64.8.32

B．115.64.7.64

C．115.64.6.255

D．115.64.3.255

E．115.64.5.128

F．115.64.12.128

3．子网（ ）被包含在 172.31.80.0/20 网络。（选择两个答案）

A．172.31.17.4/30

B．172.31.51.16/30

C．172.31.64.0/18

D．172.31.80.0/22

E．172.31.92.0/22

F．172.31.192.0/18

4．某公司设计网络，需要 300 个子网，每个子网的主机数量最大为 50，对一个 B 类网络进行子网划分，下面的子网掩码（ ）可以采用。（选择两个答案）

A．255.255.255.0

B．255.255.255.128

C．255.255.255.224

D．255.255.255.192

5. 网段 172.25.0.0/16 被分成 8 个等长子网，下面的地址（　　）属于第三个子网。（选择 3 个答案）

A. 172.25.78.243

B. 172.25.98.16

C. 172.25.72.0

D. 172.25.94.255

E. 172.25.96.17

F. 172.25.100.16

6. 根据图 3-69，以下网段（　　）能够指派给网络 A 和链路 A。（选择两个答案）

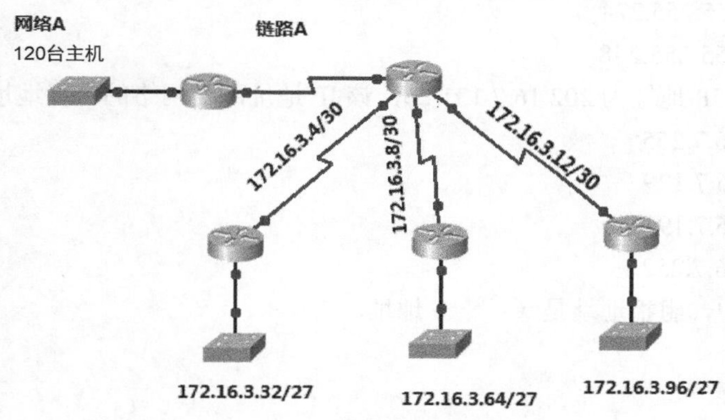

图 3-69 网络拓扑

A. 网络 A——172.16.3.48/26

B. 网络 A——172.16.3.128/25

C. 网络 A——172.16.3.192/26

D. 链路 A——172.16.3.0/30

E. 链路 A——172.16.3.40/30

F. 链路 A——172.16.3.112/30

7. 以下属于私网地址的是（　　）。

A. 192.178.32.0/24

B. 128.168.32.0/24

C. 172.15.32.0/24

D. 192.168.32.0/24

8. 网络 122.21.136.0/22 中可用的最大地址数量是（　　）。

A. 102

B. 1023

C. 1022

D. 1000

9．主机地址 192.15.2.160 所在的网络是（　　）。

A．192.15.2.64/26

B．192.15.2.128/26

C．192.15.2.96/26

D．192.15.2.192/26

10．某公司的网络地址为 192.168.1.0/24，要划分成 5 个子网，每个子网最多 20 台主机，则适用的子网掩码是（　　）。

A．255.255.255.192

B．255.255.255.240

C．255.255.255.224

D．255.255.255.248

11．某端口的 IP 地址为 202.16.7.131/26，该 IP 地址所在网络的广播地址是（　　）。

A．202.16.7.255

B．202.16.7.129

C．202.16.7.191

D．202.16.7.252

12．在 IPv4 中，组播地址是（　　）地址。

A．A 类

B．B 类

C．C 类

D．D 类

13．某主机的 IP 地址为 180.80.77.55、子网掩码为 255.255.252.0，该主机向所在的子网发送广播分组，则目的地址可以是（　　）。

A．180.80.76.0

B．180.80.76.255

C．180.80.77.255

D．180.80.79.255

14．某网络的 IP 地址空间为 192.168.5.0/24，采用等长子网划分，子网掩码为 255.255.255.248，则划分的子网个数、每个子网中的最大可分配地址数量为（　　）。

A．32，6

B．32，8

C．8，32

D．8，30

15．网络管理员希望能够有效利用 192.168.176.0/25 网段的 IP 地址，现公司市场部门有 20 台主机，则最好分配下面哪个网段给市场部？（　　）

A．192.168.176.0/25

B．192.168.176.160/27

C．192.168.176.48/29

D．192.168.176.96/27

16．一台 Windows 主机初次启动，如果无法从 DHCP 服务器获取 IP 地址，那么此主机可能会使用下列哪个 IP 地址？（ ）

A．0.0.0.0

B．127.0.0.1

C．169.254.2.33

D．255.255.255.255

17．对于地址 192.168.19.255/20，下列说法中正确的是（ ）。

A．这是一个广播地址

B．这是一个网络地址

C．这是一个私有地址

D．该地址在 192.168.19.0 网段上

18．将 192.168.10.0/24 网段划分成 3 个子网，每个子网的计算机数量如图 3-70 所示，写出各个网段的子网掩码和能够分配给计算机使用的第一个可用地址和最后一个可用地址。

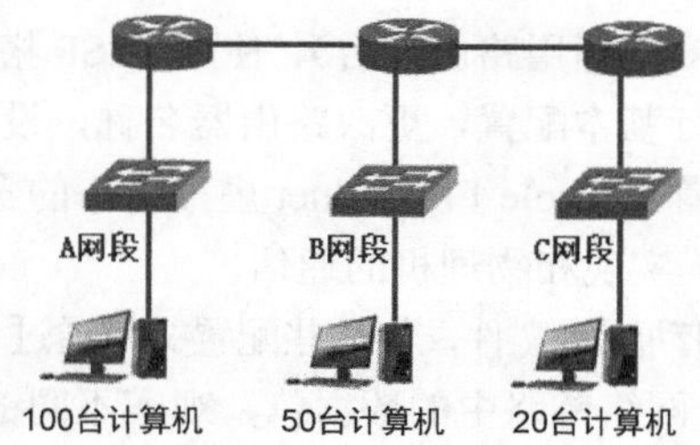

图 3-70 子网划分示意图

	第一个可用地址	最后一个可用地址	子网掩码
A 网段	________	________	________
B 网段	________	________	________
C 网段	________	________	________

第4章 管理华为设备

本章内容

- 介绍华为网络设备操作系统
- 介绍 eNSP
- 路由器的基本操作
- 配置文件的管理
- 捕获数据包

本章介绍如下内容。

华为网络设备操作系统 VRP（通用路由平台），使用 eNSP 搭建学习环境，讲解路由器型号和接口命名规则，对路由器进行基本配置，更改路由器名称，设置接口地址。

设置路由器登录安全，设置 Console 口和 telnet 虚拟接口的身份验证模式和默认用户级别。

配置 eNSP 中的网络设备，实现和物理机的通信。

管理存储中的文件，设置启动配置文件，将这些配置文件通过 TFTP 和 FTP 导出以实现备份。

使用 Wireshark 捕获 eNSP 网络链路中的数据包，观察不同链路中不同的帧格式。

4.1 介绍华为网络设备操作系统

路由器、交换机这些网络设备都需要有操作系统的支持才能实现其功能，配置华为的路由器和交换机等设备，就是告诉这些设备的操作系统应该如何工作。华为公司为这些网络设备开发了相应的操作系统，即通用路由平台（Versatile Routing Platform，VRP）。

VRP 是华为公司具有完全自主知识产权的网络操作系统，可以运行在多种硬件平台之上。运行 VRP 操作系统的华为产品包括路由器、局域网交换机、ATM 交换机、拨号访问服务器、IP 电话网关、电信级综合业务接入平台、智能业务选择网关以及专用硬件防火墙等。VRP 拥有一致的网络界面、用户界面和管理界面，为用户提供了灵活丰富的应用解决方案，如图 4-1 所示。

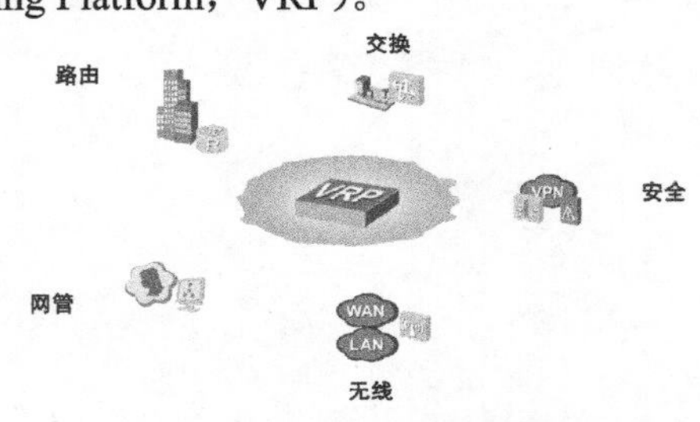

图 4-1　VRP 平台应用解决方案

VRP 平台以 TCP/IP 协议簇为核心，实现了数据链路层、网络层和应用层的多种协议，在操作系统中集成了路由交换技术、QoS 技术、安全技术和 IP 语音技术等数据通信功能，并以 IP 转发引擎技术作为基础，为网络设备提供出色的数据转发能力。

4.2 介绍 eNSP

eNSP（Enterprise Network Simulation Platform）是由华为提供的一款免费、可扩展、图形化操作的网络仿真工具平台，主要对企业网络路由器、交换机等设备进行软件仿真，完美呈现真实设备实景，支持大型网络模拟，让广大用户有机会在没有真实设备的情况下能够进行模拟演练，学习网络技术。

软件特点：高度仿真。

- 可模拟华为 AR 路由器、x7 系列交换机的大部分特性。
- 可模拟 PC 终端、Hub、云、帧中继交换机。
- 仿真设备配置功能，快速学习华为命令行。
- 可模拟大规模网络。
- 可通过网卡实现与真实网络设备间的通信。
- 可以抓取任意链路中的数据包，直观展示协议交互过程。

4.2.1 安装 eNSP

eNSP 需要 Virtual Box 运行路由器和交换机操作系统，使用 Wireshark 捕获链路中的数据包，当前华为官网提供的 eNSP 安装包中包含这两款软件，当然这两款软件也可以单独下载安装，先安装 Virtual Box 和 Wireshark，最后安装 eNSP。

下面的操作在 Windows 10 企业版（X64）上进行，先安装 VirtualBox-5.2.6-120293-Win.exe，再安装 Wireshark-win64-2.4.4.exe，最后安装 eNSP V100R002C00B510 Setup.exe 这个版本。

安装 eNSP 时，出现如图 4-2 所示的 eNSP 安装界面，不要选择“安装 WinPcap4.1.3”“安装 Wireshark”和“安装 VirtualBox5.1.24”，因为这些都已经提前安装好了。

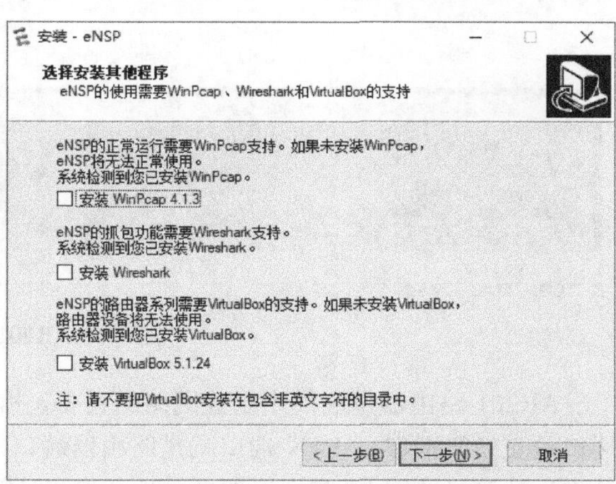

图 4-2 eNSP 安装界面

4.2.2 华为路由器型号

打开 eNSP，如图 4-3 所示，可以看到华为路由器有不同的型号，路由器型号前面的 AR 是 Access Router（访问路由器）单词的首字母组合。AR 系列路由器有多个型号，eNSP 能用的 AR 系列路由器有 AR201、AR1220、AR2220、AR2240、AR3260。

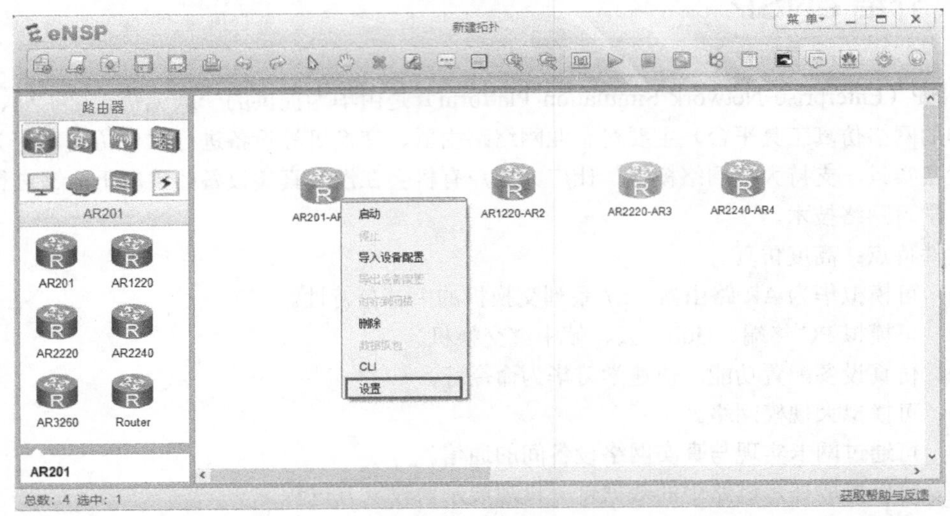

图 4-3 eNSP 界面

在界面中单击新建项目，可拖放不同型号的路由器，右键单击路由器，从快捷菜单中单击“设置”，可以看到该型号路由器的接口和支持的模块。对于图 4-4 所示的 AR201 路由器，可以看到有 CON/AUX 端口、一个 WAN 口和 8 个快速以太网（Fast Ethernet，FE）接口。

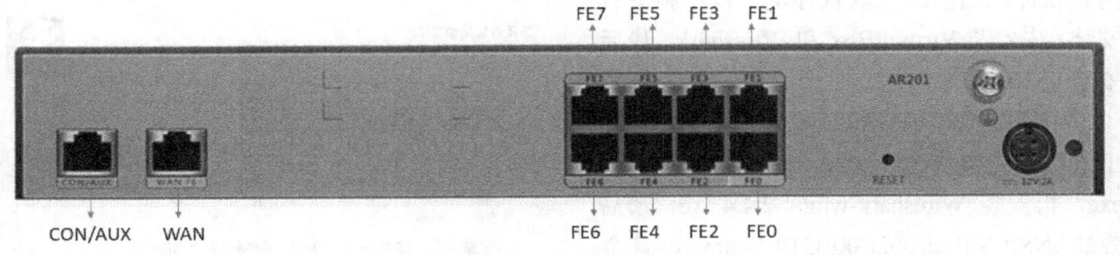

图 4-4 AR201 路由器接口

AR201 路由器是面向小企业网络的设备，相当于一台路由器和一台交换机的组合，8 个 FE 端口是交换机端口，WAN 端口就是路由器端口（路由器端口连接不同的网段，可以设置 IP 地址作为计算机的网关，交换机端口连接计算机，不能配置 IP 地址），路由器使用逻辑接口 VLANIF 1 和交换机连接，交换机的所有端口默认都属于 VLANIF 1，AR201 路由器等价的逻辑结构如图 4-5 所示。

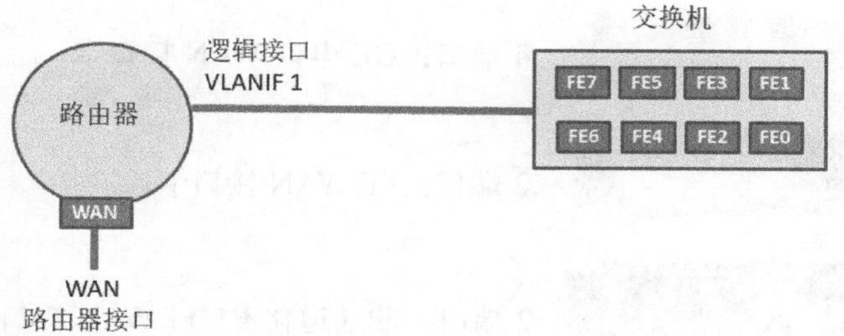

图 4-5 AR201 路由器等价的逻辑结构

AR1220 系列路由器是面向中型企业总部或大中型企业分支且以宽带、专线接入、语音和安全场景为主的多业务路由器。该型号的路由器是模块化路由器，有两个插槽可以根据需要插入合适的模块，有两个千兆以太网接口，分别是 GE0 和 GE1，这两个接口是路由器接口，8 个 FE 接口是交换机接口，该设备也相当于一台路由器和一台交换机的组合，如图 4-6 所示。

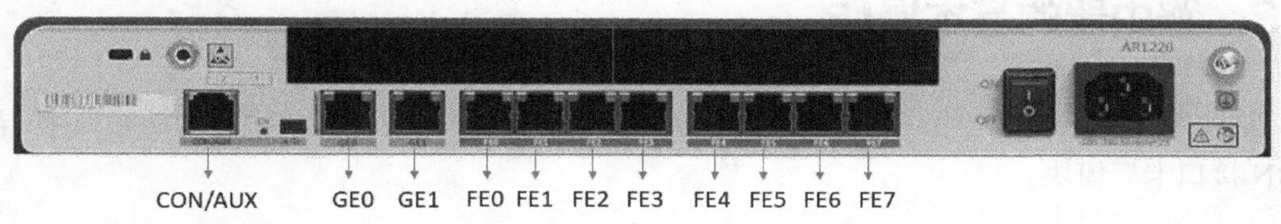

图 4-6 AR1220 路由器接口

关闭路由器，才可以在插槽中添加模块。端口命名规则如下（以 4GEW-T 为例）。

- 4：表示 4 个端口。
- GE：表示千兆以太网。
- W：表示 WAN 接口板，这里的 WAN 表示 3 层接口。
- T：表示电接口。

端口命名中还有以下标识。

- FE：表示快速以太网接口。
- L2：表示 2 层接口，即交换机接口。
- L3：表示 3 层接口，即路由器接口。
- POS：表示光纤接口。

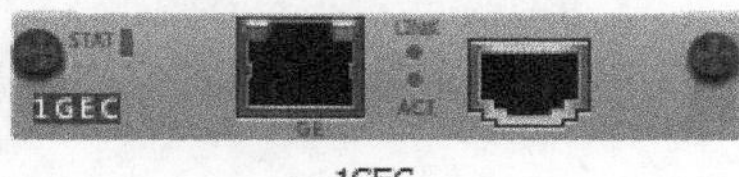

1GEC

1 端口：GE COMBO WAN 接口卡。

2FE

2 端口：E WAN 接口卡。

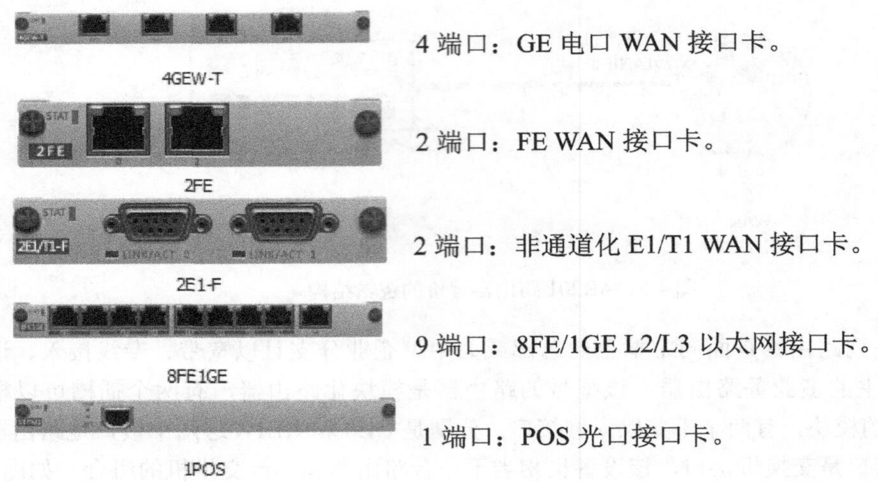

4.3 路由器的基本操作

搭建图 4-7 所示的网络环境，需要两台 AR1220 路由器，每台路由器添加“2 端口-同异步 WAN 接口卡”模块。

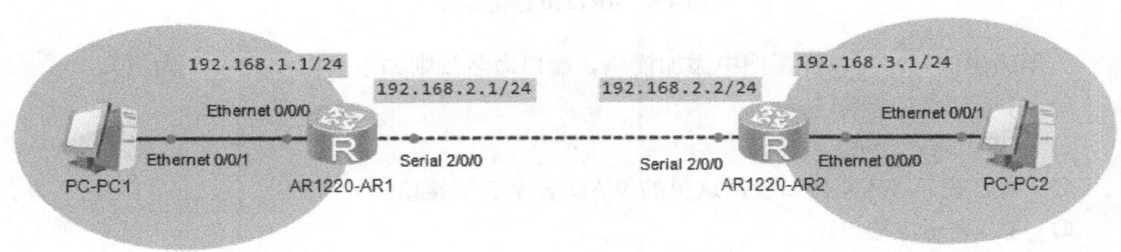

图 4-7　通过两台 AR1220 路由器搭建网络环境

完成以下配置。

（1）将 AR1220-AR1 路由器的名称改为 R1，将 AR1220-AR2 路由器的名称改为 R2。

（2）配置路由器的虚拟 VLAN 接口地址和串口地址。

（3）配置路由协议，测试连通性。

（4）配置路由器允许 telnet。

4.3.1 通过 Console 配置路由器

路由器初次配置时，需要使用 Console 通信电缆连接路由器的 Console 口和计算机的 COM

口，不过现在的笔记本电脑大多没有 COM 口了，如图 4-8 所示，可以使用 COM 口转 USB 接口线缆，接入笔记本电脑的 USB 接口。

图 4-8　通过 Console 配置路由器

如图 4-9 所示，打开“计算机管理”界面，单击“设备管理器”，安装驱动后，可以看到 USB 接口充当了 COM3 接口。

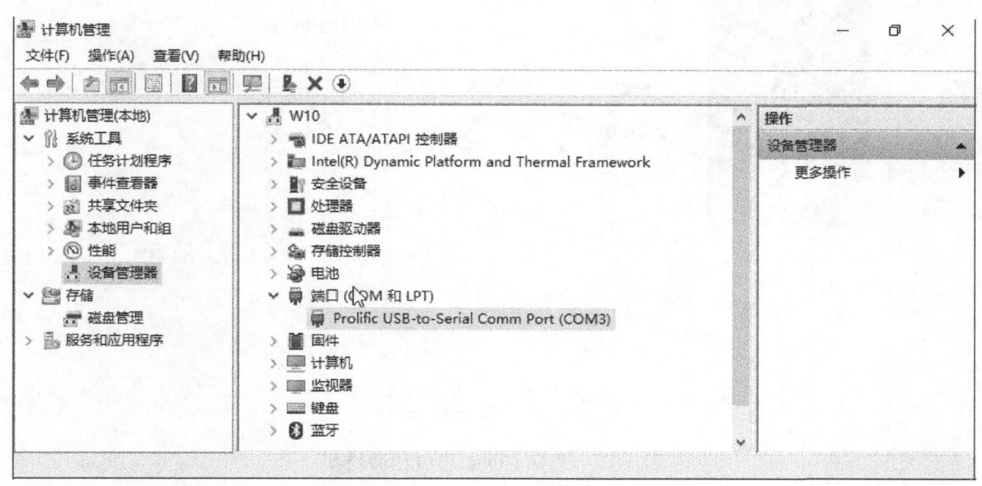

图 4-9　查看 USB 接口充当的 COM 3 接口

打开 SecureCRT 软件，如图 4-10 所示，在“SecureCRT®协议”中选择“Serial”，单击“下一步”。在出现的端口选择界面中，如图 4-11 所示，根据 USB 设备模拟出的端口，在这里选择“COM3”。其他设置参照图 4-11 所示进行设置，然后单击“下一步”按钮。

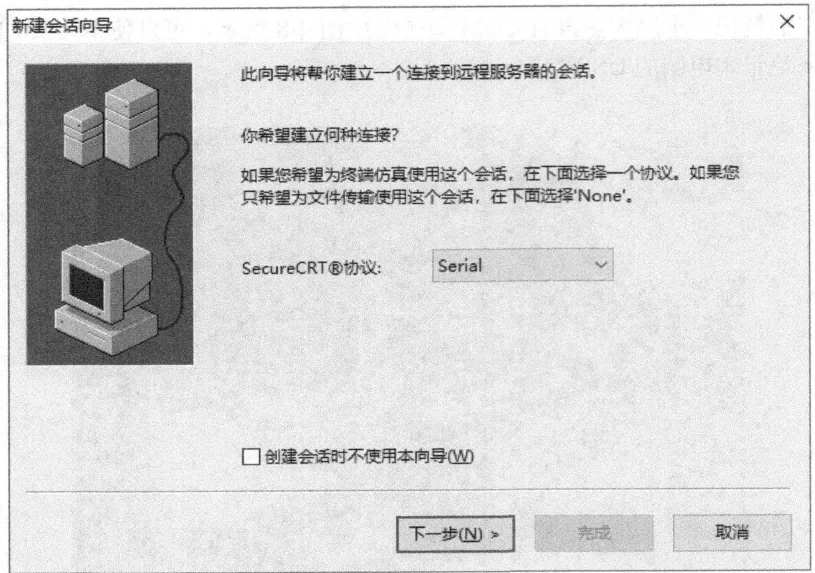

图 4-10　选择协议

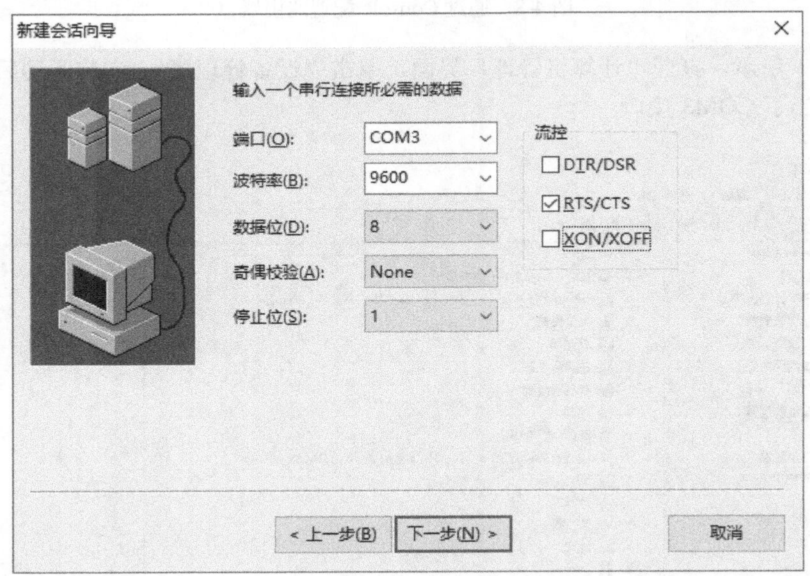

图 4-11　选择 COM 端口和波特率

4.3.2　配置路由器名称和接口地址

使用 eNSP 搭建学习环境，选中路由器，右击 CLI，打开配置窗口，就相当于使用 Console 口配置路由器，如图 4-12 所示。

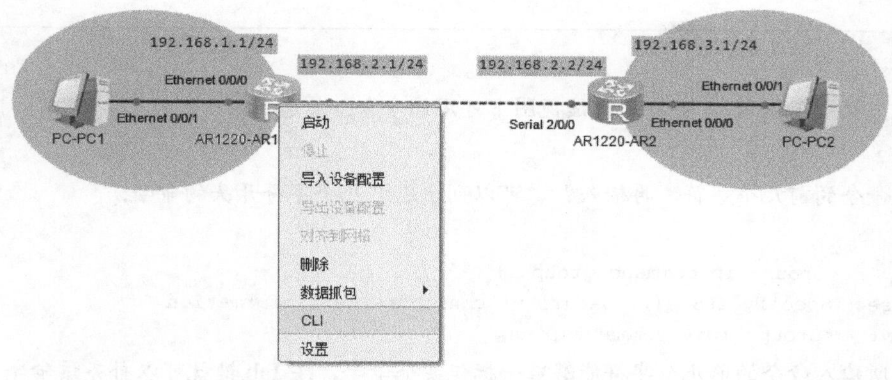

图 4-12 在路由器上右击后选择 CLI

（1）进入系统视图，更改路由器名称，配置 VLANIF 1 接口地址。

```
<Huawei>?                                      --可以查看用户视图下可以执行的命令
<Huawei>system-view                            --进入系统视图
[Huawei]sysname R1                             --更改路由器名称为 R1
[R1]interface Vlanif 1                         --进入接口视图，指明要配置哪个接口
[R1-Vlanif1]ip address 192.168.1.1 24          --添加 IP 地址和子网掩码
[R1-Vlanif1]undo shutdown                      --启用接口
[R1-Vlanif1]quit                               --退出接口配置模式
```

注释

使用华为设备登录后，先进入用户视图<R1>，输入 system-view 以进入系统视图[R1]，可以配置系统参数，在系统视图下可以进入接口视图、协议视图、AAA 等视图。要配置接口参数、配置路由协议参数、配置 IP 地址池参数等，都要进入相应的视图，进入不同的视图，就能使用相应视图下的命令。

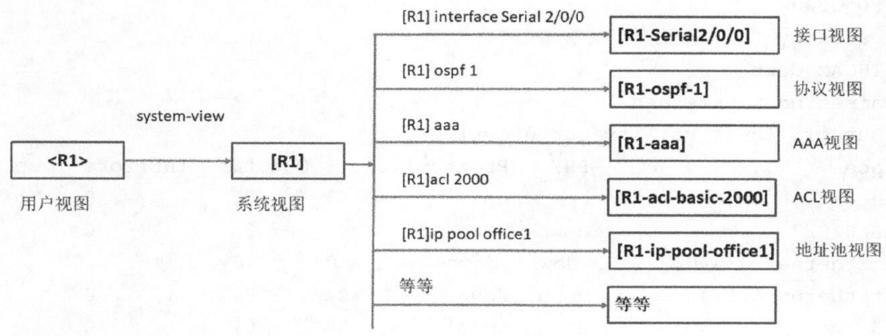

输入 quit 命令可以返回上一级视图。

输入 return 直接返回用户视图。

按 Ctrl+Z 可以返回系统视图。

注释

在某个视图下输入?，可以列出该视图下可用的命令:

```
[R1]?
```

输入命令的前几个字符，再输入？，可以列出以这几个字符开头的命令:

```
[R1]ip?
  ip     <Group> ip command group
  ipsec  Specify IPSec(IP Security) configuration information
  ipv6   <Group> ipv6 command group
```

如果所输入命令的前几个字符能够唯一标识某个命令，按Tab键就可以补齐该命令。下面输入ip add，按Tab键，就会自动补齐命令ip address。

```
[R1-Vlanif1]ip add
```

要想知道某命令后可用的参数，输入空格，再输入？，可以列出后面可用的参数。

```
[R1-Vlanif1]ip address 192.168.1.1 ?
  INTEGER<0-32>    Length of IP address mask
  IP_ADDR<X.X.X.X>  IP address mask
```

下面的?的后面可以带参数 sub，<cr>表示也可以不带参数。

```
[R1-Vlanif1]ip address 192.168.1.1 24 ?
  sub   Indicate a subordinate address    --给接口添加多个地址
  <cr>  Please press ENTER to execute command
```

```
[R1]display interface brief          --显示接口摘要信息
PHY: Physical                        --接口连接上网络设备，物理层就启用
*down: administratively down         --管理员可以使用命令禁用端口，就是administratively down
(l): loopback
(s): spoofing
(b): BFD down
^down: standby
(e): ETHOAM down
(d): Dampening Suppressed
InUti/OutUti: input utility/output utility
Interface                   PHY    Protocol InUti OutUti   inErrors  outErrors
Ethernet0/0/0               up     up        0%     0%          0          0
Ethernet0/0/7               down   down      0%     0%          0          0
GigabitEthernet[1]0/0/0     down   down      0%     0%          0          0
GigabitEthernet0/0/1        down   down      0%     0%          0          0
NULL0                       up     up(s)     0%     0%          0          0
Serial2/0/0                 up     up        0%     0%          0          0
Serial2/0/1                 down   down      0%     0%          0          0
Vlanif1                     up     up        --     --          0          0
```

① GigabitEthernet 经常编写为GE。

从以上输出可以看到，Serial 2/0/0 接口的物理层（PHY）启用（UP），数据链路层（Protocol）也启用（UP）。

（2）配置广域网接口地址。

```
[R1]interface Serial 2/0/0                --路由器接口的命名形式、类型和插槽号/模块号/接口号
[R1-Serial2/0/0]ip address 192.168.2.1 255.255.255.0  --IP 地址和子网掩码
[R1-Serial2/0/0]undo shutdown             --启用接口，默认为启用状态，该命令可以不输入
[R1-Serial2/0/0]display this              --显示该视图下的配置
[V200R003C00]
#
interface Serial2/0/0
 link-protocol ppp
 ip address 192.168.2.1 255.255.255.0
#
return
```

注释

删除接口下的地址：

```
[R1-Vlanif1]undo ip address
```

删除特定地址：

```
[R1-Vlanif1]undo ip address 192.168.8.252 24
```

关闭端口：

```
[R1-Vlanif1]shutdown
```

启用接口：

```
[R1-Vlanif1]undo shutdown
```

（3）查看接口的 IP 地址相关信息。

```
[R1]display ip interface brief
Interface                          IP Address/Mask      Physical    Protocol
GigabitEthernet0/0/0               unassigned           down        down
GigabitEthernet0/0/1               unassigned           down        down
NULL0                              unassigned           up          up(s)
Serial2/0/0                        192.168.2.1/24       up          up
Serial2/0/1                        unassigned           down        down
Vlanif1                            192.168.1.1/24       up          up
```

（4）保存配置，以上配置保存在内存中，若不保存，设备重启时，配置将会丢失。

```
[R1]display current-configuration                         --查看当前配置
[R1]quit                                                  --退出系统视图
<R1>save                                                  --保存配置到内存中
  The current configuration will be written to the device.
```

```
  Are you sure to continue? (y/n)[n]:y                    --输入 y 确认保存
<R1>display saved-configuration                           --查看保存的配置
```

（5）查看内存中保存配置的文件。

```
<R1>dir                                                   --列出内存中的文件
Directory of flash:/

  Idx  Attr      Size(Byte)  Date         Time(LMT)  FileName
    0  drw-               -  Apr 27 2018  08:42:53   dhcp
    1  -rw-         121,802  May 26 2014  09:20:58   portalpage.zip
    2  -rw-           2,263  Apr 27 2018  08:42:47   statemach.efs
    3  -rw-         828,482  May 26 2014  09:20:58   sslvpn.zip
    4  -rw-             408  Apr 27 2018  11:34:13   private-data.txt
    5  -rw-             646  Apr 27 2018  11:34:13   vrpcfg.zip --保存配置的文件

1,090,732 KB total (784,456 KB free)
```

（6）如图4-13所示，配置eNSP中PC1的IP地址、子网掩码和网关。

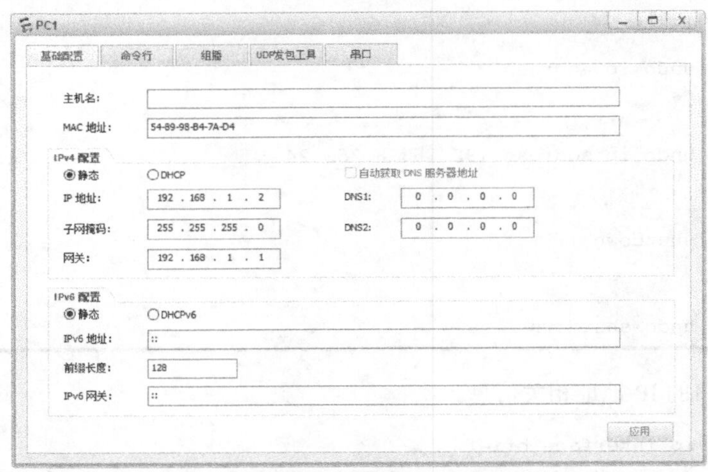

图4-13 PC1的IP地址、子网掩码和网关

（7）参照网络拓扑的地址规划配置AR4的名称和接口地址。配置PC2的IP地址为192.168.3.2、子网掩码为255.255.255.0、网关地址为192.168.3.1。

4.3.3 配置路由器安全

企业路由器是不允许用户随便登录进行配置的，要设置密码进行安全保护。参照下面的步骤设置路由器Console口的密码。

```
[R1]user-interface ?                                       --查看支持的用户配置界面
  INTEGER<0,129-149>   The first user terminal interface to be configured
```

```
  console            Primary user terminal interface     --进入 Console 口进行配置
  current            The current user terminal interface
  maximum-vty        The maximum number of VTY users, the default value is 5
  tty                The asynchronous serial user terminal interface
  vty                The virtual user terminal interface --telnet 虚拟接口
[R1]user-interface console 0                            --Console 口就一个，编号是 0
[R1-ui-console0]authentication-mode ?                   --查看身份验证模式
  aaa       AAA authenticat                             --用户名和密码
  password  Authentication through the password of a user terminal interface
                                                         --只使用密码验证
[R1-ui-console0]authentication-mode password             --设置身份验证模式
Please configure the login password (maximum length 16):huawei  --指定密码为 huawie
[R1-ui-console0]idle-timeout 5 20     --设置会话空闲时间为 5 分 20 秒
```

user-interface 用户配置界面

使用 Console 口配置、使用 telnet 远程配置或通过其他接口进行配置都属于 user-interface。

authentication-mode 身份验证模式下，aaa 需要验证用户名和密码，不同的用户可以设置不同的权限。

password 身份验证模式下，只验证用户密码，不区分用户，没办法根据用户账户设置不同的权限。

使用以下命令重设密码:

```
[R1-ui-console0]set authentication password cipher huawei
```

使用以下命令取消身份验证:

```
[R1-ui-console0]undo authentication-mode
```

连接到 Console 口，如果长时间不输入命令，就要重新输入密码登录了，这样也是为了安全。使用 idle-timeout 设置超时时间。

```
[R1-ui-console0]idle-timeout 20
```

如图 4-14 所示，在用户视图下，超时或输入 quit 退出之后，再按回车键，就要求输入密码才能进入。

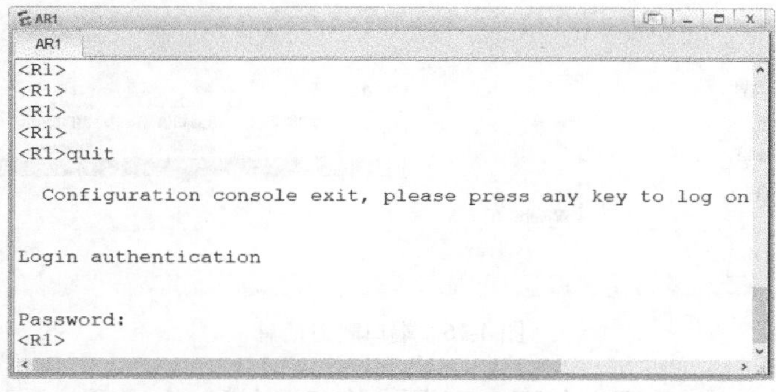

图 4-14 超时需要重新登录

4.3.4 配置 eNSP 和物理网络连接

下面的操作能够使用物理机和 eNSP 中的设备通信，因而也就能在物理机上通过 telnet 配置路由器了。eNSP 中的网络接口和物理机的网卡绑定，这样就可以使用物理机和 eNSP 中的设备进行通信了。如图 4-15 所示，拖放 Cloud，单击鼠标右键并从快捷菜单中选择“设置”。

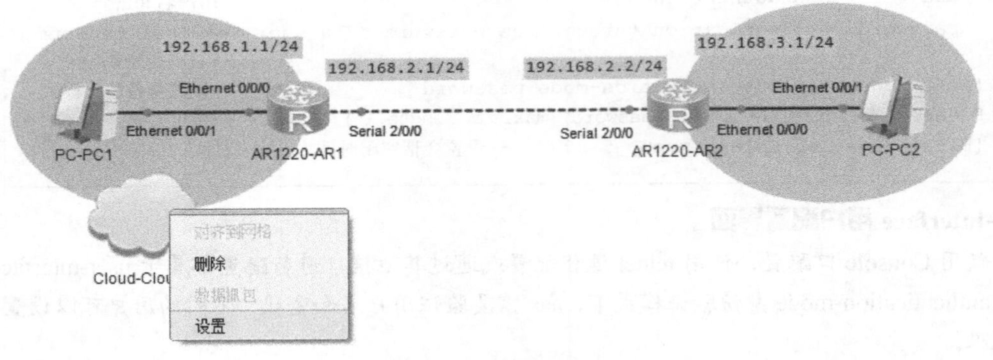

图 4-15 设置 Cloud

在出现的 IO 配置对话框中，添加一个 UDP 端口和 VMnet1 网卡绑定的端口，端口映射信息如图 4-16 所示，选中“双向通道”，单击“增加”。配置完成后，连接 Cloud 的以太网接口和 R1 路由器的交换机接口。

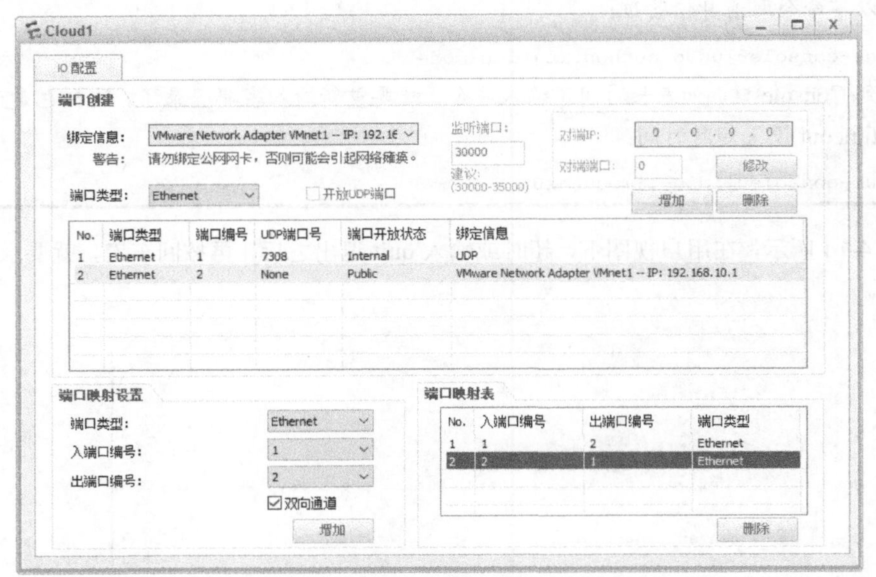

图 4-16 端口映射信息

如图 4-17 所示，更改物理机上 VMnet1 网卡的 IP 地址和子网掩码，要和 R1 的 VLANIF 1

接口在一个网段，在物理机上 ping R1 的 VLANIF 1 接口地址 192.168.1.1，测试是否畅通。

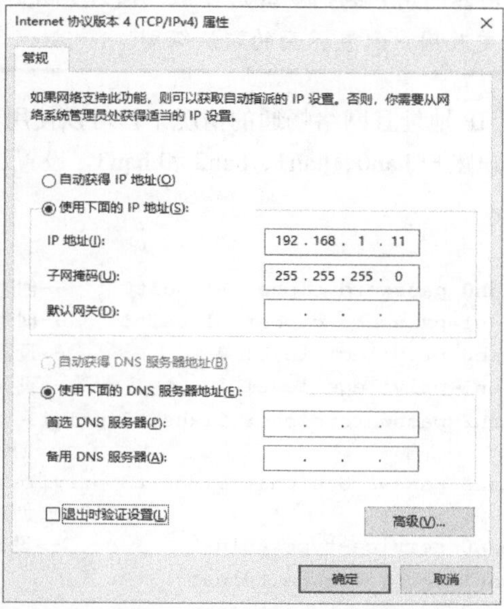

图 4-17 设置物理机上 VMnet 1 网卡的 IP 地址和子网掩码

4.3.5 配置路由器允许 telnet 配置

命令级别

系统对命令进行分级管理，以增强设备的安全性。默认情况下命令级别分为 0~3 级。

0 级为访问级别，对应网络诊断工具命令（ping、tracert）、从本设备出发访问外部设备的命令（telnet 客户端）、部分 display 命令等。

1 级为监控级别，用于查看网络状态和设备基本信息。

2 级为配置级别，对设备进行配置的命令，包括向用户提供直接网络服务，涵盖路由、各个网络层次的命令。

3 级为管理级别，对于一些特殊功能，如上传或下载配置文件，需要用到管理级别的命令。

用户级别

设备管理员可以设置用户级别，一定级别的用户可以使用对应级别的命令行。用户级别分为 0~15 级。

0 级用户执行 0 级命令。

1 级用户执行 0 级和 1 级命令。

2 级用户执行 0~2 级命令。

3～15级用户执行0～3级命令。

通过 Console 口配置路由器的用户级别默认是3级，通过 telnet 接口配置路由器的用户级别默认是0级。使用命令可以更改用户配置界面的默认级别。

在为路由器接口配置了 IP 地址且网络畅通的情况下，可以使用 telnet 配置路由器。下面就在 R1 路由器上创建4个用户账户 han0、han1、han2 和 han3，设置这4个账户的用户级别分别是0、1、2、3。

```
[R1]aaa
[R1-aaa]local-user han0 password cipher 91xueit0      --创建用户 han0，密码是 91xueit0
[R1-aaa]local-user han1 password cipher 91xueit1      --创建用户 han1，密码是 91xueit0
[R1-aaa]local-user han0 privilege level 0             --设置 han0 的用户级别为 0
[R1-aaa]local-user han1 privilege level 1             --设置 han1 的用户级别为 1
[R1-aaa]local-user han2 password cipher 91xueit2 privilege level 2
                                                       --创建该用户的同时设置用户级别
[R1-aaa]local-user han3 password cipher 91xueit3 privilege level 3
                                                       --创建该用户的同时设置用户级别
[R1-aaa]local-user han0 service-type telnet           --设置能够通过 telnet 连接
[R1-aaa]local-user han1 service-type telnet
[R1-aaa]local-user han2 service-type telnet
[R1-aaa]local-user han3 service-type telnet
[R11-aaa]display local-user                           --显示创建的用户
  ----------------------------------------------------------------------------
  User-name                          State  AuthMask  AdminLevel
  ----------------------------------------------------------------------------
  han0                               A      A         0
  han1                               A      A         1
  han2                               A      A         2
  han3                               A      A         3
  admin                              A      H         -
  ----------------------------------------------------------------------------
  Total 5 user(s)
 [R11-aaa]display this                                        --显示 aaa 的配置

[R1-aaa]quit
[R1]user-interface vty 0 ?                                    --查看 vty 接口默认有几个
  INTEGER<1-4>  Specify a last user terminal interface number to be configured
  <cr>          Please press ENTER to execute command
[R1]user-interface vty 0 4                                    --支持的接口数量为 0～4
[R1-ui-vty0-4]authentication-mode aaa                         --配置身份验证模式
[R1-ui-vty0-4]user privilege level 0                          --设置 vty 的默认用户级别
[R1-ui-vty0-4]idle-timeout 3 20                               --设置会话空闲时间为 3 分 20 秒
```

通过 telnet 登录设备的用户，用户界面对应设备的虚拟 VTY（Virtual Type Terminal）接口。不同设备支持的 VTY 接口总数可能不同。

用户登录设备时，系统会根据用户的登录方式，自动分配一个当前空闲且编号最小的编号。一般情况下，一台设备只有 1 个 Console 口（插卡式设备可能有多个 Console 口，每个主控板提供一个 Console 口），VTY 类型的用户界面一般有 15 个 VTY 接口（默认情况下开启了其中的 5 个）。Console 的编号为 CON 0，VTY 的编号中第一个为 VTY 0，第二个为 VTY 1，以此类推。

在物理机上打开 SecureCRT 软件，如图 4-18 所示，在出现的选择希望建立何种连接的对话框中选择 Telnet，单击“下一步”按钮。

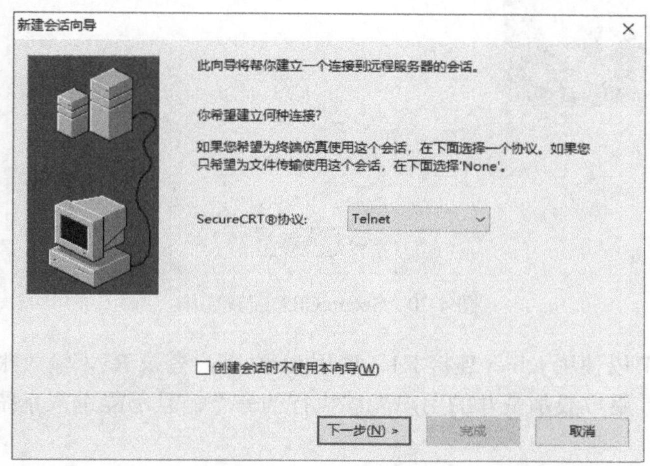

图 4-18 选择协议

在出现的设置远程主机名称和 IP 地址是什么的对话框中，如图 4-19 所示，输入路由器 R1 接口的地址和 telnet 要使用的端口，单击“下一步”按钮。

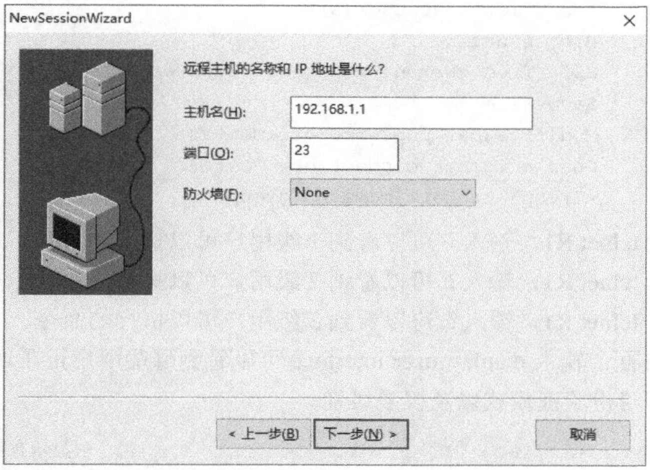

NewSessionWizard

远程主机的名称和 IP 地址是什么?

主机名(H): 192.168.1.1

端口(O): 23

防火墙(F): None

< 上一步(B) 下一步(N) > 取消

图 4-19 指定 telnet 的 IP 地址和端口

在出现的使用 FTP 或 SFTP 传输文件对话框中，如图 4-20 所示，选择 None，单击“下一步”按钮，完成配置。

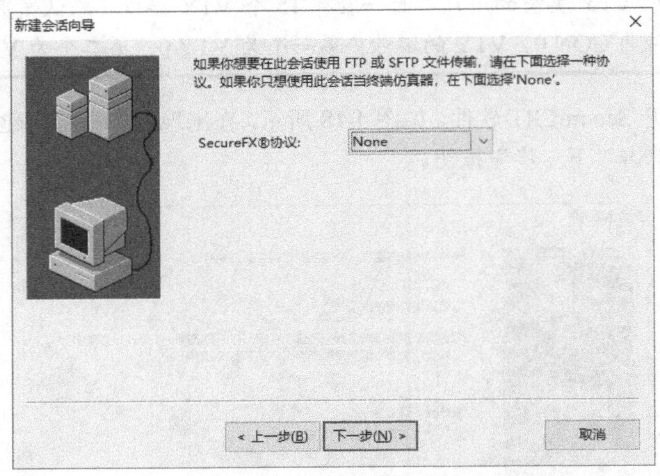

图 4-20　SecureCRT 配置完毕

配置 SecureCRT 以使用 telnet 连接 R1，使用 han0 账户登录 R1，输入账户和密码，登录成功后输入？可以查看用户级别是 0 的用户能够执行的命令，且不能进入系统视图。

```
Username:han0
Password:
<R1>?
User view commands:
  display         Display information
  hwtacacs-user   HWTACACS user
  local-user      Add/Delete/Set user(s)
  ping            Ping function
  quit            Exit from current mode and enter prior mode
  save            Save file
  super           Modify super password parameters
  telnet          Open a telnet connection
  tracert         <Group> tracert command group
```

使用 han1 账户 telnet R1，输入？可以看到 1 级用户可以执行的命令。

使用 han2 账户 telnet R1，输入？可以看到 2 级用户可以执行的命令。

使用 han3 账户 telnet R1，输入？可以看到 3 级用户可以执行的命令。

在 Console 0 界面，输入 display user-interface 可以看到哪些用户正在连接到该设备、使用的 VTY 接口编号、身份验证模式以及权限级别。

```
<R1>display user-interface                              --显示有哪些用户连接到路由器
  Idx  Type     Tx/Rx       Modem Privi ActualPrivi Auth  Int
+ 0    CON 0    9600        -      15    15          P     -       --前面的+号表示活跃
```

```
+ 129  VTY 0          -      0   0         A     -    --用户实际级别为0
+ 130  VTY 1          -      0   1         A     -    --用户实际级别为1
+ 131  VTY 2          -      0   2         A     -    --用户实际级别为2
+ 132  VTY 3          -      0   3         A     -    --用户实际级别为3
  133  VTY 4          -      0   -         A     -
  145  VTY 16         -      0   -         A     -
```

+表示活跃的用户界面。

Privi 是默认用户级别。

ActualPrivi 是实际用户级别。

A 表示账户和密码身份验证。

P 表示密码身份验证。

可以看到用户账户的级别优先于接口的默认用户级别。如果用户账户没有设置用户级别，就使用接口的默认用户级别。

在路由器 R2 上也可以 telnet R1 路由器，按 Ctrl+]组合键退出 telnet。

```
<R2>telnet 192.168.2.1
  Press CTRL_] to quit telnet mode
  Trying 192.168.2.1 ...
  Connected to 192.168.2.1 ...
Login authentication

Username:han3
Password:
  ------------------------------------------------------------------------------

  User last login information:
  ------------------------------------------------------------------------------
  Access Type: Telnet
  IP-Address : 192.168.1.11
  Time       : 2018-05-01 11:42:42-08:00
  ------------------------------------------------------------------------------
<R1>
<R1>quit
  Configuration console exit, please retry to log on
  The connection was closed by the remote host
<R2>
```

输入 display users，查看哪些用户通过什么口从哪个地址连接到了路由器。

```
<R1>display users
  User-Intf    Delay    Type   Network Address   AuthenStatus    AuthorcmdFlag
+ 0   CON 0   00:00:00                            pass            Username : Unsp
ecified
```

```
  129 VTY 0    00:02:41  TEL    192.168.1.112     pass           Username : han0
  130 VTY 1    00:02:30  TEL    192.168.1.112     pass           Username : han1
  131 VTY 2    00:02:17  TEL    192.168.1.112     pass           Username : han2
  132 VTY 3    00:02:07  TEL    192.168.1.112     pass           Username : han3
  133 VTY 4    00:00:04  TEL    192.168.2.2       pass           Username : han3
```

当然 Console 口也可以配置为使用账户和密码身份验证。

```
[R1]aaa
[R1-aaa]local-user admin password cipher 91xueit privilege level 3 idle-timeout 5 30
[R1-aaa]local-user admin service-type terminal  --指定登录类型，Console 口就是 termimal
[R1-aaa]quit
[R1]user-interface console 0
[R1-ui-console0]authentication-mode aaa         --更改身份验证模式为 aaa
[R1-ui-console0]quit
```

4.4 配置文件的管理

本节介绍路由器的配置和配置文件，涉及 3 个概念：当前配置、配置文件和下次启动的配置文件。

1．当前配置

设备内存中的配置就是当前配置，进入系统视图更改路由器的配置，就是更改当前配置，设备断电或重启时，内存中的所有信息（包括配置信息）全部消失。

2．配置文件

包含设备配置信息的文件称为配置文件，位于设备的外部存储器中（注意，不是内存中），文件名的格式一般为“*.cfg”或“*.zip”，用户可以将当前配置保存到配置文件中。设备重启时，配置文件的内容可以被重新加载到内存中，成为新的当前配置。配置文件除了起保存配置信息的作用以外，还可以方便维护人员查看、备份以及移植配置信息用于其他设备。默认情况下，保存当前配置时，设备会将配置信息保存到名为“vrpcfg.zip”的配置文件中，并保存于设备的外部存储器的根目录下。

3．下次启动的配置文件

保存配置时可以指定配置文件的名称，也就是保存的配置文件可以有多个，并且可以指定下次启动时加载哪个配置文件。默认情况下，下次启动的配置文件名为“vrpcfg.zip”。

4.4.1 保存当前配置

在用户视图下使用 save 命令，再输入 y 进行确认，保存路由器的配置。如果不指定保存配置的文件名，配置文件就是“vrpcfg.zip”，输入 dir 可以列出 flash 根目录下的全部文件和文件夹，从而能看到这个配置文件。路由器中的内存相当于计算机中的硬盘，可以存放文件和保存的配置。

```
<R1>save
 The current configuration will be written to the device.
 Are you sure to continue? (y/n)[n]:y
 It will take several minutes to save configuration file, please wait.......
 Configuration file had been saved successfully
 Note: The configuration file will take effect after being activated
<R1>dir
Directory of flash:/

 Idx  Attr     Size(Byte)  Date         Time(LMT)  FileName
   0  drw-              -  May 01 2018  02:51:18   dhcp
   1  -rw-        121,802  May 26 2014  09:20:58   portalpage.zip
   2  -rw-          2,263  May 01 2018  02:51:11   statemach.efs
   3  -rw-        828,482  May 26 2014  09:20:58   sslvpn.zip
   4  -rw-            408  May 01 2018  07:27:28   private-data.txt
   5  -rw-            872  May 01 2018  07:27:28   vrpcfg.zip

1,090,732 KB total (784,456 KB free)
<R1>
```

在 save 后面输入文件名，可以将配置保存到指定的文件。

```
<R1>save backup.zip
 Are you sure to save the configuration to backup.zip? (y/n)[n]:y
 It will take several minutes to save configuration file, please wait......
 Configuration file had been saved successfully
```

还可以设置成自动保存配置，避免用户粗心大意忘记保存配置。可以设置成周期性保存配置，比如每隔 120 分钟就保存一次，还可以设置成定时自动保存，比如，每天中午 12 点自动保存配置。设备自动保存功能默认是关闭的。

以下命令启用周期性保存功能，设置自动保存间隔为 120 分钟。

```
<R1>autosave interval on                                  --启用周期性保存功能
 System autosave interval switch: on
 Autosave interval: 1440 minutes                          --默认每 1440 分钟保存一次
 Autosave type: configuration file

 System autosave modified configuration switch: on  --如果配置更改了，就每 30 分钟自
动保存一次
 Autosave interval: 30 minutes
 Autosave type: configuration file

<R1>autosave interval 120                                 --设置每隔 120 分钟自动保存一次
 System autosave interval switch: on
```

```
  Autosave interval: 120 minutes
  Autosave type: configuration file
```

周期性保存和定时保存功能不能同时启用，关闭周期性保存功能，再启用定时自动保存功能，更改定时保存时间为中午 12 点。

```
<R1>autosave interval off                                --关闭周期性保存功能
<R1>autosave time on                                     --启用定时自动保存功能
  System autosave time switch: on
  Autosave time: 08:00:00                                --默认每天 8 点定时保存
  Autosave type: configuration file
<R1>autosave time ?                                      --查看 time 后可以输入的参数
  ENUM<on,off>      Set the switch of saving configuration data automatically by
                    absolute time
  TIME<hh:mm:ss>    Set the time for saving configuration data automatically
<R1>autosave time 12:00:00                               --更改定时保存时间为中午 12 点
  System autosave time switch: on
  Autosave time: 12:00:00
  Autosave type: configuration file
```

4.4.2 设置下一次启动加载的配置文件

路由器的配置文件，可以是外部存储器和目录（如：flash：/）下的“*.cfg”或“*.zip”文件，也可以指定下一次设备启动加载的配置文件。

```
<R1>startup saved-configuration backup.zip              --指定下一次启动加载的配置文件
This operation will take several minutes, please wait.....
Info: Succeeded in setting the file for booting system
<R1>display startup                                      --显示下一次启动加载的配置文件
MainBoard:
  Startup system software:                   null
  Next startup system software:              null
  Backup system software for next startup:   null
  Startup saved-configuration file:          flash:/vrpcfg.zip
  Next startup saved-configuration file:     flash:/backup.zip  --下一次启动配置文件
```

设置下一次启动的配置文件后，再次保存当前配置时，默认会将当前配置保存到所设置的下一次启动的配置文件中，从而覆盖下次启动的配置文件原有的内容。周期性保存配置和定时保存配置，也会保存到指定的下一次启动的配置文件中。

4.4.3 文件管理

VRP 通过文件系统来对设备上的所有文件（包括设备的配置文件、系统文件、License 文件、补丁文件）和目录进行管理。VRP 文件系统主要用来创建、删除、修改、复制和显示文件及目录，这些文件和目录都存储于设备的外部存储器中。华为路由器支持的外部存储器一般有 Flash 和 SD 卡，交换机支持的外部存储器一般有 Flash 和 CF 卡。

华为路由器的默认外部存储是 Flash，下面的操作将为大家展示如何操作 Flash 中的文件和文件夹。

```
<R1>dir                                                  --列出当前目录下的文件和文件夹
Directory of flash:/

  Idx  Attr     Size(Byte)  Date         Time(LMT)  FileName
    0  drw-              -  May 01 2018  02:51:18   dhcp  --d代表这是一个文件夹
    1  -rw-        121,802  May 26 2014  09:20:58   portalpage.zip
    2  -rw-          2,263  May 01 2018  08:13:21   statemach.efs
    3  -rw-        828,482  May 26 2014  09:20:58   sslvpn.zip
    4  -rw-            408  May 01 2018  07:27:28   private-data.txt
    5  -rw-            897  May 01 2018  08:18:00   backup.zip
    6  -rw-            872  May 01 2018  07:27:28   vrpcfg.zip

1,090,732 KB total (784,452 KB free)
<R1>mkdir /backup    --创建一个文件夹
Info: Create directory flash:/backup......Done
<R1>copy vrpcfg.zip flash:/backup/vrpcfg.zip    --将vrpcfg.zip拷贝到backup文件夹
Copy flash:/vrpcfg.zip to flash:/backup/vrpcfg.zip? (y/n)[n]:y
100%  complete
Info: Copied file flash:/vrpcfg.zip to flash:/backup/vrpcfg.zip...Done
<R1>dir flash:/backup/                          --列出Flash:/backup目录的内容
Directory of flash:/backup/

  Idx  Attr     Size(Byte)  Date         Time(LMT)  FileName
    0  -rw-            872  May 01 2018  08:58:49   vrpcfg.zip
```

以下的操作是删除文件、查看删除的文件以及清空回收站中的文件。

```
<R1>delete backup.zip                      --删除文件
Delete flash:/backup.zip? (y/n)[n]:y
Info: Deleting file flash:/backup.zip...succeed.
<R1>dir /all                               --参数all，显示所有文件，包括回收站中的文件
Directory of flash:/

  Idx  Attr     Size(Byte)  Date         Time(LMT)  FileName
    0  drw-              -  May 01 2018  02:51:18   dhcp
    1  -rw-        121,802  May 26 2014  09:20:58   portalpage.zip
    2  drw-              -  May 01 2018  08:58:49   backup
    3  -rw-          2,263  May 01 2018  08:13:21   statemach.efs
    4  -rw-        828,482  May 26 2014  09:20:58   sslvpn.zip
    5  -rw-            408  May 01 2018  07:27:28   private-data.txt
    6  -rw-            872  May 01 2018  07:27:28   vrpcfg.zip
    7  -rw-            897  May 01 2018  09:11:32   [backup.zip]  --回收站中的文件
```

```
1,090,732 KB total (784,440 KB free)
<R1>reset recycle-bin       --清空回收站
Squeeze flash:/backup.zip? (y/n)[n]:y
Clear file from flash will take a long time if needed...Done.
%Cleared file flash:/backup.zip.
```

delete 命令有两个参数：/unreserved 彻底删除，/force 直接删除而不用确认。

```
<R1>delete /unreserved /force backup2.zip
```

放到回收站的文件，可以使用 undelete 恢复。

```
<R1>undelete backup.zip
```

使用 move 命令移动文件。

```
<R1>move backup.zip flash:/backup/backup1.zip
```

进入 backup 目录。

```
<R1>cd backup/
```

显示当前目录。

```
<R1>pwd
flash:/backup
```

在同一个目录下可以使用 move 命令重命名文件。

```
<R1>move backup1.zip backup2.zip
```

4.4.4 将配置导出到 FTP 或 TFTP 服务器

简单文件传输协议（Trivial File Transfer Protocol，TFTP）是 TCP/IP 协议中一个用来在客户机与服务器之间进行简单文件传输的协议，提供不复杂、开销不大的文件传输服务，端口号为 69。此协议被设计为进行小文件的传输。因此它不具备 FTP 的许多功能，它只能从文件服务器上获得或写入文件，不能列出目录，不进行认证。

下面的操作将演示如何把路由器的配置文件备份到 TFTP。在物理机上运行 TFTP，如图 4-21 所示，单击“查看”→“选项”。如图 4-22 所示，在出现的“选项”对话框中指定 TFTP 根目录，上传的文件就保存在根目录中。

确保 R1 路由器和物理机之间的网络畅通。通过执行以下命令将配置文件上传到 TFTP。

```
<R1>tftp 192.168.1.11 put vrpcfg.zip vrpcfg.zip     --将配置文件上传到 TFTP
<R1>tftp 192.168.1.11 get vrpcfg.zip backup.zap     --从 TFTP 下载配置文件
```

put 和 get 命令后面跟的是源文件名和目标文件名。

TFTP 的安全性差，任何用户都可以接入 TFTP 进行文件的上传和下载。而使用 FTP 就需要进行身份验证，因而比 TFTP 安全。

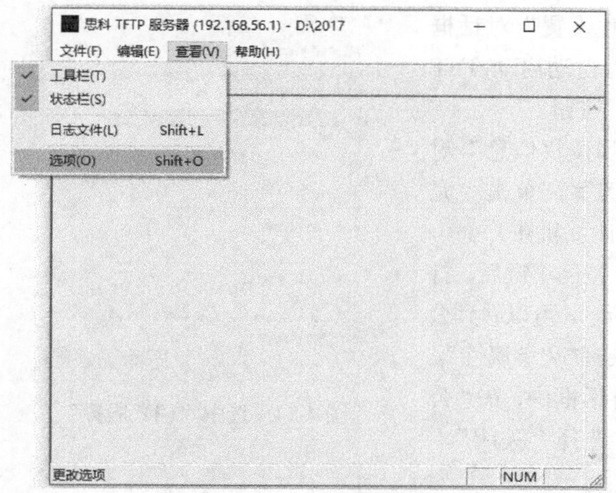

图 4-21 单击“查看”→“选项”

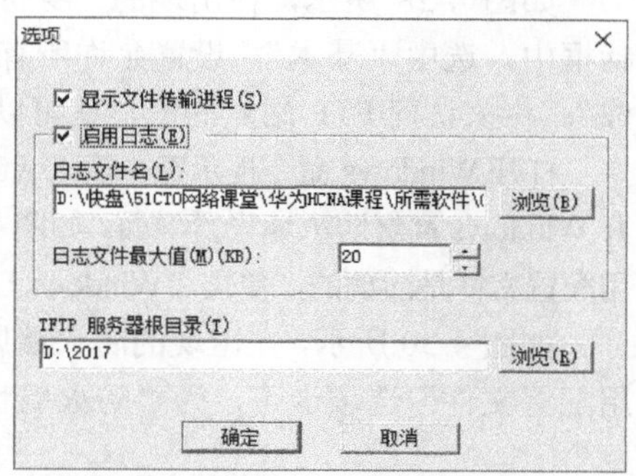

图 4-22 “选项”对话框

下面在 Windows 10 上安装 FTP 服务。

打开控制面板，单击“程序”，如图 4-23 所示，在出现的“程序”对话框中单击“启用或关闭 Windows 功能”选项。

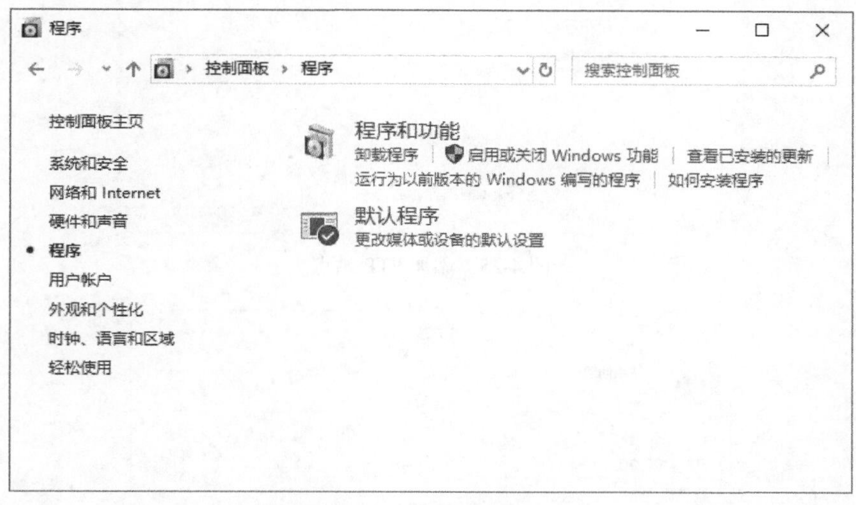

图 4-23 安装 FTP 服务

出现“Windows 功能”对话框，如图 4-24 所示，选中“FTP 服务器”下的“FTP 服务”，单击“确定”按钮。

打开 IIS 管理器，如图 4-25 所示，右击“网站”，单击“添加 FTP 站点”。

如图 4-26 所示，在出现的设置站点信息对话框中指定 FTP 站点名称和物理路径，单击“下一步”按钮。

如图 4-27 所示，在出现的“绑定和 SSL 设置”对话框中，为 IP 地址选择“全部未分配”，选中“自动启动 FTP 站点”，为 SSL 选择“无”，单击“下一步”按钮。

如图 4-28 所示，在出现的“身份验证和授权信息”对话框中，选中“基本”，设置允许所有用户读写，单击“完成”。将来访问 FTP 站点的账户就可以使用计算机账户。

打开 Windows 命令提示符，输入 wf.msc，按回车键后，打开 Windows 高级防火墙设置界面。如图 4-29 所示，可以看到公用配置文件是活动的，单击“Windows Defender 防火墙属性”。

如图 4-30 所示，在出现的防火墙属性对话框中，在“公用配置文件”选项卡下，为“防火墙状态”选择“关闭”。

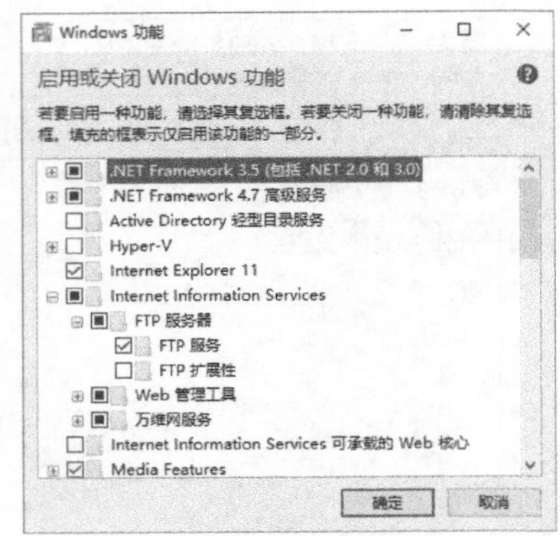

图 4-24 选中“FTP 服务”

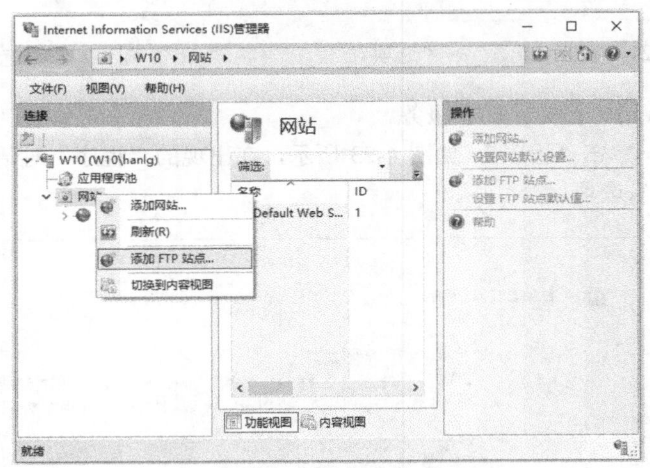

图 4-25 添加 FTP 站点

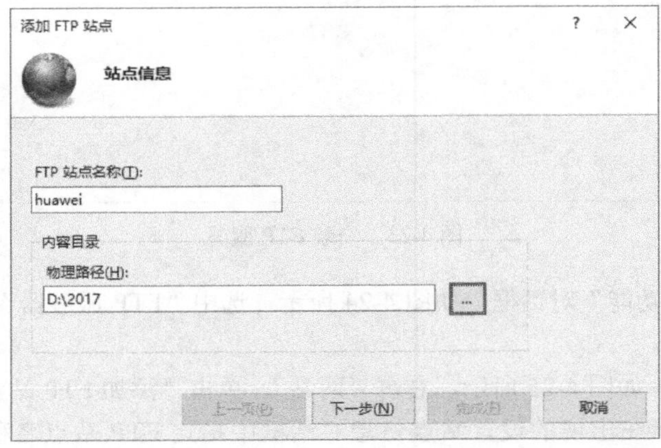

图 4-26 设置 FTP 站点信息

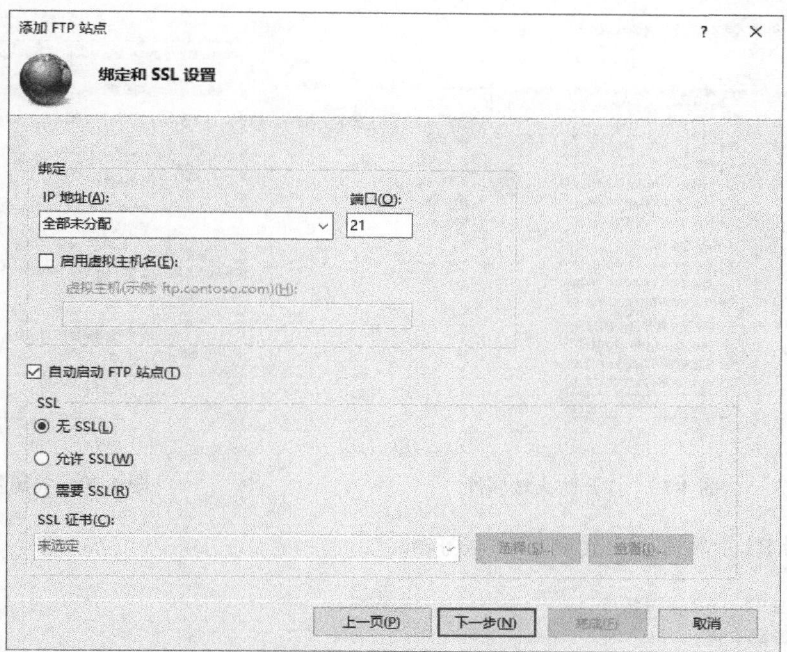

图 4-27 指定使用的地址

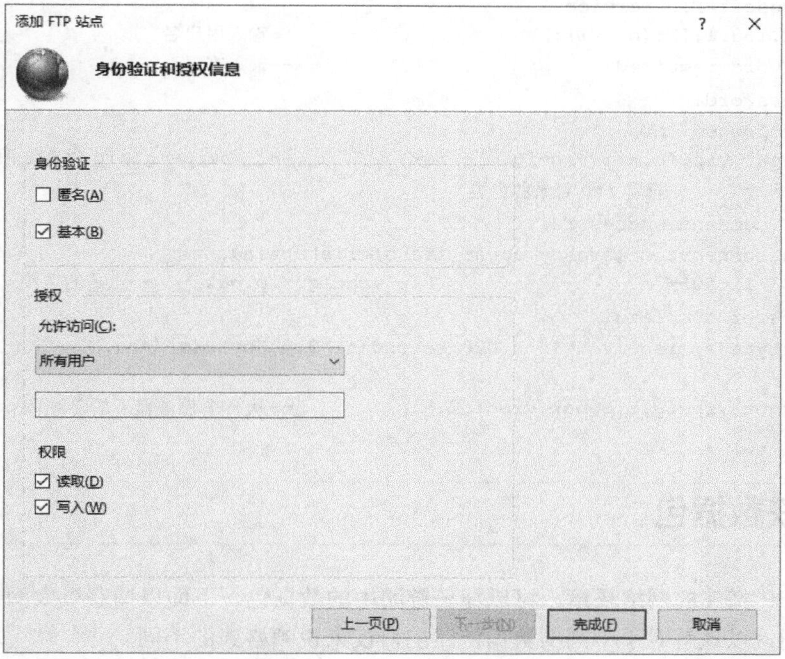

添加 FTP 站点

身份验证和授权信息

身份验证

☐ 匿名(A)

☑ 基本(B)

授权

允许访问(C):

所有用户

权限

☑ 读取(D)

☑ 写入(W)

上一页(P) 下一步(N) 完成(F) 取消

图 4-28 设置身份验证和授权信息

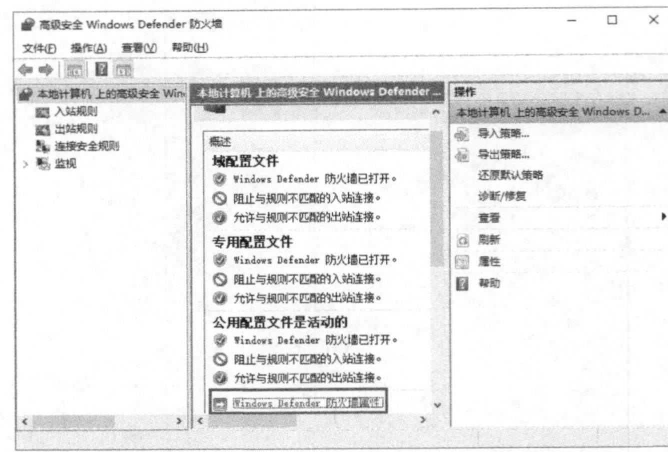

图 4-29 打开防火墙属性

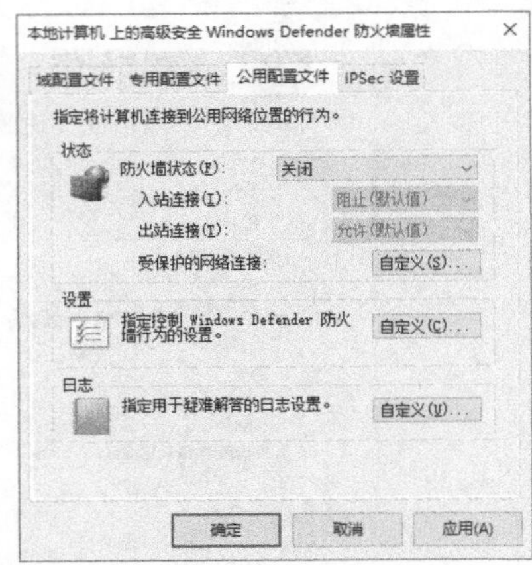

图 4-30 关闭防火墙

在路由器 R1 上将配置上传到 FTP 服务器。

```
<R1>ftp 192.168.1.11
Trying 192.168.1.11 ...
Press CTRL+K to abort
Connected to 192.168.1.11.
220 Microsoft FTP Service
User(192.168.1.11:(none)):han                        --输入用户名
331 Password required                                --输入密码
Enter password:
230 User logged in.
[R1-ftp]put vrpcfg.zip vrpcfg.zip.bak                --上传 vrpcfg.zip 到 FTP 服务器
[R1-ftp]dir      --查看 ftp 目录的内容
200 PORT command successful.
125 Data connection already open; Transfer starting.
05-01-18  11:50PM                  872 vrpcfg.zip.bak     --上传的文件
226 Transfer complete.
FTP: 55 byte(s) received in 0.020 second(s) 2.75Kbyte(s)/sec.

[R1-ftp]get vrpcfg.zip.bak vrpcfg2.zip               --从 FTP 服务器下载文件 vrpcfg.zip.bak
```

4.5 捕获数据包

通过 eNSP 搭建的网络环境，可以捕获链路中的数据包。下面以捕获以太网链路和点到点链路的帧为例，以理解对于不同的数据链路层协议来说帧格式的不同。

先捕获以太网链路的帧，鼠标右键单击路由器 AR1，如图 4-31 所示，单击“数据抓包”→“Ethernet 0/0/1”。

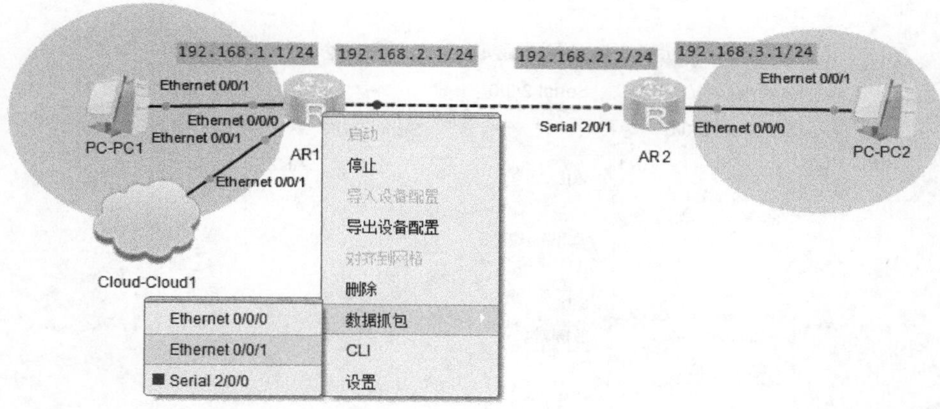

图 4-31 打开抓包工具

在物理机上 ping AR1 路由器的 VLANIF 1 的接口地址。

```
C:\Users\hanlg>ping 192.168.1.1
```

抓包工具捕获的以太网帧如图 4-32 所示，可以看到以太网帧的首部，有目标 MAC 地址、源 MAC 地址以及类型 3 个字段。

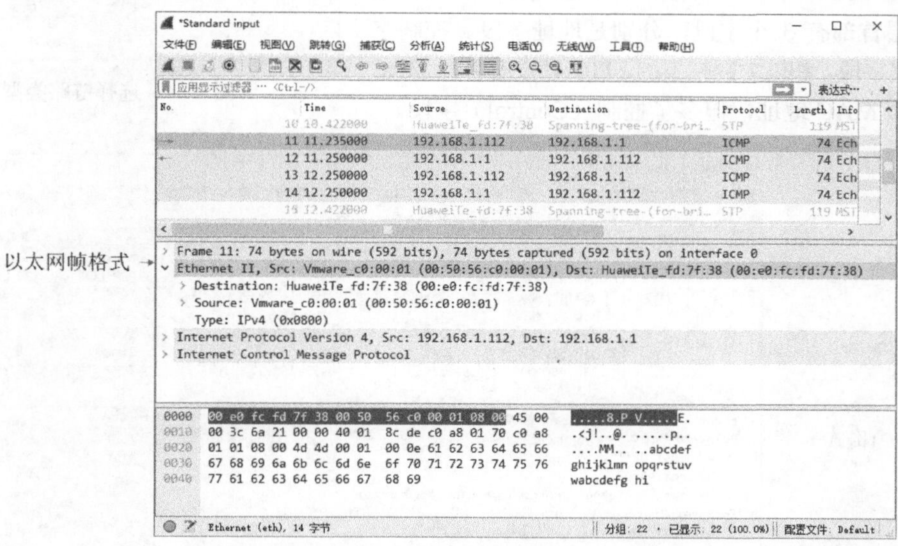

图 4-32 抓包工具捕获的以太网帧

eNSP 让我们捕获串口链路上的数据包变得非常容易，如图 4-33 所示，鼠标右键单击路由器，单击“数据抓包”→“Serial 2/0/0”。

如图 4-34 所示，在出现的“eNSP--选择链路类型”对话框中选择 PPP，默认 Serial 链路使用 PPP 协议，单击“确定”按钮。

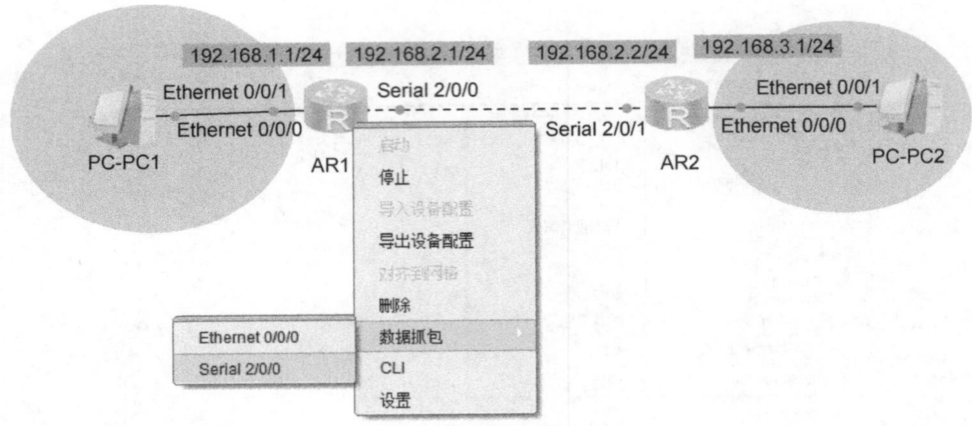

图 4-33 捕获点到点链路中的数据包

在 AR1 路由器上 ping 路由器 AR2 的 Serial 2/0/1 接口地址 192.168.2.2。

```
<R1>ping 192.168.2.2
```

如图 4-35 所示，可以看到 PPP 链路的帧格式，数据链路层首部有 3 个字段，分别是地址字段、控制字段和协议字段。和以太网帧不同，PPP 帧没有目标 MAC 地址和源 MAC 地址，但多了控制（Control）字段。

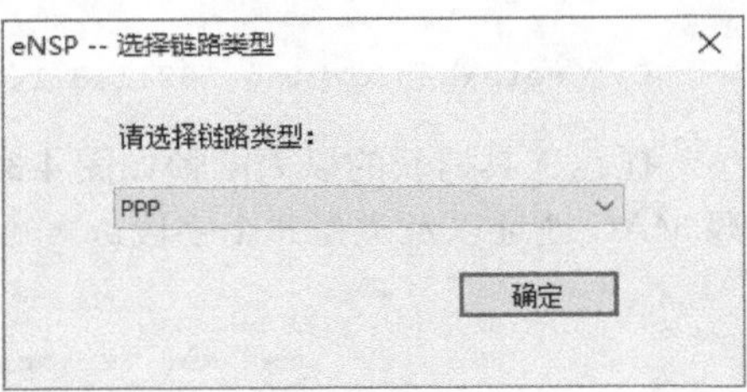

图 4-34 选择链路类型

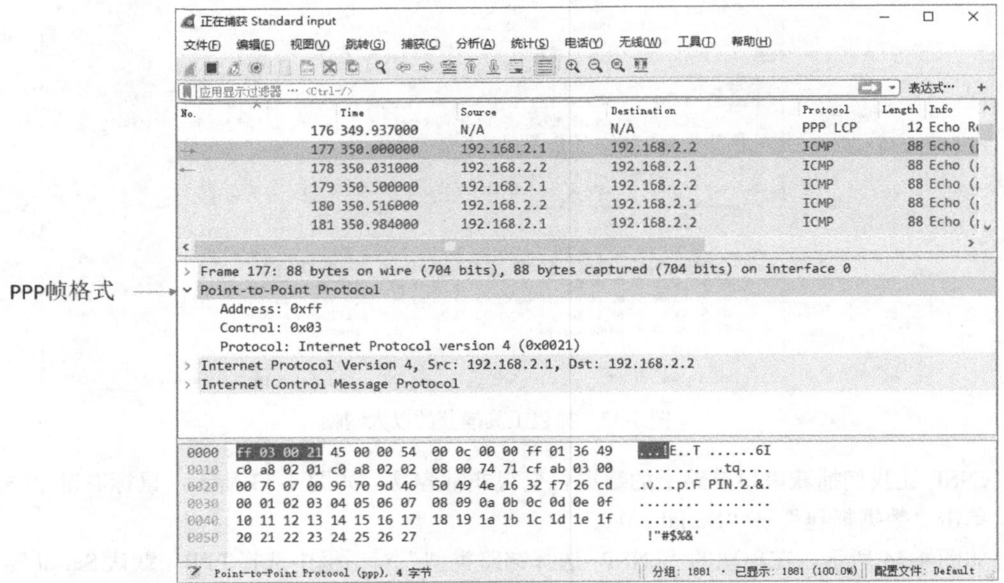

图 4-35 PPP 帧格式

4.6 习题

1．下面哪个是更改路由器名称的命令？（　　）

A．< Huawei > sysname R1

B．[Huawei]sysname R1

C．[Huawei]system R1

D．< Huawei > system R1

2．eNSP 模拟软件需要和哪两款软件一起安装？（　　）

A．Wireshark 和 VMWare Workstation

B．Wireshark 和 VirtualBox

C．VirtualBox 和 VMWare Workstation

D．VirtualBox 和 Ethereal

3．给路由器接口配置 IP 地址，下面哪条命令是错误的？（　　）

A．[R1]ip address 192.168.1.1 255.255.255.0

B．[R1-GigabitEthernet0/0/0]ip address 192.168.1.1 24

C．[R1-GigabitEthernet0/0/0]ip add 192.168.1.1 24

D．[R1-GigabitEthernet0/0/0]ip address 192.168.1.1 255.255.255.0

4．查看路由器当前配置的命令是（　　）。

A．<R1>display current-configuration

B．<R1>display saved-configuration

C．[R1-GigabitEthernet0/0/0]display

D．[R1]show current-configuration

5．为华为路由器保存配置的命令是（　　）。

A．[R1]save

B．<R1>save

C．<R1>copy current startup

D．[R1] copy current startup

6．要更改路由器下一次启动加载的配置文件，使用哪个命令？（　　）

A．<R1>startup saved-configuration backup.zip

B．<R1>display startup

C．[R1]startup saved-configuration

D．[R1]display startup

7．通过 Console 口配置路由器，只需要密码验证，需要配置身份验证模式为（　　）。

A．[R1-ui-console0]authentication-mode password

B．[R1-ui-console0]authentication-mode aaa

C．[R1-ui-console0]authentication-mode Radius

D．[R1-ui-console0]authentication-mode scheme

8．在路由器上创建用户 han，允许通过 telnet 配置路由器，且用户权限级别为 3，需要执行哪两条命令？（ ）

A．[R1-aaa]local-user han password cipher 91xueit3 privilege level 3

B．[R1-aaa]local-user han service-type telnet

C．[R1-aaa]local-user han password cipher 91xueit3

D．[R1-aaa]local-user hanservice-type terminal

9．在系统视图下键入什么命令可以切换到用户视图？（ ）

A．system-view

B．router

C．quit

D．user-view

10．网络管理员想要彻底删除旧的设备配置文件 config.zip，下面的命令中正确的是（ ）。

A．delete /force config.zip

B．delete /unreserved config.zip

C．reset config.zip

D．clear config.zip

11．在华为 AR 路由器的命令行界面下，save 命令的作用是保存当前的系统时间。（ ）

A．正确

B．错误

12．保存路由器的配置文件时，一般保存在下面哪种储存介质上？（ ）

A．SDRAM

B．NVRAM

C．Flash

D．Boot ROM

13．VRP 的全称是什么？（ ）

A．Versatile Routine Platform

B．Virtual Routing Platform

C．Virtual Routing Plane

D．Versatile Routing Platform

14．VRP 操作系统命令划分为访问级、监控级、配置级、管理级 4 个级别。能运行各种业务配置命令但不能操作文件系统的是哪一级？（ ）

A．访问级

B．监控级

C．配置级

D．管理级

15．网络管理员在哪个视图下能为路由器修改设备名称？（　　）

A．user-view

B．system-view

C．interface-view

D．protocol-view

16．目前，公司有一名网络管理员，公司网络中的 AR2200 通过 telent 直接输入密码后就可以实现远程管理。新来了两名网络管理员后，公司希望给所有的网络管理员分配各自的用户名和密码，以及不同的权限等级。那么应该如何操作呢？（　　）（选择 3 个答案）

A．在 AAA 视图下配置 3 个用户名和各自对应的密码

B．使用 telent 配置的用户验证模式必须选择 AAA 模式

C．在配置每个网络管理员的账户时，需要配置不同的权限级别

D．每个网络管理员在运行 telent 命令时，使用设备的不同公网 IP 地址

17．VRP 支持通过哪几种方式对路由器进行配置？（　　）（选择 3 个答案）

A．通过 Console 口对路由器进行配置

B．通过 telent 对路由器进行配置

C．通过 mini USB 口对路由器进行配置

D．通过 FTP 对路由器进行配置

18．操作用户成功 telnet 到路由器后，无法使用配置命令配置接口的 IP 地址，可能的原因有（　　）。

A．操作用户的 telnet 终端软件不允许用户对设备的接口配置 IP 地址

B．没有正确设置 telnet 用户的验证方式

C．没有正确设置 telnet 用户的级别

D．没有正确设置 SNMP 参数

19．对下面的 display 信息描述正确的是（　　）。

```
[R1]display interface g0/0/0 GigabitEthernet0/0/0 current state:Administratively
DOWN Line protocol current state:DOWN
```

A．Gigabit Ethernet 0/0/0 接口连接了一条错误的线缆

B．Gigabit Ethernet 0/0/0 接口没有配置 IP 地址

C．Gigabit Ethernet 0/0/0 接口没有启用动态路由协议

D．Gigabit Ethernet 0/0/0 接口被网络管理员手动关闭了

第5章

静态路由

本章内容

- IP 路由-网络层实现的功能
- 网络畅通的条件
- 静态路由
- 路由汇总
- 默认路由
- Windows 上的路由表和默认路由

路由器负责在不同网段间转发数据包，路由器根据路由表为数据包选择转发路径。路由表中有多条路由信息，一条路由信息也被称为一个路由项或一个路由条目，一个路由条目记录到一个网段的路由。路由条目可以由管理员用命令输入，称为静态路由；也可以使用路由协议（RIP、OSPF 协议）生成路由条目，称为动态路由。路由表中的条目可以由动态路由和静态路由组成。

本章将讲述网络畅通的条件，给路由器配置静态路由，通过合理规划 IP 地址可以使用路由汇总和默认路由以简化路由表。

作为扩展知识，还讲解排除网络故障的方法，使用 ping 命令测试网络是否畅通，使用 pathping 和 tracert 命令跟踪数据包的路径。同时也讲解 Windows 操作系统中的路由表，给 Windows 系统添加路由。

本章只讲静态路由，下一章专门讲动态路由、RIP 和 OSPF 协议。

5.1 什么是路由

5.1.1 网络层实现的功能

网络层的功能就是给传输层协议提供简单灵活的、无连接的、尽最大努力交付的数据包服务，网络层不实现可靠传输。如图 5-1 所示，网络中的路由器为每一个数据包单独选择转发路径，不保证数据包按发送顺序到达终点，如果在传输过程中数据包出错，路由器直接丢弃，如果网络中待发的数据包太多，路由器处理不了就直接丢弃。

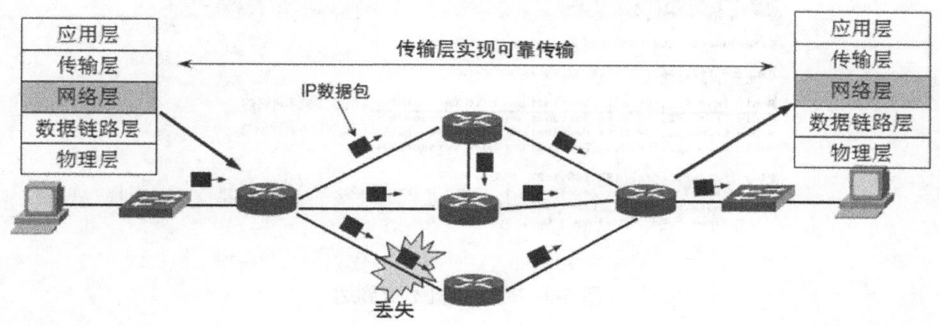

图 5-1 网络层功能示意图

路由就是路由器从一个网段到另一个网段转发数据包的过程，即在不同网段间转发数据包就是数据路由。私网地址通过网络地址转换（NAT）将数据包发送到 Internet（公网），这也叫路由，只不过在路由过程中修改了数据包的源 IP 地址和源端口。

路由器要做的主要工作就是在不同网段间转发数据包，所以说路由器工作在网络层，路由器被称为网络层设备。

5.1.2 网络畅通的条件

计算机网络畅通的条件就是数据包能去能回，道理很简单也很好理解，也是我们排除网络故障的理论依据。如果 A 网络中的计算机到 B 网络中的计算机不能通信，就要检查途径的路由器的路由表是否有到 B 网络的路由，还要检查途径的路由器的路由表是否有到 A 网络的路由。

如图 5-2 所示，网络中的计算机 A 要想实现和计算机 B 的通信，途径的所有路由器 R1、R2 和 R3 必须有到目标网络 192.168.1.0/24 的路由。计算机 B 要给计算机 A 返回数据包，途经的路由器 R3、R2 和 R1 必须有到达 192.168.0.0/24 网段的路由。

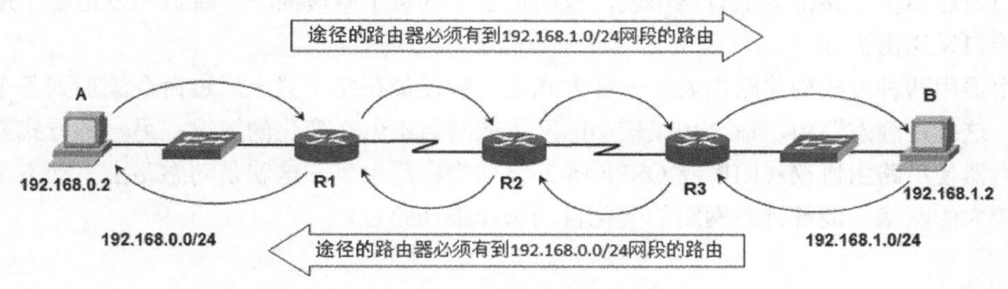

图 5-2 网络畅通的条件

在计算机 A 上 ping 192.168.1.2，如果途径的路由器中有任何一个缺少到达目标网络

192.168.1.0/24 的路由，该路由器将为计算机 A 返回一个 ICMP 差错报告数据包，提示目标主机不可到达，如图 5-3 所示。

```
C:\WINDOWS\system32\cmd.exe

C:\Documents and Settings\han>ping 192.168.1.2

Pinging 192.168.1.2 with 32 bytes of data:

Reply from 192.168.0.1: Destination host unreachable.  目标主机不可到达
Reply from 192.168.0.1: Destination host unreachable.
Reply from 192.168.0.1: Destination host unreachable.  数据包没到目的地
Reply from 192.168.0.1: Destination host unreachable.

Ping statistics for 192.168.1.2:
    Packets: Sent = 4, Received = 4, Lost = 0 (0% loss),
Approximate round trip times in milli-seconds:
    Minimum = 0ms, Maximum = 0ms, Average = 0ms
```

图 5-3 目标主机不可到达

如果计算机 A 发送的数据包能够到达计算机 B，计算机 B 将给计算机 A 返回响应数据包，途径的路由器中只要有任何一个缺少到达网络 192.168.0.0/24 的路由，计算机 B 返回的 ICMP 响应数据包就不能到达计算机 A，将为计算机 A 显示请求超时，如图 5-4 所示。

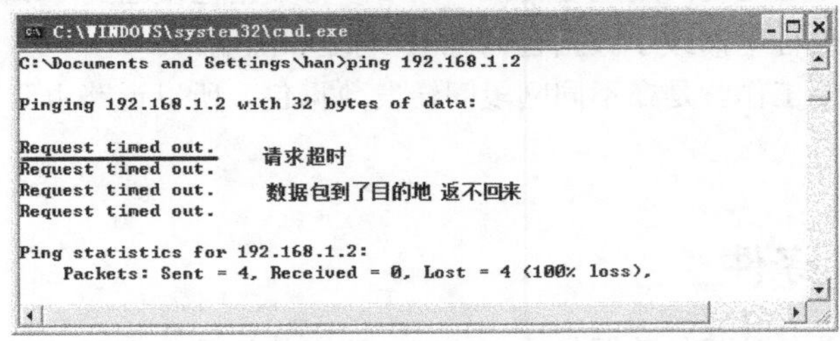

图 5-4 请求超时

基于以上原理，网络故障的排错思路就清晰了。如果网络不通，先检查两端的计算机是否配置了正确的 IP 地址、子网掩码以及网关；再逐一检查沿途路由器上的路由表，查看是否有到达目标网络的路由；然后逐一检查沿途路由器上的路由表，检查是否有数据包返回所需的路由。

路由器如何知道网络中有哪些网段，以及到这些网段的下一跳应该转发给哪个地址或由哪一个接口发送出去？路由器上有路由表，里面记录了到每个网段的下一跳该转发给哪个地址或由哪个接口发送出去。

路由器用两种方式构建路由表：一种方式是，管理员在路由器上通过命令添加到各个网络的路由，这就是静态路由，适合规模较小的网络或网络不怎么变化的情况；另一种方式就是，配置路由器使用路由协议（RIP 或 OSPF 等）自动构建路由表，这就是动态路由，动态路由适合规模较大的网络，能够针对网络的变化自动选择最佳路径。

5.1.3 静态路由

要想实现全网通信，也就是网络中的任意两个节点都能通信，就要求网络中所有路由器的路由表中必须有到所有网段的路由。对于路由器来说，它只知道自己直连的网段，对于没有直连的网段，需要管理员人工添加到这些网段的路由。

如图 5-5 所示，网络中有 A、B、C、D 共 4 个网段，计算机和路由器接口的 IP 地址已在图中标出，网络中的 3 个路由器 AR1、AR2 和 AR3 如何添加路由才能使得全网畅通呢？

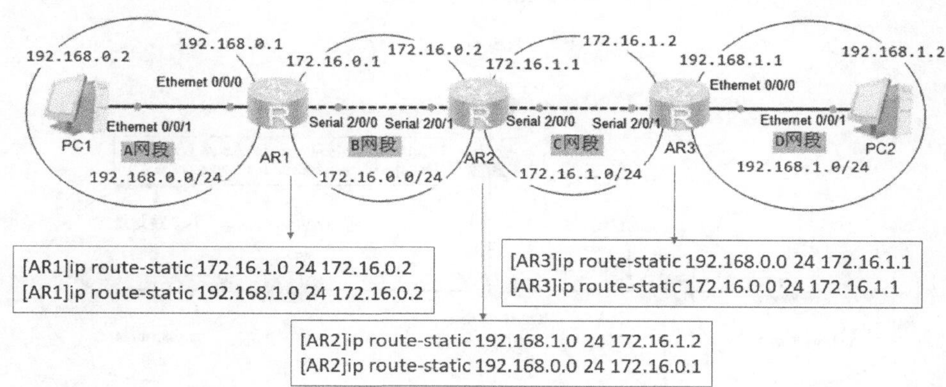

图 5-5 添加静态路由的命令

AR1 路由器直连 A、B 两个网段，C、D 网段没有直连，需要添加到 C、D 网段的路由。

AR2 路由器直连 B、C 两个网段，A、D 网段没有直连，需要添加到 A、D 网段的路由。

AR3 路由器直连 C、D 两个网段，A、B 网段没有直连，需要添加到 A、B 网段的路由。

如图 5-5 所示，以华为路由器为例添加路由，需要先进入系统视图[AR1]，输入“ip route-static”添加静态路由，后面是目标网段、子网掩码、下一跳的 IP 地址。

这里一定要正确理解“下一跳”，在 AR1 路由器上添加到 192.168.1.0 24A 网段的路由，下一跳写的是 AR2 路由器的 Serial 2/0/1 接口的地址，而不是 AR3 路由器的 Serial 2/0/1 接口的地址。

如果转发到目标网络要经过一条点到点链路，添加静态路由还有另外一种格式，下一跳地址可以写成到目标网络的出口。比如可以按图 5-6 所示在 AR2 路由器上添加到 192.168.1.0/24 网段的路由。请看仔细了，后面的 Serial 2/0/0 是路由器 AR2 的接口，这就是告诉路由器 AR2，到 192.168.1.0 24 网段的数据包由 Serial 2/0/0 接口发送出去。

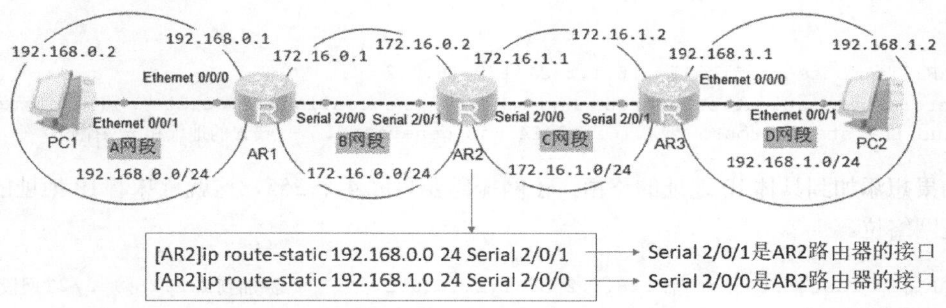

图 5-6 点到点链路的路由下一跳可以写成出口

如图 5-7 所示，如果路由器之间是以太网连接，在这种情况下添加路由，只能写下一跳地址，而不能写路由器的出口了，请想想为什么？

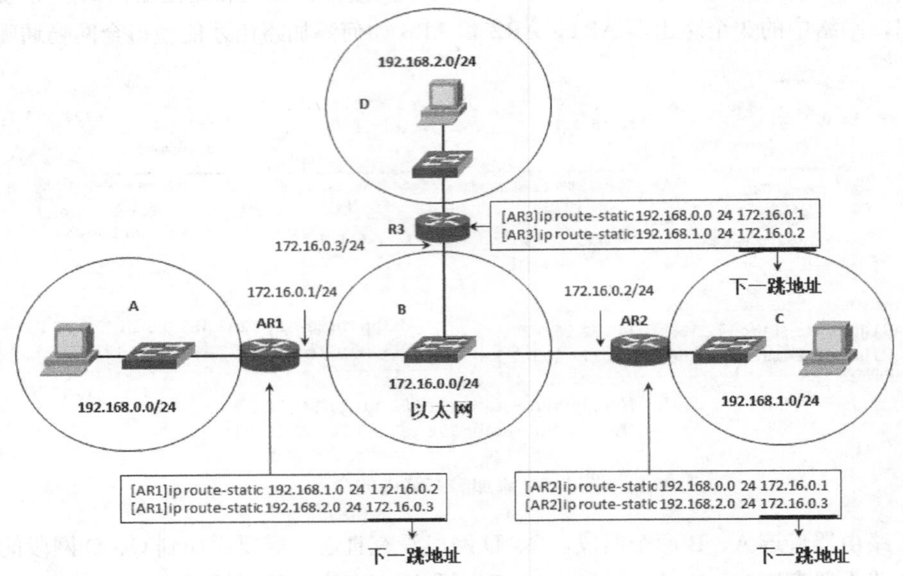

图 5-7 以太网接口只能填写下一跳地址

以太网中可以连接多台计算机或路由器，如果添加路由时下一跳不写地址，就无法判断下一跳应该由哪台设备接收。点到点链路就不存在这个问题，一端发送另一端接收，根本用不上数据链路层地址。请想想 PPP 协议帧格式，数据链路层地址字段为 0xFF，根本没有目标地址和源地址。

路由器只关心到某个网段如何转发数据包，因此在路由器上添加路由时，必须是到某个网段（子网）的路由，而不能是到特定地址的路由。添加到某个网段的路由时，一定要确保 IP 地址的主机位全是 0。

比如下面添加路由时报错了，是因为 172.16.1.2 24 不是网络，而是 172.16.1.0 24 网络中的 IP 地址。

```
[AR1]ip route-static 172.16.1.2 24 172.16.0.2
Info: The destination address and mask of the configured static route mismatche
d , and the static route 172.16.1.0/24 was generated.  --错误的地址和子网掩码
```

如果想添加到具体 IP 地址的路由，子网掩码要写成 4 个 255，这就意味着 IP 地址的 32 位全部是网络位。

```
[AR1]ip route-static 172.16.1.2 32 172.16.0.2        --添加到172.16.1.2/32网段的路由
```

5.2 实战：配置静态路由

下面就通过一个案例来学习静态路由的配置，使用 eNSP 参照图 5-8 搭建网络环境，设置网络中的计算机和路由器接口的 IP 地址，PC1 和 PC2 都要设置网关。可以看到，该网络中有 4 个网段。现在需要在路由器上添加路由，实现这 4 个网段间网络的畅通。

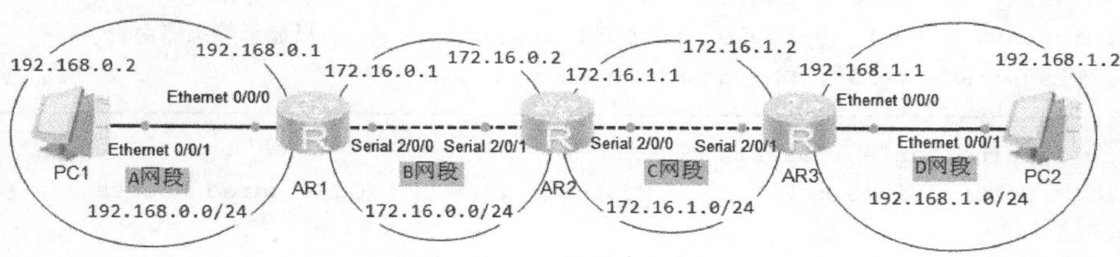

图 5-8 静态路由网络拓扑

5.2.1 查看路由表

前面讲过，只要给路由器接口配置了 IP 地址和子网掩码，路由器的路由表就有了到直连网段的路由，不需要再添加到直连网段的路由。在添加静态路由之前先看看路由器的路由表。

在 AR1 路由器上，进入系统视图，输入“display ip routing-table”可以看到两个直连网段的路由。

```
[AR1]display ip routing-table
Route Flags: R - relay, D - download to fib
------------------------------------------------------------------------------
Routing Tables: Public
        Destinations : 11       Routes : 11
Destination/Mask    Proto  Pre  Cost      Flags NextHop         Interface
      127.0.0.0/8   Direct 0    0           D   127.0.0.1       InLoopBack0
      127.0.0.1/32  Direct 0    0           D   127.0.0.1       InLoopBack0
127.255.255.255/32  Direct 0    0           D   127.0.0.1       InLoopBack0
     172.16.0.0/24  Direct 0    0           D   172.16.0.1      Serial2/0/0
--直连网段路由
     172.16.0.1/32  Direct 0    0           D   127.0.0.1       Serial2/0/0
     172.16.0.2/32  Direct 0    0           D   172.16.0.2      Serial2/0/0
   172.16.0.255/32  Direct 0    0           D   127.0.0.1       Serial2/0/0
    192.168.0.0/24  Direct 0    0           D   192.168.0.1     Vlanif1
--直连网段路由
    192.168.0.1/32  Direct 0    0           D   127.0.0.1       Vlanif1
  192.168.0.255/32  Direct 0    0           D   127.0.0.1       Vlanif1
255.255.255.255/32  Direct 0    0           D   127.0.0.1       InLoopBack0
```

可以看到路由表中已经有了到两个直连网段的路由条目。

5.2.2 添加静态路由

在路由器 AR1、AR2 和 AR3 上添加静态路由。

（1）在路由器 AR1 上添加到 172.16.1.0/24、192.168.1.0/24 网段的路由。

```
[AR1]ip route-static 172.16.1.0 24 172.16.0.2          --添加静态路由、下一跳地址
[AR1]ip route-static 192.168.1.0 24 Serial 2/0/0       --添加静态路由、出口
[AR1]display ip routing-table                          --显示路由表
[AR1]display ip routing-table protocol static          --只显示静态路由表
Route Flags: R - relay, D - download to fib
------------------------------------------------------------------------------
Public routing table : Static
         Destinations : 2        Routes : 2        Configured Routes : 2

Static routing table status : <Active>
         Destinations : 2        Routes : 2

Destination/Mask    Proto   Pre  Cost      Flags  NextHop         Interface

     172.16.1.0/24  Static  60   0           RD   172.16.0.2      Serial2/0/0
    192.168.1.0/24  Static  60   0            D   172.16.0.1      Serial2/0/0

Static routing table status : <Inactive>
         Destinations : 0        Routes : 0
```

R 和 D 是路由标记（Flags）。

R 说明是迭代路由，会根据路由下一跳的 IP 地址获取出口，配置静态路由时如果只指定下一跳的 IP 地址，而不指定出口，那么就是迭代路由，需要根据下一跳 IP 地址的路由获取出口。

D 是 Download 的首字母，表示将路由下发到 FIB 表。每个路由器都有一张路由表和一张 FIB（Forward Information Base）表，路由表用来决策路由，FIB 表用来转发分组。

Pre 是优先级，静态路由的默认优先级是 60，思科路由器的静态路由的默认优先级是 1。

可以看到 192.168.1.0/24 网段的路由标记是 D，因为添加路由时直接写的出口，就不用迭代查找出口了。

Cost 是开销，静态路由的开销默认是 0，动态路由会计算到目标网络的累计开销。

（2）在路由器 AR2 上添加到 192.168.0.0/24、192.168.1.0/24 网段的路由。

```
[AR2]ip route-static 192.168.0.0 24 172.16.0.1
[AR2]ip route-static 192.168.1.0 24 172.16.1.2
```

（3）在路由器 AR3 上添加到 192.168.0.0/24、172.16.0.0/24 网段的路由。

```
[AR3]ip route-static 192.168.0.0 24 172.16.1.1
[AR3]ip route-static 172.16.0.0 24 172.16.1.1
```

5.2.3 测试网络是否畅通

在 PC1 上测试到 PC2 的网络是否畅通。根据下面的测试结果，除第一个数据包请求超时外，后面的数据包都是从 PC2 返回的 ICMP 响应包，说明网络畅通。

```
PC>ping 192.168.1.2
Ping 192.168.1.2: 32 data bytes, Press Ctrl_C to break
Request timeout!
From 192.168.1.2: bytes=32 seq=2 ttl=125 time=31 ms
From 192.168.1.2: bytes=32 seq=3 ttl=125 time=32 ms
From 192.168.1.2: bytes=32 seq=4 ttl=125 time=15 ms
From 192.168.1.2: bytes=32 seq=5 ttl=125 time=15 ms

--- 192.168.1.2 ping statistics ---
  5 packet(s) transmitted
  4 packet(s) received
  20.00% packet loss
  round-trip min/avg/max = 0/23/32 ms
```

跟踪数据包的路径。eNSP 中的 PC 机使用 tracert 命令跟踪数据包的路径，在 Windows 上则使用 pathping 或 tracert 跟踪数据包的路径。

```
PC>tracert 192.168.1.2
traceroute to 192.168.1.2, 8 hops max
(ICMP), press Ctrl+C to stop
 1  192.168.0.1    31 ms  <1 ms  16 ms        --第一个路由器
 2  172.16.0.2   31 ms  31 ms  16 ms          --第二个路由器
 3  172.16.1.2   31 ms  31 ms  16 ms          --第三个路由器
 4  192.168.1.2    31 ms  32 ms  31 ms        --目标地址
```

从跟踪结果来看，沿途经过了路由器 AR1、AR2 和 AR3，最后到达目标地址。

5.2.4 删除静态路由

前面讲了网络畅通的条件：数据包有去有回。从本案例来说，PC1 发送给 PC2 的数据包能够到达 PC2，PC2 发送给 PC1 的数据包能够到达 PC1，PC1 和 PC2 间的网络就是畅通的。

如果沿途的路由器缺少到达 192.168.1.0/24 网络的路由，PC1 ping PC2 的数据包就不能到达 PC2，这就说明目标主机不可到达，PC1 和 PC2 不能通信。

在 AR2 路由器上删除到 192.168.1.0/24 网络的路由。

```
[AR2]undo ip route-static 192.168.1.0 24      --删除到某个网段的路由，不用指定下一跳地址
```

PC1 ping PC2，显示 Request timeout!请求超时，实际上是目标主机不可到达。

并不是所有的“请求超时”都是路由器的路由表造成的，其他的原因也可能导致请求超时，比如对方的计算机启用防火墙，或对方的计算机关机，这些都能引起“请求超时”。

5.3 路由汇总

Internet 是全球最大的互联网，如果 Internet 上的路由器把全球所有的网段都添加到路由表中，那将是一张非常庞大的路由表。路由器每转发一个数据包，都要检查路由表，为该数据包选择转发出口，庞大的路由表势必会增加处理时延。

如果为物理位置连续的网络分配地址连续的网段，就可以在边界路由器上将远程的网段合并成一条路由，这就是路由汇总。通过路由汇总能够大大减少路由器上的路由表条目。

5.3.1 通过路由汇总简化路由表

下面以实例来说明如何实现路由汇总。

如图 5-9 所示，北京市的网络可以认为是物理位置连续的网络，为北京市的网络分配连续的网段，即从 192.168.0.0/24、192.168.1.0/24、192.168.2.0/24、192.168.3.0/24、192.168.4.0/24 一直到 192.168.255.0/24 的网段。

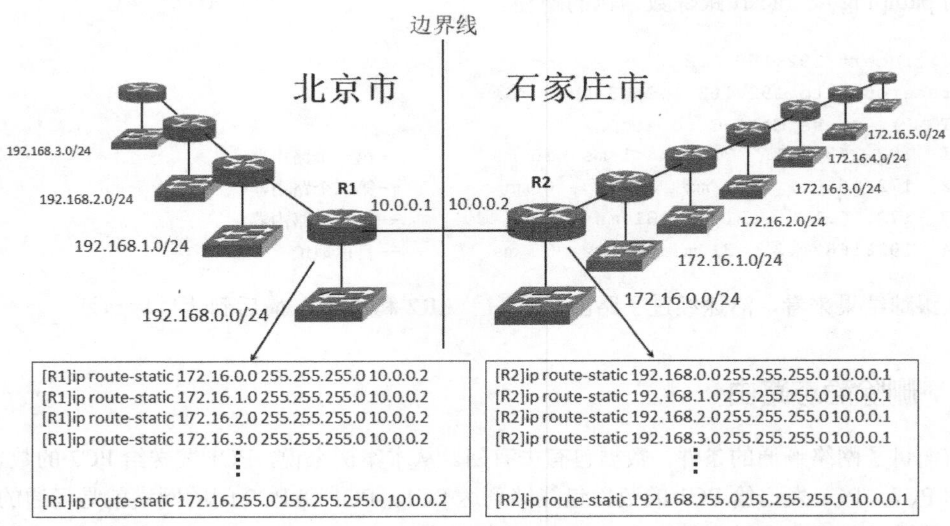

图 5-9 地址规划

石家庄市的网络也可以认为是物理位置连续的网络，为石家庄市的网络分配连续的网段，即从 172.16.0.0/24、172.16.1.0/24、172.16.2.0/24、172.16.3.0/24、172.16.4.0/24 一直到 172.16.255.0/24

的网段。

在北京市的路由器中添加到石家庄市全部网段的路由，如果为每一个网段添加一条路由，需要添加 256 条路由。在石家庄市的路由器中添加到北京市全部网络的路由，如果为每一个网段添加一条路由，也需要添加 256 条路由。

石家庄市的这些子网 172.16.0.0/24、172.16.1.0/24、172.16.2.0/24、…、172.16.255.0/24 都属于 172.16.0.0/16 网段，这个网段包括全部以 172.16 开始的网段。因此，在北京市的路由器中添加一条到 172.16.0.0/16 这个网段的路由即可。

北京市的网段从 192.168.0.0/24、192.168.1.0/24、192.168.2.0/24、192.168.3.0/24、192.168.4.0/24 一直到 192.168.255.0/24，也可以合并成一个网段 192.168.0.0/16（这时候一定要能够想起第 3 章讲到的使用超网合并网段，192.168.0.0/16 就是一个超网，子网掩码前移了 8 位，合并了 256 个 C 类网络），这个网段包括全部以 192.168 开始的网段。因此，在石家庄市的路由器中添加一条到 192.168.0.0/16 这个网段的路由即可。

汇总北京市的路由器 R1 中的路由和石家庄市的路由器 R2 中的路由后，路由表得到极大的精简，如图 5-10 所示。

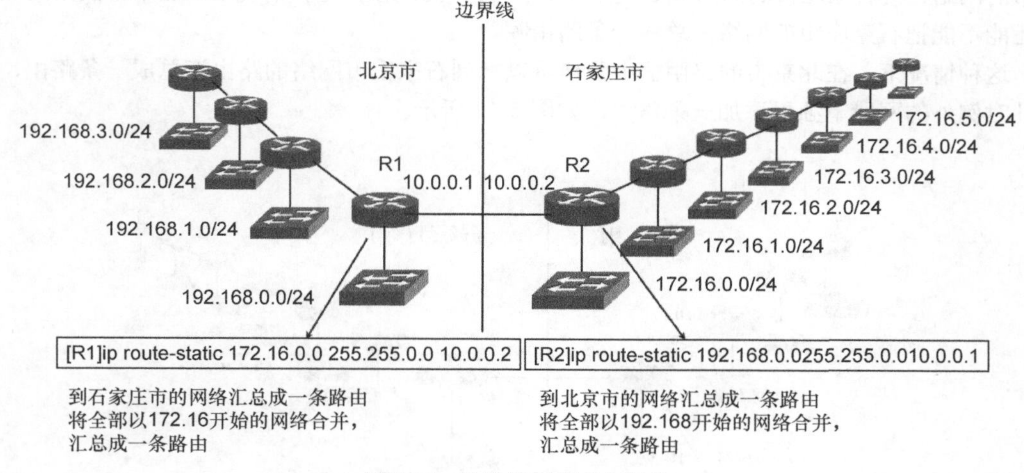

图 5-10 地址规划和路由汇总

进一步，如图 5-11 所示，如果石家庄市的网络使用 172.0.0.0/16、172.1.0.0/26、172.2.0.0/16、…、172.255.0.0/16 这些网段，总之，凡是以 172 打头的网络都在石家庄市，那么可以将这些网段合并为一个网段 172.0.0.0/8。在北京市的边界路由器 R1 中只需要添加一条路由。如果北京市的网络使用 192.0.0.0/16、192.1.0.0/16、192.2.0.0/16、…、192.255.0.0/26 这些网段，总之，凡是以 192 打头的网络都在北京市，那么也可以将这些网段合并为一个网段 192.0.0.0/8。

可以看出规律，添加路由时，网络位越少（子网掩码中 1 的个数越少），路由汇总的网段越多。

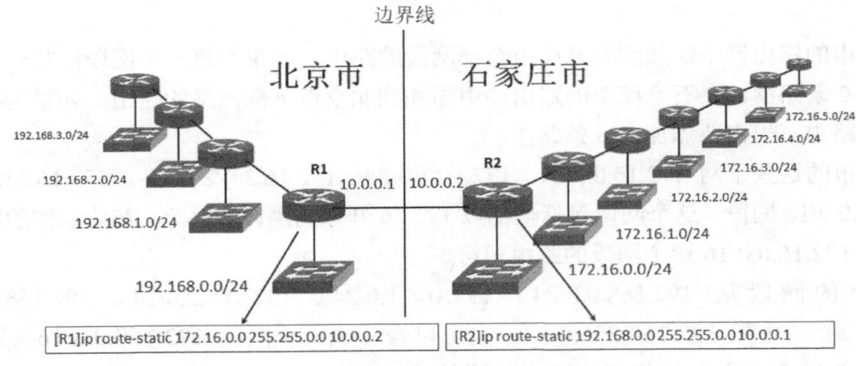

图 5-11 路由汇总

5.3.2 路由汇总例外

如图 5-12 所示，在北京市有个网络使用了 172.16.10.0/24 网段，后来石家庄的网络连接北京市的网络，给石家庄市的网络规划使用 172.16 打头的网段，这种情况下，北京市网络的路由器还能不能把石家庄市的网络汇总成一条路由呢？

这种情况下，在北京市的路由器中照样可以把到石家庄市网络的路由汇总成一条路由，但要针对例外的网段单独再添加一条路由，如图 5-12 所示。

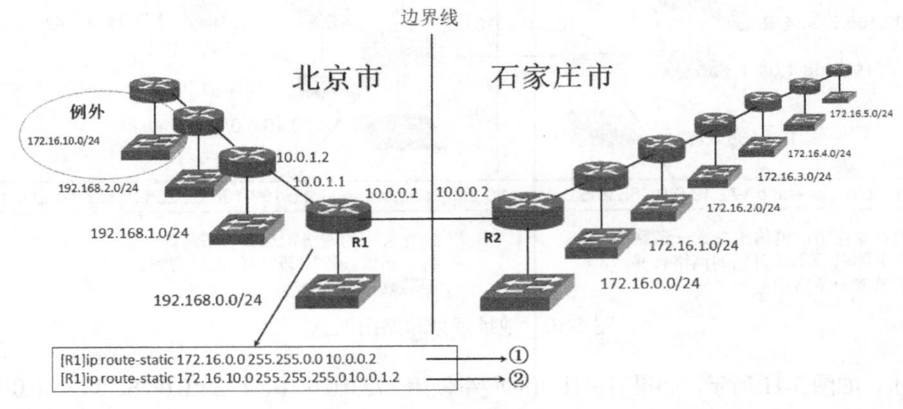

图 5-12 路由汇总例外

如果路由器 R1 收到目标地址是 172.16.10.2 的数据包，应该使用哪一条路由进行路径选择呢？

因为该数据包的目标地址与第①条路由和第②条路由都匹配，路由器将使用最精确匹配的那条路由来转发数据包。这叫作最长前缀匹配（longest prefix match），是指在 IP 协议中被路由器用于在路由表中进行选择的一种算法，之所以这样称呼，是因为通过这种方式选定的路由也是路由表中与目标地址的高位匹配得最多的路由。

下面举例说明什么是最长前缀匹配算法，比如在路由器中添加了 3 条路由：

```
[R1]ip route-static 172.0.0.0  255.0.0.0  10.0.0.2              --第 1 条路由
[R1]ip route-static 172.16.0.0  255.255.0.0  10.0.1.2           --第 2 条路由
[R1]ip route-static 172.16.10.0  255.255.255.0  10.0.3.2        --第 3 条路由
```

路由器 R1 收到一个目标地址是 172.16.10.12 的数据包，会使用第 3 条路由转发该数据包。路由器 R1 收到一个目标地址是 172.16.7.12 的数据包，会使用第 2 条路由转发该数据包。路由器 R1 收到一个目标地址是 172.18.17.12 的数据包，会使用第 1 条路由转发该数据包。

5.3.3 无类域间路由（CIDR）

为了让初学者容易理解，以上讲述的路由汇总通过将子网掩码向左移 8 位，合并了 256 个网段。无类域间路由（CIDR）采用 13～27 位可变网络 ID，而不是 A、B、C 类网络 ID 所用的固定的 8、16 和 24 位。这样可以将子网掩码向左移动 1 位以合并两个网段；向左移动 2 位以合并 4 个网段；向左移动 3 位以合并 8 个网段；向左移动 *n* 位，就可以合并 2^n 个网段。

下面就举例说明 CIDR 如何灵活地对连续的子网进行合并。如图 5-13 所示，在 A 区有 4 个连续的 C 类网络，通过将子网掩码前移 2 位，可以将这 4 个 C 类网络合并到 192.168.16.0/22 网段。在 B 区有 2 个连续的子网，通过将子网掩码左移 1 位，可以将这两个网段合并到 10.7.78.0/23 网段。

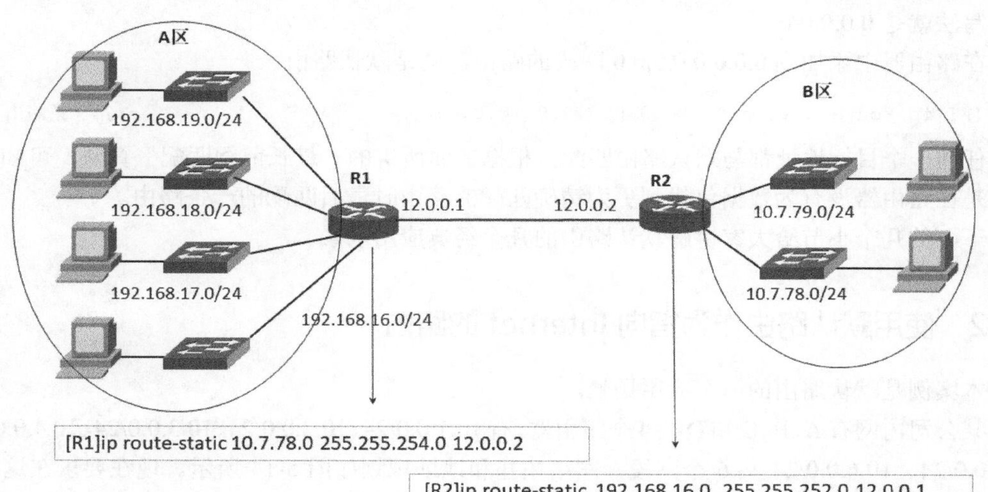

图 5-13 使用 CIDR 简化路由表

学习本节知识时，一定要和第 3 章所讲的使用超网合并网段结合起来理解。

5.4 默认路由

默认路由是一种特殊的静态路由，指的是当路由表中没有与数据包的目标地址相匹配的路由时路由器能够做出的选择。如果没有默认路由，那么目标地址在路由表中没有匹配的路由的数据包将被丢弃。默认路由在某些时候非常有用。比如连接末端网络的路由器，使用默认路由会大大简化路由器的路由表，减轻管理员的工作负担，提高网络性能。

5.4.1 全球最大的网段

在理解默认路由之前，先看看全球最大的网段在路由器中如何表示。在路由器中添加以下3条路由。

```
[R1]ip route-static 172.0.0.0  255.0.0.0  10.0.0.2                --第 1 条路由
[R1]ip route-static 172.16.0.0  255.255.0.0  10.0.1.2             --第 2 条路由
[R1]ip route-static 172.16.10.0  255.255.255.0  10.0.3.2          --第 3 条路由
```

从上面 3 条路由可以看出，子网掩码越短（子网掩码写成二进制形式后 1 的个数越少），主机位越多，该网段的地址数量就越大。

如果想让一个网段包括全部的 IP 地址，就要求子网掩码短到极限，最短就是 0，子网掩码变成了 0.0.0.0，这也意味着该网段的 32 位二进制形式的 IP 地址都是主机位，任何一个地址都属于该网段。因此，0.0.0.0 0.0.0.0 网段包括全球所有的 IPv4 地址，也就是全球最大的网段，换一种写法就是 0.0.0.0/0。

在路由器中添加到 0.0.0.0 0.0.0.0 网段的路由，就是默认路由。

```
[R1]ip route-static 0.0.0.0 0.0.0.0 10.0.0.2                      --第 4 条路由
```

任何一个目标地址都与默认路由匹配，根据前面所讲的“最长前缀匹配”算法，可知默认路由是在路由器没有为数据包找到更为精确匹配的路由时最后匹配的一条路由。

下面的几个小节给大家讲解默认路由的几个经典应用场景。

5.4.2 使用默认路由作为指向 Internet 的路由

本案例是默认路由的一个应用场景。

某公司内网有 A、B、C 和 D 共 4 个路由器，有 10.1.0.0/24、10.2.0.0/24、10.3.0.0/24、10.4.0.0/24、10.5.0.0/24、10.6.0.0/24 共 6 个网段，网络拓扑和地址规划如图 5-14 所示。现在要求在这 4 个路由器中添加路由，使内网的共 6 个网段之间能够相互通信，同时这 6 个网段也要能够访问 Internet。

路由器 B 和 D 是网络的末端路由器，直连两个网段，到其他网络都需要转发到路由器 C，在这两个路由器中只需要添加一条默认路由即可。

对于路由器 C 来说，直连了 3 个网段，到 10.1.0.0/24、10.4.0.0/24 两个网段的路由需要单独添加，到 Internet 或 10.6.0.0/24 网段的数据包，都需要转发给路由器 A，再添加一条默认路由即可。

对于路由器 A 来说，直连 3 个网段，对于没有直连的几个内网，需要单独添加路由，到 Internet

的访问只需要添加一条默认路由即可。

到 Internet 上所有网段的路由，只需要添加一条默认路由即可。

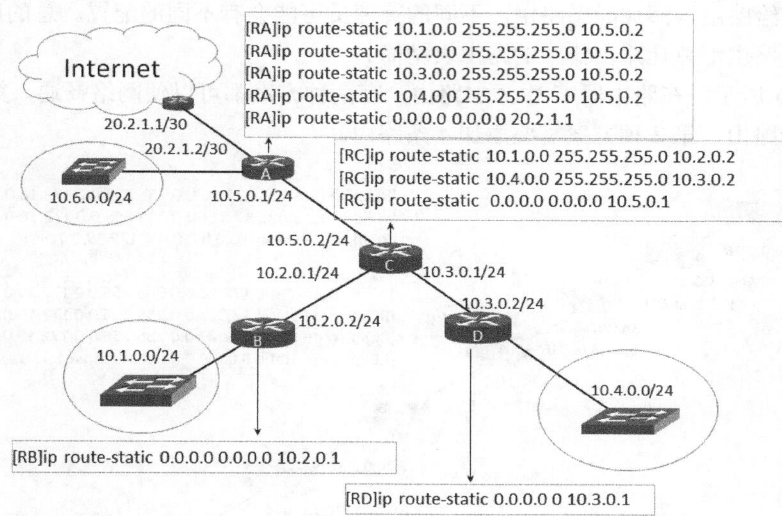

图 5-14 使用默认路由简化路由表

观察图 5-14，看看 A 路由器中的路由表是否可以进一步简化。企业内网使用的网段可以合并到 10.0.0.0/8 网段中，因此在路由器 A 中，到内网网段的路由可以汇总成一条，如图 5-15 所示。大家想想路由器 C 中的路由表还能简化吗？

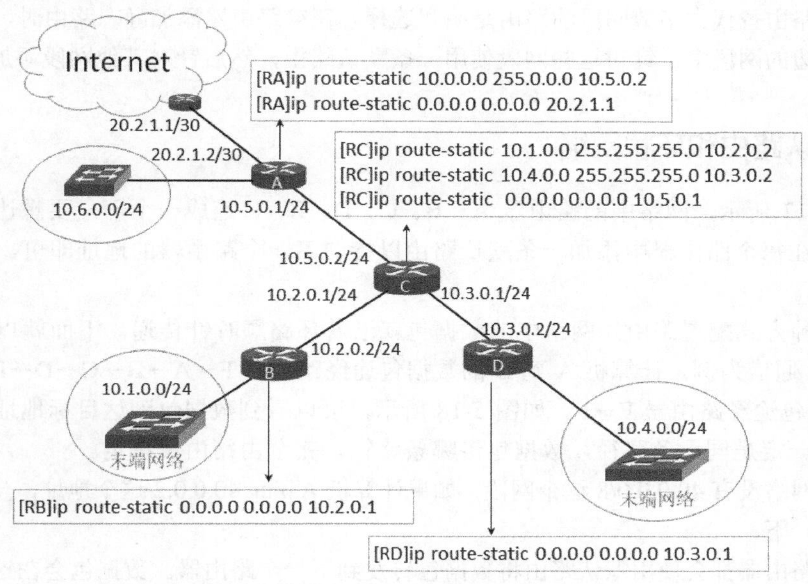

图 5-15 路由器路由汇总和默认路由简化路由表

5.4.3 让默认路由代替大多数网段的路由

同一网络给路由器添加静态路由，不同的管理员可能会有不同的配置。总的原则是尽量使用默认路由和路由汇总让路由器中的路由表精简。

如图 5-16 所示，在路由器 C 中添加路由，有两种方案都可以使网络畅通，第 1 种方案只需要添加 3 条路由，第 2 种方案需要添加 4 条路由。

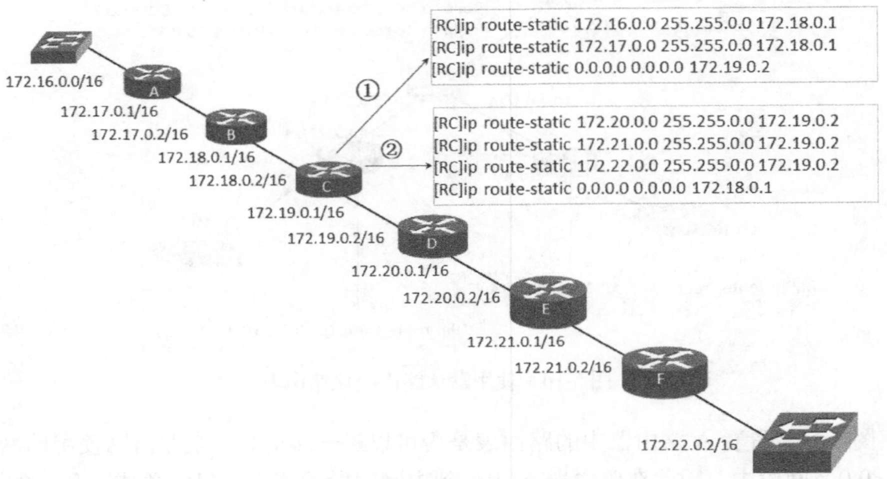

图 5-16 让默认路由代替大多数网段的路由

让默认路由替代大多数网段的路由是明智选择。在给路由器添加静态路由时，先要判断一下路由器哪边的网段多，针对这些网段使用一条默认路由，然后针对其他网段添加路由。

5.4.4 默认路由和环状网络

如图 5-17 所示，网络中的路由器 A、B、C、D、E、F 连成一个环，要想让整个网络畅通，只需要在每个路由器中添加一条默认路由以指向下一个路由器的地址即可，配置方法如图 5-17 所示。

通过这种方式配置路由，网络中的数据包就沿着环路顺时针传递。下面就以网络中的计算机 A 和 B 通信为例，计算机 A 到 B 的数据包途经路由器 F→A→B→C→D→E，计算机 B 到 A 的数据包途经路由器 E→F。如图 5-18 所示，可以看到数据包到达目标地址的路径和返回的路径不一定是同一条路径，数据包走哪条路径，完全由路由表决定。

该环状网络没有 40.0.0.0/8 这个网段，如果计算机 A ping 40.0.0.2 这个地址，会出现什么情况呢？分析一下。

所有的路由器都会使用默认路由将数据包转发到下一个路由器。数据包会在这个环状网络中一直顺时针转发，永远也不能到达目标网络。幸好数据包的网络层首部有一个字段用来指定数据包的生存时间，生存时间（TTL，time to live）是一个数值，TTL 的作用是限制 IP 数据包在计算机网络中存在的时间。TTL 的最大值是 255，推荐值是 64。

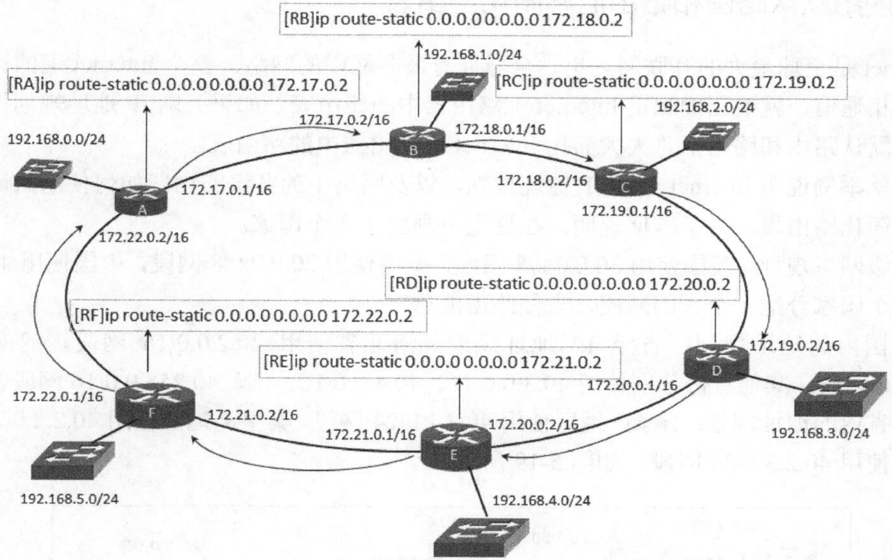

图 5-17 环形网络使用默认路由

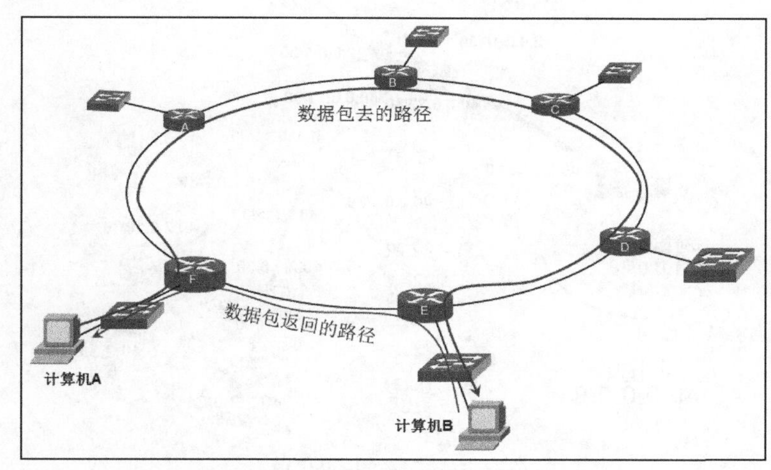

图 5-18 数据包往返路径

虽然 TTL 从字面上翻译，是指可以存活的时间，但实际上，TTL 是 IP 数据包在计算机网络中可以经过的路由器的数量。TTL 字段由 IP 数据包的发送者设置，在 IP 数据包从源地址到目标地址的整条转发路径上，每经过一个路由器，路由器都会修改 TTL 字段的值，具体的做法是把 TTL 的值减 1，然后将 IP 数据包转发出去。如果在 IP 数据包到达目标地址之前，TTL 减少为 0，路由器将会丢弃收到的 TTL=0 的 IP 数据包，并向 IP 数据包的发送者发送 ICMP time exceeded 消息。

5.4.5 使用默认路由和路由汇总简化路由表

Internet 是全球最大的互联网，也是全球拥有最多网段的网络。整个 Internet 上的计算机要想实现互相通信，就要正确配置 Internet 上路由器中的路由表。如果公网 IP 地址规划得当，就能够使用默认路由和路由汇总大大简化 Internet 上路由器中的路由表。

下面就举例说明 Internet 上的 IP 地址规划，以及网络中的各级路由器如何使用默认路由和路由汇总简化路由表。为了方便说明，在这里只画出了 3 个国家。

国家级网络规划：英国使用 30.0.0.0/8 网段，美国使用 20.0.0.0/8 网段，中国使用 40.0.0.0/8 网段，一个国家分配一个大的网段，方便路由汇总。

中国国内的地址规划：省级 IP 地址规划：河北省使用 40.2.0.0/16 网段，河南省使用 40.1.0.0/16 网段，其他省份分别使用 40.3.0.0/16、40.4.0.0/16、…、40.255.0.0/16 网段。

河北省内的地址规划：石家庄地区使用 40.2.1.0/24 网段，秦皇岛地区使用 40.2.2.0/24 网段，保定地区使用 40.2.3.0/24 网段，如图 5-19 所示。

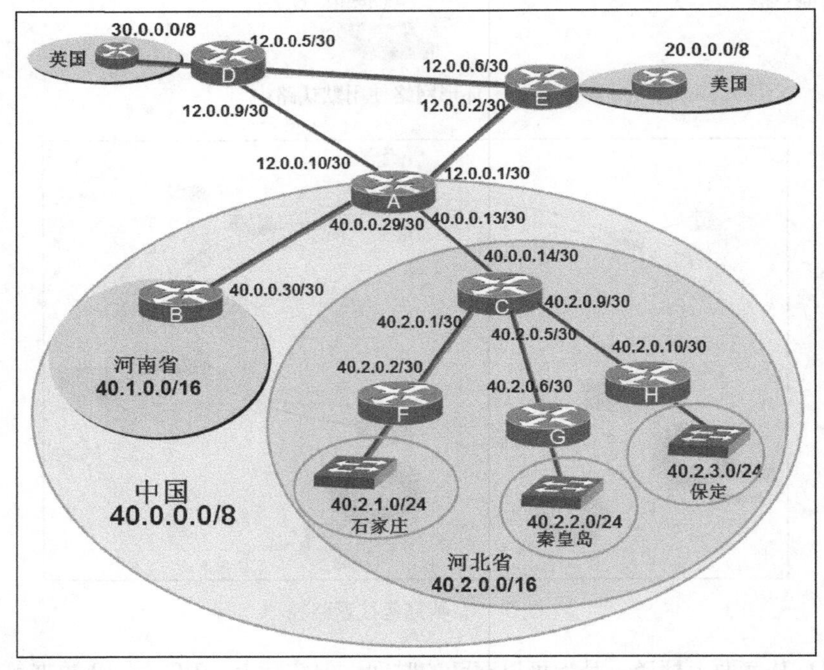

图 5-19 Internet 地址规划

路由表的添加如图 5-20 所示，路由器 A、D 和 E 是中国、英国和美国的国际出口路由器。这一级别的路由器，到中国的只需要添加一条 40.0.0.0 255.0.0.0 路由，到美国的只需要添加一条 20.0.0.0 255.0.0.0 路由，到英国的只需要添加一条 30.0.0.0 255.0.0.0 路由。由于很好地规划了 IP 地址，可以将一个国家的网络汇总为一条路由，这一级路由器中的路由表就变得精简了。

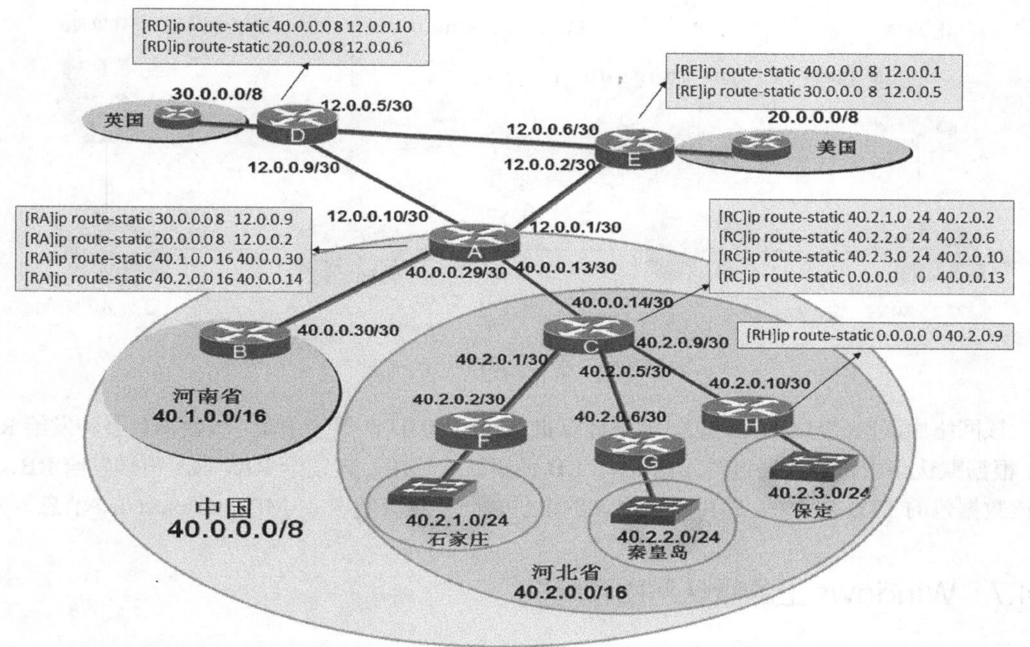

图 5-20 使用路由汇总和默认路由简化路由表

中国的国际出口路由器 A，除了添加到美国和英国两个国家的路由，还需要添加到河南省、河北省以及其他省份的路由。由于各个省份的 IP 地址也得到了很好的规划，一个省份的网络可以汇总成一条路由，这一级路由器的路由表也很精简。

河北省的路由器 C，它的路由如何添加呢？对于路由器 C 来说，数据包除了到石家庄、秦皇岛和保定地区的网络以外，其他要么是出省的，要么是出国的，都需要转发到路由器 A。在省级路由器 C 中要添加到石家庄、秦皇岛或保定地区的网络的路由，到其他网络的路由则使用一条默认路由指向路由器 A。这一级路由器使用默认路由，也能够使路由表变得精简。

对于网络末端的路由器 H、G 和 F 来说，只需要添加一条默认路由指向省级路由器 C 即可。

总结：要想网络地址规划合理，骨干网上的路由器可以使用路由汇总精简路由表，网络末端的路由器可以使用默认路由精简路由表。

5.4.6 默认路由造成的往复转发

上面讲到环状网络使用默认路由，造成数据包在环状网络中一直顺时针转发的情况。即便不是环状网络，使用默认路由也可能造成数据包在链路上往复转发，直到数据包的 TTL 耗尽。

如图 5-21 所示，网络中有 3 个网段、两个路由器。在 RA 路由器中添加默认路由，下一跳指向 RB 路由器；在 RB 路由器中也添加默认路由，下一跳指向 RA 路由器，从而实现这 3 个网段间网络的畅通。

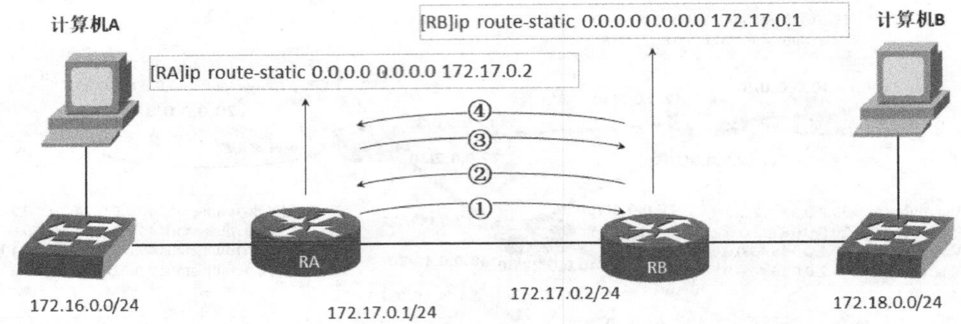

图 5-21 默认路由产生的问题

该网络中没有 40.0.0.0/8 网段，如果计算机 A ping 40.0.0.2 这个地址，该数据包会转发给 RA，RA 根据默认路由将该数据包转发给 RB，RB 使用默认路由，转发给 RA，RA 再转发给 RB，直到该数据包的 TTL 减为 0，路由器丢弃该数据包，向发送者发送 ICMP time exceeded 消息。

5.4.7 Windows 上的默认路由和网关

以上介绍了为路由器添加静态路由，其实计算机也有路由表，可以在 Windows 操作系统上执行 route print 命令来显示 Windows 操作系统上的路由表，执行 netstat -r 命令也可以实现相同的效果。

以下操作在 Windows 7 上进行，如图 5-22 所示，以管理员身份打开命令提示符，如果直接打开命令提示符，运行一些管理员才能执行的命令时会提示没有权限。

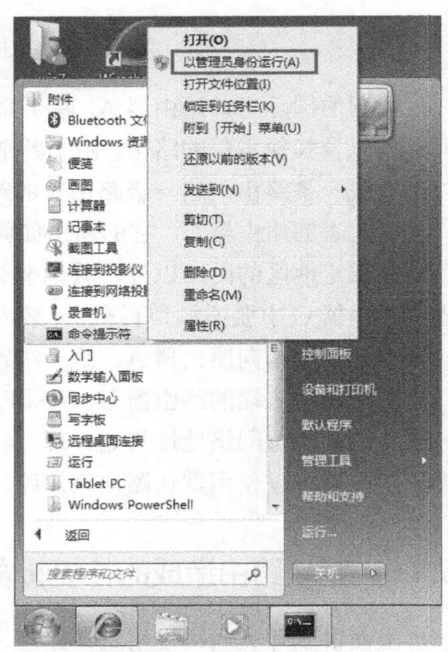

图 5-22 以管理员身份打开命令提示符

如图 5-23 所示，给计算机配置网关就是为计算机添加默认路由，网关通常是本网段路由器接口的地址。如果不配置网关，计算机将不能跨网段通信，因为不知道把到其他网段的下一跳给哪个接口。

如果计算机的本地连接没有配置网关，使用 route add 命令添加默认路由也可以。如图 5-24 所示，去掉本地连接的网关，在命令提示符下执行“netstat –r”将显示路由表，可以看到没有默认路由了。

该计算机将不能访问其他网段，ping 公网地址 222.222.222.222，提示“传输失败”，如图 5-25 所示。

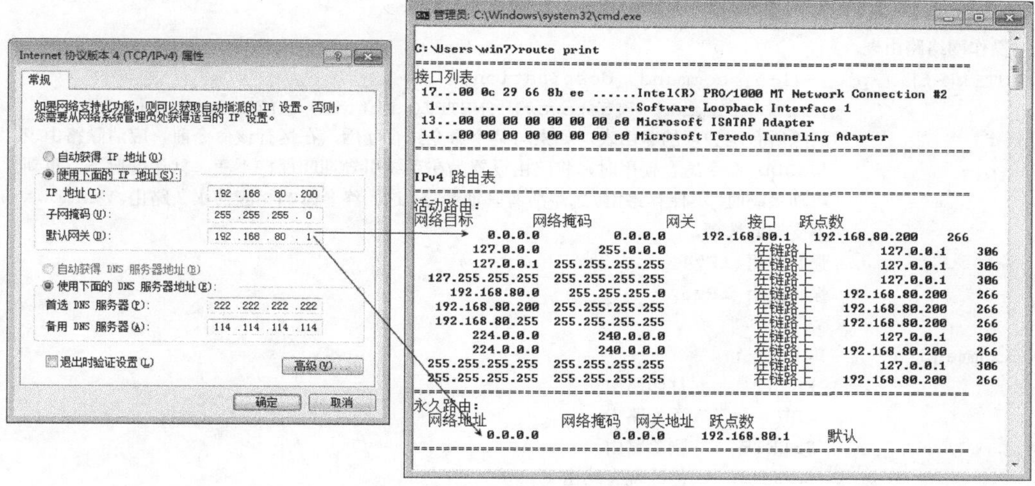

图 5-23 网关等于默认路由

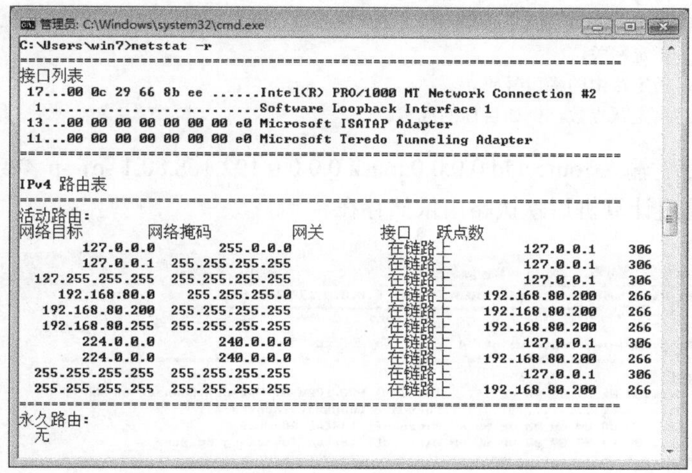

图 5-24 查看路由表

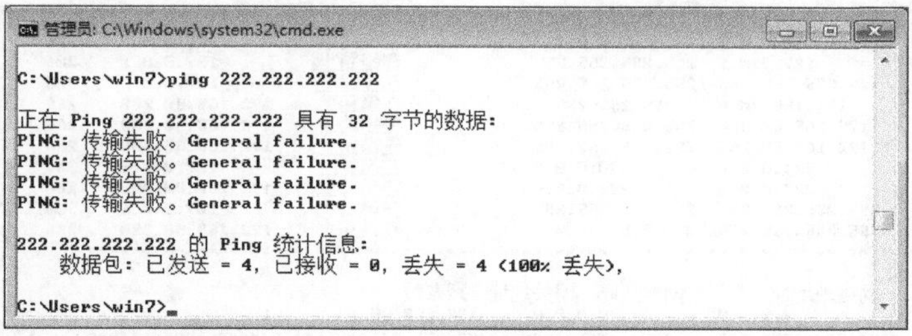

```
管理员: C:\Windows\system32\cmd.exe
C:\Users\win7>ping 222.222.222.222

正在 Ping 222.222.222.222 具有 32 字节的数据:
PING: 传输失败。General failure.
PING: 传输失败。General failure.
PING: 传输失败。General failure.
PING: 传输失败。General failure.

222.222.222.222 的 Ping 统计信息:
    数据包: 已发送 = 4, 已接收 = 0, 丢失 = 4 (100% 丢失),

C:\Users\win7>_
```

图 5-25 传输失败

在命令提示符下执行“route /?”可以看到该命令的帮助信息。

```
C:\Users\win7>route /?
操作网络路由表。
UTE [-f] [-p] [-4|-6] command [destination]
                  [MASK netmask]  [gateway] [METRIC metric]  [IF interface]
-f              清除所有网关项的路由表。如果与某个命令结合使用，在运行该命令前，应清除路由表。
-p              与 ADD 命令结合使用时，将路由设置为在系统引导期间保持不变。默认情况下，重新
                启动系统时，不保存路由。忽略所有其他命令，这始终会影响相应的永久路由。Windows 95
                不支持此选项。
-4              强制使用 IPv4。
-6              强制使用 IPv6。

command         其中之一：
                  PRINT      打印路由
                  ADD        添加路由
                  DELETE     删除路由
                  CHANGE     修改现有路由
destination          指定主机。
MASK           指定下一个参数为“网络掩码”值。
netmask        指定此路由项的子网掩码值。如果未指定，默认设置为 255.255.255.255。
gateway        指定网关。
interface      指定路由的接口号码。
METRIC         指定跃点数，例如目标的成本。
```

如图 5-26 所示，输入 route add 0.0.0.0 mask 0.0.0.0 192.168.80.1 -p，-p 参数代表添加一条永久默认路由，即重启计算机后默认路由依然存在。

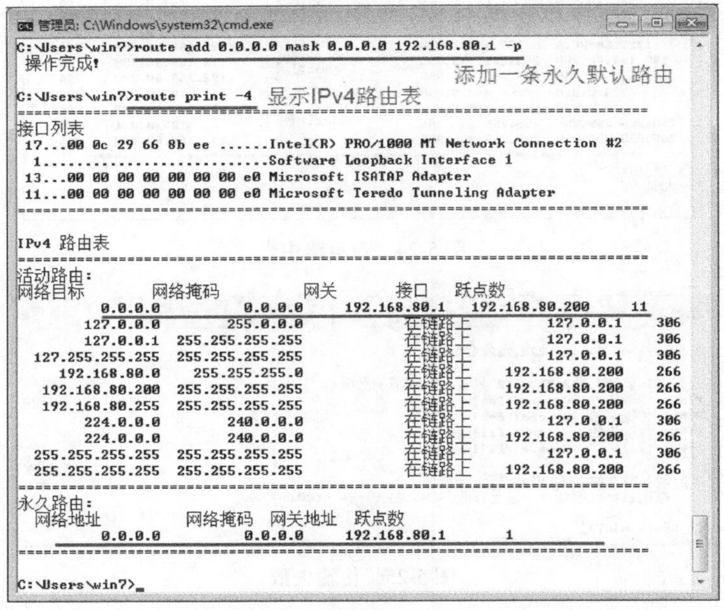

图 5-26 添加默认路由

执行 route print，可以显示路由表，添加的默认路由已经出现。

ping 202.99.160.68，可以 ping 通。

什么情况下会给计算机添加路由呢？下面介绍一个应用场景。

如图 5-27 所示，某公司在电信机房部署了一个 Web 服务器，该 Web 服务器需要访问数据库服务器，安全起见，将数据库单独部署到一个网段（内网）。该公司在电信机房又部署了一个路由器和一个交换机，将数据库服务器部署在内网。

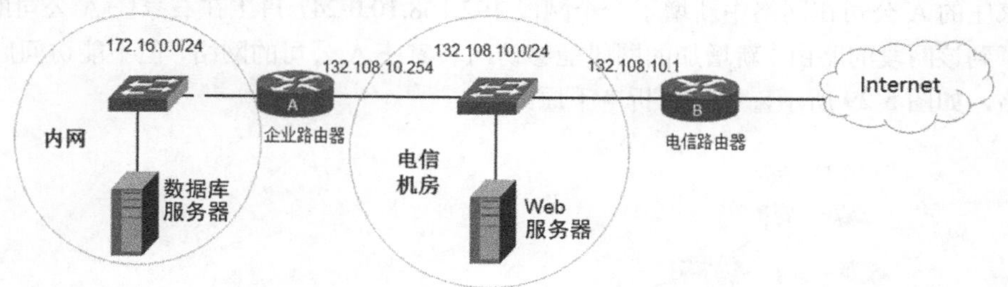

图 5-27　需要添加静态路由

在企业路由器上没有添加任何路由，在电信路由器上也没有添加到内网的路由（关键是电信机房的网络管理员也不同意添加到内网的路由）。

这种情况下，需要在 Web 服务器上添加一条到 Internet 的默认路由，再添加一条到内网的路由，如图 5-28 所示。

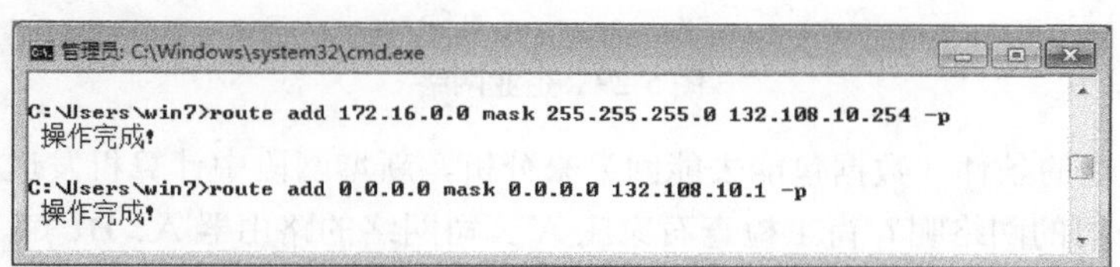
```
管理员: C:\Windows\system32\cmd.exe

C:\Users\win7>route add 172.16.0.0 mask 255.255.255.0 132.108.10.254 -p
 操作完成!

C:\Users\win7>route add 0.0.0.0 mask 0.0.0.0 132.108.10.1 -p
 操作完成!
```

图 5-28　添加静态路由和默认路由

这种情况下千万别在 Web 服务器上添加两条默认路由，一条指向 132.108.10.1，另一条指向 132.108.10.254，或在本地连接中添加两个默认网关。如果添加两条默认路由，就相当于到 Internet 有两条等价路径，到 Internet 的一半流量将会发送到企业路由器，被企业路由器丢掉。

如果想删除到 172.16.0.0 255.255.255.0 网段的路由，执行以下命令：

```
route delete 172.16.0.0 mask 255.255.255.0
```

5.5　网络排错案例

前面给大家讲了网络畅通的条件，如何使用路由汇总和默认路由简化路由表，以及如何管理 Windows 操作系统上的路由表。道理虽然简单，但是应用到实际环境中以解决问题时却需要真正理解并能够灵活应用，下面给大家讲解几个案例，希望能起到抛砖引玉、举一反三的作用。

5.5.1 排除网络故障要俯视全网

这是一个真实的网络排除案例。

石家庄的 A 公司和唐山的 B 公司使用电信的专线连接，这两家公司都有各自的信息部门，肖工负责管理石家庄 A 公司的网络，张工负责管理唐山 B 公司的网络。

石家庄的 A 公司在网络中新增了一个网段 192.168.10.0/24，肖工在石家庄 A 公司的路由器中添加了到该网段的路由，新增加的网段能够访问石家庄 A 公司的网络，但不能访问唐山 B 公司的网络，如图 5-29 所示，帮忙分析一下原因。

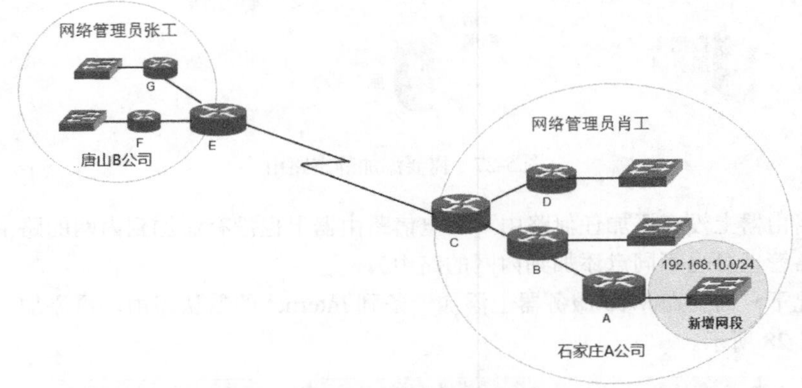

图 5-29 企业网络

根据网络畅通的条件（数据包能去能回）来分析，新增网段中计算机发送的数据包是否能够到达唐山 B 公司的网络呢？肖工检查石家庄 A 公司网络的路由器 A、B、C、D，查看这些路由器的路由表，看看是否有到唐山 B 公司网络的路由。发现 A、B、C、D 4 个路由器都有到唐山 B 公司网络的路由，这就保证石家庄 A 公司新增加的网段 192.168.10.0/24 发送的数据包能够到唐山 B 公司的网络（能去）。

接下来检查数据包是否能回，让肖工检查唐山 B 公司的路由器是否有到达新增网段的路由，肖工恍然大悟，没有在唐山 B 公司的路由器中添加到新增网段的路由，问题就出在这儿！新增网段访问唐山 B 公司的网络，数据包有去无回。

后来联系唐山 B 公司的网络管理员张工，在唐山 B 公司的路由器中添加到新增网段的路由，网络畅通。

从本案例来看，网络不通时除了要检查所管辖的路由器是否配置了正确的路由以外，还要检查远端网络的路由器是否配置了正确的路由，网络排错要俯视整个网络。

5.5.2 计算机网关也很重要

某医院信息中心的网络出现问题：办公室计算机不能访问机房服务器，在办公室的计算机上 ping 机房服务器 192.168.1.20，请求超时，网络拓扑如图 5-30 所示。

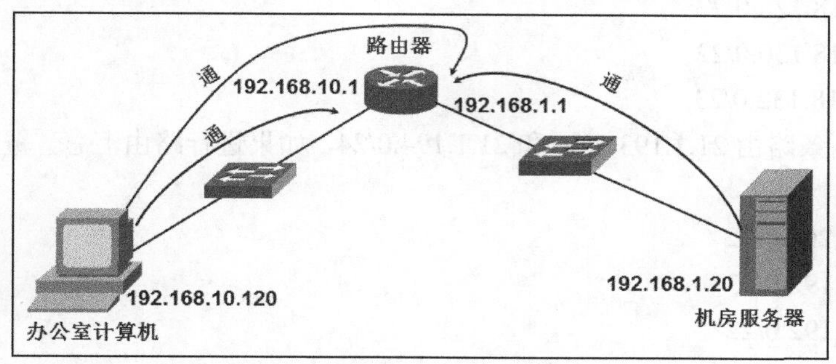

图 5-30　服务器没有设置网关

网络很简单，路由器连接两个网段，根本不需要添加路由，这个网络就应该能畅通。

检查过程和结果如下。

（1）在办公室计算机上 ping 192.168.10.1，测试一下是否和网关能通，测试结果：通。

（2）在办公室计算机上 ping 192.168.1.1，测试结果：通。说明办公室计算机能够访问服务器网段。

（3）在机房服务器上 ping 192.168.1.1，测试结果：通。

（4）关闭机房服务器的防火墙，在办公室计算机上 ping 服务器地址 192.168.1.20，测试结果：请求超时。

（5）最后查看办公室计算机的 IP 地址和子网掩码以及网关等设置，在命令提示符下执行 ipconfig/all，发现在机房服务器上没有设置网关。

服务器不设置网关，办公室计算机 ping 192.168.1.20 数据包是能够到达服务器的，但服务器返回的 ICMP 响应数据包却不知道下一跳应该给哪个接口，这就是数据包有去无回造成的网络故障。

总结：排除网络故障，除了要检查途径路由器的路由表，还要检查相互通信的计算机是否设置了正确的网关，是否关闭了防火墙或允许 ICMP 协议进入。

5.6　习题

1．华为路由器静态路由的配置命令为（　　）。

A．ip route-static

B．ip route static

C．route-static ip

D．route static ip

2．假设有下面 4 条路由：170.18.129.0/24、170.18.130.0/24、170.18.132.0/24 和 170.18.133.0/24。如果进行路由汇总，能覆盖这 4 条路由的地址是（　　）。

A. 170.18.128.0/21

B. 170.18.128.0/22

C. 170.18.130.0/22

D. 170.18.132.0/23

3. 假设有两条路由 21.1.193.0/24 和 21.1.194.0/24，如果进行路由汇总，覆盖这两条路由的地址是（　　）。

A. 21.1.200.0/22

B. 21.1.192.0/23

C. 21.1.192.0/22

D. 21.1.224.0/20

4. 路由器收到一个 IP 数据包，其目标地址为 202.31.17.4，与该地址匹配的子网是（　　）。

A. 202.31.0.0/21

B. 202.31.16.0/20

C. 202.31.8.0/22

D. 202.31.20.0/22

5. 假设有两个子网 210.103.133.0/24 和 210.103.130.0/24，如果进行路由汇总，得到的网络地址是（　　）。

A. 210.103.128.0/21

B. 210.103.128.0/22

C. 210.103.130.0/22

D. 210.103.132.0/20

6. 在路由表中设置一条默认路由，目标地址和子网掩码应为（　　）。

A. 127.0.0.0　255.0.0.0

B. 127.0.0.1　0.0.0.0

C. 1.0.0.0　255.255.255.255

D. 0.0.0.0　0.0.0.0

7. 网络 122.21.136.0/24 和 122.21.143.0/24 经过路由汇总后，得到的网络地址是（　　）。

A. 122.21.136.0/22

B. 122.21.136.0/21

C. 122.21.143.0/22

D. 122.21.128.0/24

8. 路由器收到一个数据包，其目标地址为 195.26.17.4，该地址属于（　　）子网。

A. 195.26.0.0/21

B. 195.26.16.0/20

C. 195.26.8.0/22

D. 195.26.20.0/22

9．如图 5-31 所示，R1 路由器连接的网段在 R2 路由器上汇总成一条路由 192.1.144.0/20，哪个数据包会被 R2 路由器使用这条汇总的路由转发给 R1。

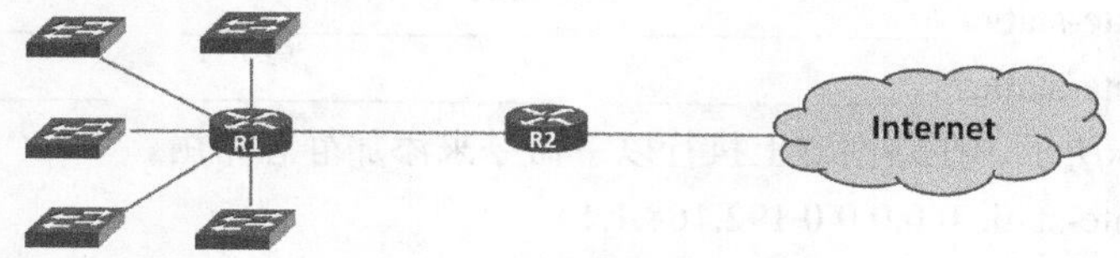

图 5-31 示例网络（一）

A．192.1.159.2

B．192.1.160.11

C．192.1.138.41

D．192.1.1.144

10．如图 5-32 所示，需要在 RouterA 和 RouterB 路由器中添加路由表，让 A 网段和 B 网段能够相互访问。

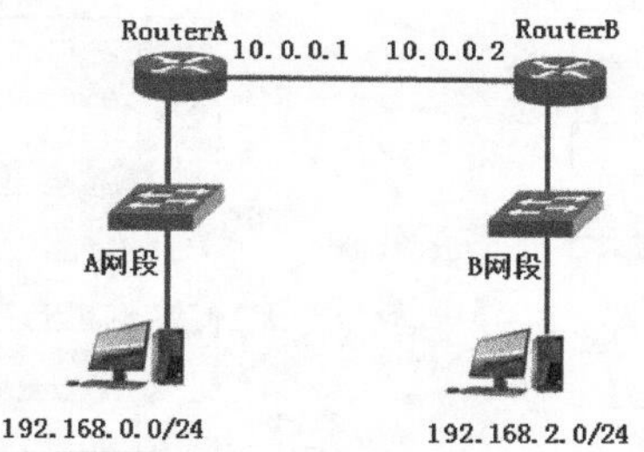

图 5-32 示例网络（二）

[RouterA]ip route-static ________ ________ ________

[RouterB]ip route-static ________ ________ ________

11．如图 5-33 所示，要求 192.168.1.0/24 网段到达 192.168.2.0/24 网段的数据包，经过 R1→R2→R4；192.168.2.0/24 网段到达 192.168.1.0/24 网段的数据包，经过 R4→R3→R1。在这 4 个路由器上添加静态路由，让 192.168.1.0/24 和 192.168.2.0/24 两个网段能够相互通信。

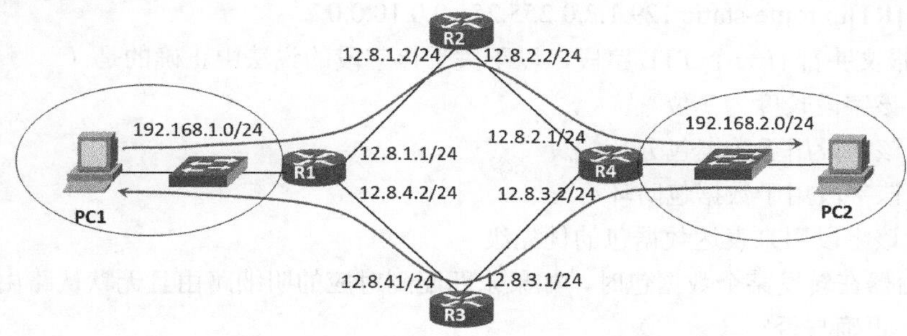

图 5-33 示例网络（三）

[R1]ip route-static ________ ________ ________

[R2]ip route-static ________ ________ ________

[R3]ip route-static ________ ________ ________

[R4]ip route-static ________ ________ ________

12．如图 5-34 所示，在路由器上执行以下命令来添加静态路由。

[R1]ip route-static 0.0.0.0 0 192.168.1.1

[R1]ip route-static 10.1.0.0 255.255.0.0 192.168.3.3

[R1]ip route-static 10.1.0.0 255.255.255.0 192.168.2.2

连线图 5-34 左侧的目标 IP 地址和右侧路由器的下一跳地址。

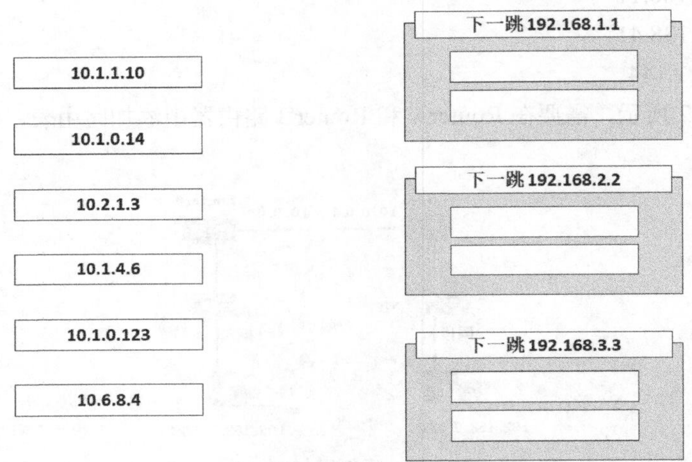

图 5-34 连线目标 IP 地址和下一跳地址

13．下列静态路由配置中正确的是（　　）。

A．[R1]ip route-static 129.1.4.0 16 serial 0

B．[R1]ip route-static 10.0.0.2 16 129.1.0.0

C．[R1]ip route-static 129.1.0.0 16 10.0.0.2

D．[R1]ip route-static 129.1.2.0 255.255.0.0 10.0.0.2

14．IP 报文头部有一个 TTL 字段，以下关于该字段的说法中正确的是（　　）。

A．该字段长度为 7 位

B．该字段用于数据包分片

C．该字段用于数据包防环

D．该字段用来表达数据包的优先级

15．路由器在转发某个数据包时，如果未匹配到对应的明细路由且无默认路由，将直接丢弃该数据包，正确与否？（　　）

A．正确

B．错误

16．以下哪一项不包含在路由表中？（　　）

A．源地址

B．下一跳

C．目标网络

D．路由开销

17．下列关于华为设备中静态路由的优先级说法中，错误的是（　　）。

A．静态路由器优先级值的范围为 0～65535

B．静态路由器优先级的默认值为 60

C．静态路由的优先级值可以指定

D．静态路由的优先级值为 255 表示该路由不可用

18．下面关于 IP 报文头部中 TTL 字段的说法中，正确的是（　　）。

A．TTL 定义了源主机可以发送的数据包数量

B．TTL 定义了源主机可以发送数据包的时间间隔

C．IP 报文每经过一台路由器时，其 TTL 值会被减 1

D．IP 报文每经过一台路由器时，其 TTL 值会被加 1

19．对于命令 ip route-static 10.0.12.0 255.255.255.0 192.168.11，以下描述中正确的是（　　）。

A．此命令配置一条到达 192.168.1.1 网络的路由

B．此命令配置一条到达 10.0.12.0/24 网络的路由

C．该路由的优先级为 100

D．如果路由器通过其他协议学习到和此路由相同的网络的路由，路由器将会优先选择此路由

20．已知某台路由器的路由表中有如下两个条目：

Destination/Mask	Proto	Pre	Cost	NextHop	Interface
9.0.0.0/8	OSPF	10	50	1.1.1.1	Serial0
9.1.0.0/16	RIP	100	5	2.2.2.2	Ethernet0

如果该路由器要转发目标地址为 9.1.4.5 的报文，则下列说法中正确的是（　　）。

A．选择第一项作为最优匹配项，因为 OSPF 协议的优先级较高

B．选择第二项作为最优匹配项，因为 RIP 协议的开销较小

C．选择第二项作为最优匹配项，因为出口是 Ethternet0，比 Serial 0 速度快

D．选择第二项作为最优匹配项，因为该路由项对于目标地址 9.1.4.5 来说，是更为精确的匹配

21．下面哪个程序或命令可以用来探测源节点到目标节点之间数据报文所经过的路径？（　　）

A．route

B．netstat

C．tracert

D．send

22．如图 5-35 所示，和总公司网络连接的网络是分公司的内网，分公司为了访问 Internet，又组建了公司外网，分公司内网和外网的地址规划如图 5-35 所示。分公司计算机有两根网线，访问 Internet 时接分公司外网，访问总公司网络时接分公司内网。现在需要规划一下分公司的网络，在不用切换网络的情况下，让分公司计算机既能访问 Internet，又能访问总公司网络。

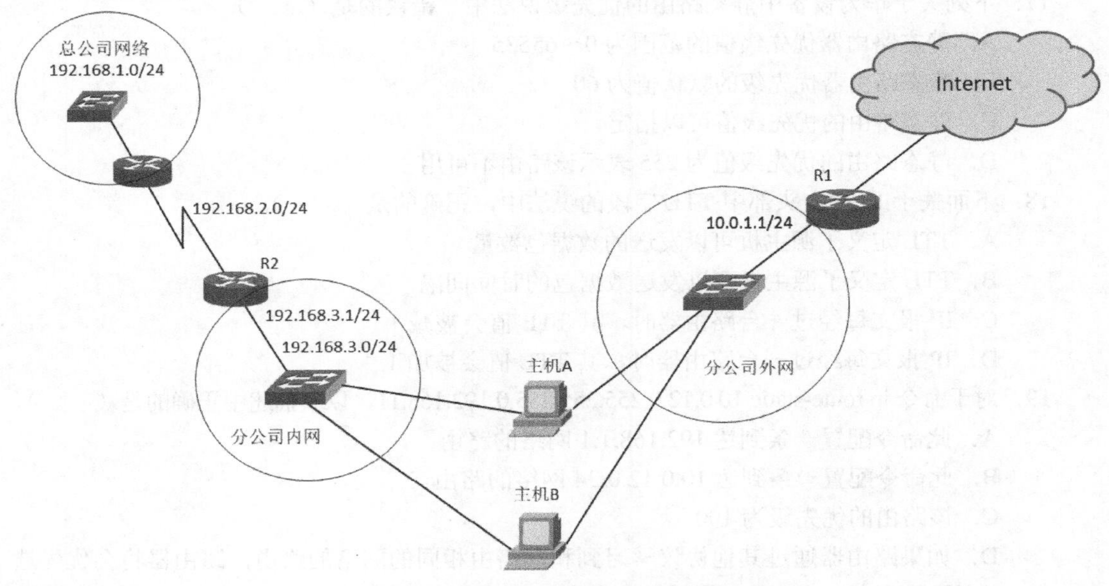

图 5-35　总公司网络和分公司网络

第6章 动态路由

本章内容

- ❍ 动态路由协议——RIP 协议
- ❍ 动态路由协议——OSPF 协议
- ❍ 配置 OSPF 协议

静态路由不能随着网络的变化自动调整，且在大规模网络中，人工管理路由器的路由表是一件非常艰巨的任务且容易出错。本章讲解两个动态路由协议：RIP 和 OSPF 协议，让路由器使用动态路由协议自动构建路由表。

本章讲述 RIP 协议的工作过程，RIP 协议选择最佳路径的标准，配置网络中的路由器使用 RIP 协议构建路由表，验证 RIP 协议能够根据网络的变化调整路由表，抓包分析 RIP 协议数据包。

此外，本章还讲解了 OSPF 协议的工作过程，OSPF 协议选择最佳路径的标准，配置网络中的路由器使用 OSPF 协议构建路由表，查看 OSPF 协议邻居表、路由表、链路状态表。

6.1 动态路由

第 5 章介绍了在路由器上通过 ip route-static 添加的路由是静态路由。如果网络有变化，比如增加一个网段，就需要在网络中的所有没有直连的路由器上添加到新网段的路由。如果某个网段更改成新的网段，就需要在网络中的路由器上删除到原来网段的路由，并添加到新网段的路由。如果网络中的某条链路断了，静态路由依然会把数据包转发到该链路，这就造成网络不通。

总之，静态路由不能随着网络的变化自动调整路由器的路由表，并且在网络规模比较大的情况下，人工添加路由也是一件很麻烦的事情。下面要讲的动态路由能够让路由器自动学习构建路由表，根据链路的状态动态寻找到各个网段的最佳路径。

动态路由就是配置网络中的路由器以运行动态路由协议，路由表项是通过相互连接的路由器之间交换彼此信息，然后按照一定的算法计算出来的，而这些路由信息是周期性更新的，以适应不断变化的网络，并及时获得最优的寻径效果。

动态路由协议有以下功能。

- 能够知道有哪些邻居路由器。
- 能够学习到网络中有哪些网段。
- 能够学习到某个网段的所有路径。
- 能够从众多的路径中选择最佳的路径。
- 能够维护和更新路由信息。

下面来学习动态路由协议，也就是配置路由器使用动态路由协议 RIP 和 OSPF 来构造路由表。

6.2 RIP 协议

6.2.1 RIP 协议的特点

路由信息协议（Routing Information Protocol，RIP）是一个真正的距离矢量路由选择协议。它每隔 30 秒就送出自己完整的路由表到所有激活的接口。RIP 协议选择最佳路径的标准就是跳数，认为到达目标网络经过的路由器最少的路径就是最佳路径。默认它所允许的最大跳数为 15，也就是说，16 跳的距离将被认为是不可到达的。

在小型网络中，RIP 会运转良好，但是对于使用慢速 WAN 连接的大型网络或者安装有大量路由器的网络来说，它的效率就很低了。即便网络没有变化，也每隔 30 秒发送路由表到所有激活的接口，占用网络带宽。

当路由器 A 意外故障死机，需要由它的邻居路由器 B 将路由器 A 所连接的网段不可到达的信息通告出去时，路由器 B 如何断定某个路由失效呢？如果路由器 B 180 秒没有收到某个网段的路由的更新，就认为这条路由失效，所以这种周期性更新是必需的。

RIP 版本 1（RIPv1）使用有类路由选择，即网络中的所有设备必须使用相同的子网掩码，这是因为 RIPv1 通告的路由信息不包括子网掩码信息，所以 RIPv1 只支持等长子网，RIPv1 使用广播包通告路由信息。RIP 版本 2（RIPv2）通告的路由信息包括子网掩码信息，所以支持变长子网，这就是所谓的无类路由选择，RIPv2 使用多播地址通告路由信息。

RIP 只使用跳数来决定到达某个网络的最佳路径。如果 RIP 发现到达某个远程网络存在不止一条路径，并且它们又都具有相同的跳数，则路由器将自动执行循环负载均衡。RIP 可以对多达 6 条相同开销的路径实现负载均衡（默认为 4 条）。

6.2.2 RIP 协议的工作原理

下面就介绍 RIP 协议的工作原理，如图 6-1 所示，网络中有 A、B、C、D、E 5 个路由器，A 路由器连接 192.168.10.0/24 这个网段，为了描述方便，以该网段为例，讲解网络中的路由器如何通过 RIP 协议学习到该网段的路由。

首先确保网络中的 A、B、C、D、E 这 5 个路由器都配置了 RIP 协议。下面讲解 RIP 协议的工作原理，以图 6-1 所示的网络为例，讲解 RIPv2 的工作过程。

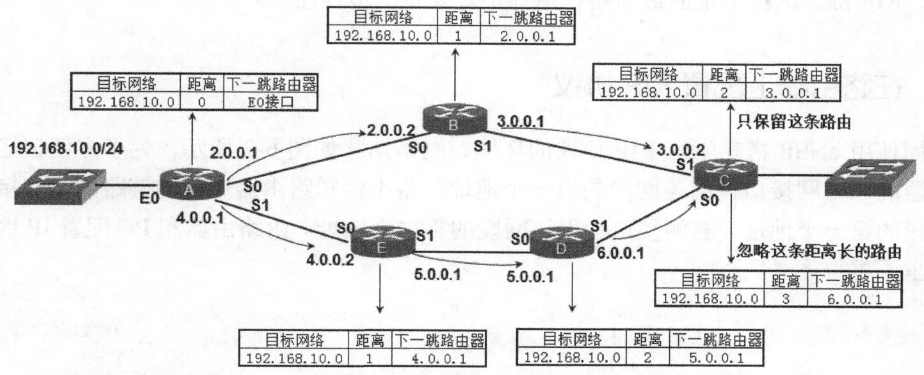

图 6-1 RIP 协议的工作原理

路由器 A 的 E0 接口直接连接 192.168.10.0/24 网段，在路由器 A 上有一条到该网段的路由，由于是直连网段，距离是 0，下一跳路由器是 E0 接口。

路由器 A 每隔 30 秒就要把自己的路由表通过多播地址 224.0.0.9 通告出去，通过 S0 接口通告的数据包源地址是 2.0.0.1，路由器 B 接收到路由通告后，就会把到 192.168.10.0/24 网段的路由添加到路由表中，距离加 1，下一跳路由器指向 2.0.0.1。

路由器 B 每隔 30 秒会把自己的路由表通过 S1 接口通告出去，通过 S1 接口通告的数据包源地址是 3.0.0.1，路由器 C 接收到路由通告后，就会把到 192.168.10.0/24 网段的路由添加到路由表中，距离加 1 变为 2，下一跳路由器指向 3.0.0.1。这种算法称为距离矢量路由算法（Distance Vector Routing）。

同样到 192.168.10.0/24 网段的路由，还会通过 E 路由器和 D 路由器传递到 C 路由器，C 路由器收到后，距离加 1 变为 3，比通过路由器 B 的那条路由距离长，因此路由器 C 忽略这条路由。

以上这种计算最短路径的方法称为距离矢量路由算法（Distance Vector Routing），RIP 协议是典型的距离矢量协议。

如果路由器 A 和路由器 B 之间的连接断开了，路由器 B 就收不到路由器 A 发过来的到 192.168.10.0/24 网段的路由信息，经过 180 秒，路由器 B 将到 192.168.10.0/24 网段的路由跳数设置为 16，这意味着该网段不可到达，然后通过 S1 接口将这条路由通告给路由器 C，路由器 C 也将到该网段的路由跳数设置为 16。

这时路由器 D 向路由器 C 通告到 192.168.10.0/24 网段的路由，路由器 C 就更新到该网段的路由，下一跳指向 6.0.0.1，跳数为 3。路由器 C 向路由器 B 通告到该网段的路由，路由器 B 就更新到该网段的路由，下一跳指向 3.0.0.2，跳数为 4。这样网络中的路由器都有了到达 192.168.10.0/24 网段的路由。

总之，启用了 RIP 协议的路由器都和自己相邻路由器定期交换路由信息，并周期性更新路由表，使得从路由器到每个目标网络的路由距离都是最短的（即跳数最少）。如果网络中的链路带宽都一样，按跳数最少选择出来的路径是最佳路径。如果每条链路带宽不一样，只考虑跳数最少，RIP 协议选择出来的最佳路径也许不是真正的最佳路径。

6.2.3 在路由器上配置 RIP 协议

下面使用 eNSP 搭建学习 RIP 协议的环境。网络拓扑如图 6-2 所示，为了方便记忆，网络中路由器的以太网接口使用该网段的第一个地址，路由器和路由器连接的链路的左侧接口使用相应网段的第一个地址，右侧接口使用该网段的第二个地址。给路由器和 PC 配置 IP 地址的过程在这里不再赘述。

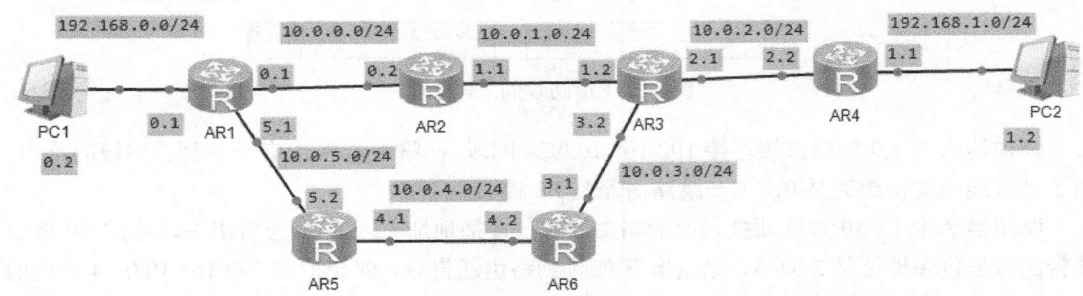

图 6-2 学习 RIP 协议的网络环境

下面配置网络中的路由器启用 RIPv2 协议，并指定参与 RIP 协议的接口。

在路由器 AR1 上启用并配置 RIP 协议，路由器 AR1 连接 3 个网段，network 命令后面跟这 3 个网段，就是告诉路由器这 3 个网段都参与 RIP 协议，即路由器 AR1 通过 RIP 协议将这 3 个网段通告出去，同时连接这 3 个网段的接口能够发送和接收 RIP 协议产生的路由通告数据包。version 2 命令将 RIP 协议更改为 RIPv2 版本。

```
[AR1]rip ?                                                  --查看 RIP 协议后面的参数
  INTEGER<1-65535>  Process ID                              --进程号的范围，可以运行多个进程
  mib-binding       Mib-Binding a process
  vpn-instance      VPN instance
  <cr>              Please press ENTER to execute command
[AR1]rip 1                                                  --启用 RIP 协议 进程号是 1
[AR1-rip-1]network 192.168.0.0                              --指定 rip 1 进程工作的网络
[AR1-rip-1]network 10.0.0.0                                 --指定 rip 1 进程工作的网络
[AR1-rip-1]version 2                                        --指定 RIP 协议的版本默认是 2
[AR1-rip-1]display this                                     --显示 RIP 协议的配置
[V200R003C00]
#
rip 1
 version 2
```

```
 network 192.168.0.0
 network 10.0.0.0
#
return
[AR1-rip-1]
```

network 命令后面的网段是不写子网掩码的。如果是 A 类网络，子网掩码默认就是 255.0.0.0；如果是 B 类网络，子网掩码默认是 255.255.0.0；如果是 C 类网络，子网掩码默认是 255.255.255.0。如图 6-3 所示，路由器 A 连接 3 个网段，172.16.10.0/24 和 172.16.20.0/24 是同一个 B 类网络的子网，因此 network 172.16.0.0 就包括了这两个子网。RA 配置 RIP 协议，network 需要写以下两个网段，这 3 个网段就能参与到 RIP 协议中。

```
[AR1-rip-1]network 172.16.0.0
[AR1-rip-1]network 192.168.10.0
```

如图 6-4 所示，路由器 A 连接的 3 个网段都是 B 类网络，但不是同一个 B 类网络，因此 network 命令需要针对这两个不同的 B 类网络分别配置。

```
[AR1-rip-1]network 172.16.0.0
[AR1-rip-1]network 172.17. 0.0
```

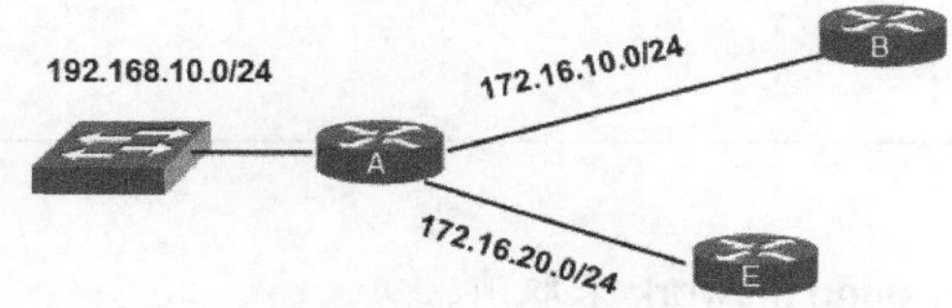

图 6-3　RIP 协议的 network 写法（一）

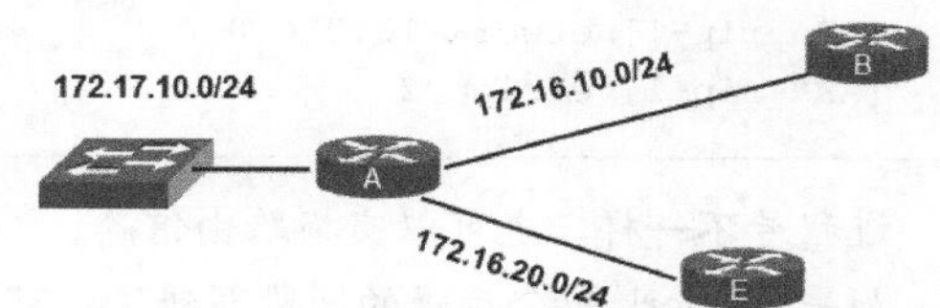

图 6-4　RIP 协议的 network 写法（二）

如图 6-5 所示，路由器 A 连接的 3 个网段都属于同一个网段 A 类网络 72.0.0.0/8，network 命令只需要写这个 A 类网络即可。

```
[AR1-rip-1]network 72.0.0.0
```

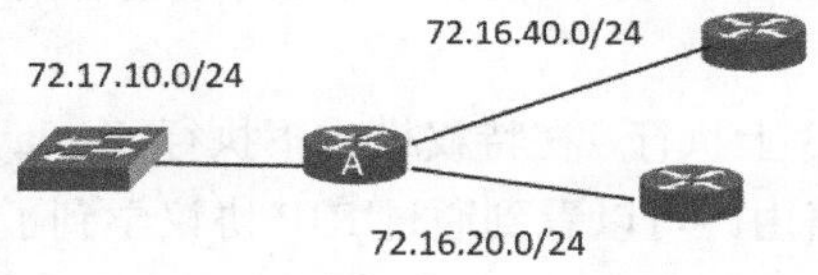

图 6-5　RIP 协议的 network 写法（三）

在路由器 AR2 上启用并配置 RIP 协议。

```
[AR2]rip 1
[AR2-rip-1]network 10.0.0.0
```

```
[AR2-rip-1]version 2
```

在路由器 AR3 上启用并配置 RIP 协议。

```
[AR3]rip 1
[AR3-rip-1]network 10.0.0.0
[AR3-rip-1]version 2
```

在路由器 AR4 上启用并配置 RIP 协议。

```
[AR4]rip 1
[AR4-rip-1]network 192.168.1.0
[AR4-rip-1]network 10.0.0.0
[AR4-rip-1]version 2
```

在路由器 AR5 上启用并配置 RIP 协议。

```
[AR5]rip 1
[AR5-rip-1]network 10.0.0.0
[AR5-rip-1]version 2
```

在路由器 AR6 上启用并配置 RIP 协议。

```
[AR6]rip 1
[AR6-rip-1]network 10.0.0.0
[AR6-rip-1]version 2
```

进程号不一样，也可以交换路由信息。

如果 network 命令后跟的网段写错了，可以输入 undo network 来取消。

```
[AR5-rip-1]undo network 10.0.0.0
```

6.2.4 查看路由表

在网络中的所有路由器上配置 RIP 协议后，现在可以查看网络中的路由器是否通过 RIP 协议学到了到各个网段的路由。

下面的操作在路由器 AR3 上执行，在特权模式下执行 display ip routing-table protocol rip 可以只显示由 RIP 协议学到的路由。可以看到通过 RIP 协议学到了 5 个网段路由，到 10.0.5.0/24 网段有两条等价路由。

```
[AR3]display ip routing-table                              --显示路由表
[AR3]display ip routing-table protocol rip                 --只显示RIP协议学到的路由
Route Flags: R - relay, D - download to fib
------------------------------------------------------------------------------
Public routing table : RIP
```

```
        Destinations : 5          Routes : 6

   RIP routing table status : <Active>
        Destinations : 5          Routes : 6

   Destination/Mask     Proto   Pre  Cost  Flags NextHop      Interface

          10.0.0.0/24  RIP      100  1      D    10.0.1.1        GigabitEthernet 0/0/0
          10.0.4.0/24  RIP      100  1      D    10.0.3.1        GigabitEthernet 0/0/1
          10.0.5.0/24  RIP      100  2      D    10.0.1.1        GigabitEthernet 0/0/0
--两条等价路由
   RIP      100  2     D    10.0.3.1       GigabitEthernet 0/0/1
       192.168.0.0/24  RIP      100  2      D    10.0.1.1        GigabitEthernet 0/0/0
       192.168.1.0/24  RIP      100  1      D    10.0.2.2        GigabitEthernet 2/0/0

   RIP routing table status : <Inactive>
        Destinations : 0          Routes : 0
```

Pre 是优先级，在华为路由器上 RIP 协议的优先级默认是 100，在思科路由器上 RIP 协议的优先级默认是 120。

Cost 是开销，开销小的路由出现在路由表中，RIP 协议的开销就是跳数，也就是到目标网络要经过的路由器的个数。

Flags 标记 D 代表加载到转发表。

静态路由的优先级高于 RIP 协议，在 AR3 路由器上添加到 192.168.0.0/24 网段的静态路由。

```
[AR3]ip route-static 192.168.0.0 24 10.0.3.1
```

再次查看 RIP 协议学习到的路由。

```
[AR3]display ip routing-table protocol rip
Route Flags: R - relay, D - download to fib
------------------------------------------------------------------------------
Public routing table : RIP
        Destinations : 5          Routes : 6

RIP routing table status : <Active>              --活跃的路由
        Destinations : 4          Routes : 5

Destination/Mask     Proto   Pre  Cost     Flags NextHop      Interface

        10.0.0.0/24  RIP      100  1        D    10.0.1.1      GigabitEthernet 0/0/0
        10.0.4.0/24  RIP      100  1        D    10.0.3.1      GigabitEthernet 0/0/1
        10.0.5.0/24  RIP      100  2        D    10.0.1.1      GigabitEthernet 0/0/0
                     RIP      100  2        D    10.0.3.1      GigabitEthernet 0/0/1
     192.168.1.0/24  RIP      100  1        D    10.0.2.2      GigabitEthernet 2/0/0

RIP routing table status : <Inactive>            --不活跃的路由
```

```
        Destinations : 1          Routes : 1

 Destination/Mask     Proto   Pre  Cost    Flags NextHop    Interface

     192.168.0.0/24  RIP     100  2              10.0.1.1  GigabitEthernet 0/0/0
--不活跃的路由
```

可以看到针对某个网段的静态路由的优先级高于 RIP 协议学习到的路由。

在华为路由器的操作系统中，路由优先级的取值范围为 0～255，值越小，优先级越高。
直连接口的优先级为 0。
静态路由的优先级为 60。
OSPF 协议的优先级为 10。
RIP 协议的优先级为 100。

显示 RIP 协议的配置和运行情况。

```
[AR1]display rip 1
Public VPN-instance
   RIP process : 1
      RIP version    : 2
      Preference     : 100
      Checkzero      : Enabled
      Default-cost   : 0
      Summary        : Enabled
      Host-route     : Enabled
      Maximum number of balanced paths : 4
      Update time    : 30 sec              Age time : 180 sec
      Garbage-collect time : 120 sec
      Graceful restart   : Disabled
      BFD                : Disabled
      Silent-interfaces : None
      Default-route : Disabled
      Verify-source : Enabled
      Networks :
      10.0.0.0            192.168.0.0
      Configured peers              : None
```

显示 RIP 协议学到的路由。

```
<AR1>display ip routing-table protocol rip
```

显示 rip 1 进程的配置。

```
<AR4>display rip 1
```

显示 RIP 协议学到的路由。

```
<AR4>display rip 1 route
```

显示运行 RIP 协议的接口。

```
<AR4>display rip 1 interface
```

6.2.5 观察 RIP 协议的路由更新活动

默认情况下，RIP 协议发送和接收路由更新信息以及构造路由表的细节是不显示的。如果我们想观察 RIP 协议的路由更新活动，可以输入命令 debugging rip 1 packet，执行后将显示发送和接收到的 RIP 路由更新信息，显示路由器使用了 RIP 协议的哪个版本。可以看到发送路由消息使用的多播地址是 224.0.0.9，输入 undebug all 以关闭所有诊断输出。

```
<AR3>terminal monitor                      --开启终端监视
Info: Current terminal monitor is on.
<AR3>terminal debugging                    --开启终端诊断
Info: Current terminal debugging is on.
<AR3>debugging rip 1 packet                --诊断 rip 1 数据包
<AR3>
May  6 2018 10:19:05.320.1-08:00 AR3 RIP/7/DBG: 6: 13465: RIP 1: Receive response
 from 10.0.1.1 on GigabitEthernet0/0/0 --接口 GigabitEthernet0/0/0 从 10.0.1.1 接收响应
<AR3>
May  6 2018 10:19:05.320.2-08:00 AR3 RIP/7/DBG: 6: 13476: Packet: Version 2,
Cmd response, Length 64                      --RIP 版本 2
<AR3>
May  6 2018 10:19:05.320.3-08:00 AR3 RIP/7/DBG: 6: 13546: Dest 10.0.0.0/24,
Nexthop 0.0.0.0, Cost 1, Tag 0             --收到一条到 10.0.0.0/24 的路由，开销是 1
<AR3>
May  6 2018 10:19:05.320.4-08:00 AR3 RIP/7/DBG: 6: 13546: Dest 10.0.5.0/24,
Nexthop 0.0.0.0, Cost 2, Tag 0             --收到一条到 10.0.5.0/24 的路由，开销是 2
<AR3>
May  6 2018 10:19:05.320.5-08:00 AR3 RIP/7/DBG: 6: 13546: Dest 192.168.0.0/24,
Nexthop 0.0.0.0, Cost 2, Tag 0            --收到一条到 192.168.0.0/24 的路由，开销是 2
<AR3>
May  6 2018 10:19:06.550.1-08:00 AR3 RIP/7/DBG: 6: 13456: RIP 1: Sending respon
se on interface GigabitEthernet2/0/0 from 10.0.2.1 to 224.0.0.9
  --接口 GigabitEthernet2/0/0 使用 224.0.0.9 地址发送 RIP 信息
<AR3>
May  6 2018 10:19:06.550.2-08:00 AR3 RIP/7/DBG: 6: 13476: Packet: Version 2,
Cmd response, Length 124
<AR3>
May  6 2018 10:19:06.550.3-08:00 AR3 RIP/7/DBG: 6: 13546: Dest 10.0.0.0/24,
Nexthop 0.0.0.0, Cost 2, Tag 0
<AR3>
May  6 2018 10:19:06.550.4-08:00 AR3 RIP/7/DBG: 6: 13546: Dest 10.0.1.0/24,
```

```
Nexthop 0.0.0.0, Cost 1, Tag 0
```

从上面的输出可以看到 RIP 协议在各个接口发送和接收路由更新的活动。

关闭 rip 1 诊断输出。

```
<AR3>undo debugging rip 1 packet
```

关闭全部诊断输出。

```
<AR3>undo debugging all
Info: All possible debugging has been turned off
```

6.2.6 测试 RIP 协议的健壮性

动态路由协议会随着网络的变化重新生成到各个网络的路由，如果最佳路径没有了，路由器就会从备用路径中重新选择一条最佳路径。现在咱们测试一下 PC1 到 PC2 的数据包路径。

在 PC1 上，运行 tracert 192.168.1.2 以跟踪到 PC2 的数据包路径，可以看到数据包经过路由器 AR1→AR2→AR3→AR4 到达 PC2。

```
PC>tracert 192.168.1.2
traceroute to 192.168.1.2, 8 hops max
(ICMP), press Ctrl+C to stop
 1  192.168.0.1    15 ms  <1 ms  16 ms                        --路由器 AR1
 2  10.0.0.2    15 ms  16 ms  16 ms                           --路由器 AR2
 3  10.0.1.2    31 ms  31 ms  16 ms                           --路由器 AR3
 4  10.0.2.2    31 ms  31 ms  32 ms                           --路由器 AR4
 5  192.168.1.2    31 ms  47 ms  31 ms                        --PC2
```

在路由器 AR3 上，启用 RIP 协议诊断。

```
<AR3>debugging rip 1 packet                                   --诊断 rip 1 数据包
```

如图 6-6 所示，右击路由器 AR1 和 AR2 之间的链路，单击"删除连接"。

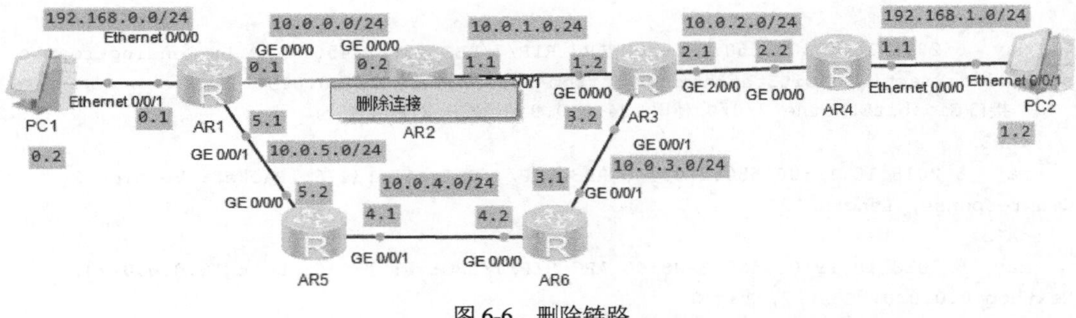

图 6-6 删除链路

下面的输出显示了 AR2 路由器检测出 GE 0/0/0 接口断掉后，将到 192.168.0.0/24、10.0.0.0/24 和 10.0.5.0/24 网段的路由距离（开销）设置为 16（不可到达），然后从 AR3 路由器收到 192.168.0.0/24 网段的路由更新，将会重新构建路由表。到 10.0.0.0/24 网段的路由收不到更新，经过一段时间后从路由表中彻底删除。

```
<AR3>
May  6 2018 17:02:27.770.1-08:00 AR3 RIP/7/DBG: 6: 13465: RIP 1: Receive response
 from 10.0.1.1 on GigabitEthernet0/0/0
<AR3>
May  6 2018 17:02:27.770.2-08:00 AR3 RIP/7/DBG: 6: 13476: Packet: Version 2, Cmd
response, Length 64
<AR3>
May  6 2018 17:02:27.770.3-08:00 AR3 RIP/7/DBG: 6: 13546: Dest 10.0.0.0/24,
Nexthop 0.0.0.0, Cost 16, Tag 0
<AR3>
May  6 2018 17:02:27.770.4-08:00 AR3 RIP/7/DBG: 6: 13546: Dest 192.168.0.0/24,
Nexthop 0.0.0.0, Cost 16, Tag 0
<AR3>
May  6 2018 17:02:27.770.5-08:00 AR3 RIP/7/DBG: 6: 13546: Dest 10.0.5.0/24,
Nexthop 0.0.0.0, Cost 16, Tag 0
```

在 PC1 上再次跟踪到 PC2 的路径，可以看到途径路由器 AR1→AR5→AR6→AR3→AR4 到达 PC2。从而验证动态路由会根据网络的情况自动更新路由，为数据包选择最佳路径。

将路由器 AR1 和 AR2 之间的链路重新连接。再次跟踪 PC1 到 PC2 的数据包路径，会发现很快选择了最佳路径。

6.2.7 RIP 协议数据包报文格式

可以通过抓包工具捕获 RIP 协议发送路由信息的数据包，如图 6-7 所示，右击路由器 AR3，单击“数据抓包”→“GE 0/0/0”。

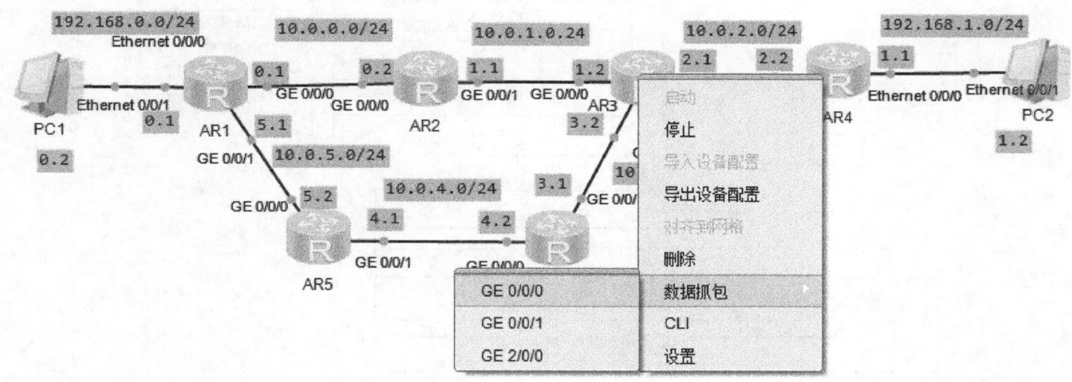

图 6-7 捕获 RIP 协议数据包

抓包工具捕获的 RIP 协议数据包格式如图 6-8 所示，可以看到 RIP 报文的首部和路由信息部分，每一条路由占 20 个字节，每一条路由信息都包含子网掩码信息，一个 RIP 报文最多可包括 25 条路由。

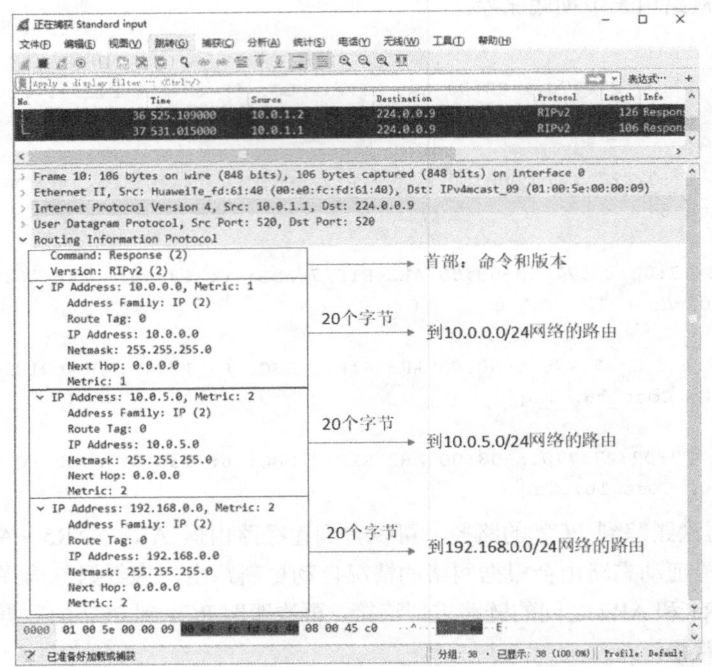

图 6-8 RIP 协议数据包格式

如图 6-9 所示，RIP 报文由首部和路由信息部分组成。

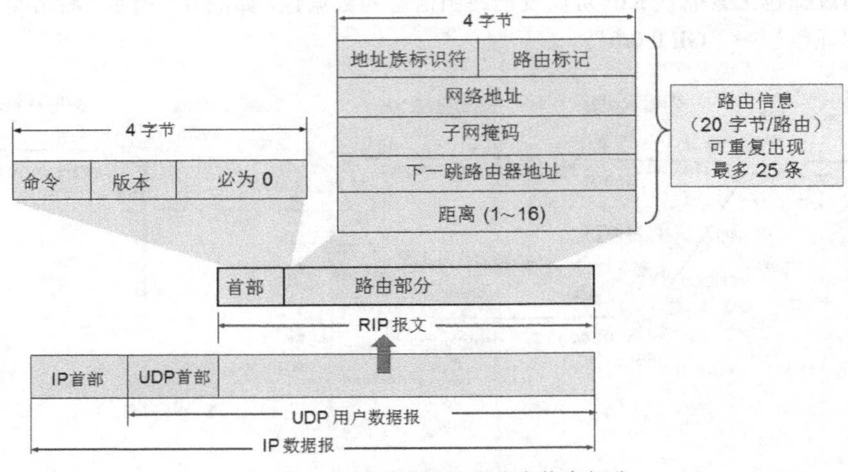

图 6-9 RIP 报文的首部和路由信息部分

RIP 报文的首部占 4 个字节，其中的命令字段指出报文的意义。例如，1 表示请求路由信息，2 表示对请求路由信息的响应或未被请求而发出的路由更新报文。首部后面的“必为 0”是为了实现 4 字节字的对齐。

RIP 报文中的路由信息部分由若干条路由信息组成。每条路由信息需要占用 20 个字节。地址族标识符（又称为地址类别）字段用来标志所使用的地址协议。如采用 IP 地址，就令这个字段的值为 2（考虑 RIP 也可用于其他非 TCP/IP 协议的情况）。为路由标记填入自治系统号 ASN（Autonomous System Number），这是考虑到 RIP 有可能收到本自治系统以外的路由选择信息。后面指出网络地址、子网掩码、下一跳路由器地址以及到这个网络的距离。一个 RIP 报文最多可包括 25 条路由，因而 RIP 报文的最大长度是 4+20×25=504 字节。如果超出，就必须再使用一个 RIP 报文来传送。

6.2.8 RIP 协议定时器

RIP 协议使用了 3 个定时器。

（1）更新定时器。

运行 RIP 协议的路由器，每隔 30 秒将路由信息通告给其他路由器。

（2）无效定时器。

每条路由都有一个无效定时器，路由更新后，无效定时器的值就被复位成初始值（默认 180 秒），开始倒计时。如果到某个网段的路由经过 180 秒没有更新，无效定时器的值为 0，这条路由就被设置为无效路由，到该网段的开销就被设置为 16。在 RIP 路由通告中依然包括这条路由，确保网络中的其他路由器也能学到该网段不可到达的信息。

（3）垃圾收集定时器。

一条路由的无效定时器为 0 时，该路由就成了一条无效路由，开销就被设置为 16，路由器并不会立即将这条无效的路由删掉，而是为该无效路由启用一个垃圾收集定时器，开始倒计时，垃圾收集定时器的默认初始值为 120 秒。

图 6-10 显示某条路由在两次周期性更新后，没有后续更新，该路由经过 180 秒后，开销就被设置成 16，变成无效路由，经过 120 秒后，从路由表中删除该路由。

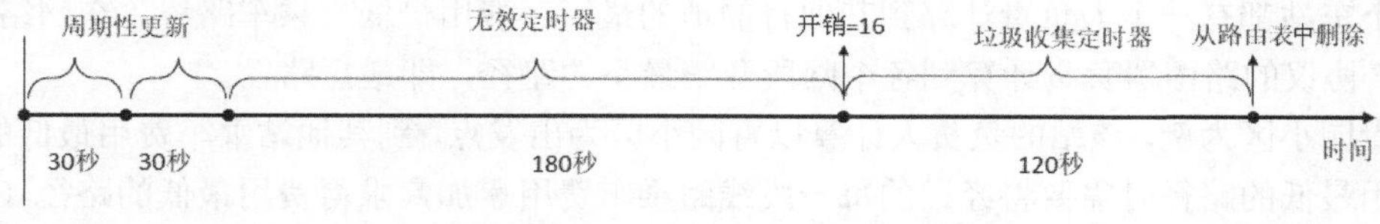

图 6-10 RIP 协议定时器

6.3 动态路由——OSPF 协议

RIP 协议是距离矢量协议，通过 RIP 协议，路由器可以学习到某网段的距离（开销）以及下一跳该给哪个路由器。但却不知道全网的拓扑结构（只有到了下一跳路由器，才能知道再下一跳怎样走）。RIP 协议的最大跳数为 15，因此不适合大规模网络。

下面学习能够在 Internet 上使用的动态路由协议——OSPF 协议。

OSPF（Open Shortest Path First）协议是开放式最短路径优先协议，是链路状态协议。OSPF 协议通过路由器之间通告链路的状态来建立链路状态数据库，网络中的所有路由器具有相同的链路状态数据库，通过链路状态数据库就能构建网络拓扑（即哪个路由器连接哪个路由器，每个路由器连接哪些网段，以及连接的开销，带宽越高，开销越低）。运行 OSPF 协议的路由器通过网络拓扑计算到各个网络的最短路径（即开销最小的路径），路由器使用这些最短路径构造路由表。

6.3.1 什么是最短路径优先

为了让大家更好地理解最短路径优先，下面举一个生活中容易理解的案例，类比说明 OSPF 协议的工作过程。图 6-11 列出了石家庄市的公交车站路线，图中画出了青园小区、北国超市、43 中学、富强小学、河北剧场、亚太大酒店、车辆厂和博物馆的公交线路，并标注了每条线路的乘车费用（这就相当于使用 OSPF 协议的链路状态数据库构建的网络拓扑）。

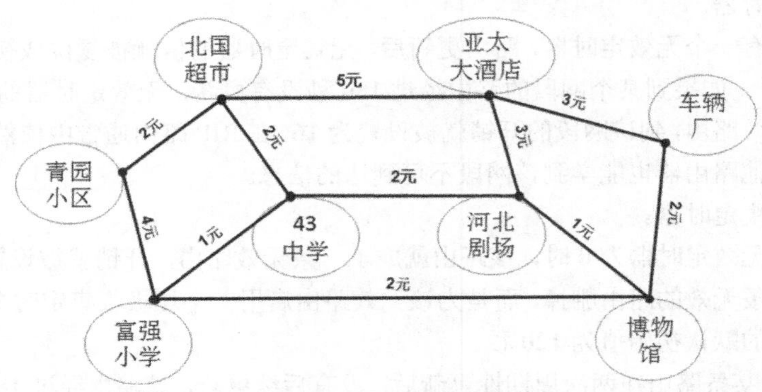

图 6-11 最短路径优先算法示意图

每个车站都有一个人负责计算到其他目的地的最短（费用最低）乘车路线。在网络中，运行 OSPF 协议的路由器负责计算到各个网段开销最小的路径，即最短路径。

以青园小区为例，该站的负责人计算以青园小区为出发点，到其他站乘车费用最低的路径，计算费用最低的路径时需要将经过的每一段线路乘车费用累加，求得费用最低的路径（这种算法就叫作最短路径优先算法）。合计费用就相当于 OSPF 协议计算到目标网络的开销。下面列出了从青园小区到其他站乘车费用最低的路线。

到北国超市乘车路线：青园小区→北国超市，合计 2 元。

到亚太大酒店乘车路线：青园小区→北国超市→亚太大酒店，合计 7 元。

到车辆厂乘车路线：青园小区→富强小学→博物馆→车辆厂，合计 8 元。

到博物馆乘车路线：青园小区→富强小学→博物馆，合计 6 元。

到河北剧场乘车路线：青园小区→北国超市→43 中学→河北剧场，合计 6 元。

到 43 中乘车路线：青园小区→北国超市→43 中学，合计 4 元。

到富强小学乘车路线：青园小区→富强小学，合计 4 元。

为了出行方便，该站的负责人在青园小区公交站放置指示牌，指示到目的地的下一站以及总开销，如图 6-12 所示，这就相当于运行 OSPF 协议由最短路径算法得到的路由表。

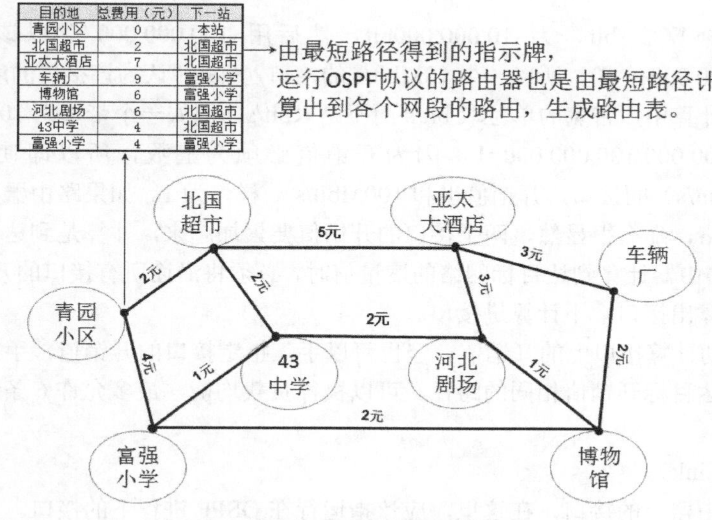

图 6-12 计算出的最佳路径

以上是以青园小区为例来说明由公交线路计算出到各个站的最短路径，进而得到去往每个站的指示牌。北国超市、亚太大酒店等站的负责人也要进行相同的算法和过程以得到去往每个站的指示牌。

6.3.2 OSPF 术语

下面来学习 OSPF 协议相关的一些术语。

（1）Router-ID。

网络中运行 OSPF 协议的路由器都要有一个唯一的标识，这就是 Router-ID，并且 Router-ID 在网络中不可以重复，否则路由器收到的链路状态就无法确定发起者的身份，也就无法通过链路状态信息确定网络位置，OSPF 路由器发出的链路状态都会写上自己的 Router-ID。

每一台 OSPF 路由器只有一个 Router-ID，Router-ID 使用 IP 地址的形式来表示，确定 Router-ID 的方法为以下方式。

- 手工指定 Router-ID。
- 路由器上活动 Loopback 接口中最大的 IP 地址，也就是数字最大的 IP 地址，如 C 类地址优先于 B 类地址，一个非活动接口的 IP 地址是不能用作 Router-ID 的。

- 如果没有活动的 Loopback 接口，则选择活动物理接口中最大的 IP 地址。

（2）开销（Cost）。

OSPF 协议选择最佳路径的标准是带宽，带宽越高，计算出来的开销越低。到达目标网络的各条链路中累计开销最低的，就是最佳路径。

OSPF 使用接口的带宽来计算度量值（Metric），例如一个带宽为 10Mbit/s 的接口，计算开销的方法为：

将 10Mbit 换算成 bit，为 10 000 000bit，然后用 100 000 000 除以该带宽，结果为 100 000 000/10 000 000 = 10，所以一个 10Mbit/s 的接口，OSPF 认为该接口的度量值为 10。需要注意的是，在计算中，带宽的单位取 bit/s 而不是 Kbit/s，例如一个带宽为 100Mbit/s 的接口，开销值为 100 000 000/100 000 000=1，因为开销值必须为整数，所以即使是一个带宽为 1 000Mbit/s（1Gbit/s）的接口，开销值也和 100Mbit/s 一样，为 1。如果路由器要经过两个接口才能到达目标网络，那么很显然，两个接口的开销值要累加起来，才算是到达目标网络的度量值，所以 OSPF 路由器计算到达目标网络的度量值时，必须将沿途所有接口的开销值累加起来，在累加时，只计算出接口，不计算进接口。

OSPF 会自动计算接口上的开销值，但也可以手工指定接口的开销值，手工指定的优先于自动计算的。到达目标开销值相同的路径，可以执行负载均衡，最多允许 6 条链路同时执行负载均衡。

（3）链路（Link）。

链路就是路由器上的接口，在这里，应该指运行在 OSPF 进程下的接口。

（4）链路状态（Link-State）。

链路状态就是 OSPF 接口的描述信息，例如接口的 IP 地址、子网掩码、网络类型、开销值等，OSPF 路由器之间交换的并不是路由表，而是链路状态。OSPF 通过获得网络中所有的链路状态信息，从而计算出到达每个目标的精确的网络路径。OSPF 路由器会将自己所有的链路状态毫不保留地全部发给邻居，该邻居将收到的链路状态全部放入链路状态数据库（Link-State Database），该邻居再发给自己的所有邻居，并且在传递过程中，绝对不会有任何更改。通过这样的过程，最终网络中所有的 OSPF 路由器都拥有网络中所有的链路状态，并且所有路由器的链路状态应该能描绘出相同的网络拓扑。

OSPF 根据路由器各接口的信息（链路状态），计算出网络拓扑图，OSPF 之间交换链路状态，而不像 RIP 直接交换路由表，交换路由表就等于直接给人看线路图，可见 OSPF 的智能算法相比距离矢量协议对网络有更精确的认知。

（5）邻居（Neighbor）。

OSPF 只有在邻接状态下才会交换链路状态，路由器会将链路状态数据库中所有的内容毫不保留地发给所有邻居，要想在 OSPF 路由器之间交换链路状态，必须先形成 OSPF 邻居，OSPF 邻居靠发送 Hello 数据包来建立和维护，Hello 数据包会在启动 OSPF 的接口上周期性发送，在不同的网络中，发送 Hello 数据包的时间间隔也会不同，当超出 4 倍的 Hello 时间间隔，也就是 Dead 时间过后还没有收到邻居的 Hello 数据包，邻居关系将被断开。

6.3.3 OSPF 协议的工作过程

运行 OSPF 协议的路由器有 3 张表，分别是邻居表、链路状态表（链路状态数据库）和路由表。下面以这 3 张表的产生过程为线索，分析在这个过程中路由器发生了哪些变化，从而说明 OSPF 协议的工作过程。

（1）邻居表的建立。

OSPF 区域的路由器首先要跟邻居路由器建立邻接关系，过程如下：当一个路由器刚开始工作时，每隔 10 秒就发送一个 Hello 数据包，它通过发送 Hello 数据包得知它有哪些相邻的路由器在工作，以及将数据发往相邻路由器所需的“代价”，生成“邻居表”。

若有 40 秒没有收到某个相邻路由器发来的问候数据包，则可认为该相邻路由器是不可到达的，应立即修改链路状态数据库，并重新计算路由表。

图 6-13 展示了 R1 和 R2 路由器通过 Hello 数据包建立邻居表的过程。一开始 R1 路由器接口的 OSPF 状态为 down state，R1 路由器发送一个 Hello 数据包之后，状态变为 init state，等收到 R2 路由器发过来的 Hello 数据包，看到自己的 Router-ID 出现在其他路由器应答的邻居表中，就建立了邻接关系，将状态更改为 two-way state。

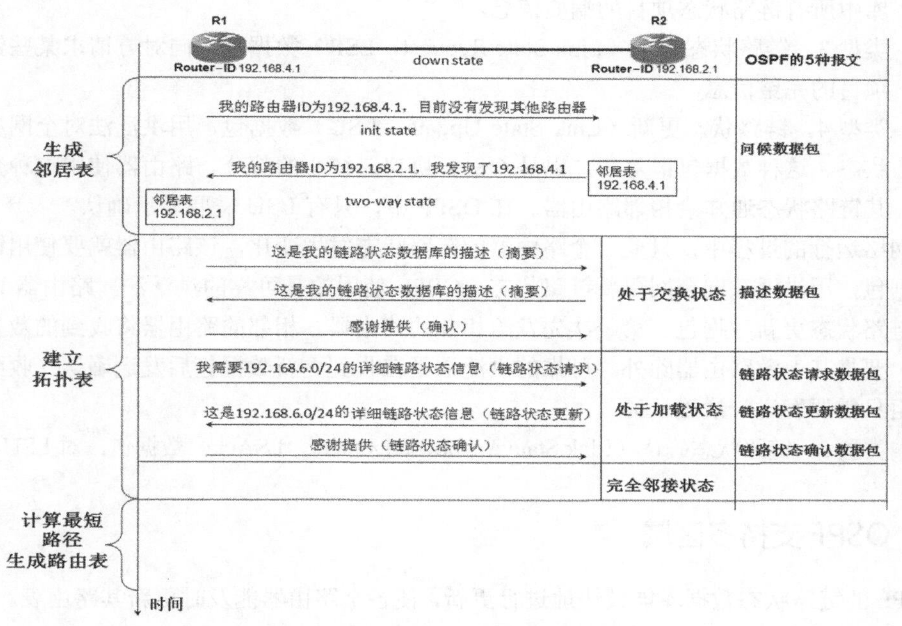

图 6-13 OSPF 协议的工作过程

（2）拓扑表的建立。

如图 6-13 所示，建立邻居表之后，相邻路由器就要交换链路状态，在建立拓扑表的时候，路由器要经历交换状态、加载状态、完全邻接状态。

交换状态：OSPF 让每一个路由器用数据库描述数据包和相邻路由器交换本数据库中已有的链路状态摘要信息。

加载状态：经过与相邻路由器交换数据库描述数据包后，路由器就使用链路状态请求数据包，向对方请求发送自己所缺少的某些链路状态项目的详细信息。通过这种一系列的分组交换，全网同步的链路数据库就建立了。

完全邻接状态：邻居间的链路状态数据库同步完成，通过邻居链路状态请求列表为空且邻居状态为加载来判断。

（3）生成路由表。

然后每个路由器按照产生的全区域数据拓扑图，运行 SPF 算法，产生到达目标网络的路由条目。

6.3.4 OSPF 的 5 种报文

如图 6-13 所示，OSPF 共有以下 5 种报文类型。

- 类型 1，问候（Hello）数据包，发现并建立邻接关系。
- 类型 2，数据库描述（Database Description）数据包，向邻居给出自己的链路状态数据库中所有链路状态项目的摘要信息。
- 类型 3，链路状态请求（Link State Request，LSR）数据包，向对方请求某些链路状态项目的完整信息。
- 类型 4，链路状态更新（Link State Update，LSU）数据包，用洪泛法对全网更新链路状态。这种数据包最复杂，也是 OSPF 协议最核心的部分。路由器使用这种数据包将其链路状态通知给相邻路由器。在 OSPF 中，只有 LSU 需要显示确认。

在网络运行的过程中，只要一个路由器的链路状态发生变化，该路由器就要使用链路状态更新数据包，用洪泛法向全网更新链路状态。OSPF 使用的是可靠的洪泛法，路由器 R 用洪泛法发出链路状态更新数据包。第一次先发给相邻的路由器。相邻的路由器将收到的数据包再次转发时，要将其上游路由器除外。可靠的洪泛法是在收到更新数据包后发送确认（收到重复的更新分组只需要发送一次确认）。

- 类型 5，链路状态确认（Link State Acknowledgement，LSAck）数据包，对 LSU 做确认。

6.3.5 OSPF 支持多区域

OSPF 的链路状态数据库能较快地进行更新，使各个路由器能及时更新其路由表。OSPF 的更新过程收敛得快是其重要优点。

为了使 OSPF 能够用于规模很大的网络，OSPF 将一个自治系统再划分为若干更小的范围，叫作区域（area），如图 6-14 所示，图中画出了一个有 3 个区域的自治系统。每一个区域都有一个 32 位的区域标识符（用点分十进制表示）。当然，一个区域也不能太大，一个区域内的路由器最好不超过 200 个。

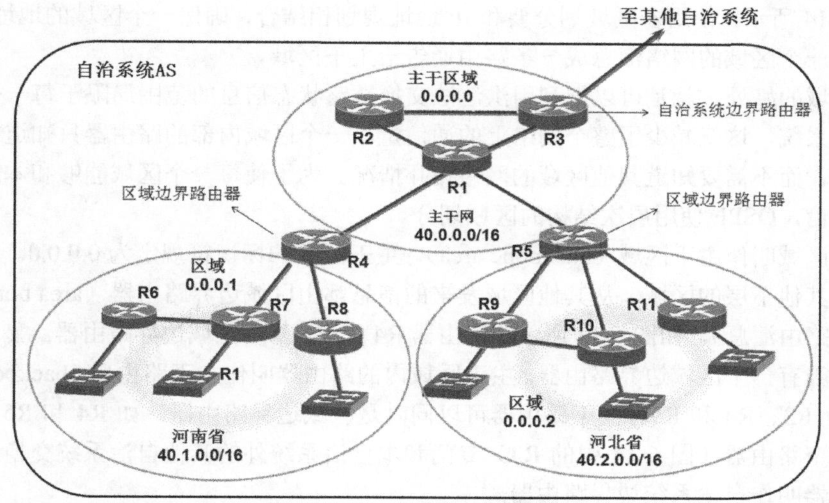

图 6-14 自治系统和 OSPF 区域

自治系统

Internet 采用的路由选择协议主要是自适应的（即动态的）分布式路由选择协议。由于以下两个原因，Internet 采用分层次的路由选择协议。

（1）Internet 的规模非常大，现在已经有几百万个路由器互连在一起。如果让所有的路由器知道所有的网络应怎样到达，路由表将非常大，处理起来也太花时间。所有这些路由器之间交换路由信息所需的带宽就会使 Internet 的通信链路饱和。

（2）许多单位不愿意外界了解自己单位网络的布局细节和本部门所采用的路由选择协议（这属于本部门内部的事情），但同时还希望连接到 Internet。为此 Internet 将整个互联网划分为许多较小的自治系统（Autonomous System），一般都记为 AS。RFC 4271 对自治系统有下面这样的描述：

自治系统的经典定义是在单一技术管理下的一组路由器，而这些路由器使用一种 AS 内部的路由选择协议和共同的度量以确定数据包在 AS 内的路由，同时还使用一种 AS 之间的路由选择协议用以确定数据包在 AS 之间的路由。

因此，路由选择协议也分为两大类。

（1）内部网关协议 IGP（Interior Gateway Protocol）。即，在一个自治系统内部使用的路由选择协议，而这与在互联网上的其他自治系统中选用什么路由选择协议无关。目前这类路由选择协议使用最多，如 RIP 和 OSPF 协议。

（2）外部网关协议 EGP（External Gateway Protocol）。即，负责在不同的自治系统中进行路由选择的协议（不同的自治系统可能使用不同的内部网关协议），这样的协议就是外部网关协议 EGP。目前使用最多的外部网关协议是 BGPv4。自治系统之间的路由选择也叫作域间路由选择（Interdomain Routing），而自治系统内部的路由选择叫作域内路由选择（Intradomain Routing）。

如图 6-14 所示，使用多区域划分要和 IP 地址规划相结合，确保一个区域的地址空间连续，这样才能将一个区域的网络汇总成一条路由通告给主干区域。

划分区域的好处，就是可以把利用洪泛法交换链路状态信息的范围局限于每一个区域而不是整个自治系统，这就减少了整个网络上的通信量。一个区域内部的路由器只知道本区域的完整网络拓扑，而不需要知道其他区域的网络拓扑情况。为了使每一个区域能够和本区域以外的区域进行通信，OSPF 使用层次结构的区域划分。

上层的区域叫作主干区域（backbone area）。主干区域的标识符规定为 0.0.0.0。主干区域的作用是连通其他下层的区域。从其他区域发来的信息都由区域边界路由器（area border router）进行概括（路由汇总）。如图 6-14 所示，路由器 R4 和 R5 都是区域边界路由器。显然，每一个区域至少应当有一个区域边界路由器。主干区域内的路由器叫作主干路由器（backbone router），如 R1、R2、R3、R4 和 R5。主干路由器可以同时是区域边界路由器，如 R4 和 R5。主干区域内还要有一个路由器（图 6-14 中的 R3）专门和本自治系统外的其他自治系统交换路由信息，这样的路由器叫作自治系统边界路由器。

6.4 配置 OSPF 协议

前面讲解了 OSPF 协议的特点和工作过程，下面使用 eNSP 搭建网络环境来学习如何配置网络中的路由使用 OSPF 协议构建路由表。

6.4.1 配置 OSPF 协议

参照图 6-15 使用 eNSP 搭建网络环境，网络中的路由器和计算机按照图中的拓扑连接并配置接口 IP 地址。一定要确保直连的路由器能够相互 ping 通。以下操作配置这些路由器使用 OSPF 协议构造路由表，将这些路由器配置在一个区域，如果只有一个区域，只能是主干区域，区域编号是 0.0.0.0，也可以写成 0。

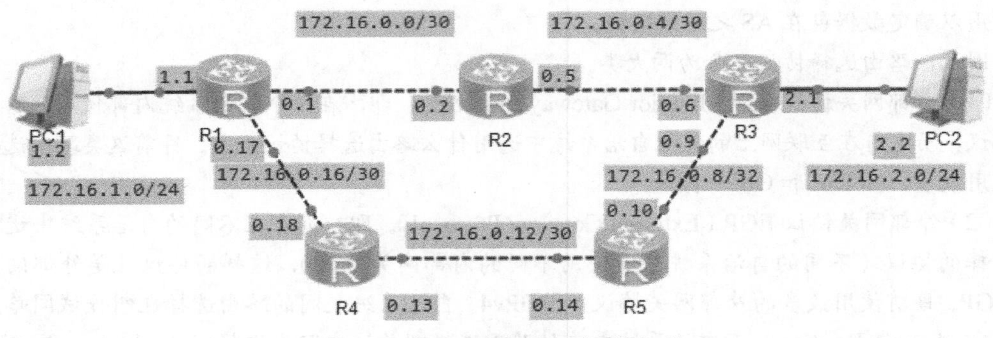

图 6-15 为 OSPF 协议配置网络拓扑

路由器 R1 上的配置。

```
[R1]display router id                                        --查看路由器的当前 ID
RouterID:172.16.1.1
[R1]ospf 1 router-id 1.1.1.1                                 --启用 ospf 1 进程并指明使用的 Router-ID
[R1-ospf-1]area 0.0.0.0                                      --进入区域 0.0.0.0
[R1-ospf-1-area-0.0.0.0]network 172.16.0.0 0.0.255.255       --指明网络范围
[R1-ospf-1-area-0.0.0.0]quit
```

提示

命令[R1]ospf 1 router-id 1.1.1.1 在路由器上启用 OSPF 进程，后面的数字 1 是给进程分配的编号，编号的范围是 1～65535。

Router-ID 用来区分运行 OSPF 的路由器，要求 Router-ID 唯一。虽然采用 IP 地址的格式，但不能用于通信。

Router-ID 默认使用路由器活动接口的最大 IP 地址充当，也可以使用命令 router id 指定路由器的 Router-ID。启用 OSPF 协议时如果不指定 Router-ID，就使用 router -id 命令指定的 Router-ID。

```
[R1]router id 1.1.1.1
```

[R1-ospf-1]area 0.0.0.0，OSPF 协议数据包内用来表示区域的字段占用 4 个字节，正好是一个 IPv4 地址占用的空间，所以配置的时候可以直接写数字，也可以用点分十进制来表示指定 ospf 1 进程的区域。区域 0 也可以写成 0.0.0.0，区域 1 也可以写成 0.0.0.1。

---

network 命令用来指明在本路由器的 OSPF 进程中网络范围的作用。后面的 0.0.255.255 是反转掩码（inverse mask），也就是子网掩码写成二进制后的形式，将其中的 0 变成 1、1 变成 0，就是反转掩码。比如子网掩码 255.0.0.0 的反转掩码就是 0.255.255.255。

既然 OSPF 协议中的 network 命令后面指定的是 OSPF 进程的网络范围，路由器 R1 的三个接口都属于 172.16.0.0 255.255.0.0 这个网段，network 命令就可以写成一条，别忘了后面跟的是反转掩码。

路由器 R2 上的配置。

```
[R2]ospf 1 router-id 2.2.2.2
[R2-ospf-1]area 0
[R2-ospf-1-area-0.0.0.0]network 172.16.0.0 0.0.255.255
[R2-ospf-1-area-0.0.0.0]quit
```

路由器 R3 上的配置。

```
[R3]ospf 1 router-id 3.3.3.3
[R3-ospf-1]area 0
[R3-ospf-1-area-0.0.0.0]network 172.16.0.6 0.0.0.0   --写接口地址，反转掩码就是 0.0.0.0
```

```
[R3-ospf-1-area-0.0.0.0]network 172.16.0.9 0.0.0.0   --写接口地址，反转掩码就是 0.0.0.0
[R3-ospf-1-area-0.0.0.0]network 172.16.2.1 0.0.0.0   --写接口地址，反转掩码就是 0.0.0.0
```

---

network 后面也可以写接口的地址，反转掩码要写成 0.0.0.0。

路由器 R4 上的配置。

```
[R4]ospf 1 router-id 4.4.4.4
[R4-ospf-1]area 0
[R4-ospf-1-area-0.0.0.0]network 172.16.0.16 0.0.0.3          --写接口所在的网段
[R4-ospf-1-area-0.0.0.0]network 172.16.0.12 0.0.0.3          --写接口所在的网段
[R4-ospf-1-area-0.0.0.0]
```

---

network 后也可以写接口所在的网段，172.16.0.16 网段的子网掩码是 255.255.255.252，反转掩码是 0.0.0.3。

路由器 R5 上的配置。

```
[R5-ospf-1]area 0
[R5-ospf-1-area-0.0.0.0]net
[R5-ospf-1-area-0.0.0.0]network 0.0.0.0 255.255.255.255
```

如果想更省事，network 后面可以写 0.0.0.0 0.0.0.0，这是最大的网段，反转掩码是 255.255.255.255。

6.4.2 查看 OSPF 协议的 3 张表

前面讲了运行 OSPF 协议的路由器有 3 张表，分别是邻居表、链路状态表和路由表，下面就看看这 3 张表。

查看 R1 路由器的邻居表，在系统视图下输入 display ospf peer，可以查看邻居路由器信息；输入 display ospf peer brief 可以显示邻居路由器摘要信息。配置 OSPF 时指定的 Router-ID，并没有立即生效，在所有路由器上运行 save，重新启动全部路由器。

```
<R1>save
  The current configuration will be written to the device.
  Are you sure to continue? (y/n)[n]:y
<R1>reboot                                --重启路由
<R1>display ospf peer brief               --显示邻居路由器摘要信息

    OSPF Process 1 with Router ID 1.1.1.1
          Peer Statistic Information
 ----------------------------------------------------------------------------
```

```
  Area Id          Interface                                Neighbor id     State
  0.0.0.0          Serial2/0/0                              2.2.2.2         Full
  0.0.0.0          Serial2/0/1                              4.4.4.4         Full
 ----------------------------------------------------------------------------------
<R1>display ospf peer                           --显示邻居详细信息
```

在 Full 状态下，路由器及其邻居会达到完全邻接状态。所有路由器和网络 LSA 都会交换并且路由器链路状态数据库达到同步。

显示链路状态数据库，以下命令显示链路状态数据库中有几个路由器通告了链路状态。通告链路状态的路由器就是 AdvRouter。

```
<R1>display ospf lsdb

     OSPF Process 1 with Router ID 1.1.1.1
         Link State Database

                         Area: 0.0.0.0
 Type        LinkState ID     AdvRouter              Age  Len    Sequence   Metric
 Router      4.4.4.4          4.4.4.4                1296  72    8000000C     48
 Router      2.2.2.2          2.2.2.2                1321  72    80000007     48
 Router      1.1.1.1          1.1.1.1                1312  84    8000000B      1
 Router      5.5.5.5          5.5.5.5                1294  72    8000000E     48
 Router      3.3.3.3          3.3.3.3                1294  84    80000010      1
```

前面给大家讲了 OSPF 是根据链路状态数据库计算最短路径的。链路状态数据库记录了运行 OSPF 的路由器有哪些，每个路由器连接几个网段（subnet），每个路由器有哪些邻居，通过什么链路连接（点到点还是以太网链路）。如果想查看完整的链路状态数据库，需要输入 display ospf lsdb router 命令，可以看到每个路由器的相关链路状态。

```
<R1>display ospf lsdb router

     OSPF Process 1 with Router ID 1.1.1.1
                 Area: 0.0.0.0
         Link State Database                        --链路状态数据库
  Type        : Router
  Ls id       : 4.4.4.4
  Adv rtr     : 4.4.4.4                             --R4 路由器相关的链路状态
  Ls age      : 1216
  Len         : 72
  Options     :  E
  seq#        : 8000000c
   chksum     : 0x6694
  Link count: 4 ————————> 有 4 个链路状态
```

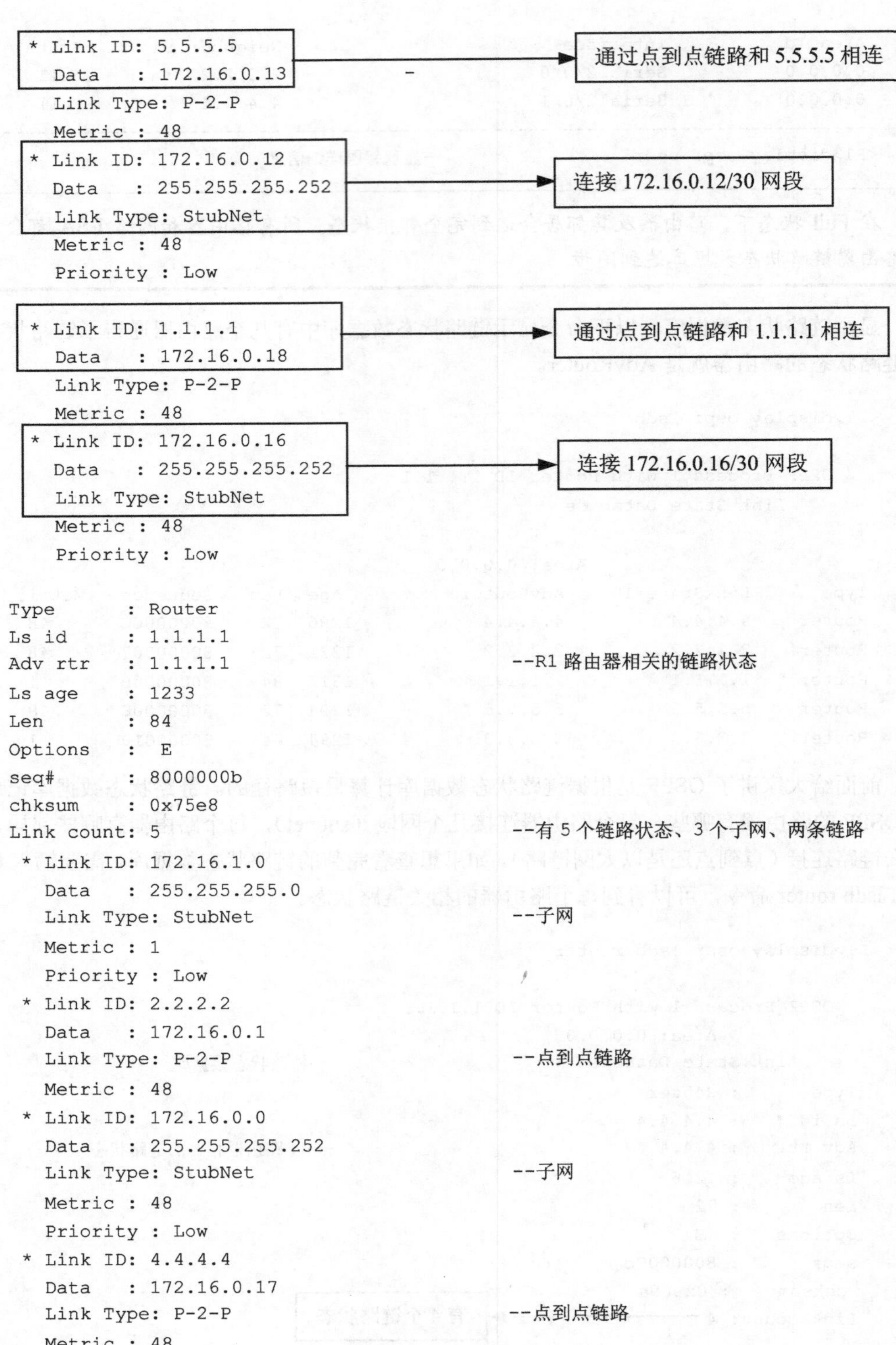

```
* Link ID: 5.5.5.5                         通过点到点链路和 5.5.5.5 相连
  Data   : 172.16.0.13
  Link Type: P-2-P
  Metric : 48
* Link ID: 172.16.0.12                     连接 172.16.0.12/30 网段
  Data   : 255.255.255.252
  Link Type: StubNet
  Metric : 48
  Priority : Low

* Link ID: 1.1.1.1                         通过点到点链路和 1.1.1.1 相连
  Data   : 172.16.0.18
  Link Type: P-2-P
  Metric : 48
* Link ID: 172.16.0.16                     连接 172.16.0.16/30 网段
  Data   : 255.255.255.252
  Link Type: StubNet
  Metric : 48
  Priority : Low

Type      : Router
Ls id     : 1.1.1.1
Adv rtr   : 1.1.1.1                        --R1 路由器相关的链路状态
Ls age    : 1233
Len       : 84
Options   :  E
seq#      : 8000000b
chksum    : 0x75e8
Link count: 5                              --有 5 个链路状态、3 个子网、两条链路
 * Link ID: 172.16.1.0
   Data   : 255.255.255.0
   Link Type: StubNet                      --子网
   Metric : 1
   Priority : Low
 * Link ID: 2.2.2.2
   Data   : 172.16.0.1
   Link Type: P-2-P                        --点到点链路
   Metric : 48
 * Link ID: 172.16.0.0
   Data   : 255.255.255.252
   Link Type: StubNet                      --子网
   Metric : 48
   Priority : Low
 * Link ID: 4.4.4.4
   Data   : 172.16.0.17
   Link Type: P-2-P                        --点到点链路
   Metric : 48
```

```
  * Link ID: 172.16.0.16
    Data    : 255.255.255.252
    Link Type: StubNet                          --子网
    Metric : 48
    Priority : Low
      ……
```

输入 display ip routing-table 可以查看路由表。Proto 是通过 OSPF 协议学到的路由，OSPF 协议的优先级（也就是 pre）是 10，Cost 是通过带宽计算的到达目标网段的累计开销。

```
<R1>display ip routing-table
Route Flags: R - relay, D - download to fib
------------------------------------------------------------------------------
Routing Tables: Public
       Destinations : 19        Routes : 20

Destination/Mask    Proto  Pre  Cost      Flags NextHop         Interface

      127.0.0.0/8   Direct 0    0           D   127.0.0.1       InLoopBack0
      127.0.0.1/32  Direct 0    0           D   127.0.0.1       InLoopBack0
127.255.255.255/32  Direct 0    0           D   127.0.0.1       InLoopBack0
     172.16.0.0/30  Direct 0    0           D   172.16.0.1      Serial2/0/0
     172.16.0.1/32  Direct 0    0           D   127.0.0.1       Serial2/0/0
     172.16.0.2/32  Direct 0    0           D   172.16.0.2      Serial2/0/0
     172.16.0.3/32  Direct 0    0           D   127.0.0.1       Serial2/0/0
     172.16.0.4/30  OSPF   10   96          D   172.16.0.2      Serial2/0/0
     172.16.0.8/30  OSPF   10   144         D   172.16.0.2      Serial2/0/0
                    OSPF   10   144         D   172.16.0.18     Serial2/0/1
    172.16.0.12/30  OSPF   10   96          D   172.16.0.18     Serial2/0/1
    172.16.0.16/30  Direct 0    0           D   172.16.0.17     Serial2/0/1
    172.16.0.17/32  Direct 0    0           D   127.0.0.1       Serial2/0/1
    172.16.0.18/32  Direct 0    0           D   172.16.0.18     Serial2/0/1
    172.16.0.19/32  Direct 0    0           D   127.0.0.1       Serial2/0/1
     172.16.1.0/24  Direct 0    0           D   172.16.1.1      Vlanif1
     172.16.1.1/32  Direct 0    0           D   127.0.0.1       Vlanif1
   172.16.1.255/32  Direct 0    0           D   127.0.0.1       Vlanif1
     172.16.2.0/24  OSPF   10   97          D   172.16.0.2      Serial2/0/0
255.255.255.255/32  Direct 0    0           D   127.0.0.1       InLoopBack0

<R1>display ip routing-table protocol ospf          --查看 OSPF 协议学到的路由。
```

输入以下命令，只显示 OSPF 协议生成的路由。

```
<R1>display ospf routing

    OSPF Process 1 with Router ID 1.1.1.1
         Routing Tables
```

```
 Routing for Network
 Destination        Cost  Type       NextHop         AdvRouter       Area
 172.16.0.0/30      48    Stub       172.16.0.1      1.1.1.1         0.0.0.0
 172.16.0.16/30     48    Stub       172.16.0.17     1.1.1.1         0.0.0.0
 172.16.1.0/24      1     Stub       172.16.1.1      1.1.1.1         0.0.0.0
 172.16.0.4/30      96    Stub       172.16.0.2      2.2.2.2         0.0.0.0
 172.16.0.8/30      144   Stub       172.16.0.2      3.3.3.3         0.0.0.0
 172.16.0.8/30      144   Stub       172.16.0.18     5.5.5.5         0.0.0.0
 172.16.0.12/30     96    Stub       172.16.0.18     4.4.4.4         0.0.0.0
 172.16.2.0/24      97    Stub       172.16.0.2      3.3.3.3         0.0.0.0

 Total Nets: 8
 Intra Area: 8  Inter Area: 0  ASE: 0  NSSA: 0
```

6.4.3 OSPF协议配置排错

如果为网络中的路由器配置了 OSPF 协议，但在查看路由表后发现有些网段没有通过 OSPF 学到，那么需要检查路由器接口是否配置了正确的 IP 地址和子网掩码。除了进行这些常规检查，还要检查 OSPF 协议的配置。

要查看 OSPF 协议的配置，可以输入 display current-configuration。

```
[R1]display current-configuration
......
ospf 1 router-id 1.1.1.1
 area 0.0.0.0
  network 172.16.0.0 0.0.255.255
......
```

也可以进入 ospf 1 视图，输入 display this，显示 OSPF 协议的配置。

```
[R1]ospf 1
 [R1-ospf-1]display this
[V200R003C00]
#
ospf 1 router-id 1.1.1.1
 area 0.0.0.0
  network 172.16.0.0 0.0.255.255
#
return
```

输入 display ospf interface 可以查看运行 OSPF 协议的接口。如果发现缺少路由器的某个接口，需要使用 network 添加该接口。

```
<R1>display ospf interface

    OSPF Process 1 with Router ID 1.1.1.1
```

```
        Interfaces

 Area: 0.0.0.0              (MPLS TE not enabled)
 IP Address        Type        State     Cost    Pri   DR            BDR
 172.16.1.1        Broadcast   DR        1       1     172.16.1.1    0.0.0.0
 172.16.0.1        P2P         P-2-P     48      1     0.0.0.0       0.0.0.0
 172.16.0.17       P2P         P-2-P     48      1     0.0.0.0       0.0.0.0
```

可以看到当时配置 OSPF 协议用 network 添加的 3 个网段和所属的区域。如果 network 后面 3 个网段和路由器的接口所在的网段不一致，该接口就不能发送和接收 OSPF 协议相关数据包，该网段也不会包含在链路状态中。或者如果 network 后面的区域编号和相邻路由器配置的区域编号不一致，也不能交换链路状态信息，也可能导致错误。

如果配置 OSPF 时 network 写错网段，可以使用 undo network 命令删除该网段，然后用 network 添加正确的网段。

可以在 R3 路由器上，使用以下命令取消 192.168.0.0/24 网段参与 OSPF 协议。

```
[R3]ospf 1
[R3-ospf-1]display this
[V200R003C00]
#
ospf 1 router-id 3.3.3.3
 area 0.0.0.0
  network 172.16.0.6 0.0.0.0
  network 172.16.0.9 0.0.0.0
  network 172.16.2.1 0.0.0.0
#
return
[R3-ospf-1]area 0
[R3-ospf-1-area-0.0.0.0]undo network 172.16.2.1 0.0.0.0
```

在 R1 路由器上查看路由表，可以看到已经没有到 172.16.2.0/24 网段的路由了。

```
<R1>display ospf routing
```

6.5 习题

1. 在 RIP 协议中，默认的路由更新周期是（　　）秒。
   A. 30
   B. 60
   C. 90
   D. 100
2. 以下关于 OSPF 协议的描述中，最准确的是（　　）。

A．OSPF 协议根据链路状态法计算最佳路由

B．OSPF 协议是用于自治系统之间的外部网关协议

C．OSPF 协议不能根据网络通信情况动态地改变路由

D．OSPF 协议只能适用于小型网络

3．RIPv1 与 RIPv2 的区别是（　　）。

A．RIPv1 是距离矢量路由协议，而 RIPv2 是链路状态路由协议

B．RIPv1 不支持可变长子网掩码，而 RIPv2 支持可变长子网掩码

C．RIPv1 每隔 30 秒广播一次路由信息，而 RIPv2 每隔 90 秒广播一次路由信息

D．RIPv1 的最大跳数为 15，而 RIPv2 的最大跳数为 30

4．关于 OSPF 协议，下面的描述中不正确的是（　　）。

A．OSPF 是一种链路状态协议

B．OSPF 使用链路状态公告（LSA）扩散路由信息

C．OSPF 网络中用区域 1 表示主干网段

D．OSPF 路由器中可以配置多个路由进程

5．如图 6-16 所示，路由器 A 和 B 都在运行 RIPv1。在路由器 A 上执行以下命令：

[A]rip 1

[A-rip-1]network 192.168.10.0

[A-rip-1]network 10.0.0.0

[A-rip-1]network 72.0.0.0.0

路由器 B 的路由表中将不会出现到以下哪个网段的路由条目？（　　）

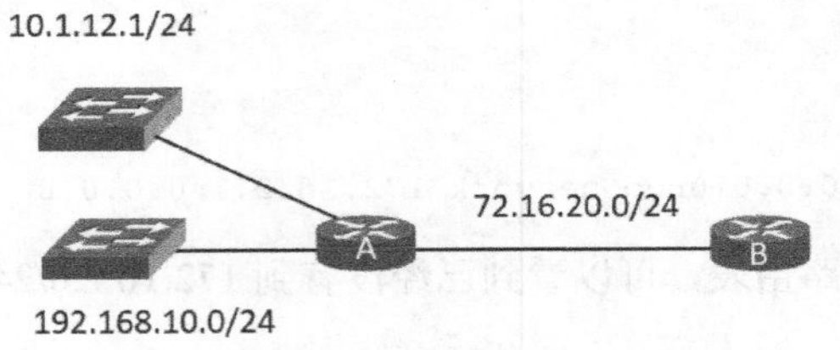

图 6-16　网络拓扑

A．10.0.0.0/8

B．192.168.10.0/24

C．10.1.12.0/24

D．72.16.20.0/24

6．OSPF 支持多进程，如果不指定进程号，则默认使用的进程号是（　　）。

A．0

B．1

C．10

D．100

7. 某路由器 AR2200 通过 OSPF 和 RIPv2 同时学习到了到达同一网络的路由条目，通过 OSPF 学习到的路由的开销值是 4882，通过 RIPv2 学习到的路由的跳数是 4，则该路由器的路由表中将有（　　）。

A. RIPv2 路由

B. OSPF 和 RIPv2 路由

C. OSPF 路由

D. 两者都不存在

8. 网络拓扑和链路带宽如图 6-17 所示，下面哪句话正确？（　　）（选择两个答案）

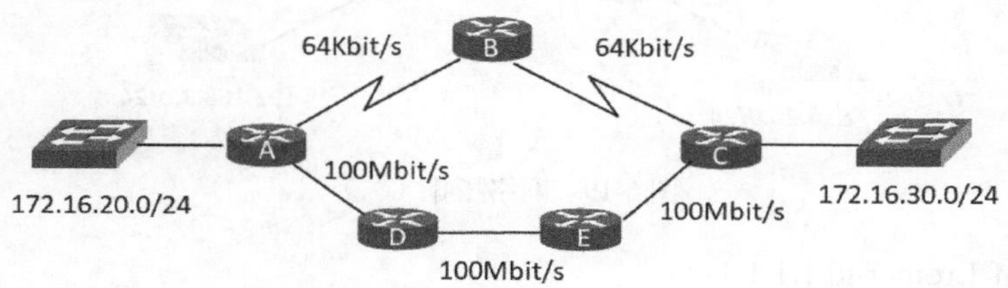

图 6-17　网络拓扑和链路带宽

A. 如果网络中的路由器运行 OSPF 协议，从 172.16.20.0/24 访问 172.16.30.0/24 网段，数据包经过 A→D→E→C。

B. 如果网络中的路由器运行 OSPF 协议，从 172.16.20.0/24 访问 172.16.30.0/24 网段，数据包经过 A→B→C。

C. 如果网络中的路由器运行 RIP 协议，从 172.16.20.0/24 访问 172.16.30.0/24 网段，数据包经过 A→B→C。

D. 如果网络中的路由器运行 RIP 协议，从 172.16.20.0/24 访问 172.16.30.0/24 网段，数据包经过 A→D→E→C。

9. 如图 6-18 所示，为网络中的路由器配置了 RIP 协议，在 A 和 C 路由器上应该如何配置？

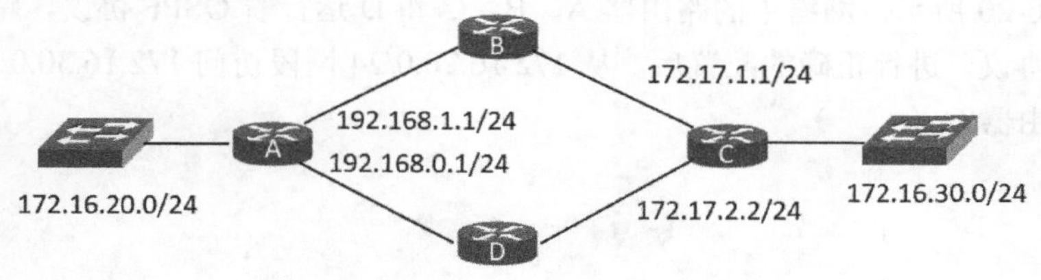

图 6-18　网络拓扑（一）

[A]rip 1

[A-rip-1]network ________________

[A-rip-1]network ________________

[A-rip-1]network ________________

[C]rip 1

[C-rip-1]network ________________

[C-rip-1]network ________________

10．如图 6-19 所示，为网络中的路由器配置了 OSPF 协议，在路由器 A 和 B 上进行以下配置。

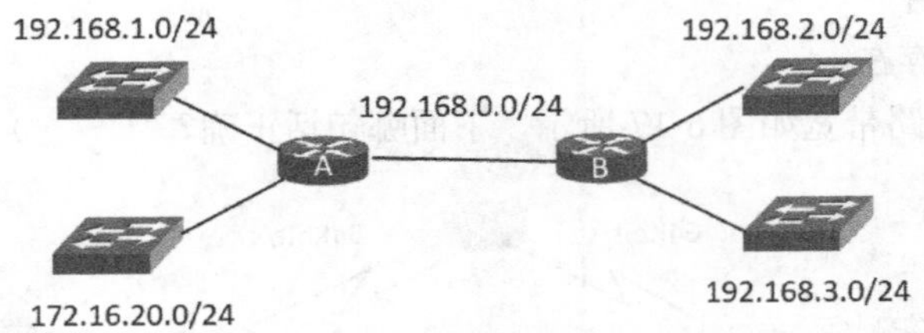

图 6-19 网络拓扑（二）

[A]ospf 1 router-id 1.1.1.1

[A-ospf-1]area 0.0.0.0

[A-ospf-1-area-0.0.0.0]network 172.16.0.0 0.0.255.255

[A-ospf-1-area-0.0.0.0]network 192.168.0.0 0.0.0.255

[B]ospf 1 router-id 1.1.1.2

[B-ospf-1]area 0.0.0.0

[B-ospf-1-area-0.0.0.0]network 192.168.0.0 0.0.255.255

以下哪些说法不正确？（ ）

A．在路由器 B 上能够通过 OSPF 协议学到到 172.16.0.0/24 网段的路由。

B．在路由器 B 上能够通过 OSPF 协议学到到 192.168.1.0/24 网段的路由。

C．在路由器 A 上能够通过 OSPF 协议学到到 192.168.2.0/24 网段的路由。

D．在路由器 A 上能够通过 OSPF 协议学到到 192.168.3.0/24 网段的路由。

11．如图 6-20 所示，网络中的路由器 A、B、C 和 D 运行着 OSPF 协议，路由器 A、E 和 D 运行着 RIP 协议，进行正确的配置后，从 172.16.20.0/24 网段访问 172.16.30.0/24 网段的数据包经过哪些路由器？（ ）

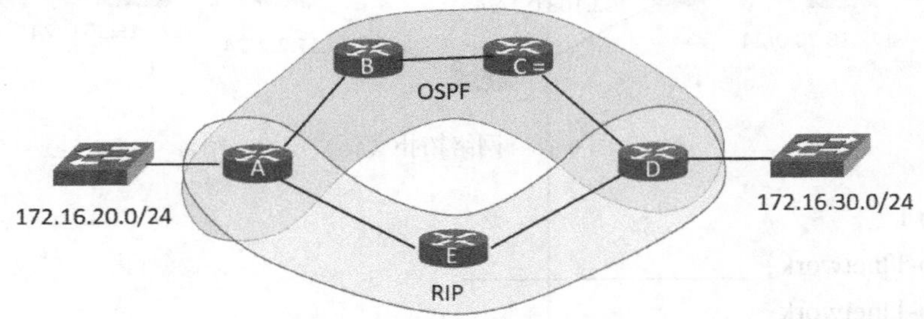

图 6-20 网络拓扑（三）

A．A→B→C→D

B．A→E→D

12．管理员希望在网络中配置 RIPv2，下面哪条命令能够宣告网络到 RIP 进程中？（ ）

[R1]rip 1

[R2-rip-1]version 2

A．import-route GigabitEthernet 0/0/1

B．network 192.168.1.0 0.0.0.255

C．network GigabitEthernet 0/0/1

D．network 192.168.1.0

13．在一台路由器上配置 OSPF，必须手动进行的配置有（ ）。（选择 3 个答案）

A．配置 Router-ID

B．开启 OSPF 进程

C．创建 OSPF 区域

D．指定每个区域中包含的网段

14．在 VRP 平台上，直连路由、静态路由、RIP、OSPF 的默认协议优先级从高到低依次是（ ）。

A．直连路由、静态路由、RIP、OSPF

B．直连路由、OSPF、静态路由、RIP

C．直连路由、OSPF、RIP、静态路由

D．直连路由、RIP、静态路由、OSPF

15．管理员在某台路由器上配置 OSPF，但该路由器上未配置 back 接口，则以下关于 Router-ID 的描述中正确的（ ）。

A．该路由器物理接口的最小 IP 地址将会成为 Router-ID

B．该路由器物理接口的最大 IP 地址将会成为 Router-ID

C．该路由器管理接口的 IP 地址将会成为 Router-ID

D．该路由器的优先级将会成为 Router-ID

16．以下关于 OSPF 中 Router-ID 的描述中正确的是（ ）。

A．同一区域内 Router-ID 必须相同，不同区域内的 Router-ID 可以不同

B．Router-ID 必须是路由器某接口的 IP 地址

C．必须通过手工配置方式来指定 Router-ID

D．OSPF 协议正常运行的前提条件是路由器有 Router-ID

17．一台路由器通过 RIP、OSPF 和静态路由学习到了到达同一目标地址的路由。默认情况下，VRP 将最终选择通过哪种协议学习到的路由？（ ）

A．RIP

B．OSPF

C．RIP

D．静态路由

18．假定配置如下所示：

[R1]ospf

[R1-ospf-1]area 1

[R1-ospf-1-area-0.0.0.1]network 10.0.12.0 0.0.0.255

管理员在路由器 R1 上配置了 OSPF，但路由器 R1 学习不到其他路由器的路由，那么可能的原因是（　　）。（选择 3 个答案）

A．此路由器配置的区域 ID 和它的邻居路由器的区域 ID 不同

B．此路由器没有配置认证功能，但是邻居路由器配置了认证功能

C．此路由器有配置时没有配置 OSPF 进程号

D．此路由器在配置 OSPF 时没有宣告连接邻居的网络

第7章

交换机组网

本章内容

- 交换机常规配置
- 交换机端口安全
- 生成树协议
- 创建和管理 VLAN
- 一个网段多个 VLAN
- 端口隔离技术
- 链路聚合

本章讲解交换机组网相关技术，包括设置交换机管理地址和交换机登录密码，允许 telnet 配置交换机。

交换机基于 MAC 地址转发帧，可以设置交换机端口以启用安全功能，交换机端口可以限制连接的计算机数量和绑定 MAC 地址。可以设置交换机监控端口以监控网络中的流量。

在进行交换机组网时，为了避免单台设备的故障造成网络长时间中断，往往需要设计成有冗余的网络结构，比如双汇聚层网络，但这样会形成环路。为了避免广播帧在环路中无限转发，交换机使用生成树协议来阻断环路。本章讲解生成树协议的工作过程，指定根网桥和备用根网桥。

交换机组网使得网段划分变得非常灵活，可以根据部门而不是物理位置划分网段，一个部门的计算机使用一个网段，占用一个 VLAN、本章先讲解一个交换机划分多个 VLAN，再讲解跨交换机的 VLAN、交换机的端口类型，使用三层交换实现 VLAN 间路由以及使用单臂路由器实现 VLAN 间路由。

如果需要控制一个网段内计算机的相互访问，需要将一个网段的计算机划分成多个 VLAN，这就需要将交换机的端口类型设置成混合（Hybrid）状态，本章还会介绍跨交换机的混合接口的用法。

端口隔离技术可以使同一个 VLAN 内的计算机不能相互通信，只能访问 Internet，这种技术在很多单位用得到。

交换机之间的多条物理链路可以使用 Eth-Trunk 技术捆绑在一起，形成一条逻辑链路，实现带宽加倍、流量负载均衡和链路容错等功能。

7.1 交换机常规配置

用交换机的端口在连接计算机时，不能设置 IP 地址，也不能充当计算机的网关。但是为了远程管理交换机，需要给交换机设置管理地址。该地址不充当计算机的网关，目的就是使用 telnet 远程管理交换机。

如图 7-1 所示，交换机 LSW1 和 LSW2 的管理地址分别是它们所在网段的一个地址，并且需要设置网关。

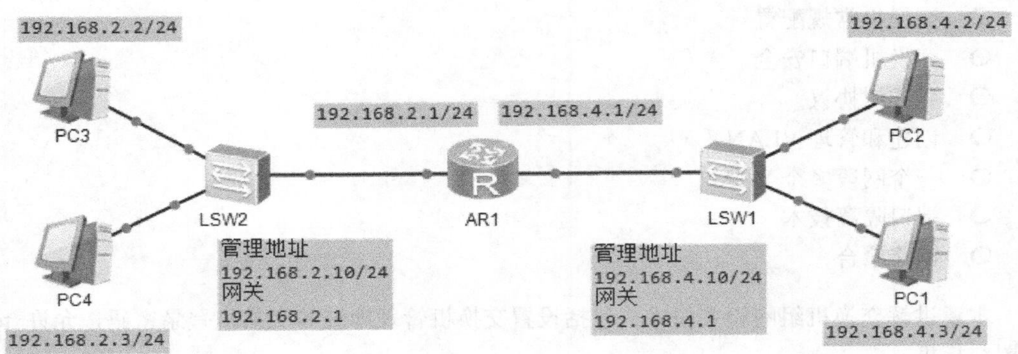

图 7-1 交换机的管理地址

下面为 LSW1 配置管理地址，默认情况下交换机的所有接口都在 VLAN 1，交换机的每个 VLAN 都有一个对应的虚拟接口（Vlanif），可以给虚拟接口设置 IP 地址作为管理地址，关于 VLAN 的知识在本章后面会讲到。

```
[LSW1]interface Vlanif 1                                  --给 VLanif 1 接口设置管理地址
[LSW1-Vlanif1]ip address 192.168.4.10 24                  --设置管理地址
[LSW1-Vlanif1]quit
[LSW1]ip route-static 0.0.0.0 0.0.0.0 192.168.4.1         --添加默认路由，也就是网关
```

设置 Console 口的身份验证模式和密码，和配置路由器的 Console 口类似。

```
[LSW1]user-interface console 0
[LSW1-ui-console0]authentication-mode password
[LSW1-ui-console0]set authentication password cipher 91xueit
[LSW1-ui-console0]idle-timeout 5 30
```

设置 VTY 接口的身份验证模式和密码。

```
[LSW1]user-interface vty 0 4
```

```
[LSW1-ui-vty0-4]authentication-mode password
[LSW1-ui-vty0-4]set authentication password cipher 51cto
[LSW1-ui-vty0-4]idle-timeout 3 30
```

7.2 交换机端口安全

企业网络如果对安全要求比较高的话，通常会对接入网络的计算机进行控制。在交换机上启用端口安全，对接入的计算机进行控制。

7.2.1 交换机端口安全详解

- 启用端口安全。

在交换机接口上激活 Port-Security 后，该接口就有了安全功能，例如能够限制接口的最大 MAC 地址数量，从而限制接入的主机数量；也可以将接口和 MAC 地址绑定，从而实现接入安全。

- 保护措施（protect-action）。

如果违反了端口的安全设置，比如一个端口的 MAC 地址数量超过设定数量，或这个端口绑定的 MAC 地址有变化，那么该端口将会启动保护措施。

保护措施有 protect（丢弃违反安全设置的帧）、restrict（丢弃违反安全设置的帧并产生警报）、shutdown（关闭端口，需要人工启用端口才能恢复），默认是 restrict。

- Port-Security 与 Sticky MAC 地址。

配置端口和进行 MAC 地址绑定的工作量很大。可以让交换机将动态学习到的 MAC 地址变成“粘滞状态”。可以简单理解为，先动态地学，学完之后再将 MAC 地址和端口粘起来（进行绑定），形成“静态”条目。

7.2.2 配置交换机端口安全

如图 7-2 所示，在 LSW2 交换机上设置端口安全，端口 Ethernet 0/0/1 只允许连接 PC1，端口 Ethernet 0/0/2 只允许连接 PC2，端口 Ethernet 0/0/3 只允许连接 PC3，端口 Ethernet 0/0/4 最多只允许连接两台计算机且只能是 PC4 和 PC5，违反安全规则，端口关闭（shutdown）。

以下操作将设置交换机 LSW2，为 Ethernet 0/0/1～Ethernet 0/0/3 启用端口安全，每个端口只允许连接一个 MAC 地址（计算机），端口和 MAC 地址的绑定通过 Sticky 的方式实现。为 Ehternet 0/0/4 启用端口安全，设置最多允许两个 MAC 地址，并且人工绑定 PC4 和 PC5 两个 MAC 地址。

LSW2 上的配置如下。

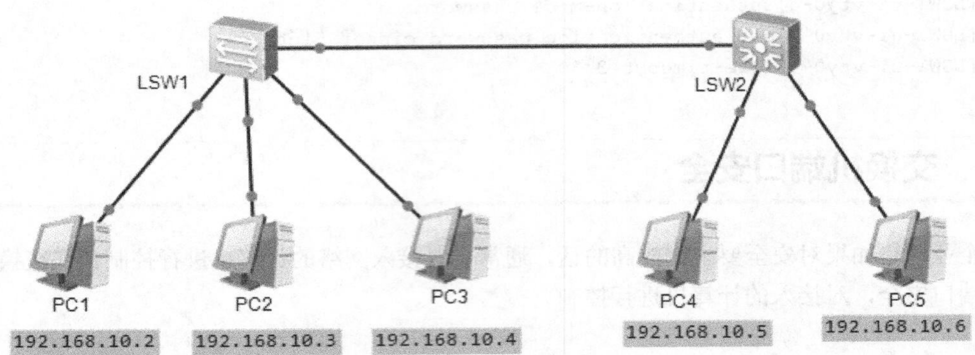

图7-2 配置交换机端口安全

```
[Huawei]sysname LSW2                    --改名为 LSW2
```

在 PC1 上 ping PC2、PC3、PC4、PC5，LSW2 完成 MAC 地址表的构建。

```
[LSW2]display mac-address               --显示 MAC 地址表
MAC address table of slot 0:
-------------------------------------------------------------------------------
MAC Address     VLAN/        PEVLAN CEVLAN Port          Type      LSP/LSR-ID
                VSI/SI                                             MAC-Tunnel
-------------------------------------------------------------------------------
5489-9854-3d93  1            -      -      Eth0/0/1      dynamic   0/-
5489-9813-531a  1            -      -      Eth0/0/2      dynamic   0/-
5489-9889-60df  1            -      -      Eth0/0/3      dynamic   0/-
5489-9809-119b  1            -      -      Eth0/0/4      dynamic   0/-
5489-98bd-0b2c  1            -      -      Eth0/0/4      dynamic   0/-
-------------------------------------------------------------------------------
Total matching items on slot 0 displayed = 5
```

可以看到 MAC 地址表中列出了每个 MAC 地址所属的 VLAN、对应的接口和类型。

设置 Ethernet 0/0/1～Ethernet 0/0/3 端口安全，将现有计算机的 MAC 地址和端口绑定，可以逐个端口进行设置，也可以定义一个端口组，添加端口成员，进行批量安全设置。

```
[LSW2]port-group 1to3                            --定义端口组 1to3
[LSW2-port-group-1to3]group-member Ethernet 0/0/1 to Ethernet 0/0/3  --添加成员
[LSW2-port-group-1to3]display this               --显示端口组设置
#
port-group 1to3
 group-member Ethernet 0/0/1
 group-member Ethernet 0/0/2
 group-member Ethernet 0/0/3
#
Return
```

对于以下操作，步骤不能少，且顺序不能颠倒。

```
[LSW2-port-group-1to3]port-security enable                    --启用端口安全
[LSW2-port-group-1to3]port-security protect-action shutdown --违反安全规定，关闭端口
[LSW2-port-group-1to3]port-security mac-address sticky       --将现有端口与对应的MAC地址绑定
[LSW2-port-group-1to3]quit
```

交换机的 MAC 地址表中的条目有老化时间，默认为 300 秒，如果某条目没有被刷新，300 秒后就会从 MAC 地址表中清除。再次在 PC1 上 ping PC2、PC3、PC4、PC5，交换机会自动重新构建 MAC 地址表。

查看 MAC 地址表，可以看到端口 Ethernet 0/0/1～Ethernet 0/0/3 的 Type 为 sticky，端口 Ethernet 0/0/4 的 Type 依然是 dynamic。

```
[LSW2]display mac-address vlan 1              --只显示VLAN 1的MAC地址表
MAC address table of slot 0:
-------------------------------------------------------------------------------
MAC Address     VLAN/       PEVLAN CEVLAN Port          Type      LSP/LSR-ID
                VSI/SI                                             MAC-Tunnel
-------------------------------------------------------------------------------
5489-9854-3d93  1           -      -      Eth0/0/1      sticky    -
5489-9889-60df  1           -      -      Eth0/0/3      sticky    -
5489-9813-531a  1           -      -      Eth0/0/2      sticky    -
-------------------------------------------------------------------------------
Total matching items on slot 0 displayed = 3

MAC address table of slot 0:
-------------------------------------------------------------------------------
MAC Address     VLAN/       PEVLAN CEVLAN Port          Type      LSP/LSR-ID
                VSI/SI                                             MAC-Tunnel
-------------------------------------------------------------------------------
5489-9809-119b 1           -      -      Eth0/0/4      dynamic   0/-
5489-98bd-0b2c 1           -      -      Eth0/0/4      dynamic   0/-
-------------------------------------------------------------------------------
Total matching items on slot 0 displayed = 2
```

设置交换机的 Ethernet 0/0/4 端口安全，只允许连接两台计算机。

```
[LSW2]interface Ethernet 0/0/4                                 --接入接口视图
[LSW2-Ethernet0/0/4]port-security enable
[LSW2-Ethernet0/0/4]port-security protect-action shutdown
[LSW2-Ethernet0/0/4]port-security max-mac-num 2               --设置最大数量
```

再次查看 MAC 地址表，可以看到端口 Ethernet 0/0/4 的 Type 为 Security，说明启用了端口安全。

```
[LSW2]display mac-address
MAC address table of slot 0:
-------------------------------------------------------------------------------
MAC Address    VLAN/       PEVLAN CEVLAN Port            Type        LSP/LSR-ID
               VSI/SI                                                MAC-Tunnel
-------------------------------------------------------------------------------
5489-9813-531a 1           -      -      Eth0/0/2        sticky      -
5489-9809-119b 1           -      -      Eth0/0/4        security    -
5489-98bd-0b2c 1           -      -      Eth0/0/4        security    -
5489-9889-60df 1           -      -      Eth0/0/3        sticky      -
5489-9854-3d93 1           -      -      Eth0/0/1        sticky      -
-------------------------------------------------------------------------------
Total matching items on slot 0 displayed = 5
```

上面的设置只是指定了 Ethernet 0/0/4 端口的 MAC 地址数量。如果进一步打算将 Ethernet 0/0/4 端口和指定的两个 MAC 地址绑定，就需要在端口视图中启用 sticky，绑定 MAC 地址。

因为前面设置 Ethernet 0/0/4 端口对应的 MAC 地址的最大数量为 2，所以这里可以设置两个 MAC 地址。默认只允许 1 个端口绑定 1 个 MAC 地址。

```
[LSW2]interface Ethernet 0/0/4                                        --接入接口视图
[LSW2-Ethernet0/0/4]port-security mac-address sticky                  --启用 sticky
[LSW2-Ethernet0/0/4]port-security mac-address sticky 5489-9809-119b vlan 1  --绑定 MAC 地址
[LSW2-Ethernet0/0/4]port-security mac-address sticky 5489-98bd-0b2c vlan 1  --绑定 MAC 地址
```

以上操作设置了交换机端口安全，违反安全规则的话，端口将处于关闭状态，需要运行 undo shutdown 启用端口。

运行以下命令，清除端口的全部配置，清除配置后，端口将处于关闭状态，需要执行 undo shutdown 重新启用端口。

```
[LSW2]clear configuration interface Ethernet 0/0/4
```

7.2.3 镜像端口监控网络流量

如图 7-3 所示，如果打算在 PC4 上安装抓包工具或流量监控软件来监控网络中的计算机上网流量，PC4 只能捕获自己发送出去和接收到的数据包，PC1、PC2、PC3 的上网流量由交换机直接转发到路由器的 GE0 /0/0 端口，PC4 上的抓包工具或流量监控软件是没有办法捕获这些数据包的。

为了让 PC4 上的抓包工具或流量监控软件能够捕获分析内网计算机访问 Internet 的流量，可以将交换机的 Ethernet 0/0/4 端口设置为监控端口，为 Ethernet 0/0/5 端口指定镜像端口（监控端口）。这样进出 Ethernet 0/0/5 端口的帧会同时转发给 Ethernet 0/0/4 端口。

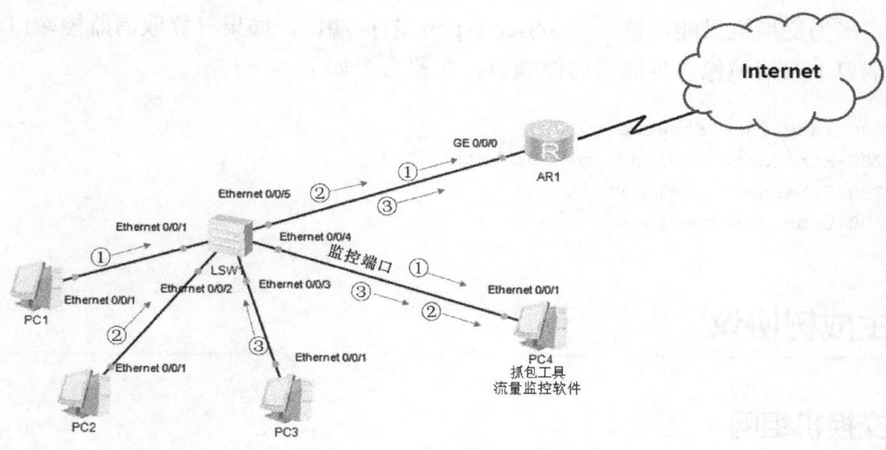

图 7-3　镜像端口监控网络流量

由于 eNSP 软件中模拟的交换机不支持镜像端口功能，因此我们使用 AR1200 路由器替代交换机来做镜像端口实验，如图 7-4 所示。

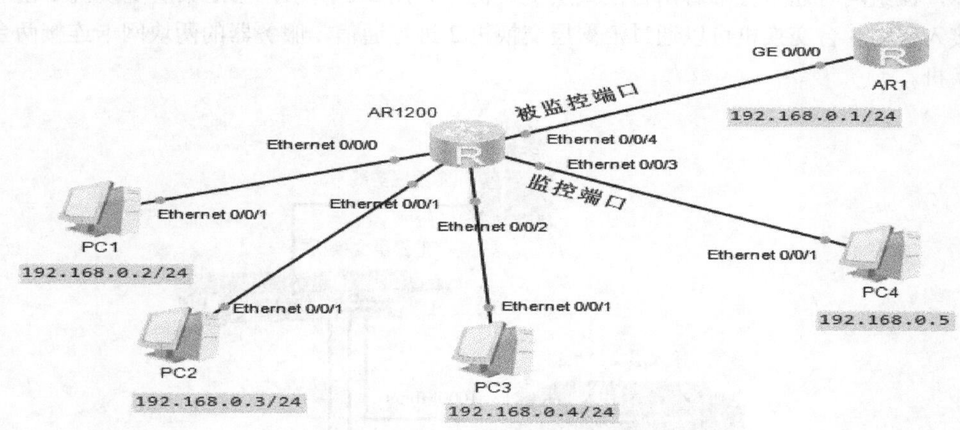

图 7-4　通过 AR1200 路由器做镜像端口

```
[AR1200]observe-port interface Ethernet 0/0/3                        --指定监控端口
[AR1200]interface Ethernet 0/0/4
[AR1200-Ethernet0/0/4]mirror to observe-port ?
  both       Assign Mirror to both inbound and outbound of an interface  --出入端口的流量
  inbound    Assign Mirror to the inbound of an interface                --进端口的流量
  outbound   Assign Mirror to the outbound of an interface               --出端口的流量
[AR1200-Ethernet0/0/4]mirror to observe-port both  --将出入端口的流量同时发送到监控端口
```

验证镜像端口，捕获 PC4 Ethernet 0/0/1 端口的数据包，用 PC1 ping 网关 192.168.0.1，可以看到捕获了 PC1 到网关的数据包。

注意：华为交换机只能设置一个 observe-port 监控端口。如果打算取消监控端口，需要先在被监视端口上取消镜像，再取消监控端口，配置命令如下。

```
[AR1200]interface Ethernet 0/0/4
[AR1200-Ethernet0/0/4]undo mirror both
[AR1200-Ethernet0/0/4]quit
[AR1200]undo observe-port
```

7.3 生成树协议

7.3.1 交换机组网

如图 7-5 所示，企业组建局域网，接入层交换机连接汇聚层交换机，如果汇聚层交换机出现故障，3 台接入层交换机就不能相互访问，也不能访问连接到汇聚层交换机的服务器，这就是单点故障。某些企业和单位不允许设备故障造成网络长时间中断，为了避免汇聚层交换机单点故障，在组网时通常会部署两台汇聚层交换机，如图 7-6 所示，当汇聚层交换机 1 出现故障时，接入层的 3 台交换机可以通过汇聚层交换机 2 进行通信，服务器的两块网卡连接两台汇聚层交换机。

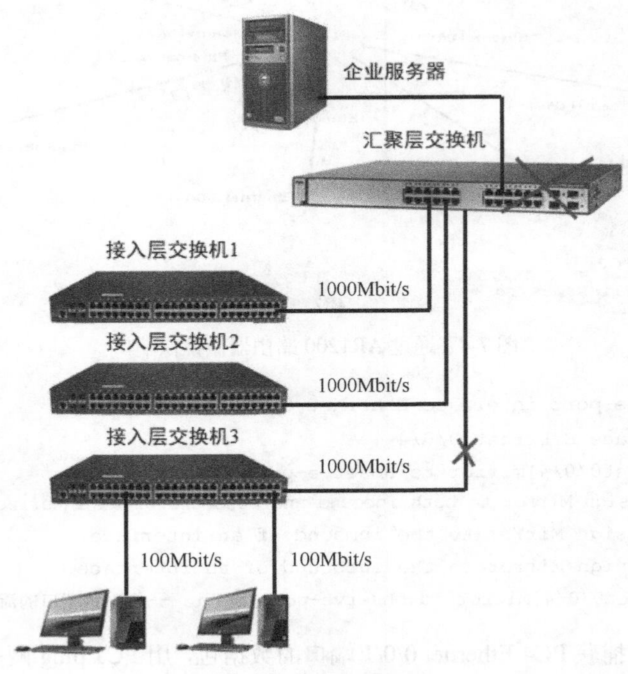

图 7-5 单汇聚层组网

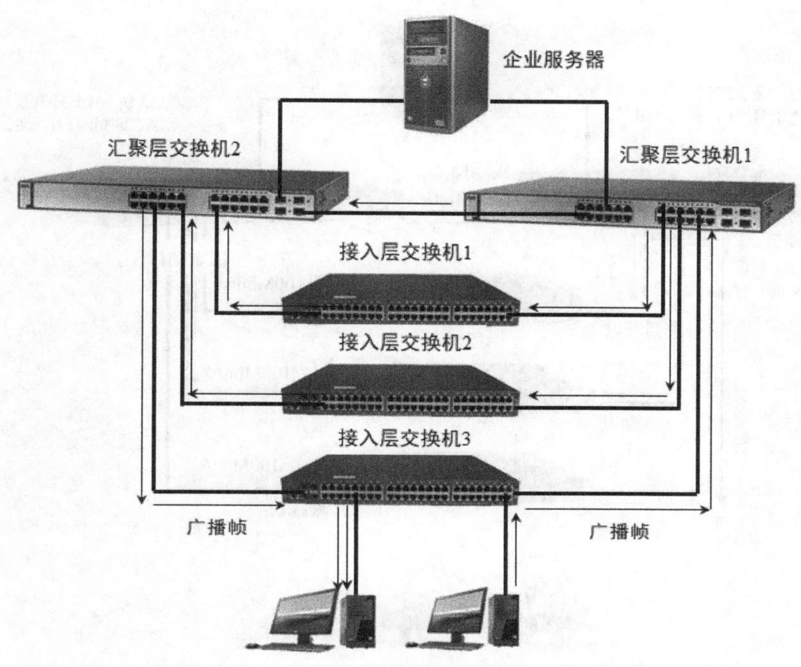

图 7-6 双汇聚层组网

这样一来，交换机组建的网络则会形成环路。如果网络中有计算机发送广播帧（目标 MAC 地址是 FF-FF-FF-FF-FF-FF），广播帧会在环路中一直转发，占用交换机的接口带宽，消耗交换机的资源，网络中的计算机会一直重复收到该帧，影响计算机接收正常通信的帧，这就要求交换机能够有效解决环路的问题。交换机使用生成树协议来阻断环路，大家都知道树型结构是没有环路的。下面讲解生成树协议的工作过程。

7.3.2 生成树协议的工作过程

生成树协议（Spanning Tree Protocol，STP）的基本原理，就是在具有物理环路的交换网络中，交换机通过运行 STP 协议，自动生成没有环路的网络拓扑。

STP 的任务是找到网络中的所有链路，并关闭所有冗余的链路，这样就可以防止网络环路的产生。为了达到这个目的，STP 首先需要选举一个根桥（根交换机），由根桥负责决定网络拓扑。一旦所有的交换机都同意将某台交换机选举为根桥，就必须为其余的交换机选定唯一的根端口。还必须为两台交换机之间的每一条链路两端连接的端口（一根网线就是一条链路）选定一个指定端口，既不是根端口也不是指定端口的端口就成为阻断端口，阻断端口不转发计算机通信的帧，阻断环路。

下面将以图 7-7 所示的网络拓扑为例讲解生成树的工作过程，分为以下 3 个步骤。

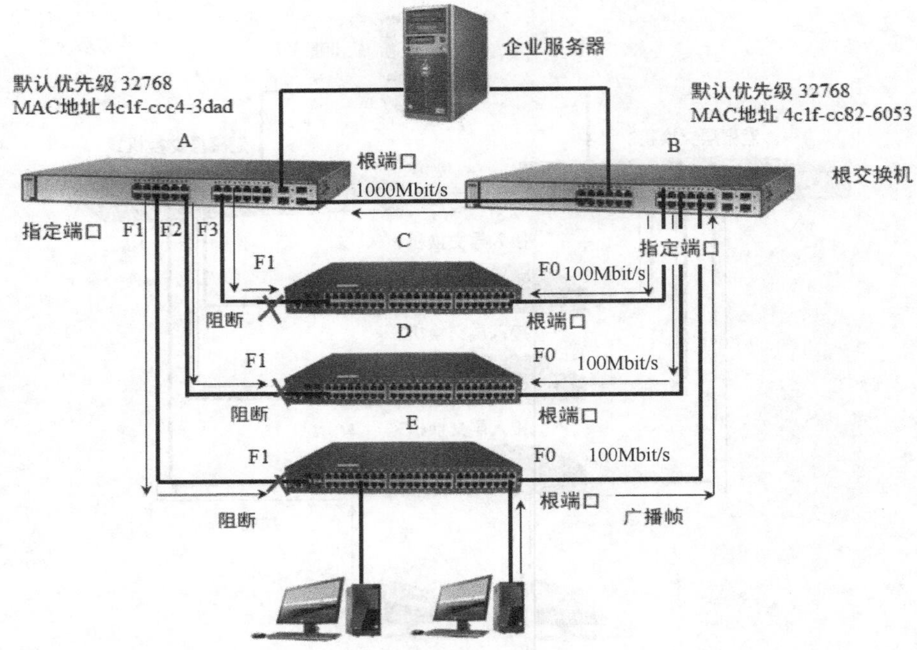

图 7-7 生成树的工作过程

（1）选举根桥。

（2）为非根桥交换机选定根端口。

（3）为每条链路两端连接的端口选定一个指定端口。

1．选举根桥

以上网络中有 A、B、C、D、E 这 5 台交换机，网桥 ID 最小的将被选举为根桥。网桥 ID 有 8 个字节长，由设备的优先级和 MAC 地址构成，在运行 IEEE STP 版本的所有设备上，默认优先级都为 32768。优先级相同时，MAC 地址最小的将被选举为根桥。

默认每隔 2 秒发送一次 BPDU（BPDU 是运行 STP 的交换机之间交换的消息帧。BPDU 内包含 STP 所需的路径和优先级信息，STP 便利用这些信息来确定根桥以及到根桥的路径）。它被发送到网桥/交换机的所有活动端口，通过 BPDU 选举根桥。在本例中，交换机 A 和交换机 B 的优先级相同，交换机 A 的 MAC 地址为 4c1f-cc82-6053，比交换机 A 的 MAC 地址 4c1f-ccc4-3dad 小，交换机 B 的就更有可能成为根桥。此外可以通过更改交换机的优先级来指定成为根桥的首选和备用交换机。通常我们会事先指定性能较好、距离网络中心较近的交换机作为根桥。在本示例中显然让交换机 A 和交换机 B 成为根桥的首选和备用交换机最佳。

本示例假设交换机 B 是所有交换机中 MAC 地址最小的，将交换机 B 选举为根桥。

2．选定根端口

确定了根桥后，交换机 A、C、D 和 E 为非根桥，每个非根桥要选择一个到达根桥最近（累计开销最小）的端口作为根端口，带宽越高、开销越小。对于 C 交换机来说，到达根桥最近的端口是 F0。因此 F0 端口就被选定为根端口，由根端口转发数据帧。

表 7-1 显示了端口速率和路径开销的对应关系。

表 7-1 端口速率和路径开销的对应关系

端口速率	路径开销（IEEE 802.1t 标准）
10Mbit/s	2 000 000
100Mbit/s	200 000
1000Mbit/s	20 000
10Gbit/s	2 000

3．选定指定端口

直白一点来说，连接交换机的每根网线两端连接的端口，也要选择一个到达根桥最近的端口作为指定端口。由于交换机 A 和 B 之间的连接带宽为 1000Mbit/s，因此交换机 A 的 F1、F2、F3 端口比交换机 C、D 和 E 的 F1 端口距离根桥近，因此交换机 A 的 F1、F2 和 F3 端口成为指定端口。根桥的所有端口都是指定端口，由指定端口转发数据帧。

4．非指定端口

确定了根端口和指定端口后，剩下的端口就是非指定端口，非指定端口将被置为阻塞状态。本示例中交换机 C、D、和 E 的 F1 接口就是非指定端口。虽然不能转发帧，但仍然可以接收帧，包括 BPDU。

7.3.3 生成树的端口状态

对于运行 STP 的网桥或交换机来说，其端口状态会在下列 5 种状态之间转变。

- 阻塞（Blocking）：被阻塞的端口将不能转发帧，它只监听 BPDU。设置阻塞状态的意图是防止使用有环路的路径。当交换机加电时，默认情况下所有的端口都处于阻塞状态。
- 侦听（Listening）：端口都侦听 BPDU，以确信在传送数据帧之前，在网络上没有环路产生。在侦听状态的端口没有形成 MAC 地址表时，就准备转发数据帧。
- 学习（Learning）：交换机端口侦听 BPDU，并学习交换式网络中的所有路径。处在学习状态的端口形成 MAC 地址表，但不能转发数据帧。转发延迟是指将端口从侦听状态转换到学习状态所花费的时间，默认设置为 15 秒，可以执行命令 display spanning-tree 来查看。
- 转发（Forwarding）：在桥接的端口上，处在转发状态的端口发送并接收所有的数据帧。如果在学习状态结束时，端口仍然是指定端口或根端口，它就会进入转发状态。
- 禁用（Disabled）：从管理上讲，处于禁用状态的端口不能参与帧的转发或形成 STP。禁用状态下，端口实质上是不工作的。

大多数情况下，交换机端口都处在阻塞或转发状态。转发端口是指到根桥开销最低的端口，但如果网络的拓扑发生改变（可能是链路失效了，或者有人添加了一台新的交换机），交换机上的端口就会处于侦听或学习状态。

正如前面提到的，阻塞端口是一种防止网络环路的策略。一旦交换机决定了到根桥的最佳路径，所有其他的端口就将处于阻塞状态。被阻塞的端口仍然能接收 BPDU，它们只是不能发送任何帧。

7.3.4 STP 改进

在 STP 网络中，如果新增或减少交换机，或者更改了交换机的网桥优先级，或者某条链路失效，那么 STP 协议有可能要重新选定根桥，为非根桥重新选定根端口，以及为每条链路重新选定指定端口，那些处于阻塞状态的端口有可能变成转发端口，这个过程需要十几秒的时间（这段时间又称为收敛时间），在此期间会引起网络中断。为了缩短收敛时间，IEEE 802.1w 定义了快速生成树协议（Rapid Spanning Tree Protocol，RSTP），RSTP 在 STP 的基础上进行了许多改进，使收敛时间大大减少，一般只需要几秒。在现实网络中 STP 几乎已经停止使用，取而代之的是 RSTP，RSTP 最重要的一个改进，就是端口状态只有 3 种：放弃、学习和转发。

RSTP 和 STP 还存在同一个缺陷，即局域网内的所有 VLAN 共享一棵生成树，链路被阻塞后将不承载任何流量，造成带宽浪费。多生成树协议（Multiple Spanning Tree Protocol，MSTP）是 IEEE 802.1s 中定义的一种新型生成树协议。MSTP 中引入了“实例”（Instance）和“域”（Region）的概念。所谓“实例”，就是多个 VLAN 的一个集合，这种将多个 VLAN 捆绑到一个实例中的方法可以节省通信开销和资源占用率。MSTP 各个实例拓扑的计算是独立的，在这些实例上就可以实现负载均衡。使用的时候，可以把多个相同拓扑结构的 VLAN 映射到某个实例中，这些 VLAN 在端口上的转发状态将取决于对应实例在 MSTP 里的转发状态。

华为交换机生成树协议默认使用 MSTP 模式，本课程重点讲解 RSTP 模式。

7.3.5 实战：查看和配置 STP

用 3 台交换机 S1、S2 和 S3 组建企业局域网，网络拓扑如图 7-8 所示，下面的操作实现以下功能。

- 启用 STP。
- 确定根桥。
- 查看端口状态。
- 配置 STP 模式为 RSTP。
- 指定根桥和备用的根桥。
- 配置边缘端口。

在 S1 上显示生成树运行状态。

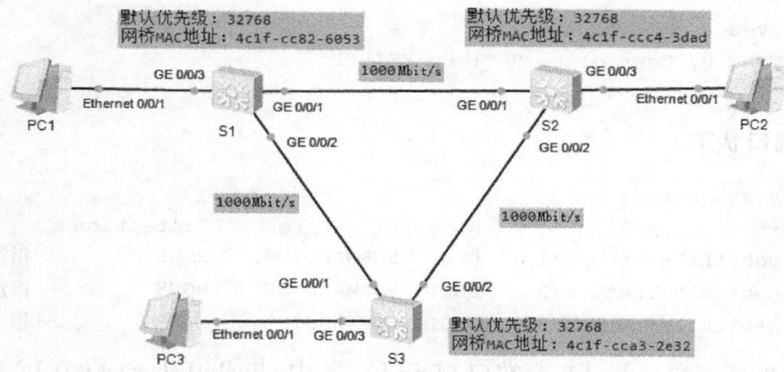

图 7-8 生成树实验网络拓扑

```
[S1]display stp
-------[CIST Global Info][Mode MSTP]-------           --全局设置，STP 模式默认为 MSTP
CIST Bridge              :32768.4c1f-cc82-6053         --交换机 S1 的 ID,32768 是优先级
Config Times             :Hello 2s MaxAge 20s FwDly 15s MaxHop 20
Active Times             :Hello 2s MaxAge 20s FwDly 15s MaxHop 20
CIST Root/ERPC           :32768.4c1f-cc82-6053 / 0     --根交换机 ID，S1 就是根交换机
CIST RegRoot/IRPC        :32768.4c1f-cc82-6053 / 0
CIST RootPortId          :0.0
BPDU-Protection          :Disabled
TC or TCN received       :7
TC count per hello       :0
STP Converge Mode        :Normal
Time since last TC       :0 days 0h:3m:23s
Number of TC             :8
Last TC occurred         :GigabitEthernet0/0/1
----[Port1(GigabitEthernet0/0/1)][FORWARDING]---- --端口GigabitEthernet 0/0/1 处于转发状态
 Port Protocol           :Enabled
 Port Role               :Designated Port
 Port Priority           :128                     --端口也有优先级，默认为 128
 Port Cost(Dot1T )       :Config=auto / Active=20000
 Designated Bridge/Port     :32768.4c1f-cc82-6053 / 128.1
 Port Edged              :Config=default / Active=disabled
 Point-to-point          :Config=auto / Active=true
 Transit Limit           :147 packets/hello-time
 Protection Type         :None
 Port STP Mode           :MSTP
 Port Protocol Type      :Config=auto / Active=dot1s
 BPDU Encapsulation      :Config=stp / Active=stp
 PortTimes               :Hello 2s MaxAge 20s FwDly 15s RemHop 20
 TC or TCN send          :1
 TC or TCN received      :0
 BPDU Sent               :96
          TCN: 0, Config: 0, RST: 0, MST: 96
```

```
BPDU Received       :1
        TCN: 0, Config: 0, RST: 0, MST: 1
     ......
```

显示STP端口状态。

```
[S1]display stp brief
 MSTID  Port                    Role  STP State     Protection
   0    GigabitEthernet0/0/1    DESI  FORWARDING    NONE          --指定端口，转发状态
   0    GigabitEthernet0/0/2    DESI  FORWARDING    NONE          --指定端口，转发状态
   0    GigabitEthernet0/0/3    DESI  FORWARDING    NONE          --指定端口，转发状态
```

根交换机上的所有端口都是指定端口（DESI），其中GigabitEthernet 0/0/3端口连接计算机，也会参与到生成树协议中。

关闭生成树协议。

```
[S1]stp disable
```

启用生成树协议，华为交换机STP协议默认已经启用。

```
[S1]stp enable
```

配置STP模式为RSTP。

```
[S1]stp mode ?                    --查看生成树有几种模式
  mstp  Multiple Spanning Tree Protocol (MSTP) mode
  rstp  Rapid Spanning Tree Protocol (RSTP) mode
  stp   Spanning Tree Protocol (STP) mode
[S1]stp mode rstp                 --设置STP模式为RSTP
```

虽然STP会自动选举根桥，但通常情况下，网络管理员会事先指定性能较好、距离网络中心较近的交换机作为根桥。可以更改交换机的优先级来指定根桥和备用的根桥。

下面更改交换机S2的优先级，让其优先成为根桥，更改S1的优先级，让其成为备用根桥。

```
[S2]stp priority ?
  INTEGER<0-61440>  Bridge priority, in steps of 4096  --优先级取值范围，取值是4096的倍数
[S2]stp priority 0                                     --优先级设置为0
[S1]stp priority 4096                                  --优先级设置为4096
```

也可以使用以下命令将S2的优先级设置为0。

```
[S2]stp root primary
```

也可以使用以下命令将S1的优先级设置为4096。

```
[S1]stp root secondary
```

在S2上查看STP信息。

```
[S2]display stp
```

```
-------[CIST Global Info][Mode RSTP]-------          --STP 模式为 RSTP
CIST Bridge          :0    .4c1f-ccc4-3dad           --优先级为 0
Config Times         :Hello 2s MaxAge 20s FwDly 15s MaxHop 20
Active Times         :Hello 2s MaxAge 20s FwDly 15s MaxHop 20
CIST Root/ERPC       :0    .4c1f-ccc4-3dad / 0
CIST RegRoot/IRPC    :0    .4c1f-ccc4-3dad / 0
…
```

在 S3 上查看 STP 摘要信息。

```
<S3>display stp brief
 MSTID  Port                          Role  STP State      Protection
   0    GigabitEthernet0/0/1          ALTE  DISCARDING     NONE
   0    GigabitEthernet0/0/2          ROOT  FORWARDING     NONE
   0    GigabitEthernet0/0/3          DESI  FORWARDING     NONE
```

可以看到 GigabitEthernet 0/0/1 为备用端口，状态为 DISCARDING（丢弃）。GigabitEthernet 0/0/2 为根端口，状态为 FORWARDING（转发）。GigabitEthernet 0/0/3 为指定端口，状态为 FORWARDING（转发）。

ROOT 表示端口角色为根端口。

ALTE 是英文单词 alternative 的缩写，端口角色为备用端口。

DESI 是英文单词 designation 的缩写，端口角色为指定端口。

生成树的计算主要发生在交换机互连的链路上，而连接 PC 的端口没有必要参与生成树计算，为了优化网络，降低生成树计算机对终端设备的影响，把交换机连接 PC 的端口配置成边缘端口。

以下操作禁止启用交换机的端口 GigabitEthernet 0/0/3，可以看到端口的初始状态为丢弃，15 秒后，端口进入学习状态，30 秒后才最终进入转发状态。

```
[S3]display stp brief
 MSTID  Port                          Role  STP State      Protection
   0    GigabitEthernet0/0/1          ALTE  DISCARDING     NONE
   0    GigabitEthernet0/0/2          ROOT  FORWARDING     NONE
   0    GigabitEthernet0/0/3          DESI  FORWARDING     NONE       --处于转发状态
[S3]interface GigabitEthernet 0/0/3
[S3-GigabitEthernet0/0/3]shutdown                                     --关闭端口
[S3-GigabitEthernet0/0/3]undo shutdown                                --启用端口
<S3>display stp brief
 MSTID  Port                          Role  STP State      Protection
   0    GigabitEthernet0/0/1          ALTE   DISCARDING    NONE
   0    GigabitEthernet0/0/2          ROOT  FORWARDING     NONE
   0    GigabitEthernet0/0/3          DESI   DISCARDING    NONE       --初始状态
```

执行以下命令，设置 GigabitEthernet 0/0/3 为边缘端口。

```
[S3]interface GigabitEthernet 0/0/3
[S3-GigabitEthernet0/0/3]stp edged-port enable
```

再次关闭、启用 GigabitEthernet 0/0/3 端口，运行 display stp brief，可以看到该端口立即进入转发状态，没有 30 秒的延迟。

7.4 VLAN

交换机的性能虽然比网桥和集线器高，并且端口带宽独享，每一个端口都是一个冲突域，但是对于使用交换机组建的网络，同一网段中的计算机数量最好不要太多，原因如下：同一网段内计算机数量太多，发送的广播帧会被交换机转发到所有端口，占用端口带宽。如果某台计算机中了 ARP 病毒并在网上大量发送广播，将会造成网络堵塞；或者如果中了 MAC 地址欺骗病毒，将会影响同一网段内所有计算机的网络通信。

出于安全考虑，公司的网络规划最好将同一个部门的计算机放置到一个网段，或将安全要求一致的计算机放置到一个网段，而不是按照计算机的物理位置划分网段。比如，将能够访问 Internet 的计算机放置到一个网段，然后在防火墙上进行配置，只允许该网段访问 Internet。

基于以上原因，使用交换机组建企业网络，同一网段中的计算机数量不易太多，建议 40～50 台，按部门划分网段，而不用考虑物理位置，这就用到下面讲到的 VLAN 技术。

7.4.1 什么是 VLAN

虚拟局域网（Virtual Local Area Network，VLAN）技术的出现，主要是为了解决交换机在进行局域网互连时无法限制广播的问题。这种技术可以把一个 LAN 划分成多个逻辑的 LAN-VLAN，每个 VLAN 是一个广播域，VLAN 内的主机间通信就和在一个 LAN 内一样，而 VLAN 间则不能直接互通，因此，广播报文被限制在一个 VLAN 内。VLAN 是一种将局域网设备从逻辑上划分成一个个网段，而不用按物理位置划分网段。

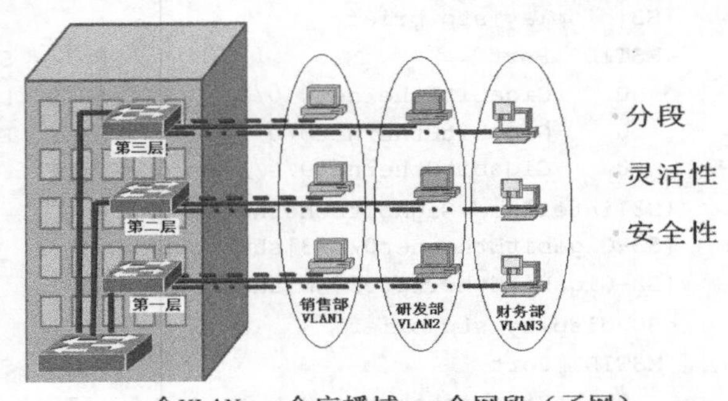

图 7-9 VLAN 示意图

如图 7-9 所示，公司在办公大楼的第一层、第二层和第三层部署了交换机，这 3 台交换机均为接入层交换机，通过汇聚层交换机进行连接。公司的销售部、研发部和财务部的计算机在每一层都有。从安全和控制网络广播方面考虑，可以为每一个部门创建一个 VLAN。在交换机上不同的 VLAN 使用数字进行标识，可以将销售部的计算机指定到 VLAN 1，为研发部创建 VLAN 2，为财务部创建 VLAN 3。

一个 VLAN 就是一个广播域，同一个 VLAN 中的计算机 IP 地址在同一个网段。

VLAN 有以下优点。

- 防范广播风暴：限制网络上的广播，将网络划分为多个 VLAN 可减少广播影响的设备数量。LAN 分段可以防止广播风暴波及整个网络。使用 VLAN，可以将某个交换端口或用户指定到某个特定的 VLAN，该 VLAN 可以在一台交换机中或跨接多台交换机，一个 VLAN 中的广播不会发送到 VLAN 之外。
- 安全：增强局域网的安全性，同一部门的计算机放到一个 VLAN，不同 VLAN 中的计算机必须通过网络设备才能通信，VLAN 之间的通信就可以通过路由器进行控制，从而降低泄露机密信息的可能性。

7.4.2 理解 VLAN

默认交换机的所有端口都属于 VLAN 1，VLAN 1 是默认 VLAN，不能删除。如图 7-9 所示，交换机 S1 的所有端口都在 VLAN 1 中，进入交换机端口的帧自动加上端口所属 VLAN 的标记，出交换机端口则会去掉 VLAN 标记。在图 7-10 中，计算机 A 给计算机 D 发送一个帧，帧进入 F0 端口，加了 VLAN 1 的标记，出 F3 端口，去掉 VLAN 1 的标记。对于通信的计算机 A 和 D 而言，这个过程是透明的。如果计算机 A 发送一个广播帧，该帧会加上 VLAN 1 的标记，转发到 VLAN 1 的所有端口。

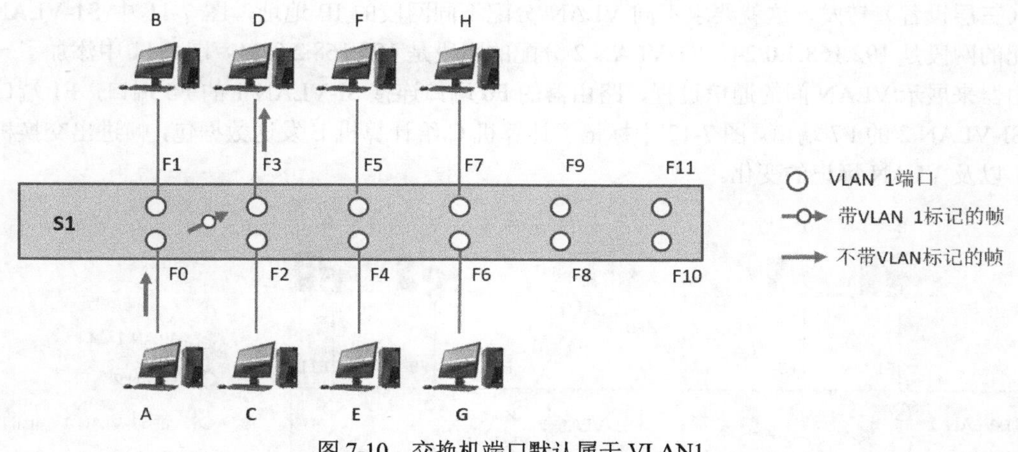

图 7-10　交换机端口默认属于 VLAN1

假如交换机 S1 上连接两个部门的计算机，A、B、C、D 是销售部门的计算机，E、F、G、H 是研发部门的计算机。为了安全考虑，将销售部门的计算机指定到 VLAN 1，将研发部门的计算机指定到 VLAN 2。如图 7-11 所示，计算机 E 给计算机 H 发送一个帧，进入 F8 端口，该帧加上了 VLAN 2 的标记，从 F11 端口出去，去掉了 VLAN 2 的标记。计算机发送和接收的帧不带 VLAN 标记。

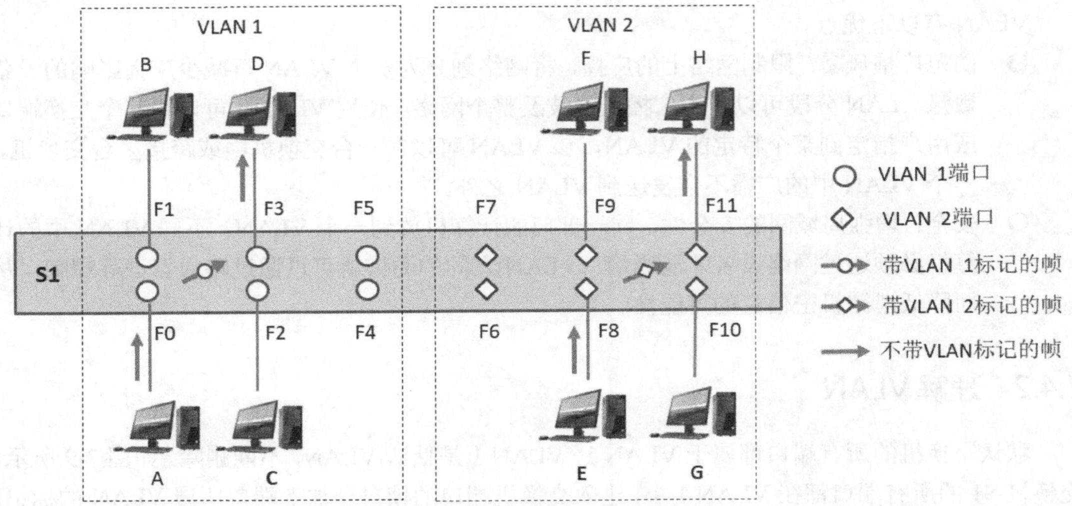

图 7-11 交换机上同一 VLAN 通信过程

交换机 S1 划分了两个 VLAN，等价于把该交换机逻辑上分成了两个独立的交换机 S1-VLAN1 和 S1-VLAN2，等价图如图 7-11 所示。看到这幅等价图，你就知道，不同 VLAN 的计算机即便 IP 地址设置成一个网段，也不能通信了。要想实现 VLAN 间通信，必须经过路由器（三层设备）转发，这就要求不同 VLAN 分配不同网段的 IP 地址，图 7-11 中 S1-VLAN 1 分配的网段是 192.168.1.0/24，S1-VLAN 2 分配的网段是 192.168.2.0/24。图 7-11 中添加了一个路由器来展示 VLAN 间的通信过程，路由器的 F0 端口连接 SI-VLAN 1 的 F5 端口，F1 端口连接 SI-VLAN 2 的 F7 端口。图 7-12 中标记了计算机 C 给计算机 E 发送数据包，帧进出交换机端口，以及 VLAN 标记的变化。

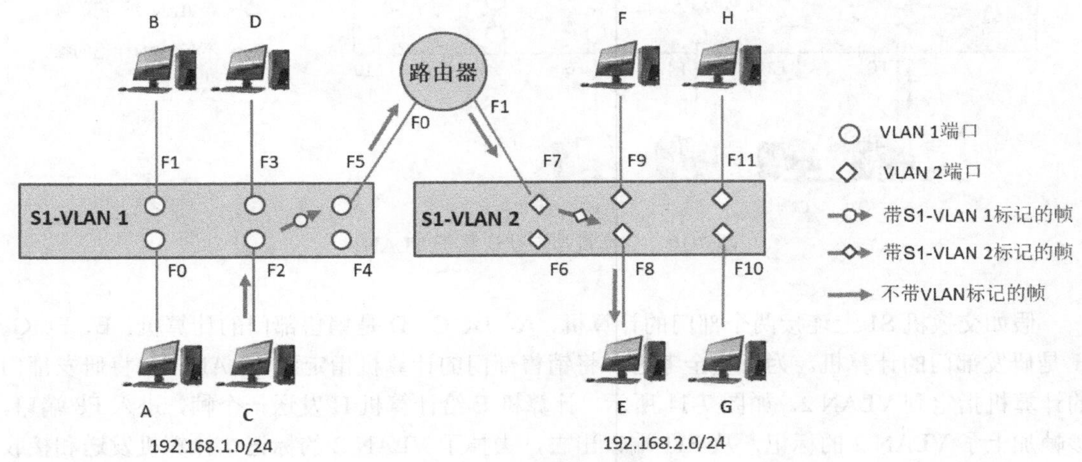

图 7-12 VLAN 等价图

7.4.3 跨交换机 VLAN

前面讲了一台交换机上可以创建多个 VLAN，有时候同一个部门的计算机接到不同的交换机，也要把它们划分到同一个 VLAN，这就是跨交换机 VLAN。

如图 7-13 所示，网络中有两台交换机 S1 和 S2，计算机 A、B、C、D 属于销售部门，计算机 E、F、G、H 属于研发部门。按部门划分 VLAN，销售部门为 VLAN 1，研发部门为 VLAN 2。为了让 S1 的 VLAN 1 和 S2 的 VLAN 1 能够通信，对两台交换机的 VLAN 1 端口进行连接，这样计算机 A、B、C、D 就属于同一个 VLAN，VLAN 1 跨两台交换机。同样对两台交换机上的 VLAN 2 端口进行连接，VLAN 2 也跨两台交换机。注意观察，计算机 D 与计算机 C 通信时帧的 VLAN 标记变化。

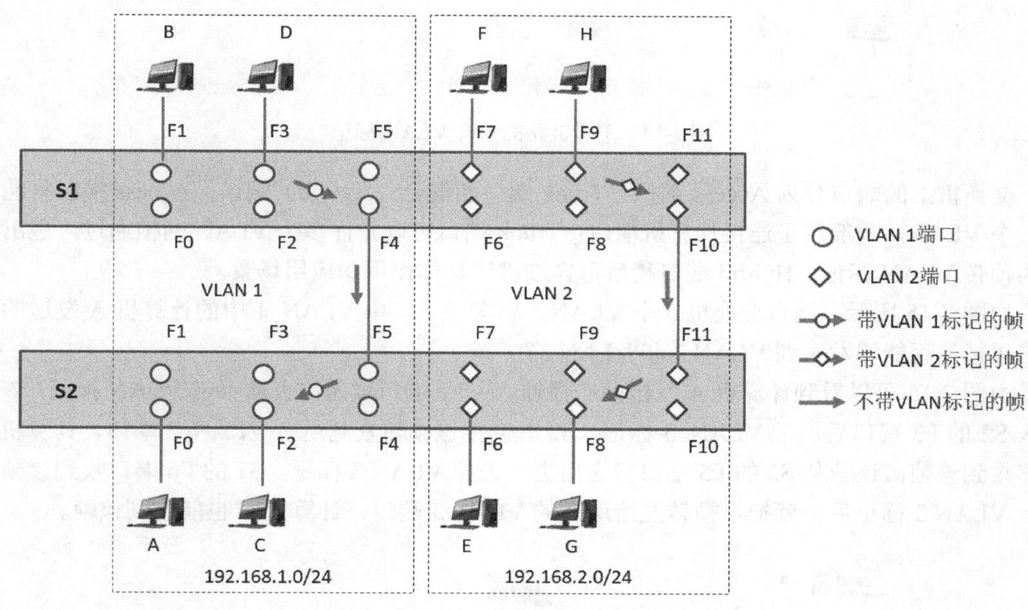

图 7-13 跨交换机 VLAN

通过图 7-13，大家能够容易理解跨交换机 VLAN 如何实现。上面给大家展示了两个跨交换机的 VLAN，每个 VLAN 使用单独的一根网线进行连接。跨交换机的多个 VLAN 也可以共用同一根网线，这根网线就称为干道链路，干道链路连接的交换机端口就称为干道端口，如图 7-14 所示。

在以上网络中，计算机连接交换机的链路称为接入（Access）链路。能够通过多个 VLAN 的交换机之间的链路称为干道（Trunk）链路。Access 链路上的帧不带 VLAN 标记（Untagged 帧），Trunk 链路上的帧带有 VLAN 标记（Tagged 帧）。通过干道传递帧，VLAN 信息不会丢失。比如计算机 B 发送一个广播帧，通过干道链路传到交换机 S2，交换机 S2 就知道这个广播帧来自 VLAN 1，就把该帧转发到 VLAN 1 的全部端口。

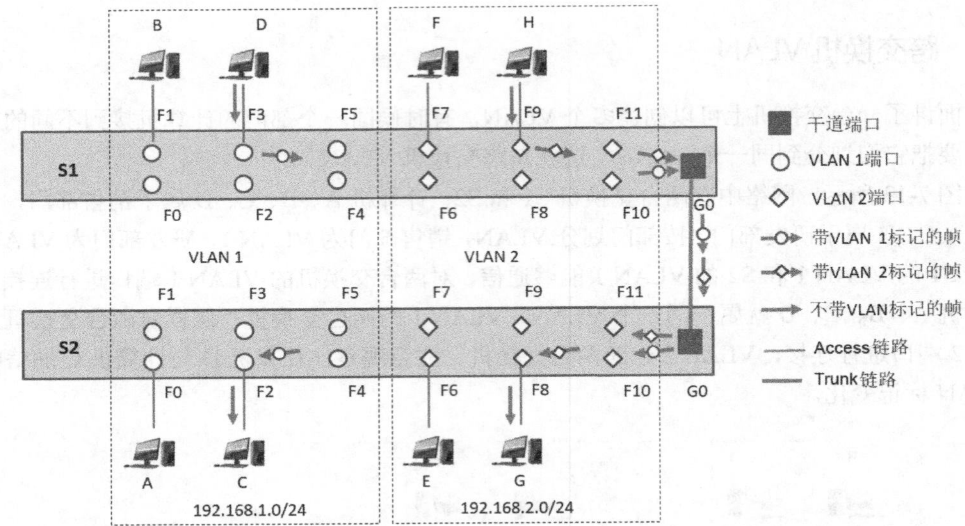

图 7-14 干道链路的帧有 VLAN 标记

交换机上的端口分为 Access 端口、Trunk 端口和混合（Hybrid）端口。Access 端口只能属于一个 VLAN，一般用于连接计算机端口；Trunk 端口可以允许多个 VLAN 的帧通过，进出端口的帧带 VLAN 标记。Hybrid 端口稍后再详细讲述具体作用和应用场景。

如图 7-15 所示，两台交换机 3 个 VLAN，思考一下，由 VLAN 1 中的计算机 A 发送的一个广播帧是否能够发送到 VLAN 2 和 VLAN 3？

由图 7-15 可以看到计算机 A 发出的广播帧，从 F2 端口发送出去就不带 VLAN 标记，该帧进入 S2 的 F3 端口后加了 VLAN 3 标记，S2 就会把该帧转发到所有 VLAN 2 端口，计算机 B 能够收到该帧，该帧从 S2 的 F5 端口发送出去，去掉 VLAN 3 标记。S1 的 F6 端口收到该帧，加上 VLAN 3 标记后，就把该帧转发给所有的 VLAN 3 端口，计算机 C 也能收到该帧。

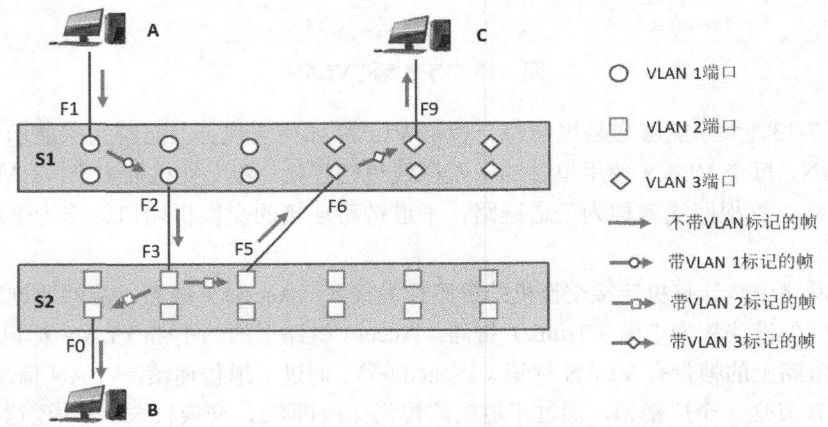

图 7-15 交换机之间不要使用 Access 端口连接

从以上分析可以看到创建了 VLAN 的交换机，交换机之间的连接最好不要使用 Access 端口，因为如果连接错误，会造成莫名其妙的网络故障。本来 VLAN 是隔绝广播帧的，这种连接使得广播帧能够扩散到 3 个 VLAN 中。

7.4.4 实战：配置跨交换机的 VLAN

如图 7-16 所示，网络中有两台接台层交换机 LSW2 和 LSW3、一台汇聚层交换机 LSW1，网络中有 6 台计算机，PC1 和 PC2 在 VLAN 1，PC3 和 PC4 在 VLAN 2，PC5 和 PC6 在 VLAN 3。

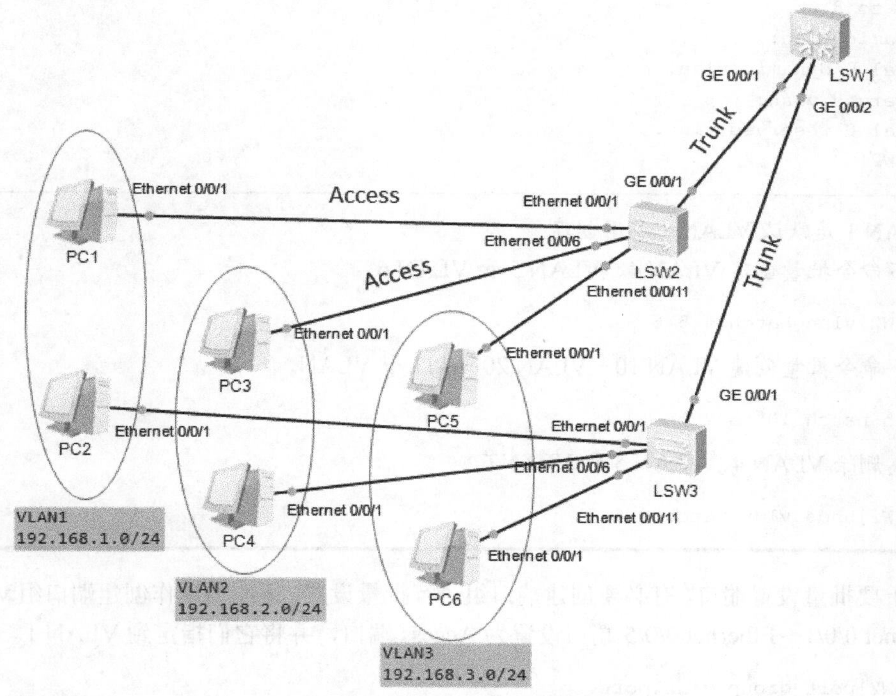

图 7-16 跨交换机 VLAN

需要我们完成以下功能。

（1）在交换机上创建 3 个 VLAN。

（2）将接入层交换机端口 Ethernet 0/0/1～Ethernet 0/0/5 指定到 VLAN 1。

（3）将接入层交换机端口 Ethernet 0/0/6～Ethernet 0/0/10 指定到 VLAN 2。

（4）将接入层交换机端口 Ethernet 0/0/11～Ethernet 0/0/15 指定到 VLAN 3。

（5）将连接计算机的端口设置成 Access 端口。

（6）将交换机之间的连接端口设置成 Trunk，允许 VLAN 1、VLAN 2、VLAN 3 的帧通过。

（7）捕捉分析干道链路上带 VLAN 标记的帧。

在交换机 LSW2 上创建 VLAN。

```
[LSW2]vlan ?
  INTEGER<1-4094>  VLAN ID                         --支持的 VLAN 数量，最大 4094
  batch            Batch process                   --可以批量创建 VLAN
[LSW2]vlan 2                                       --创建 VLAN 2
[LSW2-vlan2]quit
[LSW2]vlan 3                                       --创建 VLAN 3
[LSW2-vlan3]quit
[LSW2]display vlan summary                         --显示 VLAN 摘要信息
static vlan:
Total 3 static vlan.                               --总共 3 个 VLAN
  1 to 3
dynamic vlan:
Total 0 dynamic vlan.
reserved vlan:
Total 0 reserved vlan.
[LSW2]
```

VLAN 1 是默认 VLAN，不用创建。

以下命令批量创建 VLAN 4、VLAN 5 和 VLAN 6。

```
[LSW2]vlan batch 4 5 6
```

以下命令批量创建 VLAN 10～VLAN 20 共 11 个 VLAN。

```
vlan batch 10 to 20
```

批量删除 VLAN 4、VLAN 5 和 VLAN 6。

```
[LSW2]undo vlan batch 4 5 6
```

由于要批量设置端口，有必要创建端口组进行批量设置。下面的操作创建端口组 vlan1port，将 Ethernet 0/0/1～Ethernet 0/0/5 端口设置为 Access 端口，并将它们指定到 VLAN 1。

```
[LSW2]port-group vlan1port
[LSW2-port-group-vlan1port]group-member Ethernet 0/0/1 to Ethernet 0/0/5
[LSW2-port-group-vlan1port]port link-type ?                    --查看支持的端口类型
  access        Access port
  dot1q-tunnel  QinQ port
  hybrid        Hybrid port
  trunk         Trunk port
[LSW2-port-group-vlan1port]port link-type access               --将端口设置成 Access
[LSW2-port-group-vlan1port]port default vlan 1                 --指定到 VLAN 1
[LSW2-port-group-vlan1port]quit
```

为 VLAN 2 创建端口组 vlan2port，将 Ethernet 0/0/6～Ethernet 0/0/10 端口设置为 Access 端口，并将它们指定到 VLAN 2。

```
[LSW2]port-group vlan2port
[LSW2-port-group-vlan2port]group-member Ethernet 0/0/6 to Ethernet 0/0/10
[LSW2-port-group-vlan2port]port link-type access
[LSW2-port-group-vlan2port]port default vlan 2
[LSW2-port-group-vlan2port]quit
```

为 VLAN 3 创建端口组 vlan3port，将 Ethernet 0/0/11～Ethernet 0/0/15 端口设置为 Access 端口，并将它们指定到 VLAN 3。

```
[LSW2]port-group vlan3port
[LSW2-port-group-vlan3port]group-member Ethernet 0/0/11 to Ethernet 0/0/15
[LSW2-port-group-vlan3port]port link-type access
[LSW2-port-group-vlan3port]port default vlan 3
[LSW2-port-group-vlan3port]quit
```

将 GigabitEthernet 0/0/1 端口配置为 Trunk 类型，允许 VLAN 1、VLAN 2 和 VLAN3 的帧通过。

```
[LSW2]interface GigabitEthernet 0/0/1
[LSW2-GigabitEthernet0/0/1]port link-type trunk
[LSW2-GigabitEthernet0/0/1]port trunk allow-pass vlan ?
  INTEGER<1-4094>  VLAN ID
  all              All                                   --允许所有VLAN的帧通过
[LSW2-GigabitEthernet0/0/1]port trunk allow-pass vlan 1 2 3 --指定允许通过的VLAN
```

显示 VLAN 设置，可以看到端口 GE 0/0/1 同时属于 VLAN 1、VLAN 3 和 VLAN 3。

```
[LSW2]display vlan
The total number of vlans is : 3                    --VLAN数量
--------------------------------------------------------------------------------
U: Up;    D: Down;  TG: Tagged;    UT: Untagged;    --TG:带VLAN标记。UT:不带VLAN标记
MP: Vlan-mapping;        ST: Vlan-stacking;
#: ProtocolTransparent-vlan;     *: Management-vlan;
--------------------------------------------------------------------------------

VID  Type     Ports
--------------------------------------------------------------------------------
1    common   UT:Eth0/0/1(U)      Eth0/0/2(D)      Eth0/0/3(D)      Eth0/0/4(D)
                 Eth0/0/5(D)      Eth0/0/16(D)     Eth0/0/17(D)     Eth0/0/18(D)
                 Eth0/0/19(D)     Eth0/0/20(D)     Eth0/0/21(D)     Eth0/0/22(D)
                 GE0/0/1(U)       GE0/0/2(D)
2    common   UT:Eth0/0/6(U)      Eth0/0/7(D)      Eth0/0/8(D)      Eth0/0/9(D)
                 Eth0/0/10(D)
              TG:GE0/0/1(U)
3    common   UT:Eth0/0/11(U)     Eth0/0/12(D)     Eth0/0/13(D)     Eth0/0/14(D)
                 Eth0/0/15(D)
              TG:GE0/0/1(U)

......
```

参照 LSW1 的配置在 LSW3 上进行配置，创建 VLAN 并指定端口类型。

在汇聚层交换机上，创建 VLAN 2、VLAN 3，将两个端口类型设置成 Trunk，允许 VLAN 1、VLAN 2、VLAN 3 的帧通过。

```
[LSW1]vlan batch  2 3          --批量创建 VLAN 2 和 VLAN 3
[LSW1]interface GigabitEthernet 0/0/1
[LSW1-GigabitEthernet0/0/1]port link-type trunk
[LSW1-GigabitEthernet0/0/1]port trunk allow-pass vlan 1 2 3
[LSW1-GigabitEthernet0/0/1]quit
[LSW1]interface GigabitEthernet 0/0/2
[LSW1-GigabitEthernet0/0/2]port link-type trunk
[LSW1-GigabitEthernet0/0/2]port trunk allow-pass vlan 1 2 3
[LSW1-GigabitEthernet0/0/2]
```

完成以上配置后，右击 LSW2，单击“数据抓包”→“GE 0/0/1”，捕获干道链路帧，可以看到 VLAN 标记，如图 7-17 所示。

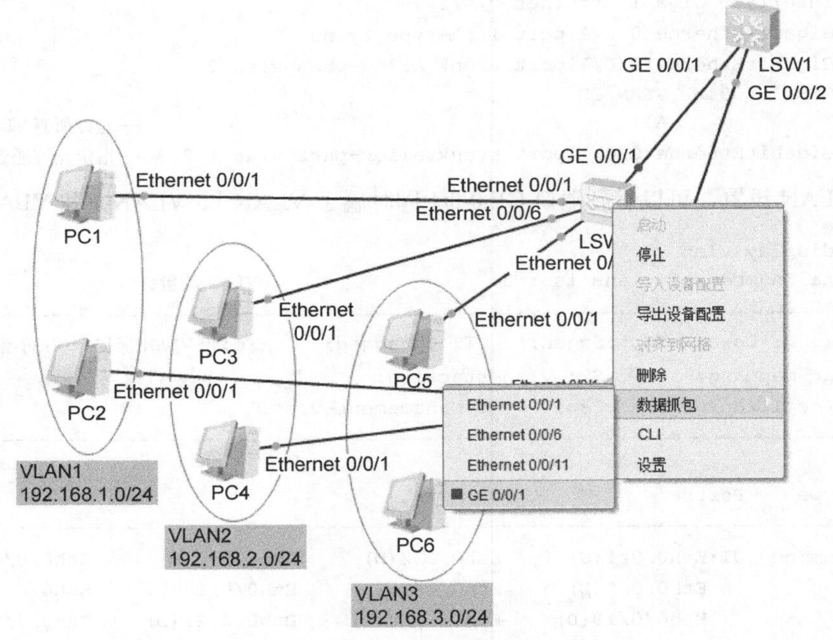

图 7-17 捕获干道链路帧

如图 7-18 所示，可以看到华为交换机的干道链路帧在数据链路层和网络层之间插入了 VLAN 标记，使用的是 IEEE 802.1Q 帧格式。VLAN ID 使用 12 位表示，VLAN ID 的取值范围为 0～4095，由于 0 和 4095 为协议保留取值，因此 VLAN ID 的有效取值范围为 1～4094，图 7-17 中展示的帧是 VLAN 2 的帧。

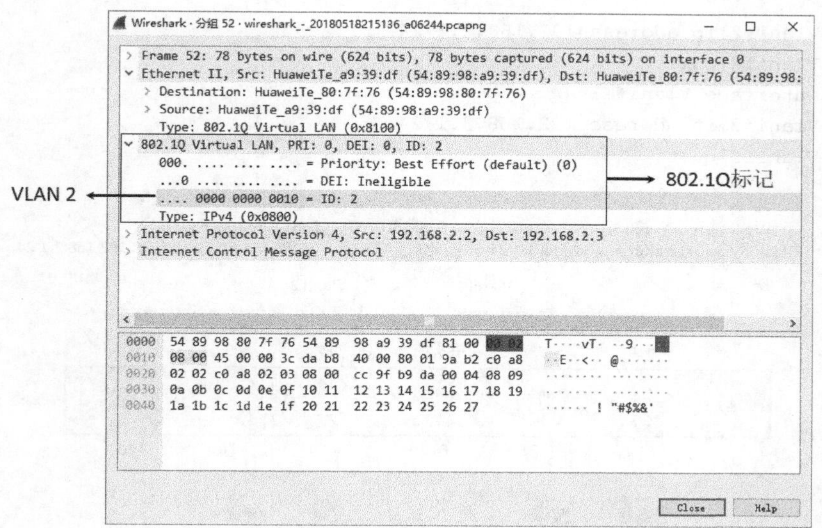

图 7-18 带 VLAN 标记的帧结构

7.4.5 实战：使用三层交换实现 VLAN 间路由

三层交换是在网络交换机中引入路由模块，从而取代传统路由器以实现交换与路由相结合的网络技术。具有三层交换功能的设备是带有三层路由功能的二层交换机。其在 IP 路由的处理上进行了改进，实现了简化的 IP 转发流程，利用专用的 ASIC 芯片实现硬件的转发，这样绝大多数的报文处理就都可以在硬件中实现了，只有极少数报文才需要使用软件转发，整个系统的转发性能得以提升千倍，相同性能的设备在成本上也得到大幅下降。

具有三层交换功能的交换机，到底是交换机还是路由器？这对很多学生来说不好理解。大家可以把三层交换机理解成虚拟路由器和交换机的组合。在交换机上有几个 VLAN，在虚拟路由器上就有几个虚拟端口（Vlanif）和这几个 VLAN 相连接。

如图 7-19 所示，在三层交换上创建了两个 VLAN——VLAN 1 和 VLAN 2，在虚拟路由器上就有两个虚拟端口 Vlanif 1 和 Vlanif 2，这两个虚拟端口相当于分别接入 VLAN 1 的某个接口和 VLAN 2 的某个接口。图中的端口 F5 和 Vlanif 1 连接，端口 F7 和 Vlanif 2 连接。图 7-19 纯属为了形象展示，虚拟路由器是不可见的，也不占用交换机的物理端口和 Vlanif 端口连接。我们能够操作的就是给虚拟端口配置 IP 地址和子网掩码，让其充当 VLAN 的网关，让不同 VLAN 中的计算机能够相互通信。

7.4.4 节的实验只配置了跨交换机的 VLAN，继续上面的实验，LSW1 是三层交换机，配置 LSW1 交换机以实现 VLAN 1、VLAN 2 和 VLAN 3 的路由。

```
[LSW1]interface Vlanif 1
[LSW1-Vlanif1]ip address 192.168.1.1 24
[LSW1-Vlanif1]quit
[LSW1]interface Vlanif 2
```

```
[LSW1-Vlanif2]ip address 192.168.2.1 24
[LSW1-Vlanif2]quit
[LSW1]interface Vlanif 3
[LSW1-Vlanif3]ip address 192.168.3.1 24
[LSW1-Vlanif3]quit
```

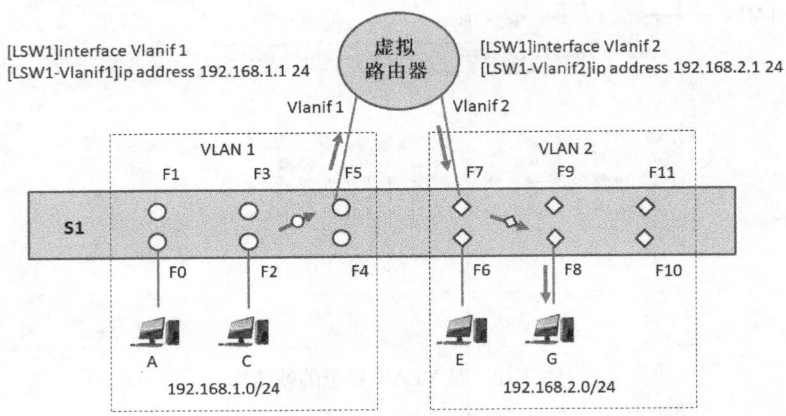

图 7-19 三层交换机等价图

7.4.6 使用路由器实现 VLAN 间路由

在交换机上创建多个 VLAN，VLAN 间通信可以使用路由器实现。如图 7-20 所示，两台交换机使用干道链路连接，创建了 3 个 VLAN，路由器的 F0、F1 和 F2 端口连接 3 个 VLAN 的 Access

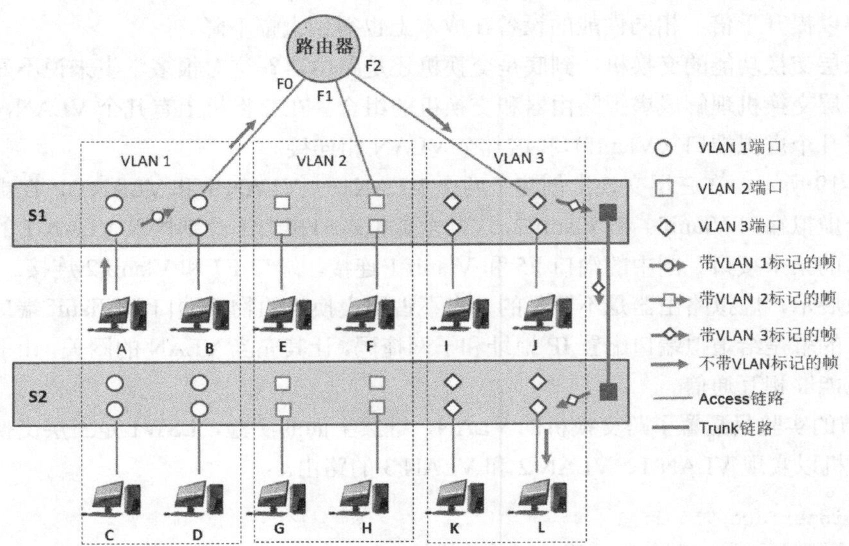

图 7-20 多臂路由器实现 VLAN 间路由

端口，路由器在不同 VLAN 间转发数据包。路由器的一条物理链路被形象地称为"手臂"，如图 7-19 所示，展示了使用多臂路由器实现 VLAN 间路由，另外还展示了 VLAN 1 中的计算机 A 与 VLAN 3 中的计算机 L 通信的过程，注意观察帧在途经链路上的 VLAN 标记。思考一下计算机 H 给计算机 L 发送数据时，帧的路径和经过每条链路时的 VLAN 标记。

将路由器的一个端口连接 VLAN 的 Access 端口，一个 VLAN 需要路由器的一个物理端口，这样增加 VLAN 时就要考虑路由器的端口是否够用。也可以将路由器的物理端口连接到交换机的干道链路，如图 7-21 所示。将路由器的物理端口划分成多个子端口，每个子端口对应一个 VLAN，在子端口设置 IP 地址作为对应 VLAN 的网关，一个物理端口就可以实现 VLAN 间路由，这就是使用单臂路由器实现 VLAN 间路由。图 7-20 展示了 VLAN 1 中的计算机 A 给 VLAN 3 中的计算机 L 发送数据包时经过的链路。

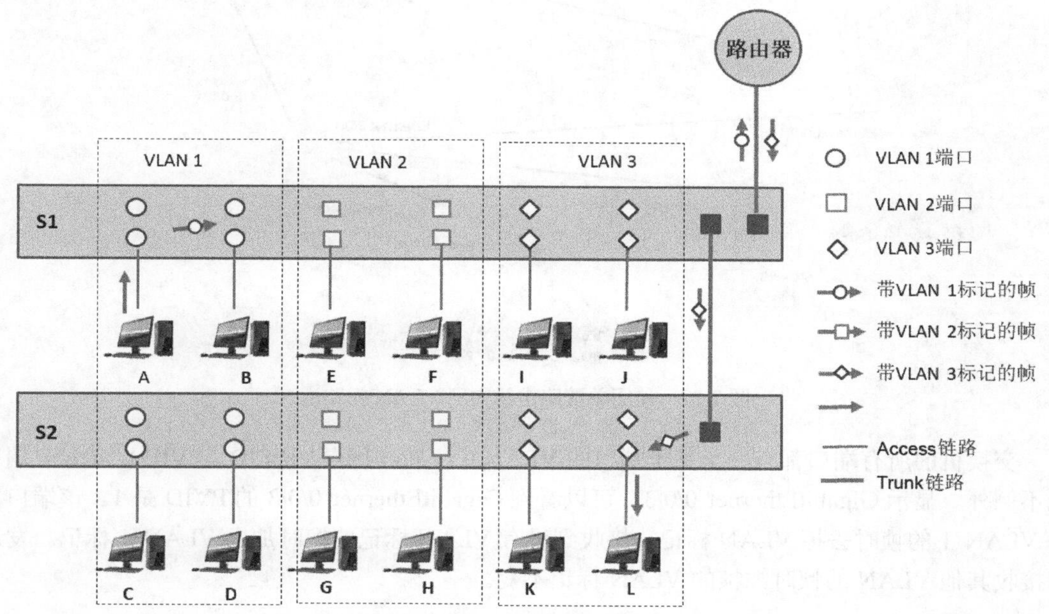

图 7-21 单臂路由器实现 VLAN 间路由

7.4.7 实战：使用单臂路由器实现 VLAN 间路由

如图 7-22 所示，跨交换机的 3 个 VLAN 已经创建完成，在 LSW1 交换机上连接一个路由器以实现 VLAN 间通信，需要将 LSW1 交换机的 GE 0/0/3 配置成 Trunk 端口，允许 VLAN 1、VLAN 2 和 VLAN 3 通过。配置 AR1 路由器的 GE 0/0/0 物理端口作为 VLAN 1 的网关，配置 GE 0/0/0.2 子端口作为 VLAN 2 的网关，配置 GE 0/0/0.3 子端口作为 VLAN 3 的网关。

配置 LSW1 上连接路由器的端口 GigabitEthernet 0/0/3 为 Trunk 端口，允许所有 VLAN 的帧通过。

```
[LSW1]interface GigabitEthernet 0/0/3
```

```
[LSW1-GigabitEthernet0/0/3]port link-type trunk
[LSW1-GigabitEthernet0/0/3]port trunk allow-pass vlan all
```

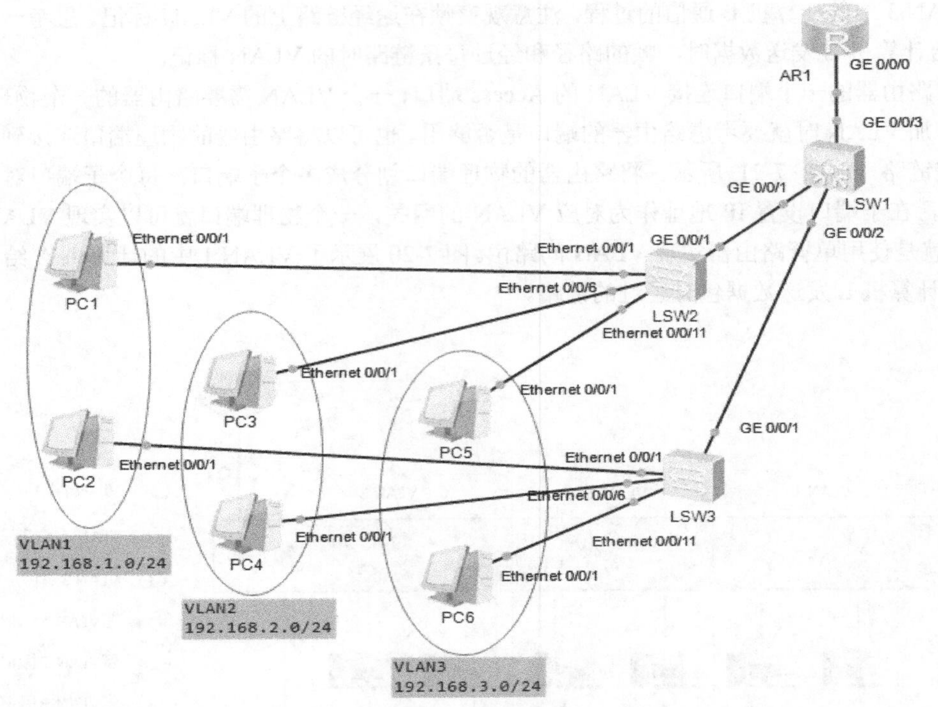

图 7-22 使用单臂路由器实现 VLAN 间路由

交换机的所有端口都有一个基于端口的 VLAN ID（Port-base Vlan ID，PVID），Trunk 端口也不例外。显示 GigabitEthernet 0/0/3，可以看到 GigabitEthernet 0/0/3 的 PVID 是 1。该端口发送 VLAN 1 的帧时去掉 VLAN 标记，接收到没有 VLAN 标记的帧时加上 VLAN 1 标记。发送和接收其他 VLAN 的帧时，帧的 VLAN 标记不变。

```
[LSW1]display interface GigabitEthernet 0/0/3
GigabitEthernet 0/0/3 current state : UP
Line protocol current state : UP
Description:
Switch Port, PVID :    1, TPID : 8100(Hex), The Maximum Frame Length is 9216  --PVID是1
......
```

配置 AR1 路由器的 GE 0/0/0 端口和子端口。由于连接路由器的交换机的端口 PVID 是 VLAN 1，就让物理端口作为 VLAN 1 的网关，接收不带 VLAN 标记的帧。在物理端口后面加一个数字就是一个子端口，子端口编号和 VLAN 编号不要求一致，这里为了好记，子端口编号和 VLAN 编号一样。

```
[AR1]interface GigabitEthernet 0/0/0                    --配置物理端口作为VLAN 1的网关
```

```
[AR1-GigabitEthernet0/0/0]ip address 192.168.1.1 24
[AR1-GigabitEthernet0/0/0]quit
[AR1]interface GigabitEthernet 0/0/0.2          --进入子端口
[AR1-GigabitEthernet0/0/0.2]ip address 192.168.2.1 24
[AR1-GigabitEthernet0/0/0.2]dot1q termination vid 2   --指定子端口对应的 VLAN
[AR1-GigabitEthernet0/0/0.2]arp broadcast enable      --开启 ARP 广播功能
[AR1-GigabitEthernet0/0/0.2]quit
[AR1]interface GigabitEthernet 0/0/0.3
[AR1-GigabitEthernet0/0/0.3]ip address 192.168.3.1 24
[AR1-GigabitEthernet0/0/0.3]dot1q termination vid 3   --指定子端口对应的 VLAN
[AR1-GigabitEthernet0/0/0.3]arp broadcast enable
[AR1-GigabitEthernet0/0/0.3]quit
```

7.5 一个网段，多个 VLAN

通常一个部门的计算机网络安全要求是一致的，比如允许市场部门的计算机能够访问 Internet，研发部门的计算机不允许访问 Internet。路由器可以控制跨网段的计算机通信（访问控制列表），为了便于路由器基于网段控制计算机通信，通常一个部门分配一个网段、一个网段占用一个 VLAN。

但有些情况也有可能需要控制同一个网段内计算机的通信，比如市场部门的员工分为 3 个组，员工使用的计算机也分为 3 个组，一组和二组能够相互通信，一组和三组能够相互通信，二组和三组不能相互通信。这时就需要一个部门分配一个网段，实现一个网段内有多个 VLAN。这种情况要就用到交换机的混合端口。

7.5.1 混合端口

前面给大家讲了一个 VLAN 内一个子网（网段）。如果想控制同一个网段内计算机之间的相互通信，可以在一个网段内创建多个 VLAN，在交换机上使用混合（Hybrid）端口来实现。如图 7-23 所示，计算机 A、B、C、D、E、F 在 192.168.0.0/24 网段，一组和二组能够相互通信，一组和三组能够相互通信，二组和三组之间不能相互通信。

实现方法：在交换机上创建 3 个 VLAN，将相应的端口指定到相应的 VLAN，端口类型设置为 Hybrid，然后设置这些端口允许把哪些 VLAN 的帧发送出去，发送出去的帧不带 VLAN 标记。如图 7-23 所示，设置 VLAN 10 的端口允许把 VLAN 10、VLAN 20、VLAN 30 的帧发送出去，设置 VLAN 20 的端口允许把 VLAN 20、VLAN10 的帧发送出去，设置 VLAN 30 的端口允许把 VLAN 30、VLAN 10 的帧发送出去。

图 7-22 中画出了计算机 B 与计算机 C 通信时使用的帧，①是计算机 B 发送给计算机 C 的帧，注意观察帧的 VLAN 标记；②是计算机 C 发送给计算机 B 的帧，注意观察帧的 VLAN 标记。图 7-23 中也画出了计算机 E 与计算机 D 通信时的帧；③是计算机 E 发送给计算机 D 帧；

④是计算机D发送给计算机E的帧。注意观察帧的VLAN标记变化。

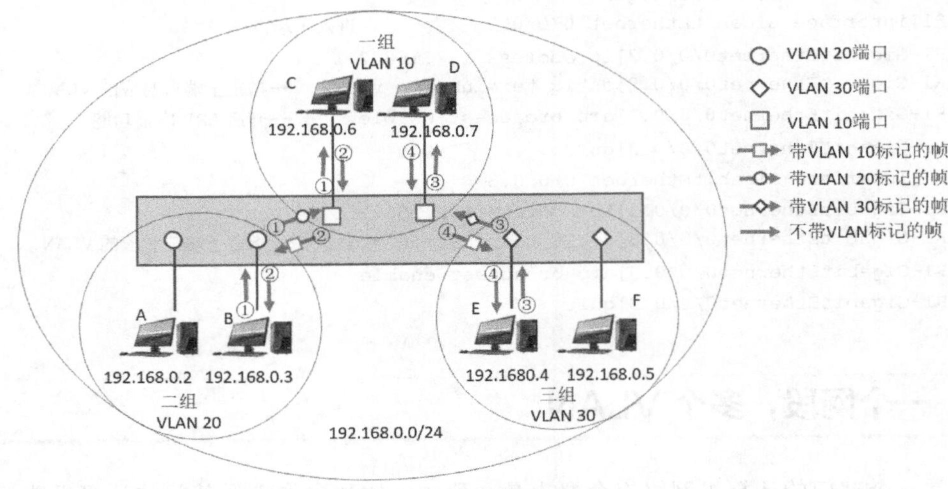

图 7-23 混合端口

思考一下，图 7-23 中有几个广播域？计算机 B 发送一个广播帧，会广播到 VLAN 20 和 VLAN 10。计算机 C 发送一个广播帧，会广播到 VLAN 10、VLAN 20 和 VLAN 30。计算机 E 发送一个广播帧，会广播到 VLAN 10 和 VLAN 30，由此可知有 3 个广播域。

7.5.2 实战：使用混合端口控制 VLAN 间通信

如图 7-24 所示，6 个 PC 在 192.168.0.0/24 网段，允许 VLAN 10 和 VLAN 20 中的计算机相互通信，允许 VLAN 10 和 VLAN 30 中的计算机相互通信，不允许 VLAN 20 和 VLAN 30 中的计算机相互通信。

下面展示在 LSW1 上的配置。

创建 VLAN 10、VLAN20 和 VLAN30。

```
[LSW1]vlan batch 10 20 30
```

创建端口组 vlan10port，将 Ethernet 0/0/1～Ethernet 0/0/5 端口类型设置为 Hybrid，指定端口所属基本 VLAN，指定允许把 VLAN 10、VLAN 20 和 VLAN 30 的帧转发出去，变成 untagged 帧（不带 VLAN 标记的帧）。由于连接的是计算机，因此要变成 untagged 帧。

```
[LSW1]port-group vlan10group
[LSW1-port-group-vlan10group]group-member Ethernet 0/0/1 to Ethernet 0/0/5
[LSW1-port-group-vlan10group]port link-type hybrid
[LSW1-port-group-vlan10group]port hybrid pvid vlan 10        --指定端口所属基本 VLAN
[LSW1-port-group-vlan10group]port hybrid untagged vlan 10 20 30    --指定允许转发哪些VLAN的帧
[LSW1-port-group-vlan10group]quit
```

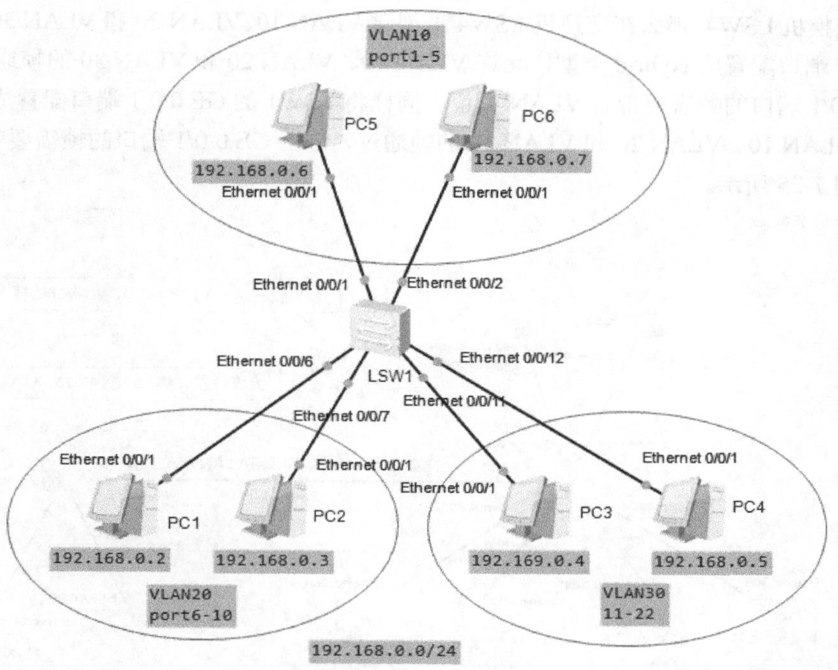

图 7-24　使用混合端口控制 VLAN 间通信

创建端口组 vlan20port，将 Ethernet 0/0/6～Ethernet 0/0/10 端口类型设置为 Hybrid，指定端口所属基本 VLAN，指定允许把 VLAN 20 和 VLAN 10 的帧转发出去，变成 untagged 帧。

```
[LSW1]port-group vlan20port
[LSW1-port-group-vlan20port]group-member Ethernet 0/0/6 to Ethernet 0/0/10
[LSW1-port-group-vlan20port]port link-type hybrid
[LSW1-port-group-vlan20port]port hybrid pvid vlan 20
[LSW1-port-group-vlan20port]port hybrid untagged vlan 20 10
[LSW1-port-group-vlan20port]quit
```

创建端口组 vlan30port，将 Ethernet 0/0/11～Ethernet 0/0/15 端口类型设置为 Hybrid，指定端口所属基本 VLAN，指定允许把 VLAN 30 和 VLAN 10 的帧转发出去，变成 untagged 帧。

```
[LSW1]port-group vlan30port
[LSW1-port-group-vlan30port]group-member Ethernet 0/0/11 to Ethernet 0/0/15
[LSW1-port-group-vlan30port]port link-type hybrid
[LSW1-port-group-vlan30port]port hybrid pvid vlan 30
[LSW1-port-group-vlan30port]port hybrid untagged vlan 10 30
[LSW1-port-group-vlan30port]quit
```

7.5.3　实战：跨交换机的混合端口

以上是在交换机上配置混合端口来实现 VLAN 间通信控制的过程，如果在 LSW1 交换机上又连接了交换机LSW4，那么在交换机LSW4上创建VLAN 10、VLAN 20和VLAN 30，将LSW4的GE 0/0/1端口配置成Hybrid类型，允许VLAN 10、VLAN 20和VLAN 30的帧通过。注意：进出GE 0/0/1端口的帧需要带着VLAN标记。同样将LSW1的GE 0/0/1端口配置成Hybrid类型，允许VLAN 10、VLAN 20和VLAN 30的帧通过，进出GE 0/0/1端口的帧需要带着VLAN标记，如图7-25所示。

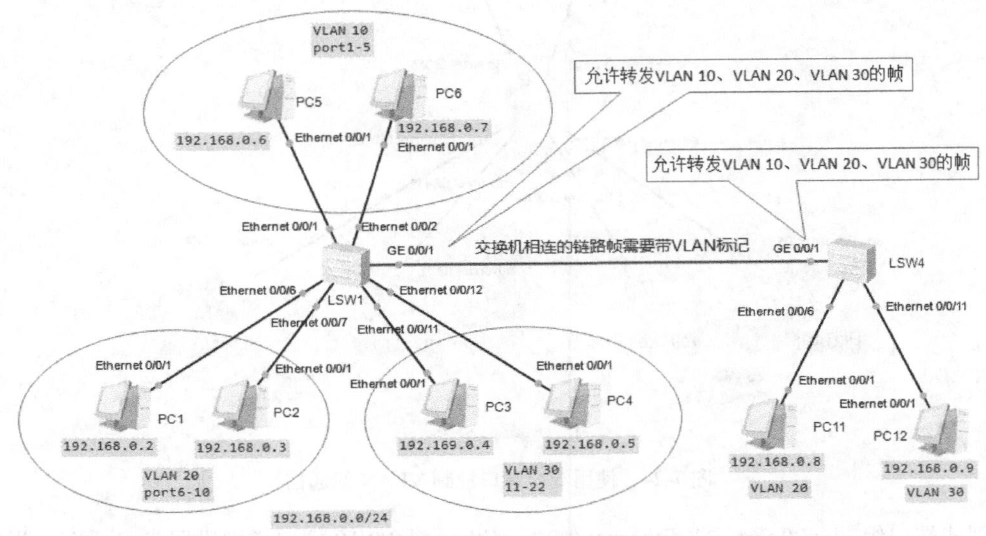

图7-25 跨交换机的混合端口

在7.5.2节的基础上增加LSW4交换机，重复配置不再列出，在LSW1上配置GE 0/0/1端口。

```
[LSW1]interface GigabitEthernet 0/0/1
[LSW1-GigabitEthernet0/0/1]port link-type hybrid              --设置端口类型为Hybrid
[LSW1-GigabitEthernet0/0/1]port hybrid tagged vlan 10 20 30 --注意是tagged帧，带VLAN标记
```

在LSW4上创建VLAN 10、VLAN20和VLAN 30。

```
[LSW4]vlan batch 10 20 30
```

设置端口Ethernet 0/0/6的端口类型、PVID以及允许转发哪些VLAN的帧。

```
[LSW4]interface Ethernet 0/0/6
[LSW4-Ethernet0/0/6]port link-type hybrid
[LSW4-Ethernet0/0/6]port hybrid pvid vlan 20
[LSW4-Ethernet0/0/6]port hybrid untagged vlan 10 20         --注意是untagged帧
[LSW4-Ethernet0/0/6]quit
```

设置端口Ethernet 0/0/11的端口类型、PVID以及允许转发哪些VLAN的帧。

```
[LSW4]interface Ethernet 0/0/11
[LSW4-Ethernet0/0/11]port link-type hybrid
```

```
[LSW4-Ethernet0/0/11]port hybrid pvid vlan 30
[LSW4-Ethernet0/0/11]port hybrid untagged vlan 30 10        --注意是 untagged 帧
[LSW4-Ethernet0/0/11]quit
```

在 LSW4 上配置 GE 0/0/1 端口，指定端口类型和允许转发哪些 VLAN 的帧，带 VLAN 标记。

```
[LSW4]interface GigabitEthernet 0/0/1
[LSW4-GigabitEthernet0/0/1]port link-type hybrid
[LSW4-GigabitEthernet0/0/1]port hybrid tagged vlan 10 20 30  --注意是 tagged，带 VLAN 标记
```

配置完成后验证效果，PC11 和 PC12 不能通信，PC11 和 PC5 能相互通信，PC12 和 PC5 能相互通信。

当然，交换机之间的连接端口也可以配置成 Trunk 类型。Trunk 链路中的帧默认就带 VLAN 标记。

在 LSW1 上，清除端口配置，将交换机之间的连接端口配置成干道类型。

```
[LSW1]clear configuration interface GigabitEthernet 0/0/1   --清除端口配置，端口会关闭
[LSW1]interface GigabitEthernet 0/0/1
[LSW1-GigabitEthernet0/0/1]undo shutdown                     --启用端口
[LSW1-GigabitEthernet0/0/1]port link-type trunk
[LSW1-GigabitEthernet0/0/1]port trunk allow-pass vlan 10 20 30
[LSW1-GigabitEthernet0/0/1]
```

在 LSW4 上，清除端口配置，将交换机之间的连接端口配置成干道类型。

```
[LSW4]clear configuration interface GigabitEthernet 0/0/1
[LSW4]interface GigabitEthernet 0/0/1
[LSW4-GigabitEthernet0/0/1]undo shutdown
[LSW4-GigabitEthernet0/0/1]port link-type trunk
[LSW4-GigabitEthernet0/0/1]port trunk allow-pass vlan 10 20 30
```

验证配置结果。

7.6 端口隔离

端口隔离可以实现在同一个 VLAN 内对端口进行逻辑隔离，端口隔离分为 L2 层隔离和 L3 层隔离，在这里只讲解和演示 L2 层隔离。

如图 7-26 所示，PC1、PC2 和 PC3 在同一个 VLAN，不允许它们之间相互通信，但允许它们访问 Internet。这就要求设置交换机以实现端口隔离，但不能隔离它们和路由器 AR1 的 GE 0/0/0 相互通信。

下面是交换机 S1 上的配置步骤，由于要设置多个端口隔离，因此定义一个端口组，进行批量设置。

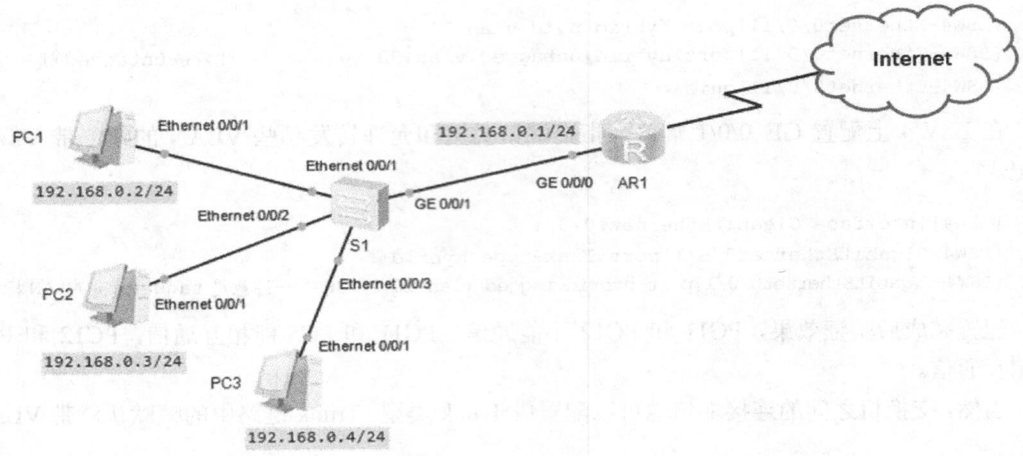

图 7-26 端口隔离

```
[S1]port-isolate mode ?
  all   All
  l2    L2 only
[S1]port-isolate mode l2                                        --启用 L2 层隔离功能
[S1]port-group vlan1port                                        --定义一个端口组
[S1-port-group-vlan1port]group-member Ethernet 0/0/1 to Ethernet
[S1-port-group-vlan1port]port link-type access
[S1-port-group-vlan1port]port default vlan 1
[S1-port-group-vlan1port]port-isolate enable group ?
  INTEGER<1-64>  Port isolate group-id
[S1-port-group-vlan1port]port-isolate enable group 1          --隔离组内的端口不能相互通信
```

交换机 S1 的 GE 0/0/1 不能加入端口隔离组 1，处于同一隔离组的各个端口间不能通信。

7.7 链路聚合

交换机之间的多条物理链路可以使用 Eth-Trunk 技术捆绑在一起形成一条逻辑链路，逻辑链路的带宽是物理链路带宽的总和，流量从这几条物理链路进行负载均衡。如果某条物理链路出现故障，这条逻辑链路依然存在，只是带宽有所下降，这就是链路聚合技术。

这条逻辑链路的两端在交换机上称为 Eth-Trunk 端口，绑定在一起的物理链路的端口称为成员端口，Eth-Trunk 只能由以太网链路构成。Trunk 的优势如下。

- 负载分担，在一个 Eth-Trunk 端口内，可以实现流量负载分担。
- 提高可靠性，当某个成员端口连接的物理链路出现故障时，流量会切换到其他可用的链路上，从而提高整个 Trunk 链路的可靠性。
- 增加带宽，Trunk 端口的总带宽是各成员端口带宽的总和。

- 多条物理链路绑定成为聚合链路后，在生成树协议中视为一条链路。

要想实现链路聚合，要求 Eth-Trunk 中物理端口的参数必须一致，这些参数包括、物理端口类型、物理端口数量、物理端口速率以及物理端口的双工方式。

链路聚合的方式主要有以下两种。

- 静态 Trunk：静态 Trunk 将多条物理链路直接加入 Trunk 组，形成一条逻辑链路，又称为手工负载分担模式。
- 动态 LACP：链路聚合控制协议（Link Aggregation Control Protocol，LACP）是一种实现链路动态汇聚的协议。LACP 协议通过链路聚合控制协议数据单元（Link Aggregation Control Protocol Data Unit，LACPDU）与对端交互信息。激活某端口的 LACP 协议后，该端口将通过发送 LACPDU 向对端通告自己的系统优先级、系统 MAC 地址、端口优先级和端口号。对端接收到这些信息后，将这些信息与自己的属性比较，选择能够聚合的端口，从而双方可以对端口加入或退出某个动态聚合组达成一致。

下面就配置 LSW2 和 LSW1 之间的两条物理链路为一条聚合链路，配置 LSW3 和 LSW1 之间的两条物理链路为一条聚合链路，并将这两条聚合链路配置为干道链路，允许 VLAN 20 和 VLAN 40 的帧通过，如图 7-27 所示。

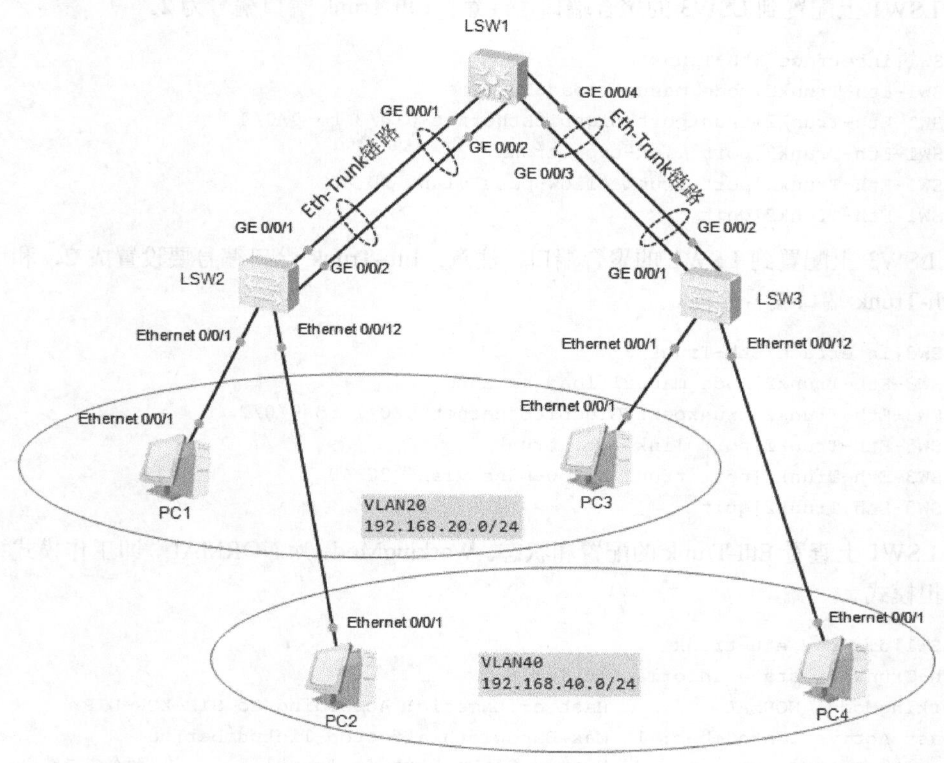

图 7-27 链路聚合

在 LSW2 上配置到 LSW1 的聚合端口，注意：Eth-Trunk 端口编号在两端设备上需要相同。

```
[LSW2]interface Eth-Trunk 1                                     --创建编号为1的Eth-Trunk
[LSW2-Eth-Trunk1]mode ?                                          --链路聚合模式
  lacp-static  Static working mode
  manual       Manual working mode
[LSW2-Eth-Trunk1]mode manual load-balance
[LSW2-Eth-Trunk1]trunkport GigabitEthernet 0/0/1 to 0/0/2      --指定聚合链路中的物理端口
[LSW2-Eth-Trunk1]port link-type trunk                           --将聚合端口链路类型设置为Trunk
[LSW2-Eth-Trunk1]port trunk allow-pass vlan 20 40               --允许VLAN 20和VLAN 40的帧通过
[LSW2-Eth-Trunk1]quit
```

在 LSW1 上配置到 LSW2 的聚合端口。

```
[LSW1]interface Eth-Trunk 1                                     --这个编号要和LSW2上的相同
[LSW1-Eth-Trunk1]mode manual load-balance
[LSW1-Eth-Trunk1]trunkport GigabitEthernet 0/0/1 to 0/0/2
[LSW1-Eth-Trunk1]port link-type trunk
[LSW1-Eth-Trunk1]port trunk allow-pass vlan 20 40
[LSW1-Eth-Trunk1]quit
```

在 LSW1 上配置到 LSW3 的聚合端口，注意：Eth-Trunk 端口编号为 2。

```
[LSW1]interface Eth-Trunk 2
[LSW1-Eth-Trunk2]mode manual load-balance
[LSW1-Eth-Trunk2]trunkport GigabitEthernet 0/0/3 to 0/0/4
[LSW1-Eth-Trunk2]port link-type trunk
[LSW1-Eth-Trunk2]port trunk allow-pass vlan  20 40
[LSW1-Eth-Trunk2]quit
```

在 LSW3 上配置到 LSW1 的聚合端口。注意：Eth-Trunk 端口编号要设置成 2，和 LSW1 上的 Eth-Trunk 端口编号相同。

```
[LSW3]interface Eth-Trunk 2
[LSW3-Eth-Trunk2]mode manual load-balance
[LSW3-Eth-Trunk2]trunkport GigabitEthernet 0/0/1 to 0/0/2
[LSW3-Eth-Trunk2]port link-type trunk
[LSW3-Eth-Trunk2]port trunk allow-pass vlan  20 40
[LSW3-Eth-Trunk2]quit
```

在 LSW1 上查看 Eth-Trunk 的配置和状态。WorkingMode 为 NORMAL，即工作模式为手工负载分担模式。

```
[LSW1]display eth-trunk
Eth-Trunk1's state information is:
WorkingMode: NORMAL          Hash arithmetic: According to SIP-XOR-DIP
Least Active-linknumber: 1  Max Bandwidth-affected-linknumber: 8
Operate status: up          Number Of Up Port In Trunk: 2      --两个成员端口
--------------------------------------------------------------------------------
PortName                          Status      Weight
```

```
GigabitEthernet0/0/1            Up          1
GigabitEthernet0/0/2            Up          1

Eth-Trunk2's state information is:
WorkingMode: NORMAL          Hash arithmetic: According to SIP-XOR-DIP
Least Active-linknumber: 1  Max Bandwidth-affected-linknumber: 8
Operate status: up           Number Of Up Port In Trunk: 2    --两个成员端口
--------------------------------------------------------------------------------
PortName                        Status       Weight
GigabitEthernet0/0/3            Up          1
GigabitEthernet0/0/4            Up          1
```

在 PC1 上 ping PC3，断掉聚合链路的一条物理链路，测试聚合链路的稳定性，你将发现网络在短暂中断后会自动畅通。

7.8 习题

1．在下面关于 VLAN 的描述中，不正确的是（　　）。

A．VLAN 把交换机划分成多个逻辑上独立的交换机

B．主干（Trunk）链路可以提供多个 VLAN 之间通信的公共通道

C．由于包含多个交换机，　VLAN 扩大了冲突域

D．一个 VLAN 可以跨越交换机

2．如图 7-28 所示，主机 A 跟主机 C 通信时，SWA 与 SWB 间的 Trunk 链路传递的是不带 VLAN 标记的数据帧，但是当主机 B 跟主机 D 通信时，SWA 与 SWB 之间的 Trunk 链路传递的是带 VLAN 标记 20 的数据帧。

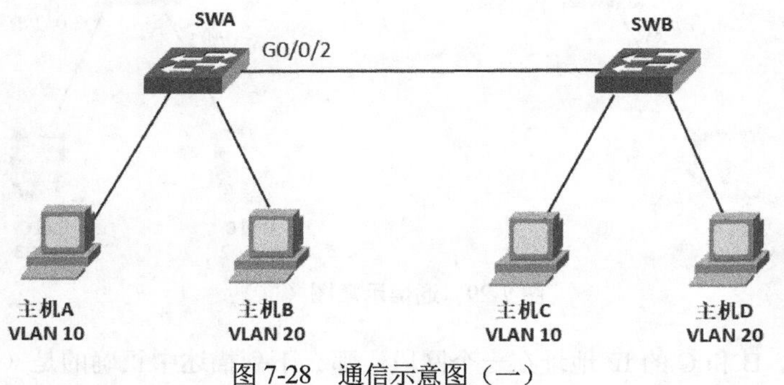

图 7-28　通信示意图（一）

根据以上信息，下列描述中正确的是（　　）。

A．SWA 上的 G0/0/2 端口不允许 VLAN 10 通过

B．SWA 上的 G0/0/2 端口的 PVID 是 10

C．SWA 上的 G0/0/2 端口的 PVID 是 20

D．SWA 上的 G0/0/2 端口的 PVID 是 1

3．以下关于生成树协议中的 Forwarding 状态的描述中，错误的是（　　）。

A．Forwarding 状态的端口可以接收 BPDU 报文

B．Forwarding 状态的端口不学习报文的源 MAC 地址

C．Forwarding 状态的端口可以转发数据报文

D．Forwarding 状态的端口可以发送 BPDU 报文

4．以下信息是运行 STP 的某交换机上所显示的端口状态信息。根据这些信息，以下描述中正确的是（　　）。

```
<S3>display stp brief
MSTID  Port                     Role  STP State    Protection
0      GigabitEthernet0/0/1     ALTE  DISCARDING   NONE
0      GigabitEthernet0/0/2     ROOT  FORWARDING   NONE
0      GigabitEthernet0/0/3     DESI  FORWARDING   NONE
```

A．此网络中有可能只包含这一台交换机

B．此交换机是网络中的根交换机

C．此交换机是网络中的非根交换机

D．此交换机肯定连接了 3 台其他的交换机

5．如图 7-29 所示，交换机与主机连接的端口均为 Access 端口，SWA 的 G 0/0/1 的 PVID 为 2，SWB 的 G 0/0/1 的 PVID 为 2，SWB 的 G 0/0/3 的 PVID 为 3。SWA 的 G 0/0/2 为 Trunk 端口，PVID 为 2，且允许所有 VLAN 通过。SWB 的 G 0/0/2 为 Trunk 端口，PVID 为 3，且允许所有 VLAN 通过。

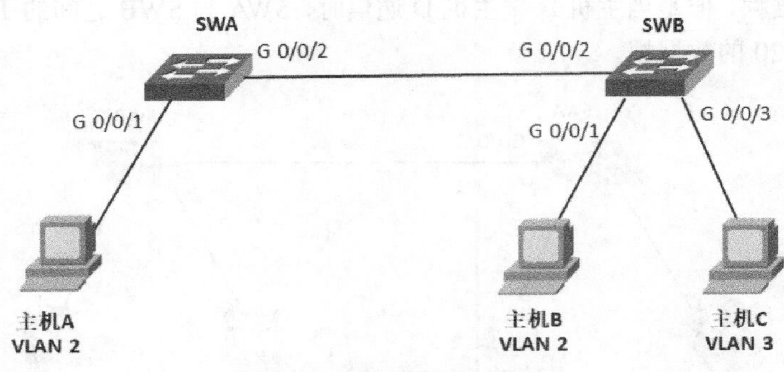

图 7-29　通信示意图（二）

如果主机 A、B 和 C 的 IP 地址在一个网段，那么下列描述中正确的是（　　）。

A．主机 A 只可以与主机 B 通信

B．主机 A 只可以与主机 C 通信

C．主机 A 既可以与主机 B 通信，也可以与主机 C 通信

D．主机 A 既不能与主机 B 通信，也不能与主机 C 通信

6．使用单臂路由器实现 VLAN 间通信时，通常的做法是采用子端口，而不是直接采用物理端口，这是因为（　　）。

A．物理端口不能封装 802.1Q

B．子端口转发速度更快

C．用子端口能节约物理端口

D．子端口可以配置 Access 端口或 Trunk 端口

7．使用命令“vlan batch 10 20”“vlan batch 10 to 20”分别能创建的 VLAN 数量是（　　）。

A．2 和 2

B．11 和 11

C．11 和 2

D．2 和 11

8．如图 7-30 所示，在 SWA 与 SWB 上创建 VLAN 2，将连接主机的端口配置为 Access 端口，且属于 VLAN 2。SWA 的 G 0/0/1 与 SWB 的 G 0/0/2 都是 Trunk 端口，且允许所有 VLAN 通过。如果要使主机间能够正常通信，则网络管理员需要（　　）。

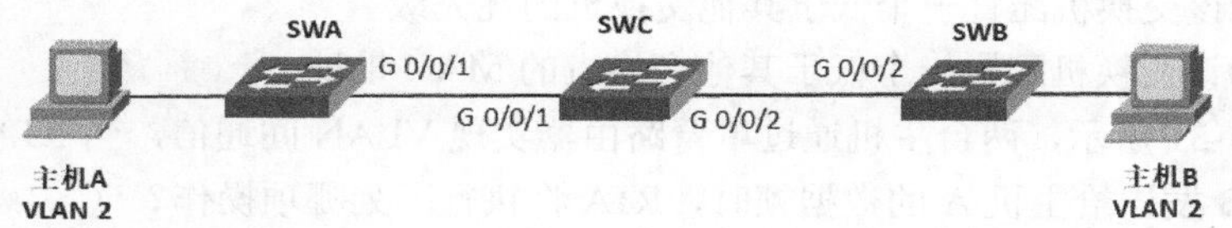

图 7-30　通信示意图（三）

A．在 SWC 上创建 VLAN 2 即可

B．配置 SWC 上的 G 0/0/ 1 为 Trunk 端口且允许 VLAN 2 通过即可

C．配置 SWC 上的 G 0/0/ 1 和 G 0/0/2 为 Trunk 端口且允许 VLAN 2 通过即可

D．在 SWC 上创建 VLAN 2，配置 G 0/0/1 和 G 0/0/2 为 Trunk 端口，且允许 VLAN 2 通过

9．当二层交换网络中出现冗余路径时，用什么方法可以阻止环路产生、提高网络的可靠性？（　　）

A．生成树协议

B．水平分割

C．毒性逆转

D．触发更新

10．有用户反映在使用网络传输文件时，速度非常低，管理员在网络中使用 Wireshark 抓包工具发现了一些重复的帧，下面关于可能的原因或解决方案的描述中，正确的是（　　）。

A．交换机在 MAC 地址表中查不到数据帧的目的 MAC 地址时，会泛洪该数据帧

B．网络中的交换设备必须进行升级改造

C．网络在二层存在环路

D．网络中没有配置 VLAN

11．链路聚合有什么作用？（　　）（选择 3 个答案）

A．增加带宽

B．实现负载分担

C．提升网络可靠性

D．便于对数据进行分析

12．在交换机上，哪些 VLAN 可以使用 undo 命令来删除？（　　）（选择 3 个答案）

A．VLAN 1

B．VLAN 2

C．VLAN 1024

D．VLAN 4096

13．如何保证某台交换机成为整个网络中的根交换机？（　　）

A．为该交换机配置一个低于其他交换机的 IP 地址

B．设置该交换机的根路径开销值为最低

C．为该交换机配置一个低于其他交换机的优先级

D．为该交换机配置一个低于其他交换机的 MAC 地址

14．如图 7-31 所示，两台主机通过单臂路由器实现 VLAN 间通信，当 RTA 的 G0/0/1.2 子端口收到主机 B 发送给主机 A 的数据帧时，RTA 将执行下列哪项操作？（　　）

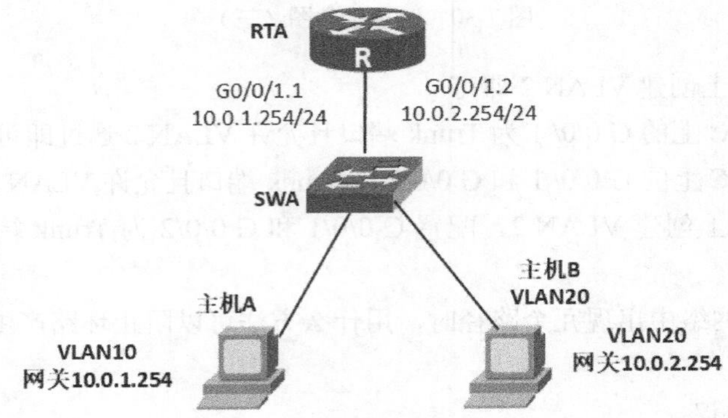

图 7-31　通信示意图（四）

A．RTA 将数据帧通过 G0/0/1.1 子端口直接转发出去

B．RTA 删除 VLAN 标记 20 后，由 G0/0/1.1 端口发送出去

C．RTA 首先要删除 VLAN 标记 20，然后添加 VLAN 标记 10，再由 G0/0/1.1 端口发送出去

D．RTA 将丢弃数据帧

15．下列关于 VLAN 配置的描述中，正确的是（　　）。

A．可以删除交换机上的 VLAN 1

B．VLAN 1 可以配置成 Voice VLAN

C．所有 Trunk 端口默认允许 VLAN 1 的数据帧通过

D．用户能够配置使用 VLAN 4095

16．交换机收到一个带有 VLAN 标记的数据帧，但是在 MAC 地址表中查不到该数据帧的目的 MAC 地址，下列描述中正确的是（ ）。

A．交换机会向所有端口广播该数据帧

B．交换机会向该数据帧所在 VLAN 的所有端口（除接收端口）广播此数据帧

C．交换机会向所有 Access 端口广播该数据帧

D．交换机会丢弃该数据帧

17．命令 port trunk allow-pass vlan all 有什么作用？（ ）

A．在该端口上允许所有 VLAN 的数据帧通过

B．与该端口相连接的对端端口必须同时配置 port trunk permit vlan all

C．相连的对端设备可以动态确定允许哪些 VLAN ID 通过

D．如果为相连的远端设备配置了 port default vlan 3 命令，则两台设备之间的 VLAN 3 无法互通

18．在 RSTP 标准中，交换机直接与终端相连接而不是与其他网桥相连的端口定义为（ ）。

A．快速端口

B．备份端口

C．根端口

D．边缘端口

19．下列关于 Trunk 端口与 Access 端口的描述中，正确的是（ ）。

A．Access 端口只能发送 untagged 帧

B．Access 端口只能发送 tagged 帧

C．Trunk 端口只能发送 untagged 帧

D．Trunk 端口只能发送 tagged 帧

20．STP 计算的端口开销（port cost）和端口带宽有一定关系，即带宽越大，开销越（ ）。

A．小

B．大

C．一致

D．不一定

21．Access 类型的端口在发送报文时，会（ ）。

A．发送带标记的报文

B．剥离报文的 VLAN 信息，然后发送出去

C．添加报文的 VLAN 信息，然后发送出去

D．打上本端口的 PVID 信息，然后发送出去

22．如图 7-32 所示，默认情况下，网络管理员希望使用 Eth-Trunk 手工聚合 SWA 与 SWB 之间的两条物理链路，下面描述中正确的是（ ）。

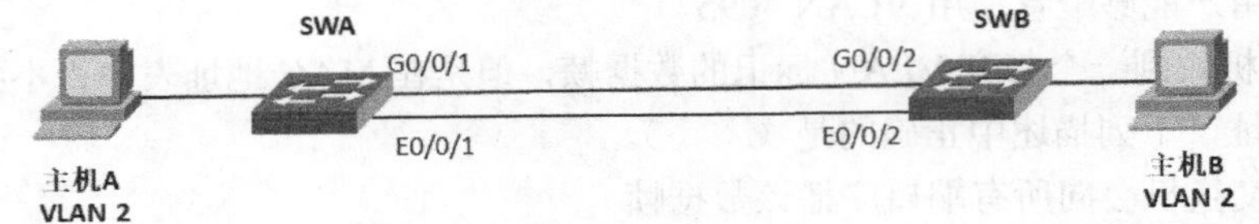

图 7-32 通信示意图（五）

A．聚合后可以正常工作

B．可以聚合，聚合后只有 G 端口能收发数据

C．可以聚合，聚合后只有 E 端口能收发数据

D．不能聚合

23．某交换机端口属于 VLAN 5，现在从 VLAN 5 中将该端口删除后，该端口属于哪个 VLAN？（ ）

A．VLAN 0

B．VLAN 1

C．VLAN 1023

D．VLAN 1024

第8章 网络安全

本章内容

- 基本 ACL
- 高级 ACL

路由器在不同网段转发数据包，为数据包选择路径，也可以根据数据包的源 IP 地址、目标 IP 地址、协议、源端口、目标端口等信息过滤数据包。

数据包过滤通常控制哪些网段允许访问哪些网段，哪些网段禁止访问哪些网段。从源地址到目标地址画一个箭头，就能看到数据包经过哪些路由到达目的地，可以在数据包途经的任何路由器（当然这些路由器归你管理才行）上进行数据包过滤，数据包过滤可以在进路由器的端口或出路由器的端口上进行。确定了在哪个路由器的哪个端口，以及在哪个端口的哪个方向进行数据包过滤后，再创建访问控制列表（ACL），在 ACL 中添加包过滤规则。

ACL 分为基本 ACL 和高级 ACL，基本 ACL 只能基于数据包的源地址、报文分片标记和时间段来定义规则。高级 ACL 可以根据数据包的源 IP 地址、目标 IP 地址、协议、目标端口、源端口、数据包的长度值来定义规则。高级 ACL 与基本 ACL 相比，高级 ACL 在控制上更精准、更灵活、更复杂。

本章讲解基本 ACL 和高级 ACL 的用法，ACL 规则的应用顺序，在 ACL 中添加规则、删除规则、插入规则，以及将 ACL 应用到路由器的端口。

8.1 基本 ACL

ACL 分为基本 ACL 和高级 ACL。基本 ACL 只能基于数据包的源地址、报文分片标记和时间段来定义规则。根据数据包从源网络到目标网络的路径，在必经之地（某个路由器的端口）进行数据包过滤。在创建 ACL 之前，需要先确定在沿途的哪个路由器以及在哪个端口的哪个方向进行数据包过滤。

下面就以一家企业的网络为例，讲述基本 ACL 的用法。

8.1.1 基本 ACL 的应用

如图 8-1 所示，某企业内网有 3 个网段，sales 部门在 VLAN 1，market 部门在 VLAN 2，

服务器在 VLAN 3，AR1 路由器连接这 3 个 VLAN，GE 0/0/0 端口连接 Internet 上的路由器 AR2，AR2 路由器连接一个 20.1.2.0/24 网段，充当 Internet。为了标注简洁，网络中计算机的 IP 地址只标注了后面两部分，比如 PC1 的 IP 地址是 192.168.1.2，标注为 1.2。

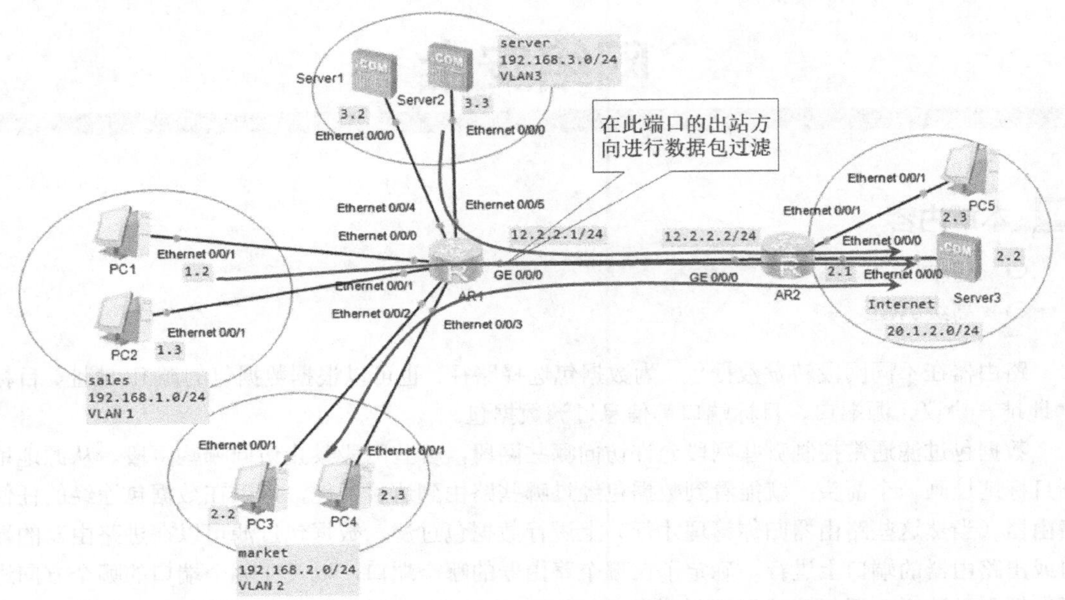

图 8-1 企业网络

在 AR1 路由器上创建 ACL，以实现下列要求。

- Server 网段不允许访问 Internet。
- VLAN 1 从周一至周五只允许在中午 12:00～14:00 访问 Internet。
- VLAN 1 在周六、周日全天允许访问 Internet。
- VLAN 2 允许访问 Internet。
- 内网的 3 个网段允许相互访问。

分析以上 5 条要求，都是控制内网访问 Internet 的流量。从源网络到目标网络，用箭头画出数据包经过的路径，可以看到内网访问 Internet 的数据包都要经过 AR1 路由器的 GE 0/0/0 端口发送出去，因此决定在此端口的出站方向进行数据包过滤。由于数据包过滤的条件都基于源地址，因此使用基本 ACL 就可以实现。

从上面的分析可以看出：定义 ACL 之前已经考虑好了数据包过滤应该在哪个路由器以及哪个端口的什么方向进行，而不是定义好 ACL 之后才考虑将 ACL 绑定到哪个端口。

确保网络中各个网段的网络都是畅通的。路由器 AR1 实现内网 VLAN 间路由，在 AR1 上输入 display ip interface brief 以查看三层端口的地址。

```
[AR1]display ip interface brief
......
Interface                IP Address/Mask      Physical   Protocol
GigabitEthernet0/0/0     12.2.2.1/24          up         up
GigabitEthernet0/0/1     unassigned           down       down
NULL0                    unassigned           up         up(s)
Vlanif1                  192.168.1.1/24       up         up         --VLAN 1 端口
Vlanif2                  192.168.2.1/24       up         up         --VLAN 2 端口
Vlanif3                  192.168.3.1/24       up         up         --VLAN 3 端口
```

在 ACL 中用到 3 时间段，先定义两个时间段，周一～周五的中午 12:00～14:00，该时间段名为“noon”；周六和周日全天，该时间段名为“sat-sun”。

```
[AR1]time-range ?                                            --定义时间段
  STRING<1-32>  Time-range name ( 32 letters max,start with [a-z,A-Z],except the
                string "all" )                               --后面是时间段名称
[AR1]time-range noon ?                                       --输入时间段名称
  <hh:mm>  Starting time                                     --后面跟时间和分钟
  from          The beginning point of the time range
[AR1]time-range noon 12:00 to 14:00 ?                        --指定时间范围
  <0-6>         Day of the week(0 is Sunday)
  Fri           Friday                                       --星期五
  Mon           Monday                                       --星期一
  Sat           Saturday                                     --星期六
  Sun           Sunday                                       --星期日
  Thu           Thursday                                     --星期四
  Tue           Tuesday                                      --星期二
  Wed           Wednesday                                    --星期三
  daily         Every day of the week                        --每天
  off-day       Saturday and Sunday                          --周六和周日
  working-day   Monday to Friday                             --工作日，周一～周五
[AR1]time-range noon 12:00 to 14:00 working-day              --工作日的时间段
[AR1]time-range sat-sun 0:00 to 23:59 Sat Sun                --周六和周日全天，也可以写 off-day
```

查看定义的全部时间段。

```
[AR1]display time-range all
Current time is 00:47:38 5-29-2018 Tuesday
Time-range : sat-sun ( Inactive )                            --Inactive 表示当前时间不在这个时间段
 00:00 to 23:59 off-day

Time-range : noon ( Inactive )
 12:00 to 14:00 working-day
[AR1]
```

创建基本 ACL。下面的操作可以看到基本 ACL 的编号范围为 2000～2999，高级 ACL 的编号范围为 3000～3999。

在一个 ACL 中可以添加多条规则，为每条规则指定一个编号（Rule-ID）。如果不指定，就由系统自动根据步长生成，默认步长为 5，Rule-ID 默认按照配置的先后顺序分配 0、5、10、15，匹配顺序按照 ACL 的 Rule-ID 编号，从小到大进行匹配。不连续的 Rule-ID 编号方便我们以后插入规则，比如在 Rule-ID 5 和 10 之间插入一条 Rule-ID 为 7 的规则。也可以根据 Rule-ID 删除规则。

```
[AR1]acl ?
  INTEGER<2000-2999>  Basic access-list(add to current using rules) --基本ACL编号范围
  INTEGER<3000-3999>  Advanced access-list(add to current using rules) --高级ACL编号范围
  INTEGER<4000-4999>  Specify a L2 acl group
  ipv6                ACL IPv6
  name                Specify a named ACL
  number              Specify a numbered ACL
[AR1]acl 2000                                                  --创建基本ACL 2000
[AR1-acl-basic-2000]rule ?                                     --查看规则后可以输入的参数
  INTEGER<0-4294967294>  ID of ACL rule                        --ACL中的规则编号(Rule-ID)
  deny                   Specify matched packet deny           --也可以不指定Rule-ID,拒绝
  permit                 Specify matched packet permit         --也可以不指定Rule-ID,允许
[AR1-acl-basic-2000]rule 10 deny source 192.168.3.0 0.0.0.255 --规则编号10
[AR1-acl-basic-2000]rule 20 permit source 192.168.1.0 0.0.0.255 ? --查看规则后可用的参数
  fragment               Check fragment packet
  none-first-fragment    Check the subsequence fragment packet
  time-range             Specify a special time                --时间段
  vpn-instance           Specify a VPN-Instance
  <cr>                   Please press ENTER to execute command
[AR1-acl-basic-2000]rule 20 permit source 192.168.1.0 0.0.0.255 time-range noon
                                                               --指定时间段
[AR1-acl-basic-2000]rule 30 permit source 192.168.1.0 0.0.0.255 time-range sat-sun
                                                               --指定时间段
[AR1-acl-basic-2000]rule 40 permit source 192.168.2.0 0.0.0.255
[AR1-acl-basic-2000]rule 50 deny                               --最后拒绝所有,默认允许所有
```

ACL 中的源地址只能是网段，网段后面跟的是翻转掩码，也就是将子网掩码写成二进制形式，将其中的 1 写成 0，将 0 写成 1。子网掩码 255.255.255.0 的翻转掩码是 0.0.0.255。

比如 192.168.0.0 255.255.255.0 网段，在 ACL 中要写成 192.168.0.0 0.0.0.255。

比如 192.168.0.64 255.255.255.192 网段，在 ACL 中要写成 192.168.0.64 0.0.0.63。观察：255−192=63。

比如 192.168.0.0 255.255.255.252 网段，在 ACL 中要写成 192.168.0.0 0.0.0.3。观察：255−252=3。

比如 192.168.64.0 255.255.224.0 网段，在 ACL 中要写成 192.168.64.0 0.0.31.255。观察：255−224=31。

比如 0.0.0.0 0.0.0.0 网段，在 ACL 中要写成 0.0.0.0 255.255.255.255。在 ACL 可以使用 any 代替该网段。

根据上面的观察，就能总结出写翻转掩码的规律。

在 ACL 中，如果想允许或拒绝一个 IP 地址，也要写成网段的形式，子网掩码就是 255.255.255.255，翻转掩码就是 0.0.0.0。比如 192.168.0.100 255.255.255.255，在 ACL 中要写成 192.168.0.100 0.0.0.0。

查看全部 ACL。Inactive 表示不活跃，即这条规则不生效，当前时间未在时间段规定的范围内。

```
<AR1>display acl all
 Total quantity of nonempty ACL number is 1
Basic ACL 2000, 5 rules                                    --步长为 5
Acl's step is 5
 rule 10 deny source 192.168.3.0 0.0.0.255
 rule 20 permit source 192.168.1.0 0.0.0.255 time-range noon(Inactive)
 rule 30 permit source 192.168.1.0 0.0.0.255 time-range sat-sun(Inactive)
 rule 40 permit source 192.168.2.0 0.0.0.255
 rule 50 deny
```

将 ACL 绑定到 GigabitEthernet 0/0/0 端口的出站方向。

```
[AR1]interface GigabitEthernet 0/0/0
[AR1-GigabitEthernet0/0/0]traffic-filter ?
  inbound   Apply ACL to the inbound direction of the interface  --进站方向
  outbound  Apply ACL to the outbound direction of the interface --出站方向
[AR1-GigabitEthernet0/0/0]traffic-filter outbound acl 2000         --绑定到出站方向
```

一个端口的一个方向只能绑定一个 ACL。

取消端口上绑定的 ACL。

```
[AR1-GigabitEthernet0/0/0]undo traffic-filter outbound
```

验证 ACL 效果。

更改路由器时间和日期，验证 VLAN 1 是否能够在中午 12:00～14:00 访问 Internet。

```
<AR1>display clock
2018-05-29 14:33:40
Tuesday
Time Zone(China-Standard-Time) : UTC-08:00
<AR1>clock datetime 12:05:20 2018-5-29                        --更改路由器时间和日期
```

使用 VLAN 1 中的 PC2 ping Internet 上的 Server3。再在 AR1 上查看 ACL，可以看到 rule 20 变成 Active（活跃），当前时间在时间段定义的范围内。5 matches 表明有 5 个数据包匹配该规则。

```
<AR1>display acl all
```

```
 Total quantity of nonempty ACL number is 1
Basic ACL 2000, 5 rules
Acl's step is 5
 rule 10 deny source 192.168.3.0 0.0.0.255
 rule 20 permit source 192.168.1.0 0.0.0.255 time-range noon(Active) (5 matches)
 rule 30 permit source 192.168.1.0 0.0.0.255 time-range sat-sun(Inactive)
 rule 40 permit source 192.168.2.0 0.0.0.255
 rule 50 deny
```

8.1.2 编辑 ACL 中的规则

ACL 定义好之后，可以删除其中的规则，也可以在指定位置插入规则。

现在需要删除 ACL 2000 中编号是 30 的规则，拒绝 VLAN 2 中的 PC4 访问 Internet。注意，这条规则插入的规则编号要小于 40。

```
[AR1]acl 2000
[AR1-acl-basic-2000]undo rule 30                                    --删除规则 30
[AR1-acl-basic-2000]rule 35 deny source 192.168.2.3 0.0.0.0         --插入规则 35
[AR1-acl-basic-2000]display this
[V200R003C00]
#
acl number 2000
 rule 10 deny source 192.168.3.0 0.0.0.255
 rule 20 permit source 192.168.1.0 0.0.0.255 time-range noon
 rule 35 deny source 192.168.2.3 0         --0.0.0.0 可以简写成 0
 rule 40 permit source 192.168.2.0 0.0.0.255
 rule 50 deny
#
Return
```

删除 ACL，并不自动删除端口上绑定的 ACL，还需要在端口上删除绑定的 ACL。

```
[AR1]undo acl 2000
[AR1]interface GigabitEthernet 0/0/0
[AR1-GigabitEthernet 0/0/0]display this
[V200R003C00]
#
interface GigabitEthernet 0/0/0
 ip address 12.2.2.1 255.255.255.0
 traffic-filter outbound acl 2000                        --ACL 2000 依然绑定在出口
#
return
[AR1-GigabitEthernet0/0/0]undo traffic-filter outbound   --解除绑定
```

8.1.3 使用 ACL 保护路由器安全

网络中的路由器如果配置了 VTY 端口，只要网络畅通，任何计算机都可以 telnet 到路由器进行配置。一旦 telnet 路由器的密码被泄露，路由器的配置就有可能被非法更改。可以创建标准 ACL，只允许特定 IP 地址能够 telnet 路由器进行配置。

路由器 AR1 只允许 PC3 对其进行 telnet 登录。在 AR1 路由器上创建基本 ACL 2001，并将之绑定到 user-interface vty 进站方向。

```
[AR1]acl 2001
[AR1-acl-basic-2001]rule permit source 192.168.2.2 0      --不指定步长，默认是 5
[AR1-acl-basic-2001]rule deny source any                  --拒绝所有
```

提示：拒绝所有的可以简写成[AR1-acl-basic-2001]rule deny 的命令。

查看定义的 ACL 2001 配置。

```
<AR1>display acl 2001
Basic ACL 2001, 2 rules
Acl's step is 5                                                  --步长为 5
 rule 5 permit source 192.168.2.2 0 (1 matches)
 rule 10 deny (3 matches)
```

设置 telnet 端口的身份验证模式和登录密码，为用户权限级别绑定基本 ACL 2001。

```
[AR1]user-interface vty 0 4
[AR1-ui-vty0-4]authentication-mode password                       --设置身份验证模式
Please configure the login password (maximum length 16):91xueit --设置登录密码 91xueit
[AR1-ui-vty0-4]user privilege level 3
[AR1-ui-vty0-4]acl 2001 inbound                                   --绑定 ACL 2001 进站方向
```

删除绑定，执行以下命令。

```
[AR1-ui-vty0-4]undo acl inbound
```

8.2 高级 ACL

高级 ACL 可以根据数据包的源 IP 地址、目标 IP 地址、协议、目标端口、源端口、数据包的长度来定义规则。高级 ACL 可以比基本 ACL 定义出控制上更精准、更灵活、更复杂的规则，如图 8-2 所示。

在 AR1 路由器上创建高级 ACL，以实现下列功能。

- VLAN 1 能够访问 VLAN 3。
- VLAN 1 能够访问 Internet 上的网站。
- VLAN 1 和 VLAN 2 不能相互访问。
- VLAN 2 能够访问 VLAN 3。

- VLAN 3 不能访问 Internet。
- VLAN 2 能够 ping Internet 上的 Server3，测试网络是否畅通。

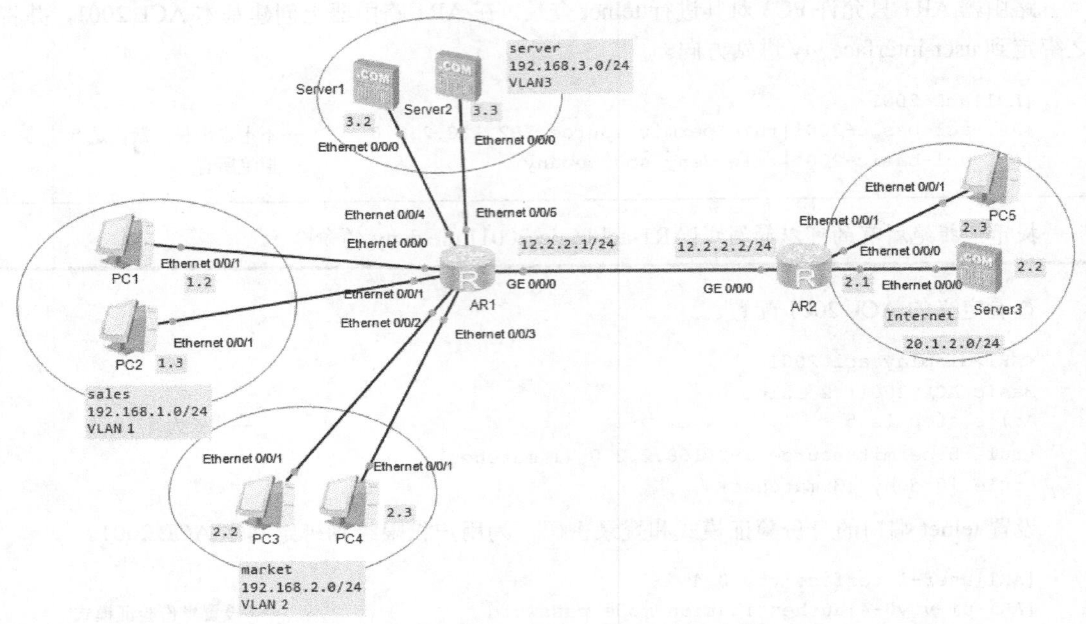

图 8-2　高级 ACL 的应用

根据以上要求，数据包过滤需要检查源 IP 地址、目标 IP 地址、协议和端口号，因此需要使用高级 ACL 进行控制。为了条理更清晰，我们创建 3 个 ACL，每个 ACL 控制一个 VLAN 的流量，将 ACL 绑定到对应 VLAN 的 Vlanif 端口的入站方向。

8.2.1　针对 VLAN 1 创建高级 ACL

针对 VLAN 1 的访问控制创建高级 ACL，该 ACL 将会绑定到 Vlanif 1 端口的入站方向。

允许 VLAN 1 访问 VLAN 3，允许 VLAN 1 访问 Internet 上的网站，拒绝其他流量。VLAN 1 能够访问 Internet 上的网站，访问网站需要域名解析，域名解析使用的协议是 DNS，DNS 协议使用的是 UDP 的 53 端口，访问网站使用的协议是 HTTP 和 HTTPS，HTTP 协议使用的是 TCP 的 80 端口，HTTPS 协议使用的是 TCP 的 443 端口。

```
[AR1]acl ?
  INTEGER<2000-2999>  Basic access-list(add to current using rules) --基本ACL的编号范围
  INTEGER<3000-3999>  Advanced access-list(add to current using rules) --高级ACL的编号范围
  INTEGER<4000-4999>  Specify a L2 acl group
  ipv6                ACL IPv6
  name                Specify a named ACL
  number              Specify a numbered ACL
```

```
[AR1]acl 3000      --创建高级ACL 3000
[AR1-acl-adv-3000]rule 10 permit ?     --创建规则，指定编号，输入？查看可以控制的协议
  <1-255>  Protocol number             --协议号
  gre      GRE tunneling(47)
  icmp     Internet Control Message Protocol(1)
  igmp     Internet Group Management Protocol(2)
  ip       Any IP protocol             --IP 协议，包括 TCP、UDP、ICMP 等协议
  ipinip   IP in IP tunneling(4)
  ospf     OSPF routing protocol(89)
  tcp      Transmission Control Protocol (6)
  udp      User Datagram Protocol (17)
[AR1-acl-adv-3000]rule 10 permit ip ?                            --输入？查看可使用的参数
  destination           Specify destination address  --目标 IP 地址
  dscp                  Specify dscp
  fragment              Check fragment packet
  none-first-fragment   Check the subsequence fragment packet
  precedence            Specify precedence
  source                Specify source address       --源 IP 地址
  time-range            Specify a special time       --时间段
  tos                   Specify tos
  vpn-instance          Specify a VPN-Instance
  <cr>                  Please press ENTER to execute command
```

规则 10 允许 VLAN 1 访问 VLAN 3，规则 20 允许域名解析，规则 30 允许 VLAN 1 使用 HTTP 协议访问 Internet，规则 40 允许 VLAN 1 使用 HTTPS 协议访问 Internet，规则 50 拒绝其他所有流量。

```
[AR1-acl-adv-3000]rule 10 permit ip source 192.168.1.0 0.0.0.255 destination 19
2.168.3.0 0.0.0.255
[AR1-acl-adv-3000]rule 20 permit udp source 192.168.1.0 0.0.0.255 destination any ?
  destination-port      Specify destination port     --目标端口
  dscp                  Specify dscp
  fragment              Check fragment packet
  none-first-fragment   Check the subsequence fragment packet
  precedence            Specify precedence
  source-port           Specify source port          --源端口
  time-range            Specify a special time
  tos                   Specify tos
  vpn-instance          Specify a VPN-Instance
  <cr>                  Please press ENTER to execute command
[AR1-acl-adv-3000]rule 20 permit udp source 192.168.1.0 0.0.0.255 destination a
ny destination-port eq 53        --指定目标端口为53，只有TCP和UDP需要指定端口，eq表示等于
[AR1-acl-adv-3000]rule 30 permit tcp source 192.168.1.0 0.0.0.255 destination a
ny destination-port eq ?
  <0-65535>   Port number
  CHARgen     Character generator (19)
```

```
  bgp        Border Gateway Protocol (179)
  cmd        Remote commands (rcmd, 514)
  ......
  uucp       Unix-to-Unix Copy Program (540)
  whois      Nicname (43)
  www        World Wide Web (HTTP, 80)       --www 就等价于 80 端口
[AR1-acl-adv-3000]rule 30 permit tcp source 192.168.1.0 0.0.0.255 destination a
ny destination-port eq www                   --80 端口可以使用 www 表示
[AR1-acl-adv-3000]rule 40 permit tcp source 192.168.1.0 0.0.0.255 destination a
ny destination-port eq 443                   --HTTPS 协议使用 TCP 的 443 端口
[AR1-acl-adv-3000]rule 50 deny ip            --拒绝所有 IP 流量
```

将 ACL 3000 绑定到端口 Vlanif 1 的进站方向。

```
[AR1]interface Vlanif 1
[AR1-Vlanif1]traffic-filter inbound acl 3000
```

8.2.2 针对 VLAN 2 创建高级 ACL

针对 VLAN 2 的访问控制创建高级 ACL，该 ACL 将会绑定到 Vlanif 2 端口的入站方向。要求 VLAN 2 能够访问 VLAN 3，能够 ping 通 Internet 上的 Server3。

```
[AR1]acl 3001
[AR1-acl-adv-3001]rule 10 permit ip source 192.168.2.0 0.0.0.255 destination 19
2.168.3.0 0.0.0.255
[AR1-acl-adv-3001]rule 20 permit icmp source 192.168.2.0 0.0.0.255 destination
20.1.2.2 0
[AR1-acl-adv-3001]rule 30 deny ip
```

可以看到 IP 协议和 ICMP 协议后面不跟端口号。将 ACL 3001 绑定到端口 Vlanif 2 的入站方向。

```
[AR1]interface Vlanif 2
[AR1-Vlanif2]traffic-filter inbound acl 3001
```

8.2.3 针对 VLAN 3 创建高级 ACL

针对 VLAN 3 的访问控制创建高级 ACL，该 ACL 将会绑定到 Vlanif 3 端口的入站方向。要求 VLAN 3 能够访问 VLAN 1 和 VLAN2，不允许访问 Internet。

注意规则 10，目标网段是 192.168.0.0，翻转掩码是 0.0.255.255，包含 192.168.1.0/24 和 192.168.2.0/24 网段。

```
[AR1]acl 3002
[AR1-acl-adv-3002]rule 10 permit ip source 192.168.3.0 0.0.0.255 destination 19
2.168.0.0 0.0.255.255
[AR1-acl-adv-3002]rule 20 deny ip
```

将 ACL 3002 绑定到端口 Vlanif 3 的入站方向。

```
[AR1]interface Vlanif 3
[AR1-Vlanif3]traffic-filter inbound acl 3002
```

8.3 习题

1．关于访问控制列表编号与类型的对应关系，下列描述中正确的是（　　）。

A．基本的访问控制列表编号范围是 1000～2999

B．高级的访问控制列表编号范围是 3000～4000

C．二层的访问控制列表编号范围是 4000～4999

D．基于端口的访问控制列表编号范围是 1000～2000

2．在路由器 RTA 上完成如下所示的 ACL 配置，则下面描述中正确的是（　　）。

```
[RTA]acl 2001
[RTA-acl-basic-2001]rule 20 permit source 20.1.1.0 0.0.0.255
[RTA-acl-basic-2001]rule 10 deny source 20.1.1.0 0.0.0.255
```

A．VRP 系统将会自动按配置的先后，顺序调整第一条规则的顺序编号为 5

B．VRP 系统不会调整顺序编号，但是会先匹配第一条配置的规则 20.1.1.0 0.0.0.255

C．配置错误，规则的顺序编号必须从小到大配置

D．VRP 系统将会按照顺序编号，先匹配第二条规则 deny source 20.1.1.0 0.0.0.255

3．ACL 中的每条规则都有相应的规则编号以表示匹配顺序，在如下所示的配置中，关于两条规则的编号的描述中，正确的是（　　）。（选择两个答案）

```
[RTA]acl 2002
[RTA-acl-basic-2002]rule permit source 20.1.1.10
[RTA-acl-base-2002]rule permit source 30.1.1.10
```

A．第一条规则的顺序编号是 1

B．第一条规则的顺序编号是 5

C．第二条规则的顺序编号是 2

D．第二条规则的顺序编号是 10

4．如图 8-3 所示，网络管理员希望主机 A 不能访问 WWW 服务器，但是不限制其访问其他服务器，则下列 RTA 的 ACL 中能够满足需求的是（　　）。

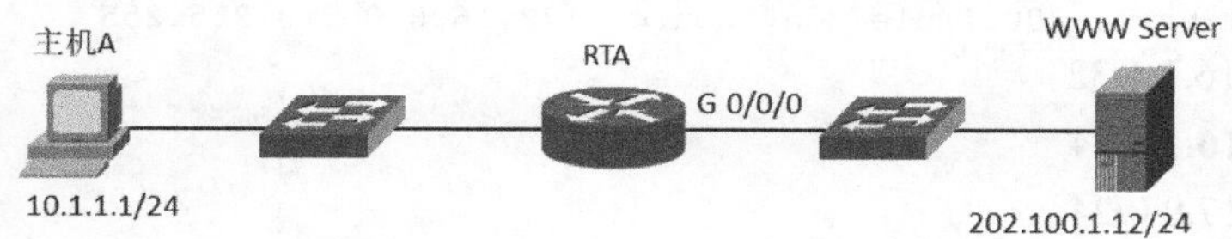

图 8-3　通信示意图（一）

A．rule deny tcp source 10.1.1.10 destination 202.100.1.12 0.0.0.0 destination-port eq 21

B．rule deny tcp source 10.1.1.10 destination 202.100.1.12 0.0.0.0 destination-port eq 80

C．rule deny udp source 10.1.1.10 destination 202.100.1.12 0.0.0.0 destination-port eq 21

D．rule deny udp source 10.1.1.10 destination 202.100.1.12 0.0.0.0 destination-port eq 80

5．一台 AR2220 路由器上使用如下 ACL 配置来过滤数据包，则下列描述中正确的是（　　）。

```
[RTA]acl 2001
[RTA-acl-basic-2001]rule permit source 10.0.1.0 0.0.0.255
[RTA-acl-basic-2001]rule deny source 10.0.1.0 0.0.0.255
```

A．10.0.1.0/24 网段的数据包将被拒绝

B．10.0.1.0/24 网段的数据包将被允许

C．该 ACL 配置有误

D．以上选项都不正确

6．如图 8-4 所示，网络管理员在路由器 RTA 上使用 ACL 2000 过滤数据包，则下列描述中正确的是（　　）。（选择两个答案）

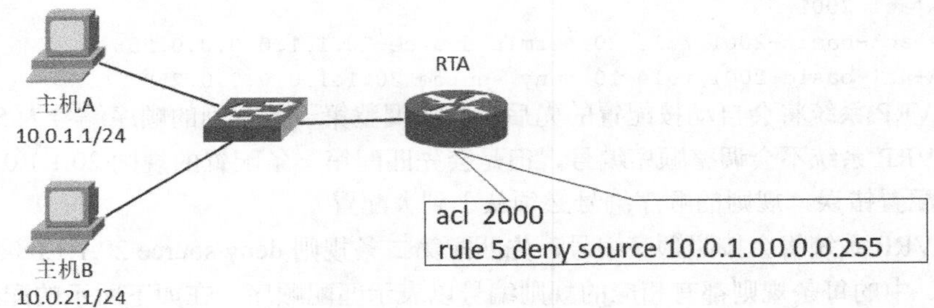

图 8-4　通信示意图（二）

A．RTA 转发来自主机 A 的数据包

B．RTA 丢弃来自主机 A 的数据包

C．RTA 转发来自主机 B 的数据包

D．RTA 丢弃来自主机 B 的数据包

7．在路由器 PTA 上使用如下所示的 ACL 匹配路由条目，则下列哪些条目将会被匹配上？（　　）（选择两个答案）

```
[RTA]acl 2002
[RTA-acl-basic-2002]rule deny source 172.16.1.1 0.0.0.0
[RTA-acl-basic-2002]rule deny source 172.16.0.0 0.0.255.255
```

A．172.16.1.1/32

B．172.16.1.0/24

C．192.17.0.0/24

D．172.18.0.0/16

8．下列哪项参数不能用于高级访问控制列表？（　　）

A．物理端口

B．目的端口号

C．协议号

D．时间范围

9．如图 8-5 所示，在 RTA 路由器上创建 ACL，禁止 10.0.1.0/24、10.0.2.0/24 和 10.0.3.0/24 网段之间相互访问，允许这 3 个网段访问 Internet。考虑使用基本 ACL 还是高级 ACL，考虑 ACL 绑定的位置和方向。创建 ACL，绑定到适当端口。

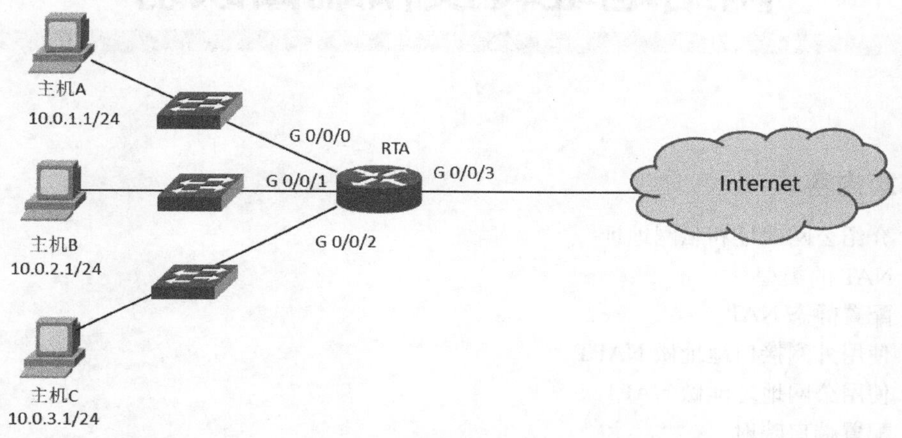

图 8-5　通信示意图（三）

第9章

网络地址转换和端口映射

本章内容

- 介绍公网地址和私网地址
- NAT 的类型
- 配置静态 NAT
- 使用外网接口地址做 NAPT
- 使用公网地址池做 NAPT
- 配置端口映射

本章介绍公网 IP 地址和私网 IP 地址，企业内网通常使用私网 IP 地址，Internet 使用的是公网 IP 地址。使用私网地址的计算机访问 Internet（公网）时需要用到网络地址转换（Network Address Translation，NAT）技术。

在连接企业内网（私网地址）和 Internet 的路由器上配置网络地址转换（NAT）。一个私网地址需要占用一个公网地址做转换。NAT 分为静态 NAT 和动态 NAT。

如果内网计算机数量（私网地址数量）比可用的公网地址多，就需要做网络地址端口转换（Network Address and Port Translation，NAPT）。NAPT 技术允许企业内网的计算机使用公网 IP 地址进行网络地址端口转换。

如果企业的服务器部署在内网，使用私网地址，打算让 Internet 上的计算机访问内网服务器，就需要在连接 Internet 的路由器上配置端口映射。

9.1 公网地址和私网地址

公网指的是 Internet，公网 IP 地址指的是 Internet 上全球统一规划的 IP 地址，网段地址块不能重叠。Internet 上的路由器能够转发目标地址为公网地址的数据包。

在 IP 地址空间里，A、B、C 3 类地址中各保留了一部分地址作为私网地址，私网地址不能在公网上出现，只能用在内网中，Internet 中的路由器没有到私网地址的路由。

保留的 A、B、C 类私网地址的范围分别如下。

A 类地址：10.0.0.0～10.255.255.255。

B 类地址：172.16.0.0～172.31.255.255。

C 类地址：192.168.0.0～192.168.255.255。

企业或学校的内部网络，可以根据计算机数量、网络规模大小，选用适当的私网地址段。小型企业或家庭网络可以选择保留的 C 类私网地址，大中型企业网络可以选择保留的 B 类地址或 A 类地址。如图 9-1 所示，A 学校选用 10.0.0.0/8 作为内网地址，B 学校也选择 10.0.0.0/8 作为内网地址，反正这两个学校的网络现在不需要相互通信，将来也不打算相互访问，使用相同的网段或地址重叠也没关系。如果以后 A 学校和 B 学校的网络需要相互通信，就不能使用重叠的地址段了，就要重新规划这两个学校的内网地址。

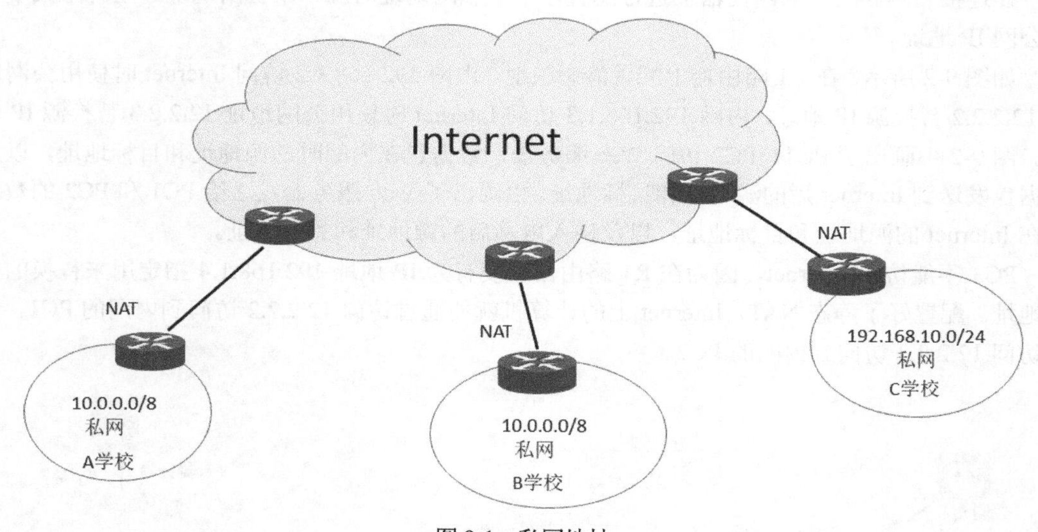

图 9-1　私网地址

企业内网使用私网地址，可以减少对公网地址的占用。NAT 一般应用在边界路由器中，比如公司连接 Internet 的路由器上，NAT 的优缺点如表 9-1 所示。

表 9-1　NAT 的优缺点

优　　点	缺　　点
❍ 通过使用 NAPT 技术，企业私网访问 Internet 时可以使用公网地址，节省公网 IP 地址 ❍ 更换 ISP，内网地址不用更改，增强 Internet 连接的灵活性 ❍ 私网在 Internet 上不可直接访问，增强内网的安全性	❍ 在路由器上做 NAT 或 NAPT，都需要修改数据包的网络层和传输层，并且在路由器中保留、记录端口地址转换对应关系，这相比路由数据包会产生较大的交换延迟，同时会消耗路由器较多的资源 ❍ 使用私网地址访问 Internet，源地址被替换成公网地址，如果某学校的学生在论坛上发布谣言，论坛只能记录发帖人的 IP 地址是该学校的公网地址，没办法跟踪到是内网的哪个地址。也就是无法进行端到端的 IP 跟踪 ❍ 公网不能访问私网计算机，如需访问，要做端口映射 ❍ 某些应用无法在 NAT 网络中运行，比如 IPSec 不允许中间数据包被修改

9.2 NAT 的类型

下面介绍 NAT 的 3 种类型：静态 NAT、动态 NAT 和 NAPT。

9.2.1 静态 NAT

在连接私网和公网的路由器上进行配置，一个私网地址对应一个公网地址，这种方式不节省公网 IP 地址。

如图 9-2 所示，在 R1 路由器上配置静态映射，内网 192.168.1.2 访问 Internet 时使用公网地址 12.2.2.2 替换源 IP 地址，内网 192.168.1.3 访问 Internet 时使用公网地址 12.2.2.3 替换源 IP 地址。图 9-2 中画出了 PC1、PC2 访问 Web 服务器，数据包在内网时的源地址和目标地址，以及数据包发送到 Internet 后的源地址和目标地址。也画出了 Web 服务器发送给 PC1 和 PC2 的数据包在 Internet 的源地址和目标地址，以及进入内网后的源地址和目标地址。

PC3 不能访问 Internet，因为在 R1 路由器上没有为 IP 地址 192.168.1.4 指定用来替换的公网地址。配置好了静态 NAT，Internet 上的计算机就能通过访问 12.2.2.2 访问到内网的 PC1，通过访问 12.2.2.3 访问到内网的 PC2。

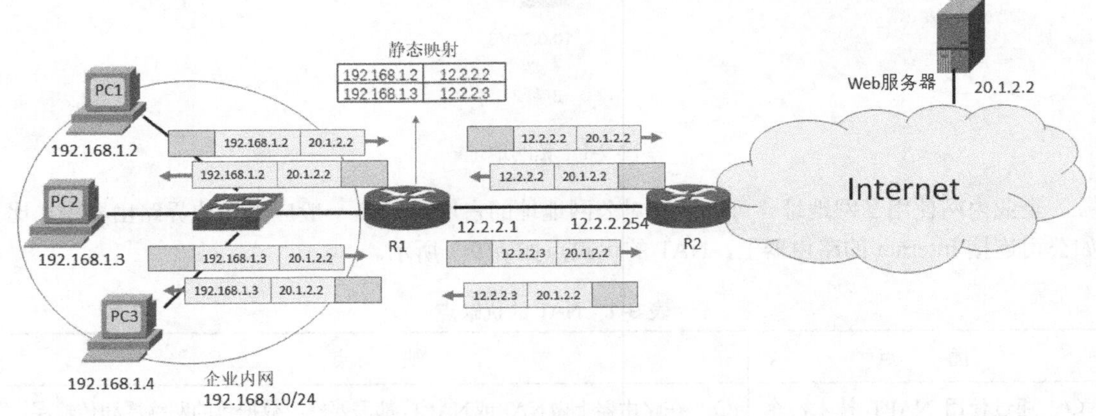

图 9-2　静态 NAT 示意图

9.2.2 动态 NAT

在连接私网和公网的路由器上进行配置，在路由器上创建公网地址池（地址段），使用 ACL 定义内网地址，并不指定用哪个公网地址替换哪个私网地址，这就是动态 NAT。内网计算机访问 Internet，路由器会从公网地址池中随机选择一个没被使用的公网地址做源地址替换，动态 NAT 只允许内网主动访问 Internet，Internet 上的计算机不能通过公网地址访问内网的计算机，这和静态 NAT 不一样。

如图 9-3 所示，内网有 4 台计算机，公网地址池有两个公网 IP 地址，它只允许内网的两台计算机访问 Internet，到底谁能访问 Internet，那就看谁上网早了。

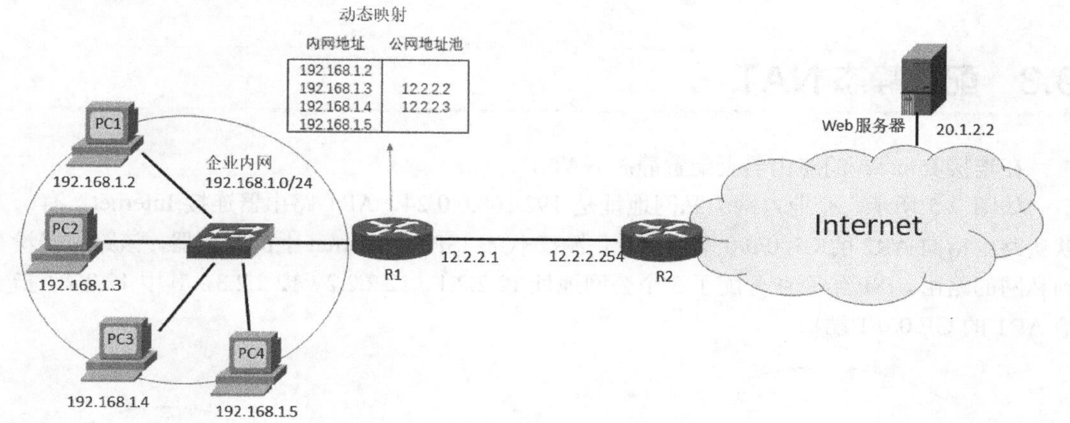

图 9-3 动态 NAT

9.2.3 网络地址端口转换

如果用于 NAT 的公网地址就一个，内网计算机使用这个公网地址访问 Internet，出去的数据包就要替换源 IP 地址和源端口，在路由器中有一张表用于记录端口地址转换，如图 9-4 所示。

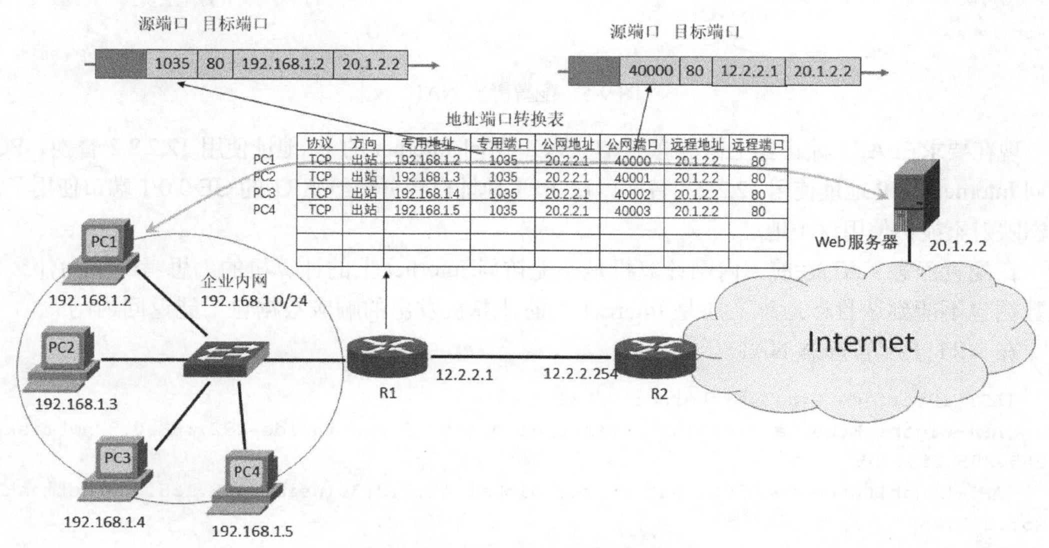

	协议	方向	专用地址	专用端口	公网地址	公网端口	远程地址	远程端口
PC1	TCP	出站	192.168.1.2	1035	20.2.2.1	40000	20.1.2.2	80
PC2	TCP	出站	192.168.1.3	1035	20.2.2.1	40001	20.1.2.2	80
PC3	TCP	出站	192.168.1.4	1035	20.2.2.1	40002	20.1.2.2	80
PC4	TCP	出站	192.168.1.5	1035	20.2.2.1	40003	20.1.2.2	80

图 9-4 网络地址端口转换示意图

源端口（图 9-4 中的公网端口）由路由器统一分配，不会重复，R1 收到返回来的数据包，根据目标端口就能判定应该给内网中的哪台计算机。这就是网络地址端口转换(Network Address and Port Translation，NAPT)，NAPT 的应用会大大节省公网地址。

用于做 NAPT 的公网地址也可以是公网地址池。

9.3 配置静态 NAT

在连接 Internet 的路由器上配置静态 NAT。

如图 9-5 所示，企业内网的私网地址是 192.168.0.0/24，AR1 路由器连接 Internet，有一条默认路由指向 AR2 的 GE 0/0/0 端口地址，AR2 代表 ISP 的 Internet 上的路由器，该路由器没有到私网的路由。ISP 给企业分配了 3 个公网地址 12.2.2.1、12.2.2.2、12.2.2.3，其中 12.2.2.1 指定给 AR1 的 GE 0/0/1 端口。

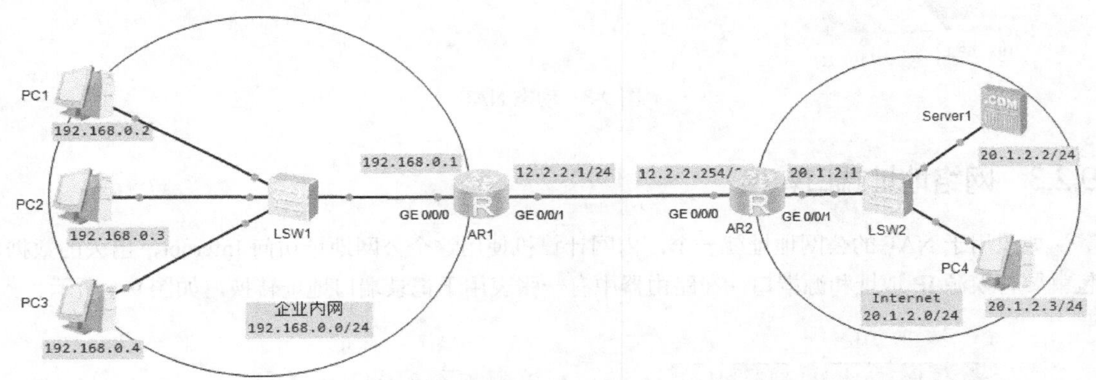

图 9-5 配置静态 NAT

现在要求在 AR1 路由器上做静态 NAT，PC1 访问 Internet 的 IP 地址使用 12.2.2.2 替换、PC2 访问 Internet 的 IP 地址使用 12.2.2.3 替换。12.2.2.1 地址已经分配给 AR1 的 GE 0/0/1 端口使用了，静态映射不能再使用这个地址。

在配置静态 NAT 之前，内网计算机是不能访问 Internet 上的计算机的。思考一下为什么？是数据包不能到达目标地址，还是 Internet 上的计算机发出的响应数据包不能返回内网？

在 AR1 上配置静态 NAT。

```
[AR1]interface GigabitEthernet 0/0/1
[AR1-GigabitEthernet0/0/1]nat static global 12.2.2.2 inside 192.168.0.2 netmask
255.255.255.255
[AR1-GigabitEthernet0/0/1]nat static global 12.2.2.3 inside 192.168.0.3 netmask
255.255.255.255
```

查看 NAT 静态映射。

```
<AR1>display nat static
  Static Nat Information:
```

```
Interface : GigabitEthernet0/0/1
  Global IP/Port      : 12.2.2.2/----
  Inside IP/Port      : 192.168.0.2/----
  Protocol : ----
  VPN instance-name   : ----
  Acl number          : ----
  Netmask  : 255.255.255.255
  Description : ----

  Global IP/Port      : 12.2.2.3/----
  Inside IP/Port      : 192.168.0.3/----
  Protocol : ----
  VPN instance-name   : ----
  Acl number          : ----
  Netmask  : 255.255.255.255
  Description : ----

Total :    2
```

配置完成后，PC1 和 PC2 能 ping 通 20.1.2.2。PC3 不能 ping 通 Internet 上计算机的 IP 地址。测试完成后，删除静态 NAT 设置，配置 NAPT 初始化环境。

```
  [AR1-GigabitEthernet0/0/1]undo nat static global 12.2.2.2 inside 192.168.0.2 ne
tmask 255.255.255.255
  [AR1-GigabitEthernet0/0/1]undo nat static global 12.2.2.3 inside 192.168.0.3 ne
tmask 255.255.255.255
```

9.4 使用外网端口地址做 NAPT

如图 9-6 所示，企业内网使用私网地址 192.168.0.0/24，ISP 只给了企业一个公网地址 12.2.2.1/24。在 AR1 上配置 NAPT，允许内网计算机使用 AR1 路由器上 GE 0/0/1 端口的公网地址做地址转换以访问 Internet。使用路由器端口的公网 IP 地址做 NAPT，称为 Easy-IP。

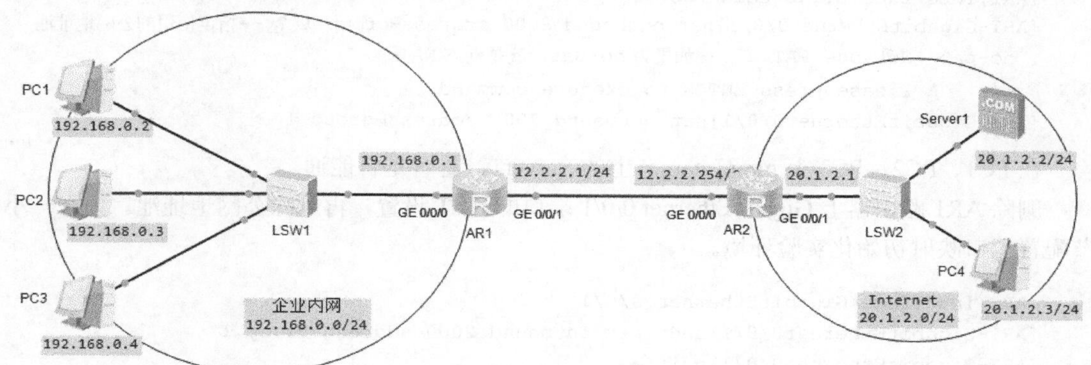

图 9-6 使用外网端口地址做 NAPT

如果企业内网有多个网段，也许只允许几个网段能够访问 Internet。通过 ACL 定义允许通过 NAPT 访问 Internet 的内网，在本示例中内网就一个网段。

```
[AR1]acl 2000
[AR1-acl-basic-2000]rule 5 permit source 192.168.0.0 0.0.0.255
[AR1-acl-basic-2000]rule deny
[AR1-acl-basic-2000]quit
```

为 AR1 上连接 Internet 的端口 GigabitEthernet 0/0/1 配置 NAPT。

```
[AR1]interface GigabitEthernet 0/0/1
[AR1-GigabitEthernet0/0/1]nat outbound 2000      --指定允许 NAPT 的 ACL
```

9.5 使用公网地址池做 NAPT

上面的配置使用 AR1 路由器上 GE 0/0/1 端口的公网地址做 NAPT，如果 ISP 给企业分配了多个公网地址，可以定义公网地址池来做 NAPT，而不使用路由器上端口的公网地址。

假如 ISP 给企业分配了 12.2.2.1、12.2.2.2、12.2.2.3 3 个公网地址，12.2.2.1 给 AR1 路由器的 GE 0/0/1 端口使用，12.2.2.2 和 12.2.2.3 这两个地址给内网计算机做 NAPT 使用。

删除 AR1 上端口 GigabitEthernet 0/0/1 的 NAT 设置。

```
[AR1]interface GigabitEthernet 0/0/1
[AR1-GigabitEthernet0/0/1]undo nat outbound 2000
```

创建公网地址池。

```
[AR1]nat address-group 1 ?                              --指定公网地址池编号 1
  IP_ADDR<X.X.X.X>  Start address
[AR1]nat address-group 1 12.2.2.2 12.2.2.3              --指定开始地址和结束地址
```

为 AR1 上连接 Internet 的端口 GigabitEthernet 0/0/1 配置 NAPT。

```
[AR1]interface GigabitEthernet 0/0/1
[AR1-GigabitEthernet0/0/1]nat outbound 2000 address-group 1 ? --指定使用的公网地址池
  no-pat  Not use PAT     --如果带 no-pat，就是动态 NAT
  <cr>    Please press ENTER to execute command
[AR1-GigabitEthernet0/0/1]nat outbound 2000 address-group 1
```

在 PC1、PC2、PC3 上 ping Internet 上的 Server1，看看是否能通。

删除 AR1 路由器上 GigabitEthernet 0/0/1 端口的 NAT 设置，再删除公网地址池。为下一小节配置端口映射初始化实验环境。

```
[AR1]interface GigabitEthernet 0/0/1
[AR1-GigabitEthernet0/0/1]undo nat outbound 2000 address-group 1
[AR1-GigabitEthernet0/0/1]quit
[AR1]undo nat address-group 1
```

9.6 配置端口映射

Internet 上的计算机是没办法直接访问企业内网（私网 IP 地址）中的计算机或服务器的。如果打算让 Internet 上的计算机访问企业内网中的服务器，那么需要在企业连接 Internet 的路由器上配置端口映射，该路由器必须有公网 IP 地址。

如图 9-7 所示，某公司内网使用的是 192.168.0.0/24 网段，用户 AR1 路由器连接 Internet，有公网 IP 地址 12.2.2.1，该公司内网中的 Web 服务器需要供 Internet 上的计算机访问，该公司 IT 部门的员工下班回家后，需要用远程桌面连接企业内网的 Server1 和 PC3。

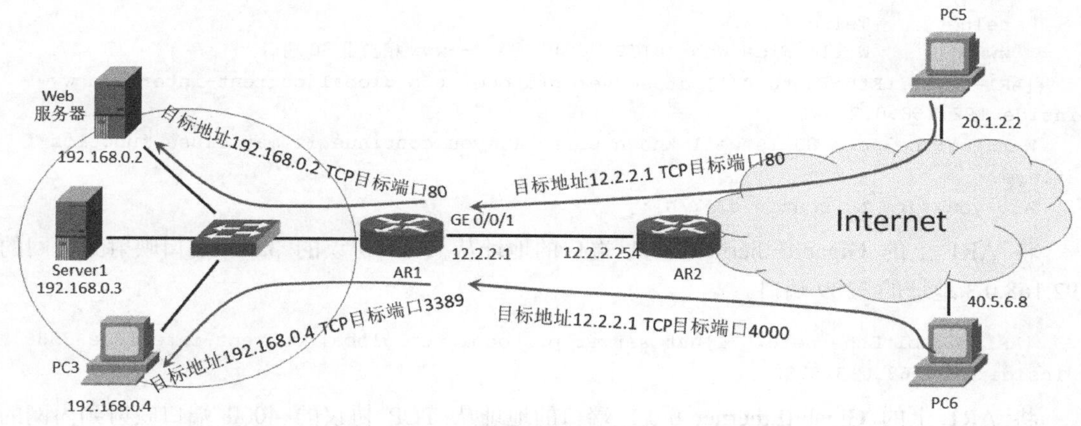

图 9-7 配置端口映射

访问网站使用的是 HTTP 协议，该协议默认使用 TCP 协议的 80 端口，将 12.2.2.1 的 TCP 协议的 80 端口映射到内网 192.168.0.2 的 TCP 协议的 80 端口。

远程桌面使用的是 RDP 协议，该协议默认使用 TCP 协议的 3389 端口，将 12.2.2.1 的 TCP 协议的 3389 端口映射到内网的 192.168.0.3 的 TCP 协议的 3389 端口。

3389 端口已经映射到内网的 Server1 了，使用远程桌面连接 PC3 时就不能再使用 3389 端口了，可以将 12.2.2.1 的 TCP 协议的 4000 端口映射到内网 192.168.0.4 的 3389 端口。通过访问 12.2.2.1 的 TCP 协议的 4000 端口就可以访问 PC3 的远程桌面（3389 端口）。

下面在 AR1 上做端口映射设置，AR1 路由器的 GE 0/0/1 端口就一个公网地址 12.2.2.1，使用该地址做 NAPT，允许内网访问 Internet，同时使用该地址做端口映射，允许 Internet 访问内网中的 Web 服务器、Server1 和 PC3 的远程桌面。

通过 ACL 定义允许通过 NAPT 访问 Internet 的内网，在本示例中内网就一个网段。

```
[AR1]acl 2000
[AR1-acl-basic-2000]rule 5 permit source 192.168.0.0 0.0.0.255
[AR1-acl-basic-2000]rule deny
```

```
[AR1-acl-basic-2000]quit
```

配置使用 AR1 上的 GigabitEthernet 0/0/1 端口地址为内网做 NAPT。

```
[AR1]interface GigabitEthernet 0/0/1
[AR1-GigabitEthernet0/0/1]nat outbound 2000
```

将 AR1 上的 GigabitEthernet 0/0/1 端口的地址从 TCP 协议的 80 端口映射到内网的 192.168.0.2 地址的 80 端口。

```
[AR1-GigabitEthernet0/0/1]nat server protocol tcp global current-interface ?
  <0-65535>  Global port of NAT                    --可以跟端口号
  ftp        File Transfer Protocol (21)
  pop3       Post Office Protocol v3 (110)
  smtp       Simple Mail Transport Protocol (25)
  telnet     Telnet (23)
  www        World Wide Web (HTTP, 80)             --www 相当于 80 端口
[AR1-GigabitEthernet0/0/1]nat server protocol tcp global current-interface www
inside 192.168.0.2 www
Warning:The port 80 is well-known port. If you continue it may cause function f
ailure.
Are you sure to continue?[Y/N]:y
```

将 AR1 上的 GigabitEthernet 0/0/1 端口的地址从 TCP 协议的 3389 端口映射到内网的 192.168.0.3 地址的 3389 端口。

```
[AR1-GigabitEthernet0/0/1]nat server protocol tcp global current-interface 3389
 inside 192.168.0.3 3389
```

将 AR1 上的 GigabitEthernet 0/0/1 端口的地址从 TCP 协议的 4000 端口映射到内网的 192.168.0.4 地址的 3389 端口。

```
[AR1-GigabitEthernet0/0/1]nat server protocol tcp global current-interface 4000
 inside 192.168.0.4 3389
```

查看 AR1 上 GigabitEthernet 0/0/1 端口的端口映射。

```
<AR1>display nat server interface GigabitEthernet 0/0/1

 Nat Server Informatio
n:
  Interface  : GigabitEthernet0/0/1
    Global IP/Port     : current-interface/80(www) (Real IP : 12.2.2.1)
    Inside IP/Port     : 192.168.0.2/80(www)
    Protocol : 6(tcp)
    VPN instance-name  : ----
    Acl number         : ----
    Description : ----

    Global IP/Port     : current-interface/3389 (Real IP : 12.2.2.1)
```

```
  Inside IP/Port      : 192.168.0.3/3389
  Protocol : 6(tcp)
  VPN instance-name  : ----
  Acl number         : ----
  Description : ----

  Global IP/Port      : current-interface/4000 (Real IP : 12.2.2.1)
  Inside IP/Port      : 192.168.0.4/3389
  Protocol : 6(tcp)
  VPN instance-name  : ----
  Acl number         : ----
  Description : ----

Total :    3
```

9.7 灵活运用 NAPT

NAT 和 NAPT 的产生就是为了解决私网地址访问公网（Internet）的问题，但不能将 NAT 和 NAPT 的应用局限于此。下面就介绍 NAPT 的其他几个应用场景。

9.7.1 悄悄在公司网络中接入一个网段

"悄悄"指的是增加一个网段，而不惊动网络管理员配置企业路由器以增加到该网段的路由。内网（私网）在公网上是不可见的，在公网的路由器上不用添加到内网的路由。利用这一特点，我们只要有一个能上网的地址，就可以增加一个网段，通过该地址来上网。

某学院的网络如图 9-8 所示，三层交换机 LSW1 连接各个教室的交换机，AR1 路由器连接 Internet，学院内网使用的是 10.0.0.0/8 私有网段，在 AR1 路由器上实现 NAPT，图 9-8 中显示了在 LSW1 和 AR1 上添加的路由。

如图 9-8 所示，402 实验室是专门为企业用户做培训使用的，使用的网段是 192.168.1.0/24，没有接入学院的网络。402 实验室在给企业用户做培训时，需要访问 Internet，学院的网络管理员拉了一根网线到 402 实验室，给一台计算机分配了一个地址 10.1.202.20，将子网掩码设置成 255.255.255.0，将网关设置成 10.1.202.1，这台计算机就可以通过学院的网络访问 Internet 了。

参加培训的企业客户提议让 402 实验室的其他计算机也能够访问 Internet。在学院的网络中增加一个网段，需要让网络管理员在 LSW1 和 AR1 上增加一条路由。如何在不惊动网络管理员的情况下让 402 实验室的计算机都能够访问 Internet 呢？

在 402 实验室有一台闲置的路由器 AR3，将连接这台计算机的网线连接到 AR3 路由器的 GE 0/0/0 端口，将 AR3 路由器的 GE 0/0/1 端口连接到 402 实验室的 LSW5 交换机，如图 9-9 所示。将学院的网络和 Internet 看作公网，将 402 实验室的网络看作私网，配置 AR3 路由器以实现 NAPT。

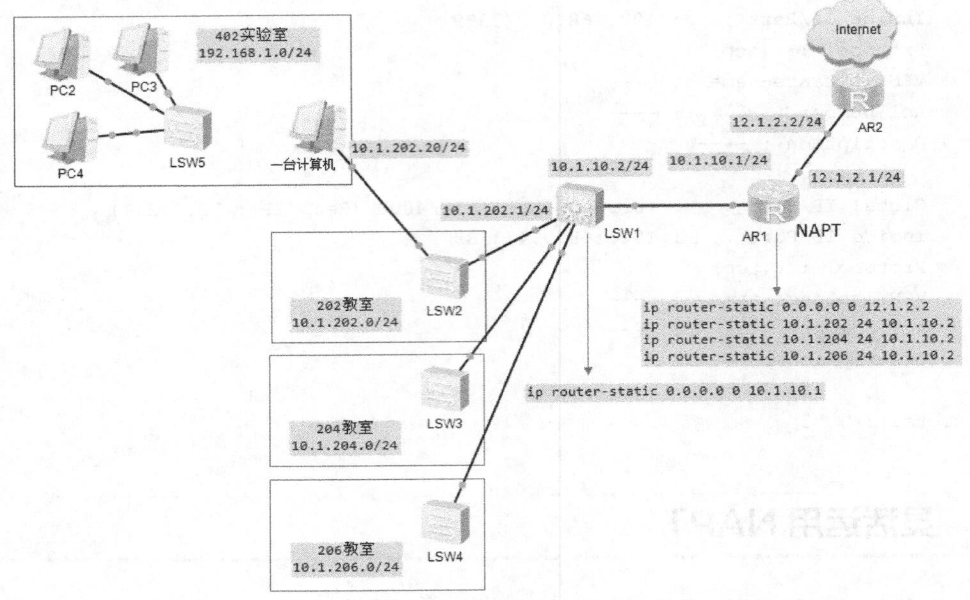

图 9-8 学院网络拓扑

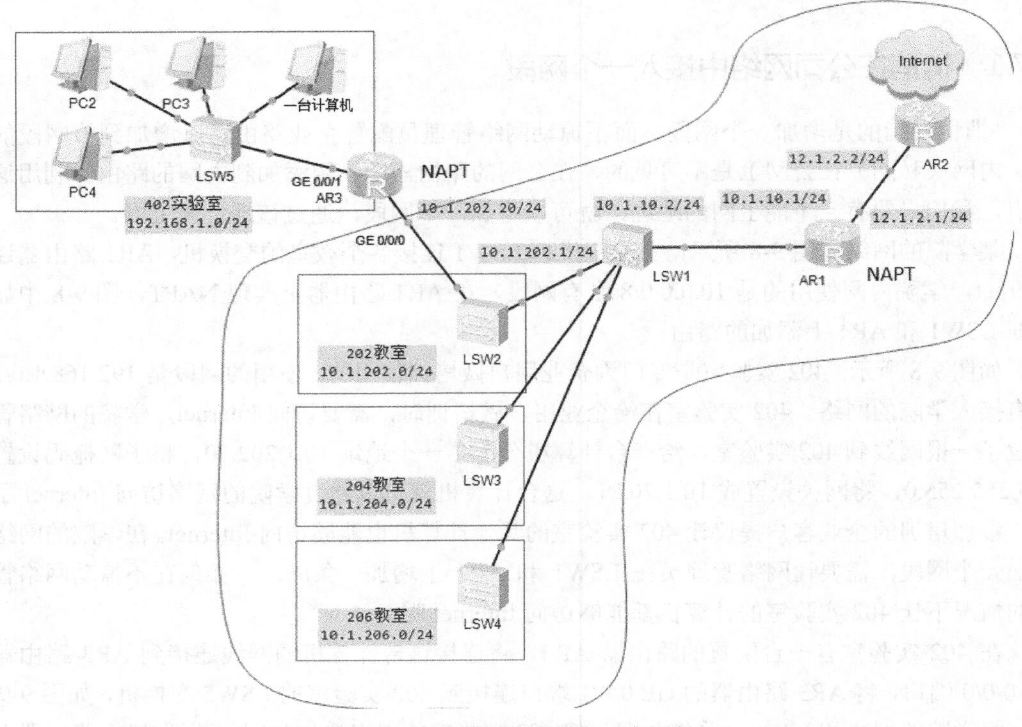

图 9-9 在学院网络中增加一个网段

这样 402 实验室的计算机在访问 Internet 时需要做两次网络端口地址转换，先经过 AR3 将源地址替换成 10.1.202.20，再经过 AR1 将数据包的源地址替换成 12.1.2.1。

如果 Internet 上的计算机要访问 402 实验室的 Web 服务器，需要在 AR1 上做端口映射，将 TCP 的 80 端口映射到 10.1.202.20 的 80 端口；再在 AR3 路由器上做端口映射，将 TCP 的 80 端口映射到 402 实验室的 Web 服务器地址的 80 端口。

后来学院增加了一台限速设备，每个 IP 地址访问 Internet 时限速为 10Mbit/s，402 实验室的学生反映访问 Internet 非常慢。下面分析原因：402 实验室的计算机访问 Internet 时，源地址都被替换成 10.1.202.20 了，这就意味着 402 实验室的所有计算机的上网带宽总共是 10Mbit/s。解决办法：删除 AR3 路由器上的 NAPT 设置，让网络管理员在学院的网络设备上增加到 192.168.1.0/24 网段的路由，402 实验室的计算机就都可以分配到 10Mbit/s 带宽了。

9.7.2 实现单向访问

NAPT 还有个特点，内网的计算机能够主动发起对公网的访问，公网的计算机却不能主动发起对内网的访问。可以认为这是单向访问。

某企业的网络如图 9-10 所示，研发部的网络为了安全，没有和其他网络进行连接，市场部的网络允许访问 Internet。现在研发部的计算机需要访问市场部的计算机上的资源，又不想让市场部的计算机访问研发部的计算机上的资源。如何搞定呢？

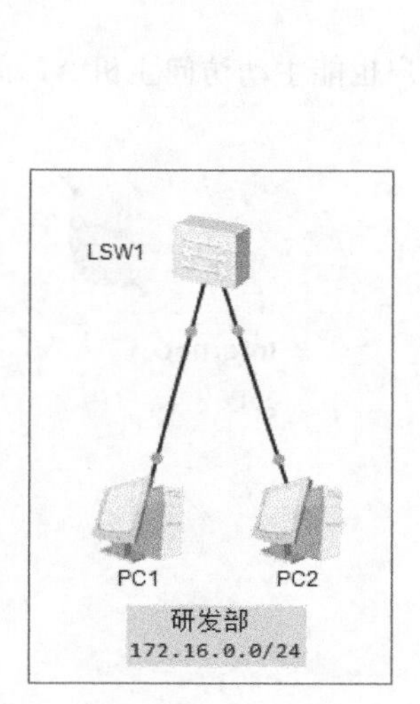

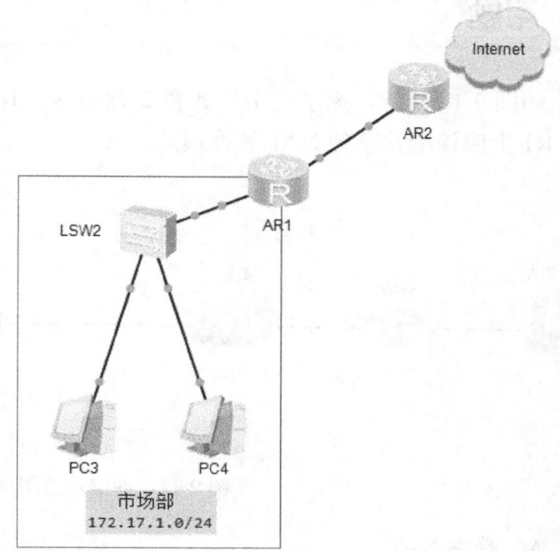

图 9-10 某企业的网络拓扑

使用路由器连接研发部和市场部的网络，如图 9-11 所示。在 AR3 路由器上配置 NAPT，将研发部的网络视为私网，将市场部的网络视为公网。这样研发部就能够访问市场部，市场部却不能访问研发部。

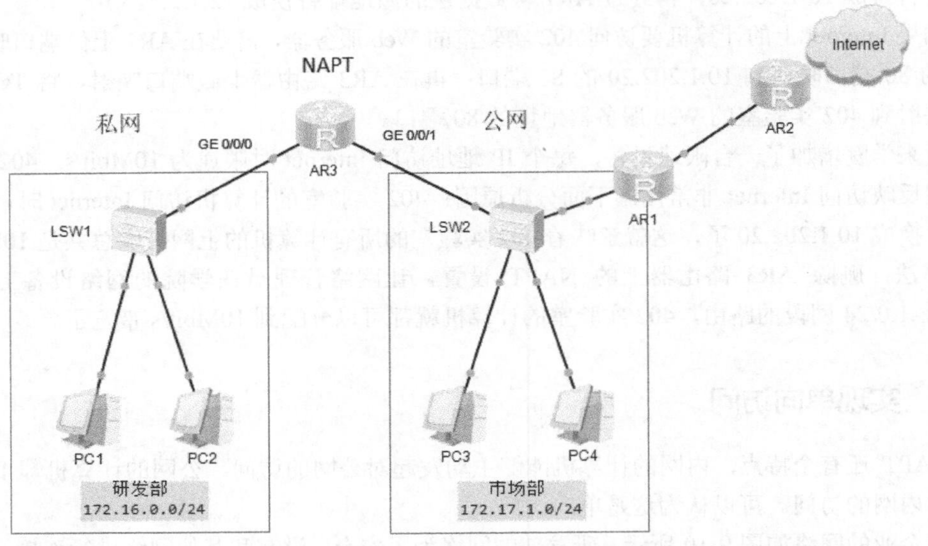

图 9-11 配置 NAPT 以实现内网访问安全

9.8 习题

1．如图 9-12 所示，为了使主机 A 能访问公网，且公网用户也能主动访问主机 A，此时在路由器 R1 上应该配置哪种 NAT 转换模式？（ ）

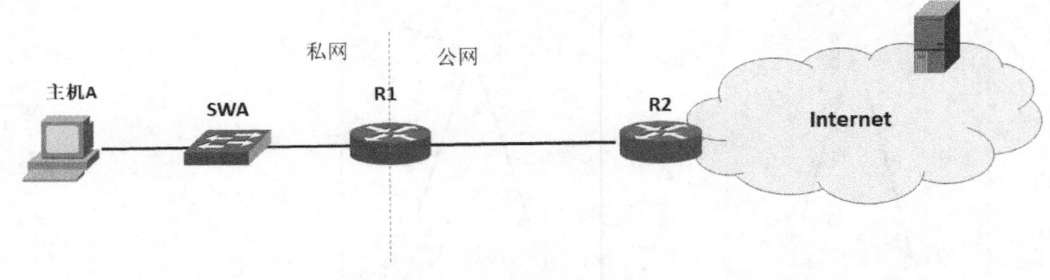

图 9-12 通信示意图（一）

A．静态 NAT
B．动态 NAT
C．Easy-IP
D．NAPT

2．如图 9-13 所示，RTA 使用 NAT 技术，且通过定义地址池来实现多对多的非 NAPT 地址转换，使得私网主机能够访问公网。假设地址池中仅有两个公网 IP 地址，并且已经分配给主机 A 与 B，做了地址转换，此时若主机 C 也希望访问公网，则下列描述中正确的是（　　）。

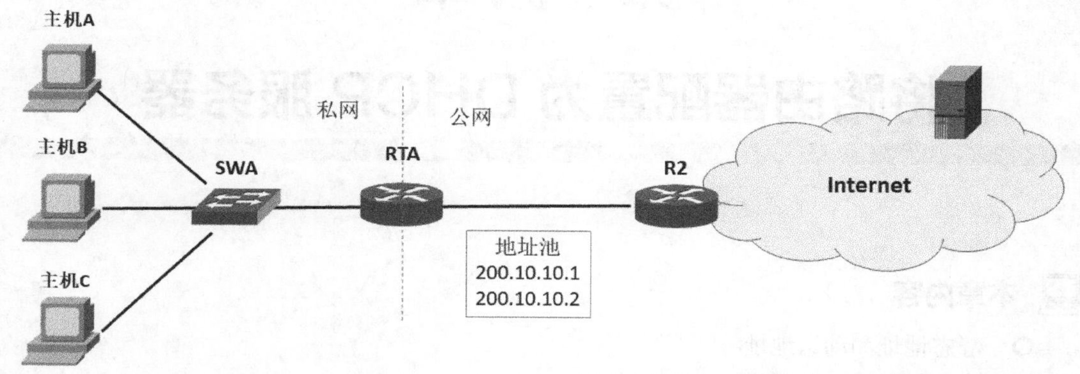

图 9-13　通信示意图（二）

A．RTA 分配第一个公网地址给主机 C，主机 A 被踢下线
B．RTA 分配最后一个公网地址给主机 C，主机 B 被踢下线
C．主机 C 无法分配到公网地址，不能访问公网
D．所有主机轮流使用公网地址，都可以访问公网

3．下面有关 NAT 的描述中，正确的是（　　）。（选择 3 个答案）

A．NAT 的全称是网络地址转换，又称为地址翻译
B．NAT 通常用来实现私有网络地址与公用网络地址之间的转换
C．当使用私有地址的内部网络的主机访问外部公用网络的时候，一定不需要 NAT
D．NAT 技术为解决 IP 地址紧张的问题提供了很大的帮助

4．某公司的网络中有 50 个私有 IP 地址，网络管理员使用 NAT 技术接入公网，且该公司仅有一个公网地址可用，则下列哪种 NAT 转换方式符合要求？（　　）

A．静态转换
B．动态转换
C．Easy-IP
D．NAPT

5．NAPT 允许多个私有 IP 地址通过不同的端口号映射到同一个公有 IP 地址，则下列关于 NAPT 中端口号的描述中，正确的是（　　）。

A．必须手工配置端口号和私有地址的对应关系
B．只需要配置端口号的范围
C．不需要做任何关于端口号的配置
D．需要使用 ACL 分配端口号

第 10 章

将路由器配置为 DHCP 服务器

本章内容

- 静态地址和动态地址
- 将华为路由器配置为 DHCP 服务器
- 抓包分析 DHCP 分配 IP 地址的过程
- 跨网段分配 IP 地址
- 使用接口地址池为直连网段分配地址

本章介绍 IP 地址的两种配置方式：静态地址分配和动态地址分配，以及这两种方式适用的场景。动态地址方式需要网络中有 DHCP 服务器，Windows 服务器和 Linux 服务器都可以配置为 DHCP 服务器，本章展示将华为路由器配置为 DHCP 服务器，为网络中的计算机分配地址。

路由器打算为多少个网段分配地址，就要创建多少个 IP 地址池。既可以为直连网段中的计算机分配 IP 地址，也可以为远程网段（没有直连网段）中的计算机分配 IP 地址。

如果路由器为直连网段中的计算机分配地址，也可以不单独创建 IP 地址池，使用接口地址池为直连网段分配地址。

10.1 静态地址和动态地址

为计算机配置 IP 地址有两种方式：一种是人工指定 IP 地址、子网掩码、网关和 DNS 等配置信息，这种方式获得的 IP 地址称为静态地址；另一种是使用 DHCP 服务器为计算机分配 IP 地址、子网掩码、网关和 DNS 配置信息，这种方式获得的地址称为动态地址。

适用于静态地址的情况如下所示。

- 计算机在网络中不经常改变位置，比如学校机房，台式机的位置是固定的，通常使用静态地址，甚至为了方便学生访问资源，IP 地址还按一定规则进行设置，比如第一排第四列的计算机 IP 地址设置为 192.168.0.14，第三排第二列的计算机 IP 地址设置为 192.168.0.32 等。

- 企业的服务器也通常使用固定 的 IP 地址（静态地址），这是为了方便用户使用 IP 地址访问服务器，比如企业 Web 服务器、FTP 服务器、域控制器、文件服务器、DNS 服务器等通常使用静态地址。

适用于动态地址的情况如下：

- 网络中的计算机不固定，比如软件学院，每个教室一个网段，202 教室的网络是 10.7.202.0/24 网段，204 教室的网络是 10.7.204.0/24 网段，学生从 202 教室下课后再去 204 教室上课，笔记本电脑就要更改 IP 地址了。如果让学生自己更改 IP 地址（静态地址），设置的地址有可能已经被其他学生的笔记本电脑占用了。人工为移动设备指定地址不仅麻烦，而且指定的地址还容易发生冲突。如果使用 DHCP 服务器统一分配地址，就不会产生冲突。
- 通过 Wi-Fi 联网的设备，地址通常也是由 DHCP 服务器自动分配的。通过 Wi-Fi 联网本来就是为了方便，如果连上 Wi-Fi 后，还要设置 IP 地址、子网掩码、网关和 DNS 才能上网，那就不方便了。

10.2　将华为路由器配置为 DHCP 服务器

如图 10-1 所示，某企业有 3 个部门，销售部的网络使用 192.168.1.0/24 网段、市场部的网络使用 192.168.2.0/24 网段、研发部的网络使用 172.16.5.0/24 网段。现在要配置 AR1 路由器为 DHCP 服务器，为这 3 个部门的计算机分配 IP 地址。

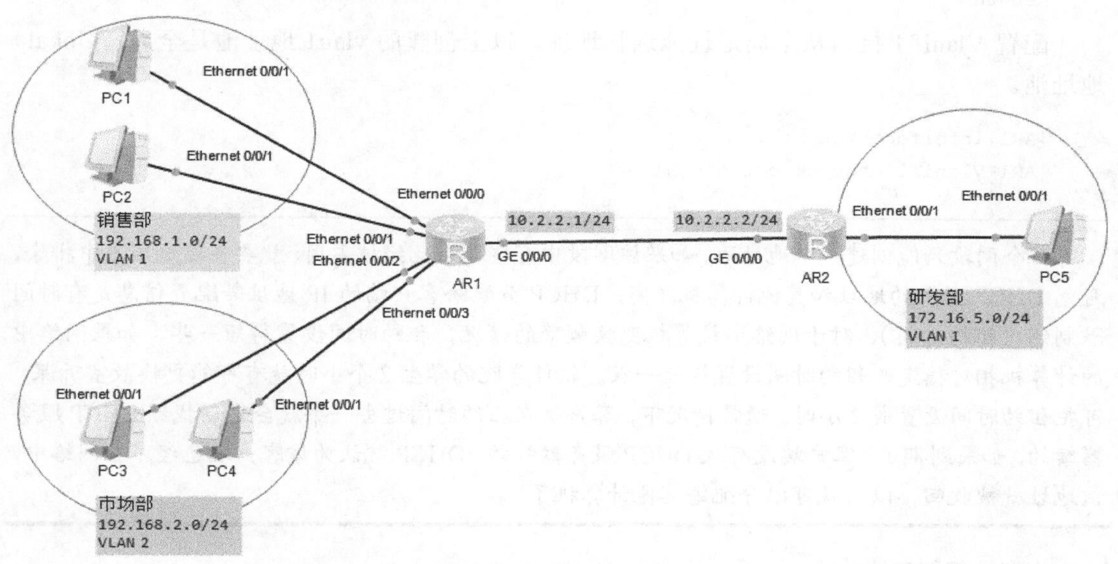

图 10-1　网络拓扑

在AR1上为销售部创建地址池vlan1，vlan1是地址池的名称。

```
[AR1]dhcp enable                                    --全局启用 DHCP 服务
[AR1]ip pool vlan1                                  --为 VLAN 1 创建地址池
[AR1-ip-pool-vlan1]network 192.168.1.0 mask 24      --指定地址池所在的网段
[AR1-ip-pool-vlan1]gateway-list 192.168.1.1         --指定该网段的网关
[AR1-ip-pool-vlan1]dns-list 8.8.8.8                 --指定 DNS 服务器
[AR1-ip-pool-vlan1]dns-list 222.222.222.222         --指定第二个 DNS 服务器
[AR1-ip-pool-vlan1]lease day 0 hour 8 minute 0      --地址租约，允许客户端使用多长时间
[AR1-ip-pool-vlan1]excluded-ip-address 192.168.1.1 192.168.1.10     --指定排除的地址范围
Error:The gateway cannot be excluded.                                --不能包括网关
[AR1-ip-pool-vlan1]excluded-ip-address 192.168.1.2 192.168.1.10     --指定排除的地址范围
[AR1-ip-pool-vlan1]excluded-ip-address 192.168.1.50 192.168.1.60    --指定排除的地址范围
[AR1-ip-pool-vlan1]display this                                      --显示地址池的配置
[V200R003C00]
#
ip pool vlan1
 gateway-list 192.168.1.1
 network 192.168.1.0 mask 255.255.255.0
 excluded-ip-address 192.168.1.2 192.168.1.10
 excluded-ip-address 192.168.1.50 192.168.1.60
 lease day 0 hour 8 minute 0
 dns-list 8.8.8.8 222.222.222.222
#
Return
```

配置Vlanif 1接口从全局地址池选择地址。以上创建的vlan1地址池是全局（global）地址池。

```
[AR1]interface Vlanif 1
[AR1-Vlanif1]dhcp select global
```

一个网段只能创建一个地址池，如果该网段中有些地址已经被占用，就要在该地址池中排除，避免DHCP分配的地址和其他计算机冲突。DHCP分配给客户端的IP地址等配置信息是有时间限制的（租约时间），对于网络中计算机变换频繁的情况，租约时间设置得短一些，如果网络中的计算机相对稳定，租约时间设置得长一点。软件学院的学生2个小时就有可能更换教室听课，可把租约时间设置成2小时。通常情况下，客户端在租约时间过去一半就会自动找到DHCP服务器续约。如果到期了，客户端没有找DHCP服务器续约，DHCP就认为该客户端已经不在网络中，该地址就被收回，以后就可以分配给其他计算机了。

为市场部创建地址池。

```
[AR1]ip pool vlan2
```

```
[AR1-ip-pool-vlan2]network 192.168.2.0 mask 24
[AR1-ip-pool-vlan2]gateway-list 192.168.2.1
[AR1-ip-pool-vlan2]dns-list 114.114.114.114
[AR1-ip-pool-vlan2]lease day 0 hour 2 minute 0
[AR1-ip-pool-vlan2]quit
```

配置 Vlanif 2 接口以从全局地址池选择地址。

```
[AR1]interface Vlanif 2
[AR1-Vlanif2]dhcp select global
```

输入 display ip pool 以显示定义的地址池。

```
<AR1>display ip pool
  -----------------------------------------------------------------------
  Pool-name      : vlan1
  Pool-No        : 0
  Position       : Local           Status           : Unlocked
  Gateway-0      : 192.168.1.1
  Mask           : 255.255.255.0
  VPN instance   : --

  -----------------------------------------------------------------------
  Pool-name      : vlan2
  Pool-No        : 1
  Position       : Local           Status           : Unlocked
  Gateway-0      : 192.168.2.1
  Mask           : 255.255.255.0
  VPN instance   : --


  IP address Statistic
    Total       :506
    Used        :4          Idle        :482
    Expired     :0          Conflict    :0          Disable   :20
```

10.3 抓包分析 DHCP 分配地址的过程

下面抓包分析 DHCP 协议为客户端分配 IP 地址的过程，如图 10-2 所示，右击 AR1 路由器，单击“数据抓包”→“Ethernet 0/0/2”。

如图 10-3 所示，打开 PC3，在“基础配置”选项卡下，选中“静态”，单击“应用”，再选中“DHCP”，单击“应用”。

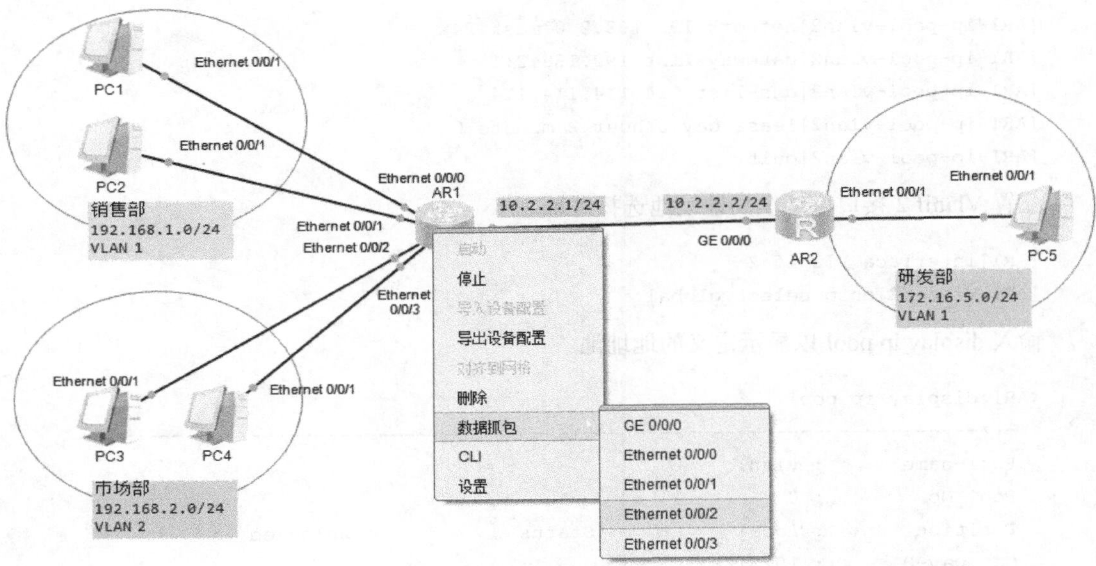

图 10-2 抓包分析 DHCP 分配地址的过程

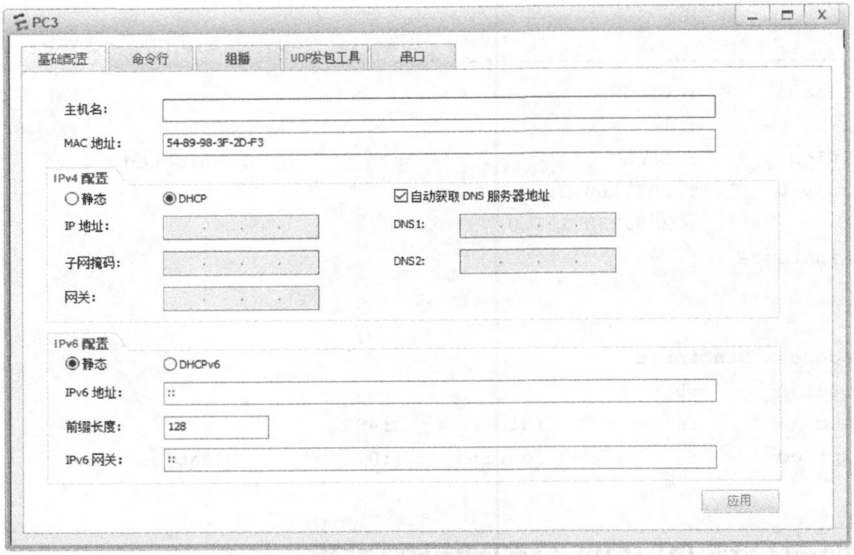

图 10-3 PC3 设置 DHCP 自动获取地址

单击“命令行”选项卡，输入 ipconfig 可以看到从 DHCP 获得的 IP 地址等配置。

```
PC>ipconfig
Link local IPv6 address...........: fe80::5689:98ff:fe3f:2df3
IPv6 address......................: :: / 128
IPv6 gateway......................: ::
```

```
IPv4 address.......................: 192.168.2.254
Subnet mask........................: 255.255.255.0
Gateway............................: 192.168.2.1
Physical address...................: 54-89-98-3F-2D-F3
DNS server.........................: 114.114.114.114
```

抓包工具捕获了 DHCP 服务器为客户端分配地址之后的 4 个数据包，这 4 个数据包反映了 DHCP 协议的工作过程，如图 10-4 所示。

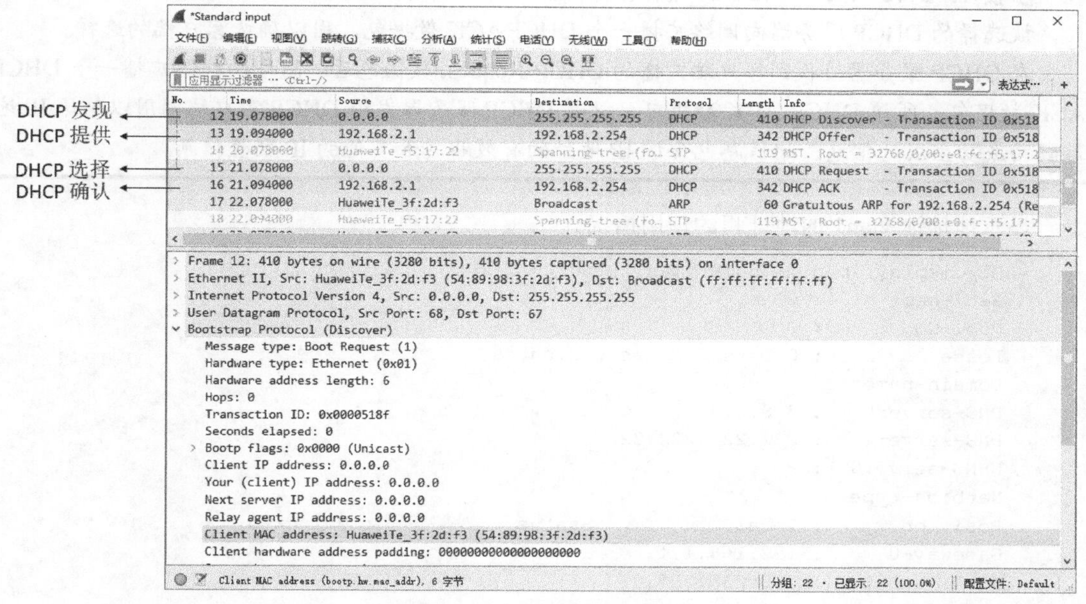

图 10-4 DHCP 协议的工作过程

DHCP 通过 4 个步骤将 IP 地址信息以租约的方式提供给 DHCP 客户端。这 4 个步骤分别以 DHCP 数据包的类型命名。

步骤 1：DHCP Discover（DHCP 发现）。

DHCP 客户端通过向网络广播一个 DHCP Discover 数据包来发现可用的 DHCP 服务器。

将 IP 地址设置为自动获得的计算机就是 DHCP 客户端，它不知道网络中谁是 DHCP 服务器，自己也没地址，DHCP 客户端就发送广播包来请求地址，网络中的设备都能收到该请求。广播包的源 IP 地址为 0.0.0.0，目标 IP 地址为 255.255.255.255。

步骤 2：DHCP Offer（DHCP 提供）。

DHCP 服务器通过向网络广播一个 DHCP Offer 数据包来应答客户端的请求。

当 DHCP 服务器接收到 DHCP 客户端广播的 DHCP Discover 数据包后，网络中的所有 DHCP 服务器都会向网络广播一个 DHCP Offer 数据包。所谓 DHCP Offer 数据包，就是 DHCP 服务器用来将 IP 地址提供给 DHCP 客户端的信息。

步骤 3：DHCP Request （DHCP 选择）。

DHCP 客户端通过向网络广播一个 DHCP Request 数据包来选择多个服务器提供的 IP 地址。

在 DHCP 客户端通过接收到服务器的 DHCP Offer 数据包后，会向网络广播一个 DHCP Request 数据包以接受分配。DHCP Request 数据包包含为客户端提供租约的 DHCP 服务器的标识，这样其他 DHCP 服务器收到这个数据包后，就会撤销对这个客户端的分配，而将本该分配的 IP 地址收回用于响应其他客户端的租约请求。

步骤 4：DHCP ACK （DHCP 确认）。

被选择的 DHCP 服务器向网络广播一个 DHCP ACK 数据包，用以确认客户端的选择。

在 DHCP 服务器接收到客户端广播的 DHCP Request 数据包后，随即向网络广播一个 DHCP ACK 数据包。所谓 DHCP ACK 数据包，就是 DHCP 服务器发给 DHCP 客户端的用以确认 IP 地址租约成功生成的信息。此信息包含该 IP 地址的有效租约和其他的 IP 配置信息。

显示地址池 vlan1 的地址租约使用情况。

```
<AR1>display ip pool name vlan1 used
  Pool-name      : vlan1
  Pool-No        : 0
  Lease          : 0 Days 8 Hours 0 Minutes
  Domain-name    : -
  DNS-server0    : 8.8.8.8
  DNS-server1    : 222.222.222.222
  NBNS-server0   : -
  Netbios-type   : -
  Position       : Local           Status          : Unlocked
  Gateway-0      : 192.168.1.1
  Mask           : 255.255.255.0
  VPN instance   : --
 -----------------------------------------------------------------------------
        Start           End      Total  Used  Idle(Expired)  Conflict  Disable
 -----------------------------------------------------------------------------
     192.168.1.1   192.168.1.254   253    2      231(0)          0       20
 -----------------------------------------------------------------------------

  Network section :
  --------------------------------------------------------------------------
  Index        IP             MAC                Lease   Status
  --------------------------------------------------------------------------
    252   192.168.1.253    5489-9851-4a95        335    Used  --租约，有客户端MAC 地址
    253   192.168.1.254    5489-9831-72f6        344     Used --租约，有客户端MAC 地址
  --------------------------------------------------------------------------
```

10.4 跨网段分配 IP 地址

在 AR1 路由器上创建地址池 remoteNet，从而为研发部的计算机分配地址，研发部的网络

没有和 AR1 路由器直连，AR1 路由器收不到研发部的计算机发送的 DHCP 发现数据包，路由器隔绝广播。这就需要配置 AR2 路由器的 Vlanif 1 接口，启用 DHCP 中继功能，将收到的 DHCP 发现数据包转换成定向 DHCP 发现数据包，目标地址为 10.2.2.1，源地址为接口 Vlanif 1 的地址 172.16.5.1。AR1 路由器一旦收到这样的数据包，就知道这是来自 172.16.5.0/24 网段的请求，于是就从 remoteNet 地址池中选择一个 IP 地址提供给 PC5，如图 10-5 所示。

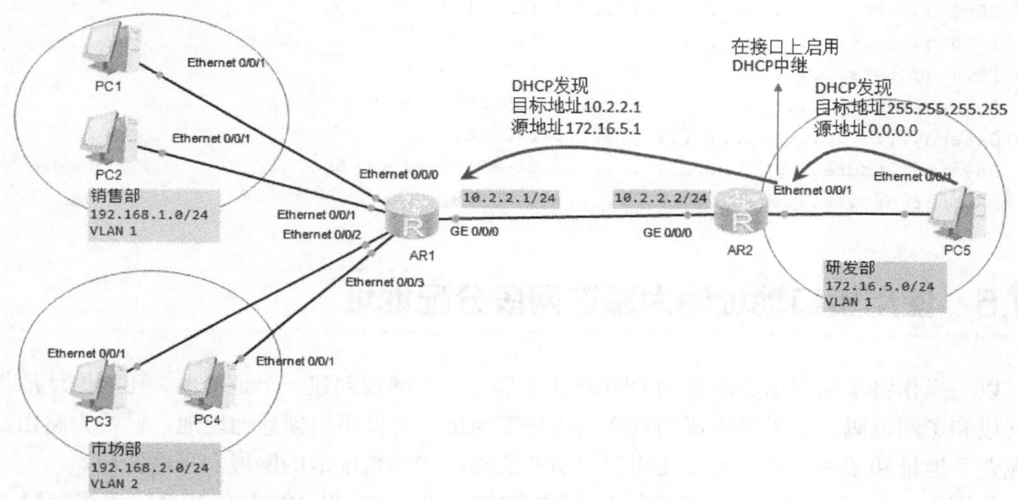

图 10-5　跨网段分配 IP 地址的拓扑图

下面就在 AR1 上为研发部的网络创建地址池 remoteNet。远程网段的地址池必须设置网关。

```
[AR1]ip pool remoteNet
[AR1-ip-pool-remoteNet]network 172.16.5.0 mask 24
[AR1-ip-pool-remoteNet]gateway-list 172.16.5.1            --必须设置网关
[AR1-ip-pool-remoteNet]dns-list 8.8.8.8
[AR1-ip-pool-remoteNet]lease day 0 hour 2 minute 0
[AR1-ip-pool-remoteNet]quit
```

配置 AR1 的 GE 0/0/0 接口从全局地址池选择地址。

```
[AR1]interface GigabitEthernet 0/0/0
[AR1-GigabitEthernet0/0/0]dhcp select global
[AR1-GigabitEthernet0/0/0]quit
```

在 AR2 路由器上启用 DHCP 功能，配置 AR2 路由器的 Vlanif 1 接口，启用 DHCP 中继功能，指明 DHCP 服务器的地址。

```
[AR2]dhcp enable
[AR2]interface Vlanif 1
[AR2-Vlanif1]dhcp select relay
[AR2-Vlanif1]dhcp relay server-ip 10.2.2.1
```

将 PC5 的地址设置成 DHCP 动态分配，输入 ipconfig 以查看获得的 IP 地址，验证跨网段分配。如果不成功，检查 AR1 和 AR2 路由器上的路由表，要确保网络畅通，DHCP 才能跨网段分配 IP 地址。

```
PC>ipconfig
Link local IPv6 address...........: fe80::5689:98ff:fe61:65d
IPv6 address......................: :: / 128
IPv6 gateway......................: ::
IPv4 address......................: 172.16.5.254
Subnet mask.......................: 255.255.255.0
Gateway...........................: 172.16.5.1
Physical address..................: 54-89-98-61-06-5D
DNS server........................: 8.8.8.8
```

10.5 使用接口地址池为直连网段分配地址

以上操作将华为路由器配置为 DHCP 服务器，一个网段创建一个地址池，还为地址池指定了网段和子网掩码。如果路由器为直连网段分配地址，可以不用创建地址池，已经为路由器接口配置了地址和子网掩码，可以使用接口所在的网段作为地址池的网段和子网掩码。

如图 10-6 所示，AR1 路由器连接两个网段 192.168.1.0/24 和 192.168.2.0/24。要求配置 AR1 路由器为这两个网段分配 IP 地址。

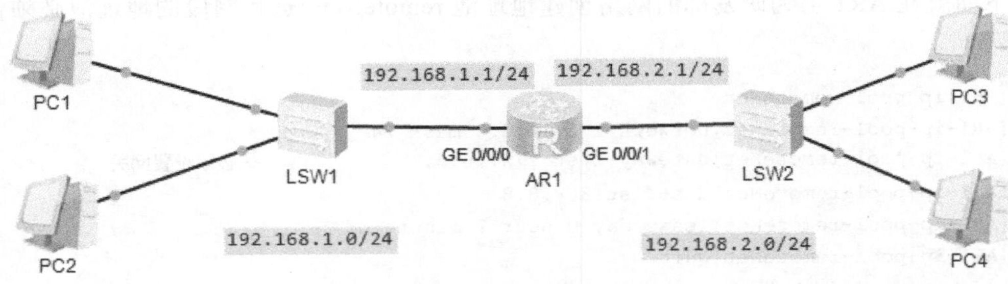

图 10-6 使用接口地址池为直连网段分配地址的拓扑图

配置 AR1 的 GigabitEthernet 0/0/0 和 GigabitEthernet 0/0/1 接口地址。

```
[AR1]interface GigabitEthernet 0/0/0
[AR1-GigabitEthernet0/0/0]ip address 192.168.1.1 24
[AR1-GigabitEthernet0/0/0]quit
[AR1]interface GigabitEthernet 0/0/1
[AR1-GigabitEthernet0/0/1]ip address 192.168.2.1 24
[AR1-GigabitEthernet0/0/1]
```

启用 DHCP 服务，配置 GigabitEthernet 0/0/0 接口从接口地址池选择地址。

```
[AR1]dhcp enable                                        --全局启用 DHCP 服务
[AR1]interface GigabitEthernet 0/0/0
[AR1-GigabitEthernet0/0/0]dhcp select interface         --从接口地址池选择地址
[AR1-GigabitEthernet0/0/0]dhcp server dns-list 114.114.114.114
[AR1-GigabitEthernet0/0/0]dhcp server ?                 --可以看到全部配置项
  dns-list               Configure DNS servers
  domain-name            Configure domain name
  excluded-ip-address    Mark disable IP addresses
 ......
  lease                  Configure the lease of the IP pool
[AR1-GigabitEthernet0/0/0]dhcp server excluded-ip-address 192.168.1.2 192.168.1.20
                                                        --排除地址
```

配置 GigabitEthernet 0/0/1 接口从接口地址池选择地址。

```
[AR1]interface GigabitEthernet 0/0/1
[AR1-GigabitEthernet0/0/1]dhcp select interface
[AR1-GigabitEthernet0/0/1]dhcp server dns-list 8.8.8.8
[AR1-GigabitEthernet0/0/1]dhcp server lease day 0 hour 4 minute 0
```

将 PC1 和 PC3 的地址设置成 DHCP 动态分配，验证配置。

10.6 习题

1．管理员在网络中部署了一台 DHCP 服务器之后，发现部分主机获取到非该 DHCP 服务器指定的地址，则可能的原因有哪些？（　　）（选择 3 个答案）

A．网络中存在另一台工作效率更高的 DHCP 服务器。

B．部分主机无法与该 DHCP 服务器正常通信，这些主机客户端系统自动生成了 169.254.0.0 范围内的地址

C．部分主机无法与该 DHCP 服务器正常通信，这些主机客户端系统自动生成了 127.254.0.0 范围内的地址

D．DHCP 服务器的地址池已经全部分配完毕

2．管理员在配置 DHCP 服务器时，下面哪条命令配置的租期时间最短？（　　）

A．dhcp select

B．lease day 1

C．lease 24

D．lease 0

3．主机从 DHCP 服务器 A 获取到 IP 地址后进行了重启，则重启事件会向 DHCP 服务器 A 发送下面哪种消息？（　　）

A．DHCP Discover

B．DHCP Request

C．DHCP Offer

D．DHCP ACK

4．如图 10-7 所示，在 RA 路由器上启用 DHCP 服务，为 192.168.3.0/24 网段创建地址池，需要在 RB 路由器上做哪些配置，才能使 PC2 从 RA 路由器获得 IP 地址？（　　）

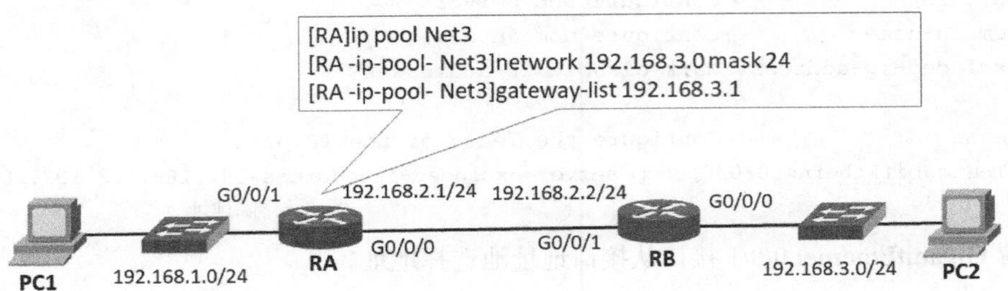

图 10-7 通信示意图

A．
```
[RB]dhcp enable
[RB]interface GigabitEthernet 0/0/0
[RB-GigabitEthernet 0/0/0]dhcp select global
```

B．
```
[RB]dhcp enable
[RB]interface GigabitEthernet 0/0/0
[RB-GigabitEthernet 0/0/0]dhcp select relay
[RB-GigabitEthernet 0/0/0]dhcp relay server-ip 192.168.2.1
```

C．
```
[RB]dhcp enable
[RB]interface GigabitEthernet 0/0/1
[RB-GigabitEthernet 0/0/0]dhcp select relay
[RB-GigabitEthernet 0/0/0]dhcp relay server-ip 192.168.2.1
```

D．
```
[RB]interface GigabitEthernet 0/0/0
[RB-GigabitEthernet 0/0/0]dhcp select relay
[RB-GigabitEthernet 0/0/0]dhcp relay server-ip 192.168.2.1
```

第 11 章

IPv6

本章内容

- IPv6 的改进
- IPv6 地址
- 自动配置 IPv6 地址
- IPv6 路由
- IPv6 和 IPv4 共存技术——IPv6 over IPv4

本章介绍 IPv6 协议相对于 IPv4 有哪些改进，IPv6 网络层协议相对于 IPv4 网络层协议有哪些变化，以及 ICMPv6 协议有哪些功能上的扩展。

IPv6 地址由 128 位二进制数构成，解决了 IPv4 公网地址紧张的问题。本章讲解 IPv6 地址的格式、简写规则及分类。

计算机的 IPv6 地址可以人工指定静态地址，也可以设置为自动获取，自动获取分为“无状态自动配置”和“有状态自动配置”，本章介绍这两种自动配置如何实现。

IPv6 的功能和 IPv4 一样，都是为数据包选择转发路径。网络要想畅通，需要给路由器添加静态路由，或使用动态路由协议学习到各个网段的路由。本章展示 IPv6 的静态路由配置和动态路由配置（RIPng 和 OSPFv3）。

IPv4 向 IPv6 的过渡不是一朝一夕就能够完成的，必然有 IPv4 和 IPv6 共存的过渡期，用 IPv6 逐渐替代 IPv4。本章讲解 IPv4 和 IPv6 共存技术，以 IPv6 over IPv4 为例讲解如何使用 IPv4 网络连接两个 IPv6 网络。

11.1 IPv6 的改进

随着 Internet 规模的扩大，IPv4 地址空间已经消耗殆尽。针对 IPv4 地址短缺的问题，曾先后出现过 CIDR 和 NAT 等临时性解决方案，但是 CIDR 和 NAT 都有各自的弊端，并不能作为彻底解决 IPv4 地址短缺问题的方案。另外，安全性、QoS(服务质量)、简便配置等要求，也表明需要一种新的协议来根本解决目前 IPv4 面临的问题。

国际互联网工程任务组（The Internet Engineering Task Force，IETF）在 20 世纪 90 年代提出了下一代互联网协议——IPv6，IPv6 支持几乎无限的地址空间，使用全新的地址配置方式，使得配置更加简单。IPv6 还采用全新的报文格式，提高了报文处理的效率、安全性，也能更好地支持 QoS。

11.1.1 IPv4 和 IPv6 的比较

图 11-1 是对 TCP/IPv4 协议组和 TCP/IPv6 协议组的比较。

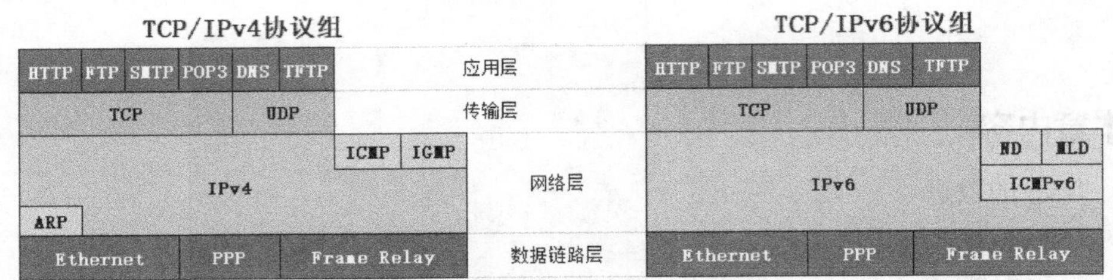

图 11-1 IPv6 协议组和 IPv4 协议组

可以看到，IPv6 协议组与 IPv4 协议组相比，只是网络层发生了变化，不会影响 TCP 和 UDP，也不会影响数据链路层协议，网络层的功能和 IPv4 一样。IPv6 的网络层没有 ARP 协议和 IGMP 协议，对 ICMP 协议的功能做了很大的扩展，IPv4 协议组中 ARP 协议的功能和 IGMP 协议的多点传送控制功能也被嵌入到 ICMPv6 中，分别是邻居发现（ND）协议和多播侦听器发现（MLD）协议。

IPv6 网络层的核心协议包括以下几个。

- IPv6：用于取代 IPv4，是一种可路由协议，用于对数据包进行寻址、路由、分段和重组。
- Internet 控制消息协议 IPv6 版（ICMPv6）：用来取代 ICMP，测试网络是否畅通，报告错误和其他信息以帮助判断网络故障。
- 邻居发现（Neighbor Discovery，ND）协议：ND 取代了 ARP，用于管理相邻 IPv6 结点间的交互，包括自动配置地址以及将下一跃点 IPv6 地址解析为 MAC 地址。
- 多播侦听器发现（Multicast Listener Discovery，MLD）协议：MLD 取代了 IGMP，用于管理 IPv6 多播组成员的身份。

11.1.2 ICMPv6 协议的功能

IPv6 使用的 ICMP 是 ICMP for IPv4 的更新版本，这一新版本叫作 ICMPv6，它执行常见的 ICMP for IPv4 功能，报告传送或转发中的错误并为疑难解答提供简单的回显服务。ICMPv6 协议还为 ND 和 MLD 消息提供消息结构。

1. 邻居发现（ND）

ND 是一组 ICMPv6 消息，用于确定相邻结点间的关系。ND 取代了 IPv4 中使用的 ARP、ICMP 路由器发现和 ICMP 重定向，提供更丰富的功能。

主机可以使用 ND 完成以下任务：

- 发现相邻的路由器。
- 发现并自动配置地址和其他配置参数。

路由器可以使用 ND 完成以下任务。

- 公布它们的存在、主机地址和其他配置参数。
- 向主机提示更好的下一跃点地址来帮助数据包转发到特定目标。

结点（包括主机和路由器）可以使用 ND 完成以下任务：

- 解析 IPv6 数据包将被转发到的相邻结点的链路层地址（又称 MAC 地址）。
- 动态公布 MAC 地址的更改。
- 确定某个相邻结点是否仍然可以到达。

表 11-1 列出了 RFC 2461 中描述的 ND 过程并做了说明。

表 11-1 ND 过程及说明

ND 过程	说 明
路由器发现	主机通过该过程来发现它的相邻路由器
前缀发现	主机通过该过程来发现本地子网目标的网络前缀
地址自动配置	无论是否存在地址配置服务器（例如运行动态主机配置协议 IPv6 版（DHCPv6）的服务器），该过程都可以为接口配置 IPv6 地址
地址解析	结点通过该过程将邻居的 IPv6 地址解析为它的 MAC 地址。IPv6 中的地址解析相当于 IPv4 中的 ARP
确定下一跃点	结点根据目标地址通过该过程来确定数据包要转发到的下一跃点 IPv6 地址。下一跃点地址可能是目标地址，也可能是某个相邻路由器的地址
检测邻居不可访问性	结点通过该过程确定邻居的 IPv6 层是否能够发送或接收数据包
检测重复地址	结点通过该过程确定它打算使用的某个地址是否已被相邻结点占用
重定向功能	该过程提示主机更好的第一跃点 IPv6 地址来帮助数据包向目标传送

2. 地址解析

IPv6 地址解析包括交换“邻居请求”和“邻居公布”消息，从而将下一跃点 IPv6 地址解析为对应的 MAC 地址。发送主机在适当的接口上发送一条多播“邻居请求”消息。“邻居请求”消息包括发送结点的 MAC 地址。

当目标结点接收到“邻居请求”消息后，将使用“邻居请求”消息中包含的源地址和 MAC 地址条目更新其邻居缓存（相当于 ARP 缓存）。接着，目标结点向“邻居请求”消息的发送方发送一条包含其 MAC 地址的单播“邻居公布”消息。

接收到来自目标的“邻居公布”消息后，发送主机根据其中包含的 MAC 地址使用目标结点条目来更新它的邻居缓存。此时，发送主机和“邻居请求”的目标就可以发送单播 IPv6 通信量了。

3. 路由器发现

主机通过路由器发现过程尝试发现本地子网上的路由器集合。除了配置默认路由器之外，

IPv6 路由器发现还配置了以下内容。

- IPv6 报头中的“跃点限制”字段的默认设置。
- 用于确定结点是否使用 DHCP 协议配置地址和其他参数。
- 为链路定义网络前缀列表。每个网络前缀都包含 IPv6 网络前缀及其有效的和首选的生存时间。如果指示了网络前缀，主机便使用该网络前缀来创建 IPv6 地址配置而不使用 DHCP 协议。网络前缀还定义了本地链路上结点的地址范围。

IPv6 路由器发现过程如下。

- IPv6 路由器定期在子网上发送多播“路由器通告（RA）”消息，以公布它们的路由器身份信息和其他配置参数（例如地址前缀和默认跃点限制）。
- 本地子网上的 IPv6 主机接收“路由器通告（RA）”消息，并使用其内容来配置地址、默认路由器和其他配置参数。
- 一台正在启动的主机发送多播“路由器请求（RS）”消息。收到“路由器请求”消息后，本地子网上的所有路由器都向发送路由器请求的主机发送一条单播“路由器通告”消息。该主机接收“路由器公布”消息并使用其内容来配置地址、默认路由器和其他配置参数。

4．地址自动配置

IPv6 的一个非常有用的特点是，它无须使用 DHCP 协议就能够自动进行自我配置。默认情况下，IPv6 主机能够为每个接口配置一个用于本网段通信的地址。通过使用路由器发现过程，主机还可以确定路由器的地址和其他配置参数。“路由器公布”消息指示是否使用 HDCP 协议配置地址和其他参数。

5．多播侦听器发现（MLD）

MLD 相当于 IGMP 的 IPv6 版本。MLD 是路由器和结点交换的一组 ICMPv6 消息，供路由器来为各个连接的接口发现网络中结点的 IPv6 多播地址的集合。

与 IGMPv2 不同，MLD 使用 ICMPv6 消息而不是定义自己的消息结构。

MLD 消息有 3 种类型。

- 多播侦听器查询：路由器使用“多播侦听器查询”消息来查询子网上是否有多播侦听器。
- 多播侦听器报告：多播侦听器使用“多播侦听器报告”消息来报告它们有兴趣接收并发往特定多播地址的多播通信量，或者使用这类消息来响应“多播侦听器查询”消息。
- 多播侦听器完成：多播侦听器使用“多播侦听器完成”消息来报告它们可能是子网上最后的多播组成员。

11.2 IPv6 地址

11.2.1 IPv6 地址格式

在 Internet 发展初期，IPv4 以其协议简单、易于实现、互操作性好的优势而得到快速发展。

然而，随着 Internet 的迅猛发展，IPv4 地址不足等设计缺陷也日益明显。IPv4 理论上仅仅能够提供的地址数量是 43 亿，但是由于地址分配机制等原因，实际可使用的数量还远远达不到 43 亿。Internet 的迅猛发展令人始料未及，同时也带来地址短缺的问题。针对这一问题，曾先后出现过几种解决方案，比如 CIDR 和 NAT。但是 CIDR 和 NAT 都有各自的弊端和不能解决的问题，在这样的情况下，IPv6 的应用和推广便显得越来越急迫。

IPv6 是 Internet 工程任务组（IETF）设计的一套规范，是网络层协议的第二代标准协议，也是 IPv4（Internet Protocol version 4）的升级版本。IPv6 与 IPv4 的最显著区别是，IPv4 地址采用 32 位，而 IPv6 地址采用 128 位。128 位的 IPv6 地址可以划分更多地址层级、拥有更广阔的地址分配空间，并支持地址自动配置。IPv4 地址空间已经消耗殆尽，近乎无限的地址空间是 IPv6 的最大优势，如图 11-2 所示。

版本	长度	地址数量
IPv4	32位	4,294,967,296
IPv6	128位	340,282,366,920,938,463,374,607,431,768,211,456

图 11-2　IPv4 和 IPv6 地址数量对比

如图 11-3 所示，IPv6 地址的长度为 128 位，用于标识一个或一组接口。IPv6 地址通常写作 xxxx:xxxx:xxxx:xxxx:xxxx:xxxx:xxxx:xxxx，其中 xxxx 是 4 个十六进制数，等同于一个 16 位的二进制数；八组 xxxx 共同组成了一个 128 位的 IPv6 地址。一个 IPv6 地址由 IPv6 地址前缀和接口 ID 组成，IPv6 地址前缀用来标识 IPv6 网络，接口 ID 用来标识接口。

由于 IPv6 地址的长度为 128 位，因此书写时会非常不方便。此外，IPv6 地址的巨大地址空间使得地址中往往会包含多个 0。为了应对这种情况，IPv6 提供了压缩方式来简化地址的书写，压缩规则如下所示。

- 每 16 位中的前导 0 可以省略。
- 地址中包含的连续两个或多个均为 0 的组，可以用双冒号“::”来代替。需要注意的是，在一个 IPv6 地址中只能使用一次双冒号“::”，否则，设备将压缩后的地址恢复成 128 位时，无法确定每段中 0 的个数，如图 11-4 所示。

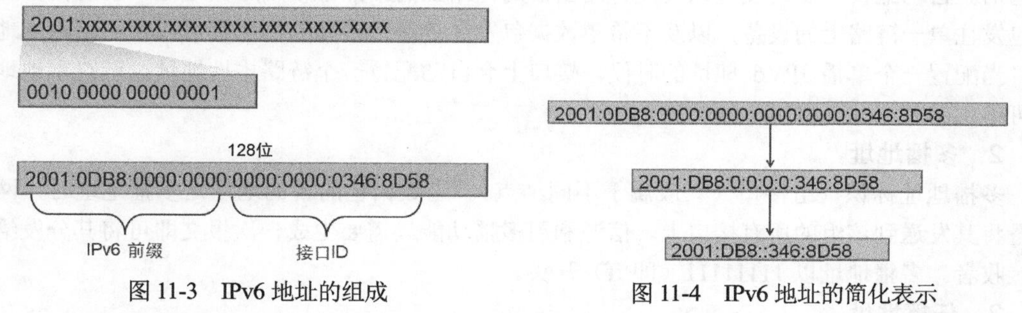

图 11-3　IPv6 地址的组成　　图 11-4　IPv6 地址的简化表示

本示例展示了如何利用压缩规则对 IPv6 地址进行简化表示。

IPv6 地址分为 IPv6 前缀和接口标识，子网掩码使用前缀长度的方式标识。表示形式是：IPv6 地址/前缀长度，其中“前缀长度”是一个十进制数，表示该地址的前多少位是地址前缀。例如 F00D:4598:7304:3210:FEDC:BA98:7654:3210，其地址前缀是 64 位，可以表示为 F00D:4598:7304:3210:FEDC:BA98:7654:3210/64。

11.2.2 IPv6 地址分类

有 3 种 IPv6 地址类型：单播（Unicast）地址、多播（Multicast）地址和任播（Anycast）地址。

1. 单播地址

单播地址是点到点通信时使用的地址，此地址仅标识一个接口，网络负责把对单播地址发送的数据包传送到该接口上。

单播地址有全球单播地址（Global Unicast Address）、链路本地地址等几种形式。

一般情况下，全球单播地址的格式如图 11-5 所示。

图 11-5 全球单播地址的结构

IPv6 全球单播地址的分配方式如下：顶级地址聚集机构 TLA（即大的 ISP 或地址管理机构）获得大块地址，负责给次级地址聚集机构 NLA（中小规模 ISP）分配地址，NLA 给站点级地址聚集机构 SLA（子网）和网络用户分配地址。

- 全球路由前缀（global routing prefix）：典型的分层结构，根据 ISP 来组织，用来分配给站点（Site），站点是子网/链路的集合。
- 子网 ID（Subnet ID）：站点内子网的标识符。由站点的管理员分层构建。
- 接口 ID（Interface ID）：用来标识链路上的接口。在同一子网内是唯一的。

IPv6 中有种地址类型叫作链路本地地址，该地址用于在同一子网中的 IPv6 计算机之间进行通信。自动配置、邻居发现以及没有路由器的链路上的结点都使用这类地址。任意需要将数据包发往单一链路上的设备，以及不希望数据包发往链路范围外的协议都可以使用链路本地地址。当配置一个单播 IPV6 地址的时候，接口上会自动配置一个链路本地地址。链路本地地址和可路由的 IPv6 地址共存。

2. 多播地址

多播地址标识一组接口（一般属于不同结点）。当数据包的目的地址是多播地址时，网络尽量将其发送到该组的所有接口上。信源利用多播功能只需要生成一次报文即可将其分发给多个接收者。多播地址以 11111111（即 ff）开头。

3. 任播地址

任播地址标识一组接口，它与多播地址的区别在于发送数据包的方法。向任播地址发送的数据包并未被分发给组内的所有成员，而是发往该地址标识的“最近的”那个接口。

任播地址从单播地址空间中分配，使用单播地址的任何格式。因而，从语法上，任播地址与单播地址没有区别。当一个单播地址被分配给多于一个的接口时，就将其转换为任播地址。被分配具有任播地址的结点必须得到明确的配置，从而知道它是一个任播地址。

图 11-6 中列出了 IPv6 常见的地址类型和地址范围。

地址范围	描述
2000::/3	全球单播地址
2001:0DB8::/32	保留地址
FE80::/10	链路本地地址
FF00::/8	组播地址
::/128	未指定地址
::1/128	环回地址

图 11-6 IPv6 常见的地址类型和地址范围

目前，有一小部分全球单播地址已经由 IANA（互联网名称与数字地址分配机构 ICANN 的一个分支）分配给了用户。单播地址的格式是 2000::/3，代表公共 IP 网络上任意可到达的地址。IANA 负责将该段地址范围内的地址分配给多个区域互联网注册管理机构（RIR），RIR 负责全球 5 个区域的地址分配。以下几个地址范围已经分配：2400::/12(APNIC)、2600::/12(ARIN)、2800::/12(LACNIC)、2A00::/12(RIPE)和 2C00::/12 (AFRINIC)，它们使用单一地址前缀标识特定区域中的所有地址。

在 2000::/3 地址范围内还为文档示例预留了地址空间，例如 2001:0DB8::/32。

链路本地地址只能在同一网段的结点之间通信使用。以链路本地地址为源地址或目的地址的 IPv6 报文不会被路由器转发到其他链路。链路本地地址的前缀是 FE80::/10。使用 IPv6 通信的计算机会同时拥有链路本地地址和全球单播地址。

组播地址的前缀是 FF00::/8。组播地址范围内的大部分地址都是为特定组播组保留的。跟 IPv4 一样，IPv6 组播地址还支持路由协议。IPv6 中没有广播地址，用组播地址替代广播地址可以确保报文只发送给特定的组播组而不是 IPv6 网络中的任意终端。

0:0:0:0:0:0:0:0/128 等于::/128。这是 IPv4 中 0.0.0.0 的等价物，代表 IPv6 未指定地址。

0:0:0:0:0:0:0:1 等于::1。这是 IPv4 中 127.0.0.1 的等价物，代表本地环回地址。

11.3 自动配置 IPv6 地址

使用 IPv6 通信的计算机，可以人工指定静态地址，也可以设置成自动获取 IPv6 地址，如图 11-7 所示。要是设置成自动获取 IPv6 地址，有两种自动配置方式，即无状态自动配置和有状态自动配置。

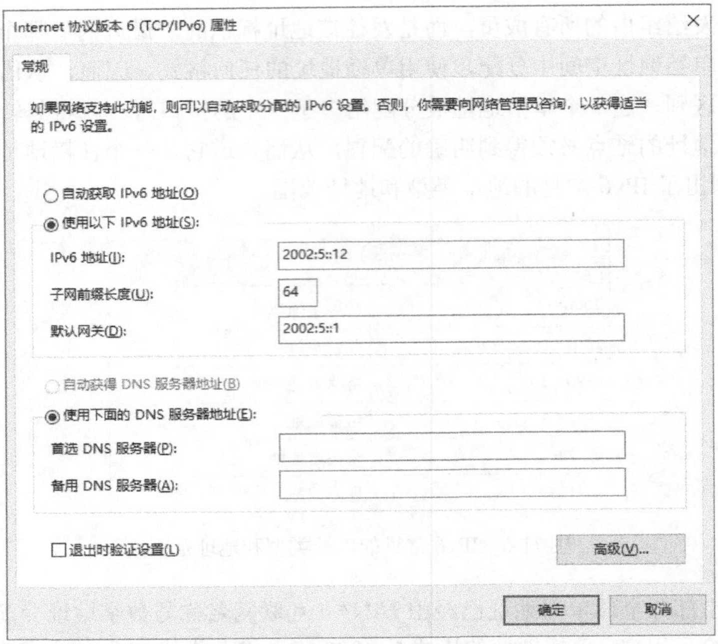

Internet 协议版本 6 (TCP/IPv6) 属性

常规

如果网络支持此功能，则可以自动获取分配的 IPv6 设置。否则，你需要向网络管理员咨询，以获得适当的 IPv6 设置。

○自动获取 IPv6 地址(O)

◉使用以下 IPv6 地址(S):

IPv6 地址(I): 2002:5::12

子网前缀长度(U): 64

默认网关(D): 2002:5::1

○自动获得 DNS 服务器地址(B)

◉使用下面的 DNS 服务器地址(E):

首选 DNS 服务器(P):

备用 DNS 服务器(A):

☐退出时验证设置(L)　高级(V)...

确定　取消

图 11-7　IPv6 静态地址和自动获取 IPv6 地址

11.3.1　自动配置 IPv6 地址的两种方法

下面就以 3 个网段的 IPv6 网络为例，讲述计算机 IPv6 地址的自动配置过程。如图 11-8 所示，网络中有 3 个 IPv6 网段，路由器接口都已经配置了 IPv6 地址。PC1 的 IPv6 地址设置成自动获得，PC1 接入网络后主动发送路由器请求（RS）报文给网络中的路由器，请求地址前缀信息，在哪个网段呢？AR1 收到 RS 报文后会立即向 PC1 单播（链路本地地址）回应 RA 报文，告知 PC1 IPv6 地址前缀（所在的 IPv6 网段）和相关配置参数。PC1 再使用网卡的 MAC 地址构造一个 64 位的 IPv6 接口 ID，就生成了一个全局 IPv6 地址，IPv6 地址的这种自动配置称为“无状态自动配置”。

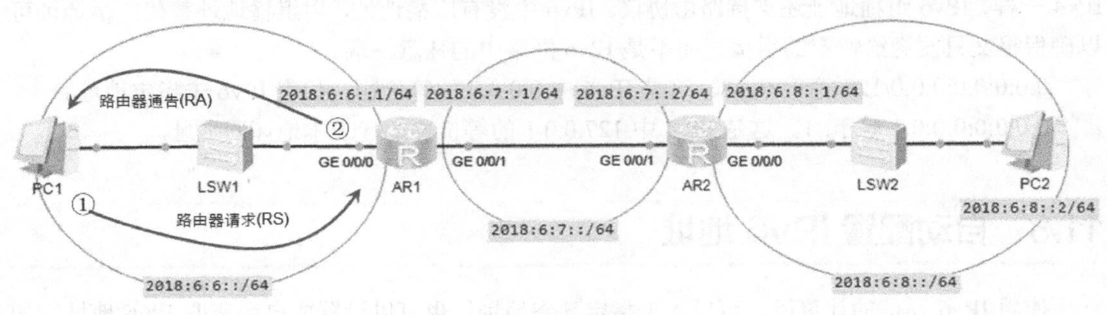

图 11-8　IPv6 实验拓扑

使用无状态自动配置，计算机只是得到了地址前缀，RA 报文中没有 DNS 等配置信息，所以有时候还需要 DHCPv6 服务器给网络中的计算机分配 IPv6 地址和其他设置。使用 DHCPv6 服务器配置 IPv6 地址，称为“有状态自动配置”。

如图 11-9 所示，使用 DHCPv6 配置 IPv6 地址的过程如下。

（1）PC1 发送路由器请求（RS）。

（2）AR1 路由器发送路由器通告（RA），RA 报文中有两个标志位。M 标记位是 1，告诉 PC1 从 DHCPv6 服务器获取地址前缀；O 标记位是 1，告诉 PC1 从 DHCPv6 服务器获取 DNS 等其他配置。如果这两个标记位都是 0，则是无状态自动配置，不需要 DHCPv6 服务器。

（3）PC1 发送 DHCPv6 征求消息。征求消息实际上就是组播消息，目标地址为 ff02::1:2，是所有 DHCPv6 服务器和中继代理的组播地址。

（4）DHCPv6 服务器给 PC1 提供 IPv6 地址和其他设置。

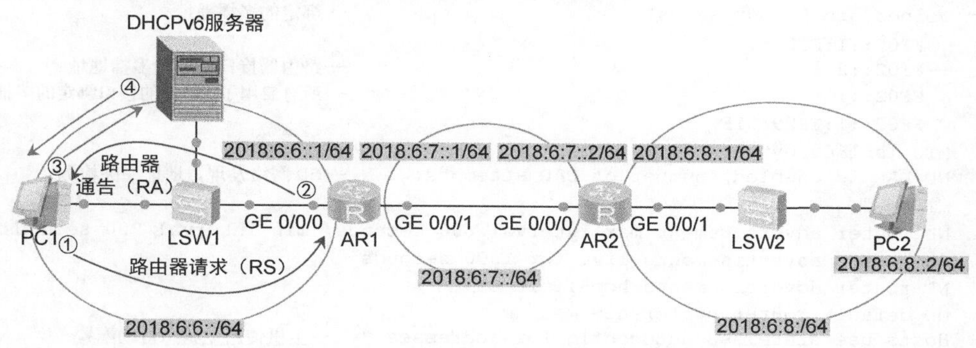

图 11-9 使用 DHCPv6 配置 IPv6 地址

11.3.2 IPv6 地址无状态自动配置

实验环境如图 11-10 所示：有 3 个 IPv6 网络，需要参照拓扑中标注的地址配置 AR1 和 AR2 路由器接口的 IPv6 地址。拖拽 Cloud 和物理机的 VMNet1 网卡绑定，将 VMWare Workstation 中虚拟机 Windows 7 的网卡指定到 VMNet1，将 Windows 7 的 IPv6 地址设置成自动获取 IPv6 地址，实现无状态自动配置。

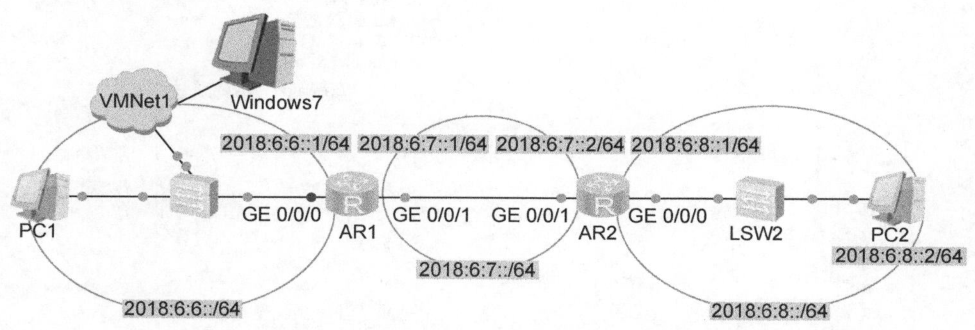

图 11-10 IPv6 地址无状态自动配置的实验拓扑

AR1 路由器上的配置如下：

```
[AR1]ipv6                                                  --全局开启对 IPv6 的支持
[AR1]interface GigabitEthernet 0/0/0
[AR1-GigabitEthernet0/0/0]ipv6 enable                      --在接口上启用 IPv6 支持
[AR1-GigabitEthernet0/0/0]ipv6 address 2018:6:6::1 64      --添加 Ipv6 地址
[AR1-GigabitEthernet0/0/0]ipv6 address auto link-local     --配置自动生成链路本地地址
[AR1-GigabitEthernet0/0/0]undo ipv6 nd ra halt             --允许发送地址前缀以及其他配置信息
[AR1-GigabitEthernet0/0/0]quit
[AR1]display ipv6 interface GigabitEthernet 0/0/0          --查看接口的 IPv6 地址
GigabitEthernet0/0/0 current state : UP
IPv6 protocol current state : UP
IPv6 is enabled, link-local address is FE80::2E0:FCFF:FE29:31F0 --链路本地地址
  Global unicast address(es):
    2018:6:6::1, subnet is 2018:6:6::/64              --全局单播地址
  Joined group address(es):                           --绑定的多播地址
    FF02::1:FF00:1
    FF02::2                                           --路由器接口绑定的多播地址
    FF02::1                                           --所有启用了 IPv6 的接口绑定的多播地址
    FF02::1:FF29:31F0
  MTU is 1500 bytes
  ND DAD is enabled, number of DAD attempts: 1        --ND 网络发现，地址冲突检测
  ……
  ND router advertisement max interval 600 seconds, min interval 200 seconds
  ND router advertisements live for 1800 seconds
  ND router advertisements hop-limit 64
  ND default router preference medium
  Hosts use stateless autoconfig for addresses        --主机使用无状态自动配置
```

打开 VMWare Workstation 中的 Windows 7 虚拟机，更改虚拟机设置，将网卡指定到 VMNet1，如图 11-11 所示。

图 11-11 虚拟机网卡设置

在 Windows 7 中，设置 IPv6 地址自动获得。打开命令提示符，输入 ipconfig /all 可以看到无状态自动配置生成的 IPv6 地址，同时也能看到链路本地地址，IPv6 网关是路由器的链路本地地址，如图 11-12 所示。

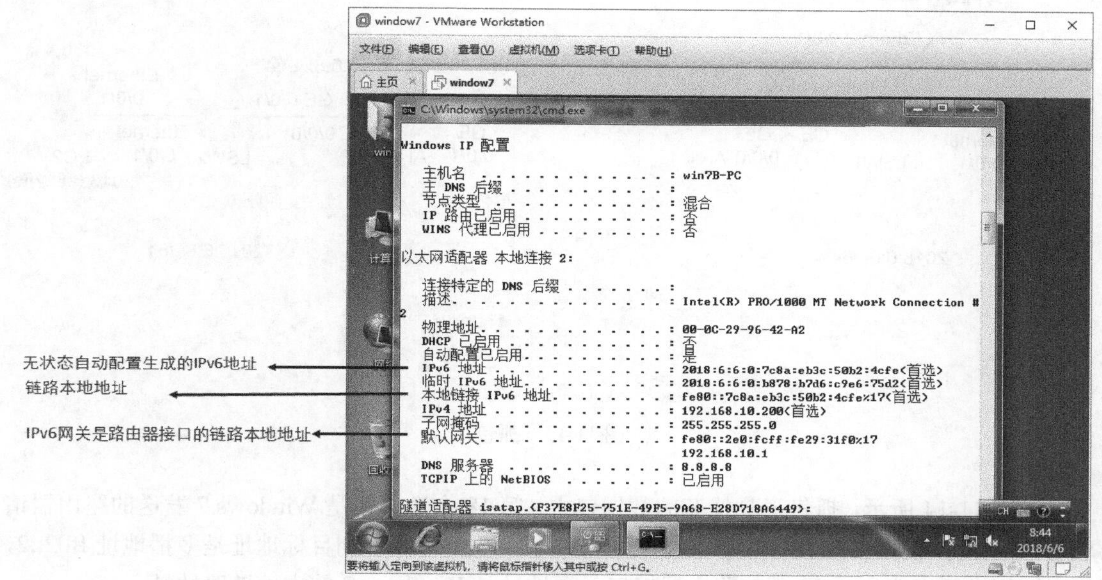

图 11-12　无状态自动配置生成的 IPv6 地址

11.3.3　抓包分析 RA 和 RS 数据包

IPv6 地址支持无状态地址自动配置，无须使用诸如 DHCP 之类的辅助协议，主机即可获取 IPv6 前缀并自动生成接口 ID。路由器发现功能是 IPv6 地址自动配置功能的基础，主要通过以下两种报文实现。

RA 报文：每台路由器为了让二层网络上的主机和其他路由器知道自己的存在，定期以组播方式发送携带网络配置参数的 RA 报文。RA 报文的 Type 字段值为 134。

RS 报文：主机接入网络后可以主动发送 RS 报文。RA 报文是由路由器定期发送的，但是如果主机希望能够尽快收到 RA 报文，它可以立刻主动发送 RS 报文给路由器。网络上的路由器收到 RS 报文后会立即向相应的主机单播回应 RA 报文，告知主机该网段的默认路由器和相关配置参数。RS 报文的 Type 字段值为 133。

下面就使用抓包工具捕获路由器 AR1 上接口的数据包，分析捕获 RA 报文和 RS 报文。

如图 11-13 所示，右击 AR1 路由器，单击“数据抓包”→“GE 0/0/0”，打开抓包工具，开始抓包。

在 Windows 7 上禁用、启用一下网卡，在网卡启用过程中会发送 RS 报文，路由器会响应 RA 报文。

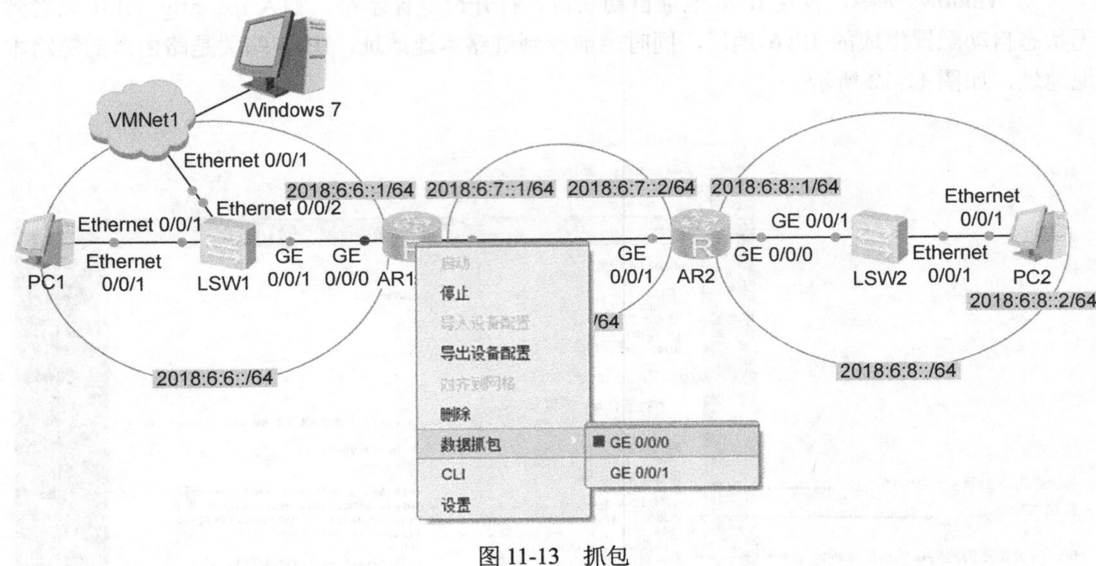

图 11-13 抓包

如图 11-14 所示，抓包工具捕获的数据包中，第 18 个数据包是 Windows 7 发送的路由器请求（RS）报文，使用的是 ICMPv6 协议，类型字段是 133，可以看到目标地址是多播地址 ff02::2，代表网络中所有启用了 IPv6 的路由器接口，源地址是 Windows 7 的本地链路地址。

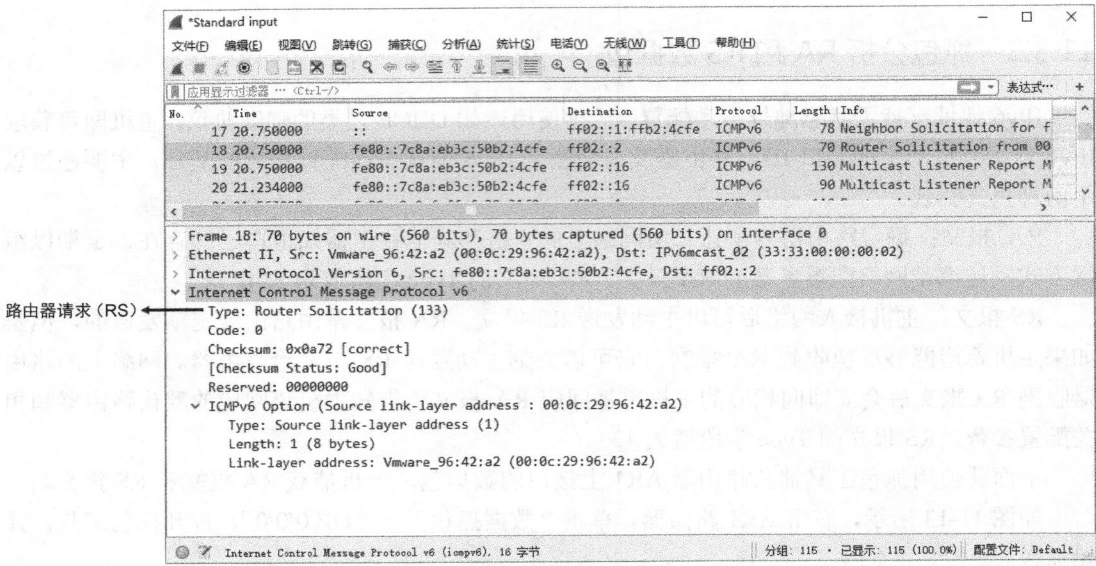

图 11-14 抓包工具捕获的数据包

第 21 个数据包是路由器发送的路由器通告（RA）报文，目标地址是多播地址 ff02::1（代表网络中所有启用了 IPv6 的路由器接口），使用的是 ICMPv6 协议，类型字段是 134。可以看到 M 标记位为 0，O 标记位为 0，这就告诉 Windows 7，使用无状态自动配置，地址前缀为 2018:6:6::，如图 11-15 所示。

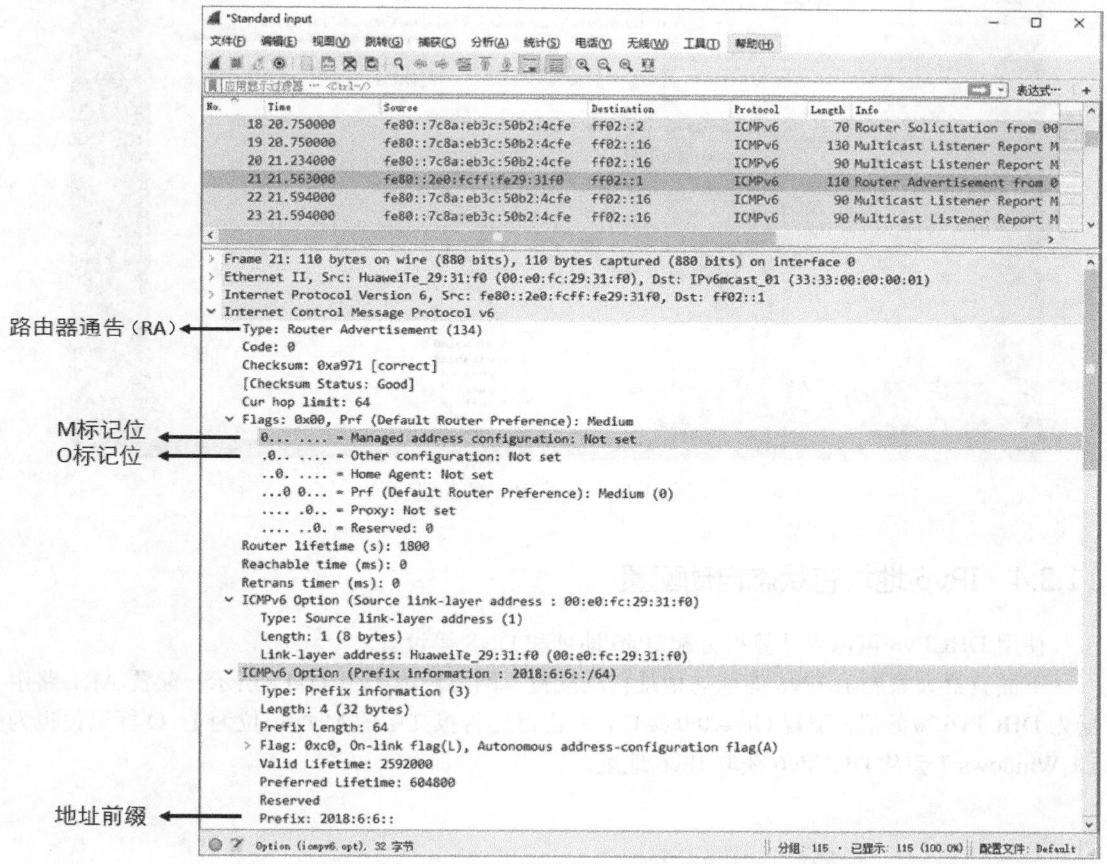

图 11-15　路由器通告（RA）报文

在 Windows 7 上查看 IPv6 的配置，如图 11-16 所示。打开命令提示符，输入 netsh，输入 interface ipv6，再输入 show interface 查看“本地连接 2”的索引，可以看到是 17。再输入 show interface "17"，可以看到 IPv6 相关的配置参数。“受管理的地址配置”是 disable，即不从 DHCPv6 服务器获取 IPV6 地址；“其他有状态的配置”是 disable，即不从 DHCPv6 服务器获取 DNS 等其他参数，也就是无状态自动配置。

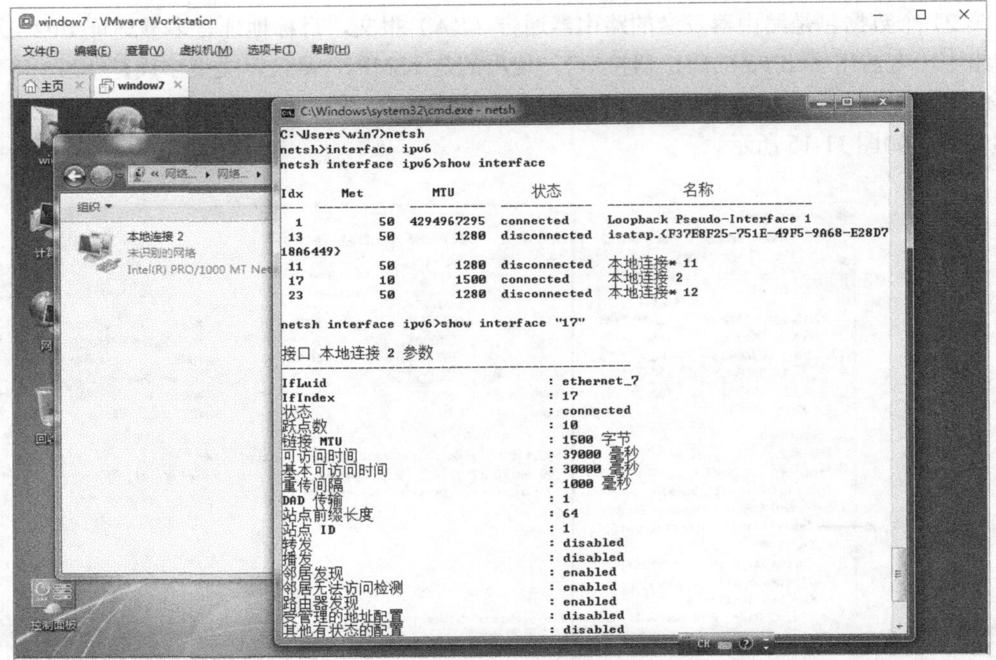

图 11-16 查看 IPv6 的配置

11.3.4 IPv6 地址有状态自动配置

使用 DHCPv6 可以为计算机分配 IPv6 地址和 DNS 等设置。

下面就给大家展示 IPv6 有状态地址自动配置，网络环境如图 11-17 所示。配置 AR1 路由器为 DHCPv6 服务器，配置 GE 0/0/0 接口，路由器通告报文中的 M 标记位为 1，O 标记位也为 1，Windows 7 会从 DHCPv6 获取 IPv6 地址。

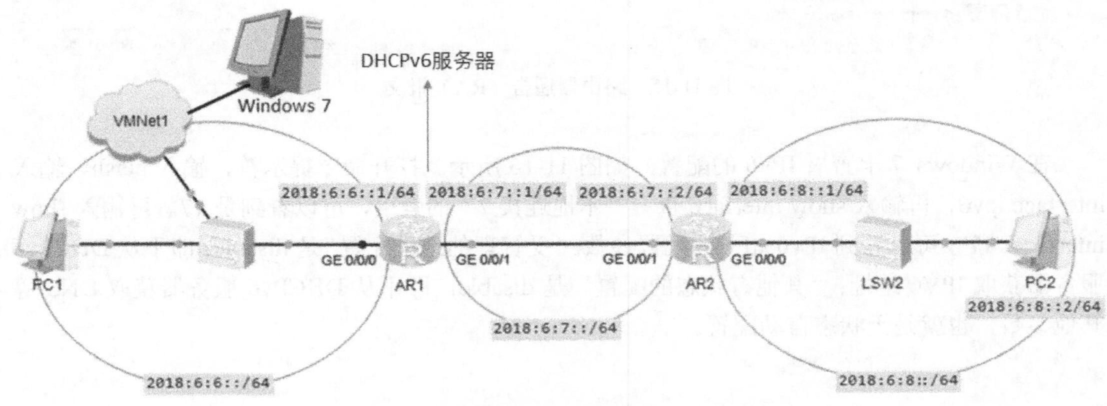

图 11-17 有状态自动配置的网络拓扑

```
[AR1]dhcp enable                                        --启用 DHCP 功能
[AR1]dhcpv6 duid ?                                      --生成 DHCP 唯一标识的方法
  ll   DUID-LL
  llt  DUID-LLT
[AR1]dhcpv6 duid llt                                    --使用 llt 方法生成 DHCP 唯一标识
[AR1]display dhcpv6 duid                                --显示 DHCP 唯一标识
The device's DHCPv6 unique identifier: 0001000122AB384A00E0FC2931F0
[AR1]dhcpv6 pool localnet                               --创建 IPv6 地址池 名称为 localnet
[AR1-dhcpv6-pool-localnet]address prefix 2018:6:6::/64       --地址前缀
[AR1-dhcpv6-pool-localnet]excluded-address 2018:6:6::1       --排除的地址
[AR1-dhcpv6-pool-localnet]dns-domain-name 91xueit.com        --域名后缀
[AR1-dhcpv6-pool-localnet]dns-server 2018:6:6::2000          --DNS 服务器
[AR1-dhcpv6-pool-localnet]quit
```

查看配置的 DHCPv6 地址池。

```
<AR1>display dhcpv6 pool
DHCPv6 pool: localnet
  Address prefix: 2018:6:6::/64
    Lifetime valid 172800 seconds, preferred 86400 seconds
    2 in use, 0 conflicts
  Excluded-address 2018:6:6::1
  1 excluded addresses
  Information refresh time: 86400
  DNS server address: 2018:6:6::2000
  Domain name: 91xueit.com
  Conflict-address expire-time: 172800
  Active normal clients: 2
```

配置 AR1 路由器的 GE 0/0/0 接口。

```
[AR1]interface GigabitEthernet 0/0/0
[AR1-GigabitEthernet0/0/0]dhcpv6 server localnet      --指定从 localnet 地址池选择地址
[AR1-GigabitEthernet0/0/0]undo ipv6 nd ra halt        --允许发送 RA 报文
[AR1-GigabitEthernet0/0/0]ipv6 nd autoconfig managed-address-flag   --M 标记位为 1
[AR1-GigabitEthernet0/0/0]ipv6 nd autoconfig other-flag             --O 标记位为 1
[AR1-GigabitEthernet0/0/0]quit
```

运行抓包工具，捕获 AR1 路由器上 GE 0/0/0 接口的数据包，禁用、启用 Windows 7 虚拟机的网卡，从抓包工具中找到路由器通告（RA）报文，如图 11-18 所示，可以看到 M 标记位和 O 标记位的值都为 1。这就表明网络中计算机的 IPv6 地址和其他设置是从 DHCPv6 获得的。

在 Windows 7 中打开命令提示符，如图 11-19 所示，输入 ipconfig /all 可以看到从 DHCPv6 获得的 IPv6 配置。输入 show interface "17"，可以看到“受管理的地址配置”为 enable，“其他有状态的配置”为 enable。

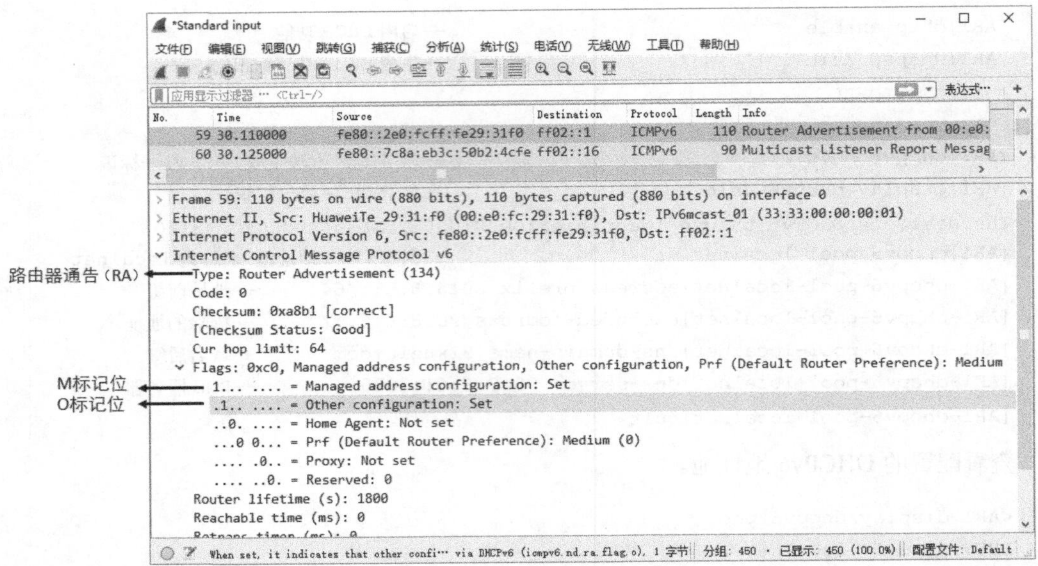

图 11-18 捕获的 RA 数据包

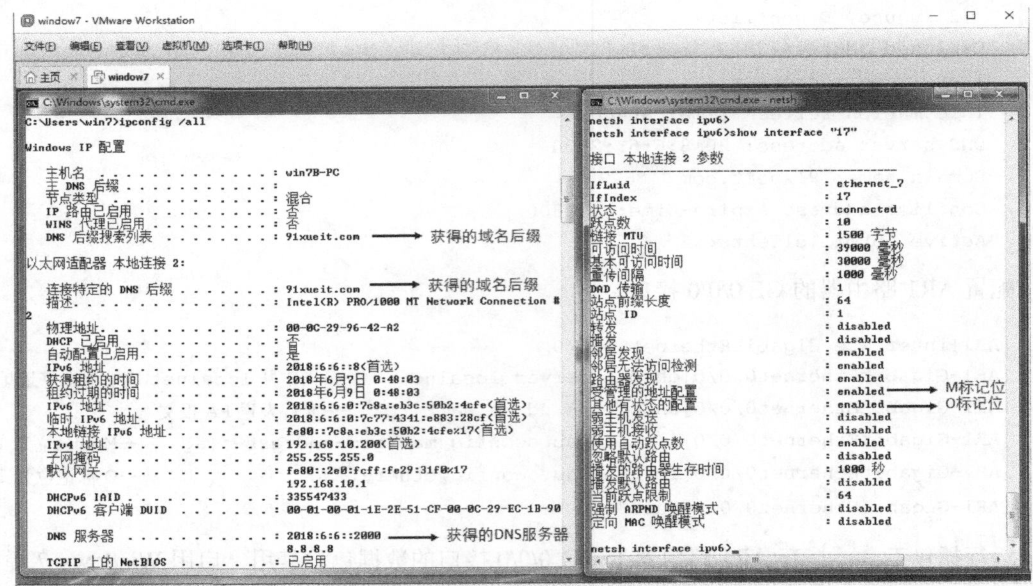

图 11-19 查看从 DHCPv6 获得的 IPv6 配置

11.4 IPv6 路由

IPv6 网络畅通的条件和 IPv4 一样，数据包有去有回网络才能通。对于没有直连的网络，需要人工添加静态路由，或使用动态路由协议学习到各个网段的路由。

支持 IPv6 的动态路由协议也都需要新的版本。讲解动态路由的第 6 章讨论过的许多功能和配置，将以几乎一样的方式在这里继续得到应用。大家知道，在 IPv6 中取消了广播地址，因此完全使用广播流量的任何协议都不会再用了，这是一件好事，因为它们消耗大量的带宽。

在 IPv6 中仍然使用的路由协议都有了新的名字，支持 IPv6 的 RIP 协议称为 RIPng（下一代 RIP），支持 IPv6 的 OSPF 协议是 OSPFv3（OSPF 第 3 版），支持 IPv4 的 OSPF 协议是 OSPFv2（OSPF 第 2 版）。

以下将会演示配置 IPv6 的静态路由，以及配置支持 IPv6 的动态路由协议 RIPng 和 OSPFv3。

11.4.1 IPv6 静态路由

如图 11-20 所示，网络中有 3 个 IPv6 网段、两个路由器，参照图中标注的地址配置路由器接口的 IPv6 地址。在 AR1 和 AR2 上添加静态路由，使得这 3 个网络能够相互通信。

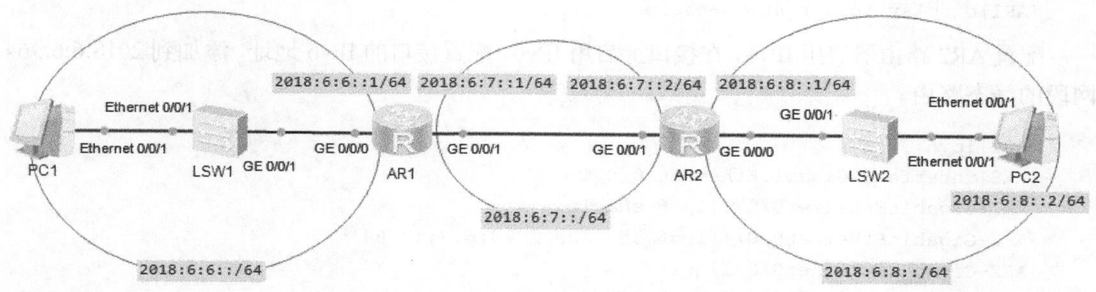

图 11-20 静态路由的网络拓扑

在 AR1 上启用 IPv6，配置接口启用 IPv6，配置接口的 IPv6 地址，添加到 2018:6:8::/64 网段的路由。

```
[AR1]ipv6
[AR1]interface GigabitEthernet 0/0/0
[AR1-GigabitEthernet0/0/0]ipv6 enable
[AR1-GigabitEthernet0/0/0]ipv6 address 2018:6:6::1 64
[AR1-GigabitEthernet0/0/0]ipv6 address auto link-local
[AR1-GigabitEthernet0/0/0]undo ipv6 nd ra halt
[AR1-GigabitEthernet0/0/0]quit
[AR1]interface GigabitEthernet 0/0/1
[AR1-GigabitEthernet0/0/1]ipv6 enable
[AR1-GigabitEthernet0/0/1]ipv6 address 2018:6:7::1 64
[AR1-GigabitEthernet0/0/1]quit
```

添加到 2018:6:8::/64 网段的静态路由。

```
[AR1]ipv6 route-static 2018:6:8:: 64 2018:6:7::2
```

显示 IPv6 静态路由。

```
[AR1]display ipv6 routing-table protocol static
Public Routing Table : Static
Summary Count : 1
Static Routing Table's Status : < Active >
Summary Count : 1
 Destination  : 2018:6:8::                    PrefixLength : 64
 NextHop      : 2018:6:7::2                   Preference   : 60
 Cost         : 0                             Protocol     : Static
 RelayNextHop : ::                            TunnelID     : 0x0
 Interface    : GigabitEthernet0/0/1          Flags        : RD

Static Routing Table's Status : < Inactive >
Summary Count : 0
```

显示 IPv6 路由表。

```
[AR1]display ipv6 routing-table
```

配置 AR2 路由器启用 IPv6，在接口上启用 IPv6，配置接口的 IPv6 地址，添加到 2018:6:6::/64 网段的静态路由。

```
[AR2]ipv6
[AR2]interface GigabitEthernet 0/0/1
[AR2-GigabitEthernet0/0/1]ipv6 enable
[AR2-GigabitEthernet0/0/1]ipv6 address 2018:6:7::2 64
[AR2-GigabitEthernet0/0/1]quit
[AR2]interface GigabitEthernet 0/0/0
[AR2-GigabitEthernet0/0/0]ipv6 enable
[AR2-GigabitEthernet0/0/0]ipv6 address 2018:6:8::1 64
[AR2-GigabitEthernet0/0/0]quit
[AR2]ipv6 route-static 2018:6:6:: 64 2018:6:7::1
```

在 AR1 上测试到 2018:6:8::1 是否畅通。

```
<AR1>ping ipv6 2018:6:8::1
  PING 2018:6:8::1 : 56  data bytes, press CTRL_C to break
    Reply from 2018:6:8::1 bytes=56 Sequence=4 hop limit=64  time = 20 ms
    Reply from 2018:6:8::1 bytes=56 Sequence=5 hop limit=64  time = 20 ms
    Reply from 2018:6:8::1 bytes=56 Sequence=5 hop limit=64  time = 20 ms
    Reply from 2018:6:8::1 bytes=56 Sequence=4 hop limit=64  time = 20 ms
    Reply from 2018:6:8::1 bytes=56 Sequence=5 hop limit=64  time = 20 ms

  --- 2018:6:8::1 ping statistics ---
    5 packet(s) transmitted
    5 packet(s) received
    0.00% packet loss
    round-trip min/avg/max = 10/32/80 ms
```

在 PC1 上 ping PC2。

```
PC>ping 2018:6:8::2
```

删除 IPv6 静态路由。为配置下面的 RIPng 准备好环境。

```
[AR1]undo ipv6 route-static 2018:6:8:: 64
[AR2]undo ipv6 route-static 2018:6:6:: 64
```

11.4.2 RIPng

RIPng 的主要特性与 RIPv2 是一样的。它仍然是距离矢量协议，最大跳数为 15，使用水平分割、毒性逆转和其他的防环机制，但它现在使用的是 UDP 协议，端口号为 521。

RIPng 仍然使用组播来发送更新信息，但在 IPv6 中，它将 ff02::9 作为传输地址。在 RIPv2 中，该组播地址是 224.0.0.9。因此，在新的 IPv6 组播范围中，地址的最后仍然有一个 9。事实上，大多数路由协议都像 RIPng 这样，保留了一部分 IPv4 的特征。

当然，新版本肯定与旧版本有不同之处，否则它就不是新版本了。我们知道，路由器在其路由表中，为每个目的网络保留了其邻居路由器的下一跳地址。对于 RIPng 而言，其不同之处在于，路由器使用链路本地地址而不是全球地址来跟踪下一跳地址。

在 RIPng 中，最大的改变是，需要从接口模式下配置或启用网络中的通告（所有的 IPv6 路由协议都是如此），而不是在路由协议配置模式下使用 network 命令来通告。

下面展示配置 RIPng 的过程，如图 11-21 所示，网络中的路由器接口地址已经配置完成，现在需要在路由器 AR1 和 AR2 上配置 RIPng。

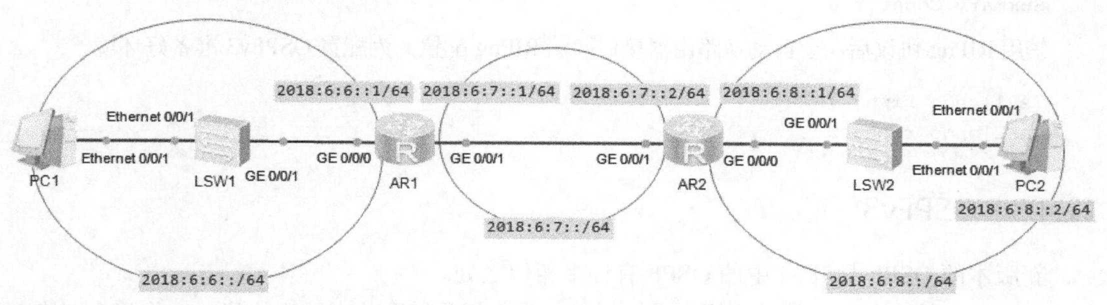

图 11-21 配置 RIPng

AR1 上的配置如下：

```
[AR1]ripng 1                                    --启用 RIPng 协议，指定进程号为 1
[AR1-ripng-1]quit
[AR1-GigabitEthernet0/0/0]ripng 1 enable        --在接口上启用 ripng 1
[AR1-GigabitEthernet0/0/0]quit
[AR1]interface GigabitEthernet 0/0/1
[AR1-GigabitEthernet0/0/1]ripng 1 enable        --在接口上启用 ripng 1
[AR1-GigabitEthernet0/0/1]quit
```

AR2 上的配置如下。启用 RIPng 协议，指定进程号为 2，可以和 AR1 上的 RIPng 进程号不一样。

```
[AR2]ripng 2                                   --启用 RIPng 协议，指定进程号为 2
[AR2-ripng-2]quit
[AR2]interface GigabitEthernet 0/0/0
[AR2-GigabitEthernet0/0/0]ripng 2 enable
[AR2-GigabitEthernet0/0/0]quit
[AR2]interface GigabitEthernet 0/0/1
[AR2-GigabitEthernet0/0/1]ripng 2 enable
[AR2-GigabitEthernet0/0/1]quit
```

查看通过 RIPng 学到的路由。NextHop 是 AR2 路由器上 GE 0/0/1 接口的链路本地地址。

```
[AR1]display ipv6 routing-table protocol ripng
Public Routing Table : RIPng
Summary Count : 1

RIPng Routing Table's Status : < Active >
Summary Count : 1

 Destination    : 2018:6:8::                    PrefixLength : 64
 NextHop        : FE80::2E0:FCFF:FE1E:7774       Preference   : 100
 Cost           : 1                             Protocol     : RIPng
 RelayNextHop   : ::                            TunnelID     : 0x0
 Interface      : GigabitEthernet0/0/1          Flags        : D

RIPng Routing Table's Status : < Inactive >
Summary Count : 0
```

禁用 RIPng 协议后，会自动从路由器接口取消 RIPng 配置，为配置 OSPFv3 准备好环境。

```
[AR1]undo ripng 1
[AR2]undo ripng 2
```

11.4.3 OSPFv3

新版本的 OSPF 与 IPv4 中的 OSPF 有许多相似之处。

OSPFv3 和 OSPFv2 的基本概念是一样的，它仍然是链路状态路由协议，它将整个网络或自治系统分成区域，从而使网络层次分明。

在 OSPFv2 中，路由器 ID（RID）由分配给路由器的最大 IP 地址决定（也可以由你来分配）。在 OSPFv3 中，可以分配 RID、地区 ID 和链路状态 ID，链路状态 ID 仍然是 32 位的值，但却不能再使用 IP 地址找到了，因为 IPv6 的地址为 128 位。根据这些值的不同分配，会有相应的改动，从 OSPF 包的报头中还删除了 IP 地址信息，这使得新版本的 OSPF 几乎能通过任何网络层协议来进行路由。

在 OSPFv3 中，邻接和下一跳属性使用链路本地地址，但仍然使用组播流量来发送更新和应答信息。对于 OSPF 路由器，地址为 FF02::5；对于 OSPF 指定路由器，地址为 FF02::6，这些新地址分别用来替换 224.0.0.5 和 224.0.0.6。

下面就展示配置 OSPFv3 的过程。如图 11-22 所示，网络中的路由器接口地址已经配置完成，现在需要在路由器 AR1 和 AR2 上配置 OSPFv3。

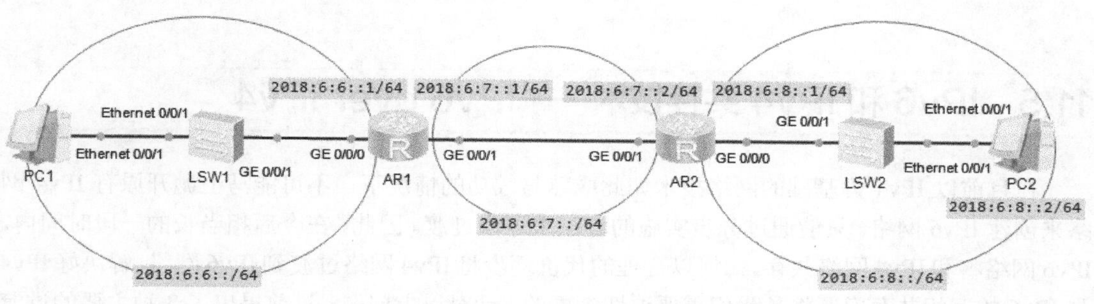

图 11-22　配置 OSPFv3

AR1 上的配置如下：

```
[AR1]ospfv3 1                                        --启用 OSPFv3，指定进程号
[AR1-ospfv3-1]router-id 1.1.1.1                      --指定 router-id，必须唯一
[AR1-ospfv3-1]quit
[AR1]interface GigabitEthernet 0/0/0
[AR1-GigabitEthernet0/0/0]ospfv3 1 area 0            --在接口上启用 OSPFv3，指定区域编号
[AR1-GigabitEthernet0/0/0]quit
[AR1]interface GigabitEthernet 0/0/1
[AR1-GigabitEthernet0/0/1]ospfv3 1 area 0
[AR1-GigabitEthernet0/0/1]quit
```

AR2 上的配置如下：

```
[AR2]ospfv3 1                                        --启用 OSPFv3，指定进程号
[AR2-ospfv3-1]router-id 1.1.1.2
[AR2-ospfv3-1]quit
[AR2]interface GigabitEthernet 0/0/0
[AR2-GigabitEthernet0/0/0]ospfv3 1 area 0
[AR2-GigabitEthernet0/0/0]quit
[AR2]interface GigabitEthernet 0/0/1
[AR2-GigabitEthernet0/0/1]ospfv3 1 area 0
[AR2-GigabitEthernet0/0/1]quit
```

查看 OSPFv3 学习到的路由：

```
[AR1]display ipv6 routing-table protocol ospfv3
Public Routing Table : OSPFv3
Summary Count : 3
OSPFv3 Routing Table's Status : < Active >
Summary Count : 1
```

```
Destination     : 2018:6:8::                    PrefixLength : 64
NextHop         : FE80::2E0:FCFF:FE1E:7774      Preference   : 10
Cost            : 2                             Protocol     : OSPFv3
RelayNextHop    : ::                            TunnelID     : 0x0
Interface       : GigabitEthernet0/0/1          Flags        : D
......
```

11.5 IPv6 和 IPv4 共存技术——IPv6 over IPv4

在目前以 IPv4 为基础的网络技术如此成熟与成功的情况下，不可能马上抛开原有 IPv4 网络来创建 IPv6 网络。只能通过分步实施的方法来逐步过渡。因此，在今后相当长的一段时间内，IPv6 网络将和 IPv4 网络共存。如何以合理的代价逐步将 IPv4 网络过渡到 IPv6 网络、解决好 IPv4 与 IPv6 的互相共存问题将是我们需要迫切考虑的。针对以上问题，目前提出了 3 种主要的过渡技术：双协议栈（DualStack）、隧道技术（Tunnel）、地址协议转换（NAT-PT）。当然，这些过渡技术并不是普遍适用的，每一种技术都适用于某种或几种特定的网络情况，在实际应用时需要综合考虑各方面的情况，然后选择合适的转换机制进行设计和实施。

下面就以 IPv6 over IPv4 隧道技术为例，使用 IPv4 网络连接 IPv6 孤岛。如图 11-23 所示，两个 IPv6 网络通过 IPv4 网络连接，在路由器 AR1 和 AR3 上创建隧道接口 Tunnel 0/0/0，就相当于在 AR1 路由器和 AR3 路由器之间连接一根网线，两端的隧道接口要设置 IPv6 地址，这样来看 IPv6 就有了 3 个网段：2001:1::/64、2001:2::/64 和 2001:3::/64。需要在 AR1 上添加到 2001:3::/64 网段的路由，在 AR3 上添加到 2001:1::/64 网段的路由。隧道协议为 IPv6 over IPv4，也就意味着将 IPv6 数据包封装在 IPv4 数据包中。图 11-23 中画出了 PC1 发送给 PC2 的 IPv6 数据包，在经过 IPv4 网络后被封装起来。

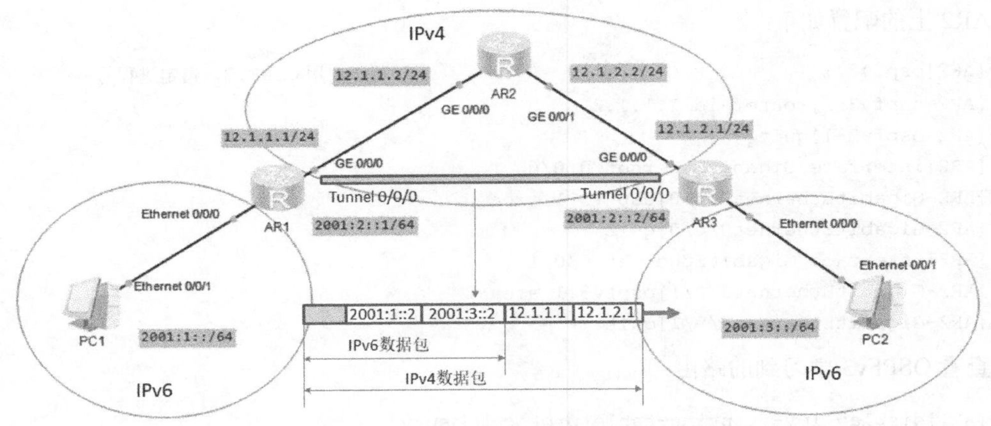

图 11-23 IPv6 over IPv4 隧道技术示意图

以图 11-23 展现的网络拓扑为例，配置 IPv6 over IPv4。确保 IPv4 网络畅通，AR1 能够 ping 通 AR3 上 GE 0/0/0 接口的地址 12.1.2.1。

AR1 上的配置如下：

```
[AR1]ipv6                                           --启用 IPv6
[AR1]interface Tunnel 0/0/0                         --创建隧道接口，编号自定义
[AR1-Tunnel0/0/0]tunnel-protocol ?                  --查看支持的隧道协议
  gre         Generic Routing Encapsulation
  ipsec       IPSEC Encapsulation
  ipv4-ipv6   IP over IPv6 encapsulation            --将 IPv4 数据包封装在 IPv6 数据包中
  ipv6-ipv4   IPv6 over IP encapsulation            --将 IPv6 数据包封装在 IPv4 数据包中
  mpls        MPLS Encapsulation
  none        Null Encapsulation
[AR1-Tunnel0/0/0]tunnel-protocol ipv6-ipv4          --本例是 IPv6 over IPv4
[AR1-Tunnel0/0/0]source 12.1.1.1                    --指定隧道的源地址
[AR1-Tunnel0/0/0]destination 12.1.2.1               --指定隧道的目标地址
[AR1-Tunnel0/0/0]ipv6 enable                        --在接口上启用 IPv6 支持
[AR1-Tunnel0/0/0]ipv6 address 2001:2::1 64          --给隧道接口指定 IPv6 地址
[AR1-Tunnel0/0/0]quit
[AR1]ipv6 route-static 2001:3:: 64 2001:2::2 --添加到 2001:3::/64 网段的静态路由
```

AR3 上的配置如下：

```
[AR3]ipv6
[AR3]interface Tunnel 0/0/0
[AR3-Tunnel0/0/0]tunnel-protocol ipv6-ipv4
[AR3-Tunnel0/0/0]source 12.1.2.1
[AR3-Tunnel0/0/0]destination 12.1.1.1
[AR3-Tunnel0/0/0]ipv6 enable
[AR3-Tunnel0/0/0]ipv6 address 2001:2::2 64
[AR3-Tunnel0/0/0]quit
[AR3]ipv6 route-static 2001:1:: 64 2001:2::1
```

抓包分析 IPv6 over IPv4 数据包。

如图 11-24 所示，右击 AR2 路由器，单击“数据抓包”→“GE 0/0/0”。

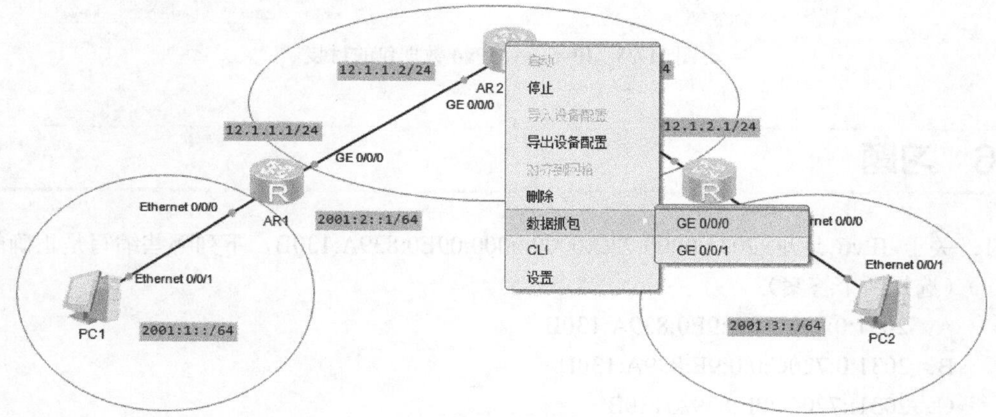

图 11-24 抓包

在 PC1 上 ping PC2 的 IPv6 地址。

```
PC>ping 2001:3::2
Ping 2001:3::2: 32 data bytes, Press Ctrl_C to break
Request timeout!
From 2001:3::2: bytes=32 seq=2 hop limit=253 time=47 ms
From 2001:3::2: bytes=32 seq=3 hop limit=253 time=31 ms
From 2001:3::2: bytes=32 seq=4 hop limit=253 time=32 ms
From 2001:3::2: bytes=32 seq=5 hop limit=253 time=31 ms

--- 2001:3::2 ping statistics ---
  5 packet(s) transmitted
  4 packet(s) received
  20.00% packet loss
  round-trip min/avg/max = 0/35/47 ms
```

如图 11-25 所示，可以看到抓包工具捕获的 ICMP 数据包有两个网络层，IPv4 数据包中是 IPv6 数据包，现在大家就能领悟 IPv6 over IPv4 的实质了。

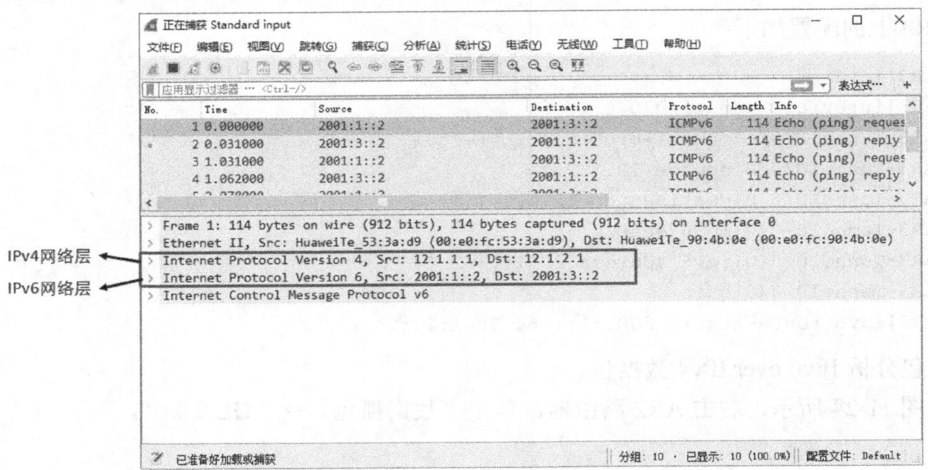

图 11-25　IPv6 over IPv4 数据包的封装

11.6　习题

1．关于 IPv6 地址 2031:0000:72C:0000:0000:09E0:839A:130B，下列哪些缩写是正确的？（　　）（选择两个答案）

A．2031:0:720C:0:0:9E0:839A:130B

B．2031:0:720C:0:0:9E:839A:130B

C．2031::720C::9E:839A:130B

D．2031:0:720C::9E0:839A:130B

2．下列哪些 IPv6 地址可以被手动配置在路由器接口上？（　　）（选择两个答案）

A．fe80:13dc::1/64

B．ff00:8a3c::9b/64

C．::1/128

D．2001:12e3:1b02::21/64

3．下列关于 IPv6 的描述中正确的是（　　）。（选择两个答案）

A．IPv6 的地址长度为 64 位

B．IPv6 的地址长度为 128 位

C．IPv6 地址有状态配置使用 DHCP 服务器分配地址和其他设置

D．IPv6 地址无状态配置使用 DHCPv6 服务器分配地址和其他设置

4．IPv6 地址中不包括下列哪种类型的地址？（　　）

A．单播地址

B．组播地址

C．广播地址

D．任播地址

5．下列选项中，哪个是链路本地地址的地址前缀？（　　）

A．2001::/10

B．fe80::/10

C．feC0::/10

D．2002::/10

6．下面哪条命令是添加 IPv6 默认路由的命令？（　　）

A．[AR1]ipv6 route-static :: 0 2018:6:7::2

B．[AR1]ipv6 route-static ::1 0 2018:6:7::2

C．[AR1]ipv6 route-static :: 64 2018:6:7::2

D．[AR1]ipv6 route-static :: 128 2018:6:7::2

7．IPv6 网络层协议有哪些？（　　）

A．ICMPv6、IPv6、ARP、ND

B．ICMPv6、IPv6、MLD、ND

C．ICMPv6、IPv6、ARP、IGMPv6

D．ICMPv6、IPv6、MLD、ARP

8．在 VRP 系统中配置 DHCPv6，则下列哪些形式的 DUID 可以被配置？（　　）（选择两个答案）

A．DUID-LL

B．DUID-LLT

C．DUID-EN

D．DUID-LLC

第12章

广域网

本章内容

- 广域网
- HDLC 协议
- PPP 协议
- PPPoE 协议
- 帧中继

本章讲解广域网链路使用的协议。点到点链路可以使用 HDLC、PPP 协议等数据链路层协议。帧中继交换机组建的广域网，数据链路层使用帧中继（Frame Relay）协议。数据包经过不同的数据链路时要封装成该数据链路层协议的帧格式。

HDLC 是由国际标准化组织 ISO 制定的，是通信领域曾经广泛应用的一个数据链路层协议。本章为你演示配置点到点链路使用 HDLC 协议，并使用抓包工具分析 HDLC 协议的帧格式。

PPP（Point-to-Point Protocol，点到点协议）为在点到点链路上传输多协议的数据包提供了一个标准方法。本章展示配置 PPP 协议的身份验证和地址协商功能，同时抓包分析 PPP 协议的帧格式。

以太网协议不支持接入设备的身份验证功能。PPP 协议支持接入身份验证，并且为远程计算机分配 IP 地址。如果让以太网接入也具有验证用户身份，以及验证通过之后再分配上网地址的功能，那就需要用到 PPPoE（PPP over Ethernet）协议。本章展示如何配置路由器为 PPPoE 服务器，Windows 作为 PPPoE 客户端通过拨号访问 Internet，还列出了将路由器配置为 PPPoE 客户端以实现 PPPoE 拨号上网的配置步骤。

帧中继（Frame Relay）是一种广域网技术。本章介绍在帧中继网络中如何创建永久虚链路，在连接帧中继的路由器上如何创建点到点子接口，配置帧中继交换机为这些点到点子接口创建永久虚链路。针对分支公司经常访问总公司网络的情景，在总公司的路由器上创建点到多点子接口，在分公司路由器上创建到总公司的点到点子接口。最后还讲解在连接帧中继网络的路由器上配置全互联的点到多点接口的方法，以及在帧中继网络环境中配置 RIP 和 OSPF 协议时需要注意的问题。

12.1 广域网

广域网（Wide Area Network，WAN）通常跨接很大的物理范围，所覆盖的范围从几十千米到几千千米不等，它能连接多个城市或国家，或横跨几个大洲并能提供远距离通信，形成国际性的远程网络。局域网通常作为广域网的终端用户与广域网相连。广域网一般由电信部门或公司负责组建、管理和维护，并向全社会提供面向通信的有偿服务，进行流量统计和计费。比如家庭用户通过 ADSL 上网或通过光纤接入 Internet，就是广域网。

如图 12-1 所示，局域网 1 和局域网 2 通过广域网线路连接，图中路由器上连接广域网的接口为 Serial 接口，即串行接口。Serial 接口有多个标准，图中展示了“同步 WAN 接口”和“非通道化 E1/T1 WAN 接口”两种接口。

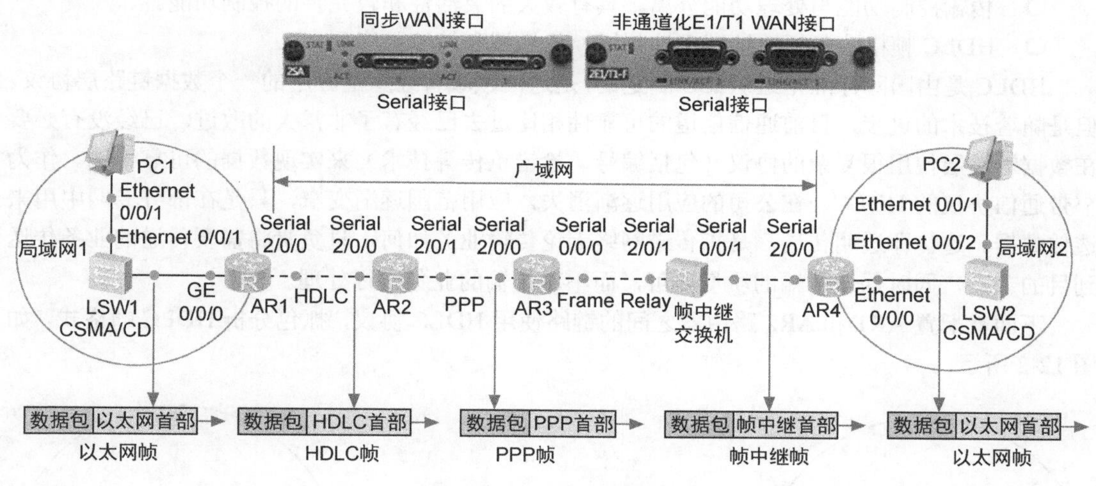

图 12-1 广域网示意图

广域网链路可以有不同的协议，如图 12-1 所示。AR1 路由器和 AR2 路由器之间的串行链路使用的是 HDLC 协议，AR2 和 AR3 之间的串行链路使用的是 PPP 协议，AR3 和 AR4 使用帧中继交换机连接，使用 Frame Relay 协议。

不同的链路使用不同的数据链路层协议，每种数据链路层协议都定义了相应的数据链路层封装（首部），数据包经过不同的链路，就要封装成不同的帧。图中展示了 PC1 给 PC2 发送数据包的过程，首先经过以太网，要把数据包封装成以太网帧，在 AR1 和 AR2 之间的链路上要把数据包封装成 HDLC 帧，在 AR2 和 AR3 之间的链路上要把数据包封装成 PPP 帧，在 AR3 和 AR4 之间的链路上要把数据包封装成帧中继帧，从 AR4 发送到 PC2 要将数据包封装成以太网帧。

下面就介绍广域网链路使用的几种常见协议，同时抓包并查看不同的数据链路层协议的帧格式。

12.2　HDLC 协议

High-level Data Link Control 代表高级数据链路控制，缩写为 HDLC，是一种面向比特的链路层协议。

ISO 制定的 HDLC 是一种面向比特的通信规则。HDLC 传送的信息单位为帧。作为面向比特的同步数据控制协议的典型协议，HDLC 协议具有如下特点：

- 协议不依赖于任何一种字符编码集。
- 数据报文可透明传输，用于透明传输的“0 比特插入法”易于硬件实现。
- 全双工通信，不必等待确认，可连续发送数据，有较高的数据链路传输效率。
- 所有帧均采用 CRC 校验，并对信息帧进行编号，可防止漏收或重收，传输可靠性高。
- 传输控制功能与处理功能分离，具有较大的灵活性和较完善的控制功能。
- HDLC 帧格式包括地址域、控制域、信息域和帧校验序列。

HDLC 是由国际标准化组织 ISO 制定的，是通信领域曾经广泛应用的一个数据链路层协议。但是随着技术的进步，目前通信信道的可靠性相比过去已经有了非常大的改进，已经没有必要在数据链路层使用很复杂的协议（包括编号、检错重传等技术）来实现数据的可靠传输。作为窄带通信协议的 HDLC，在公司的应用逐渐消失，应用范围逐渐变窄，只是在部分专网中用来透传数据。透传即透明传送，是指传送网络无论传输业务如何，只负责将需要传送的业务传送到目的节点，同时保证传输的质量即可，而不对传输的业务进行处理。

下面就配置 AR1 和 AR2 路由器之间的链路使用 HDLC 协议，抓包分析 HDLC 帧格式，如图 12-2 所示。

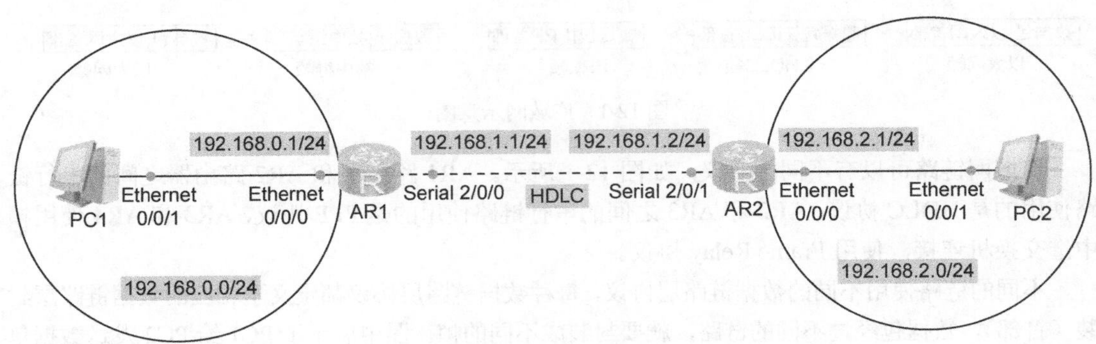

图 12-2　配置 HDLC 协议的网络拓扑

AR1 上的配置如下：

```
[AR1]interface Vlanif 1
[AR1-Vlanif1]ip address 192.168.0.1 24
[AR1-Vlanif1]quit
```

```
[AR1]interface Serial 2/0/0
[AR1-Serial2/0/0]ip address 192.168.1.1 24
[AR1-Serial2/0/0]display this                          --接口配置
[V200R003C00]
#
interface Serial 2/0/0
 link-protocol ppp                                     --默认数据链路层协议是 PPP
 ip address 192.168.1.1 255.255.255.0
#
return
[AR1-Serial2/0/0]link-protocol ?                       --查看支持的全部数据链路层协议
  fr      Select FR as line protocol
  hdlc    Enable HDLC protocol
  lapb    LAPB(X.25 level 2 protocol)
  ppp     Point-to-Point protocol
  sdlc    SDLC(Synchronous Data Line Control) protocol
  x25     X.25 protocol
[AR1-Serial2/0/0]link-protocol hdlc                    --指定数据链路层协议为 HDLC
[AR1-Serial2/0/0]quit
[AR1]ip route-static 192.168.2.0 24 192.168.1.2  --添加到 192.168.2.0/24 网段的路由
```

AR2 上的配置如下：

```
[AR2]interface Vlanif 1
[AR2-Vlanif1]ip address 192.168.2.1 24
[AR2-Vlanif1]quit
[AR2]interface Serial 2/0/1
[AR2-Serial2/0/1]ip address 192.168.1.2 24
[AR2-Serial2/0/1]link-protocol hdlc
[AR2-Serial2/0/1]quit
[AR2]ip route-static 192.168.0.0 24 192.168.1.1
```

如图 12-3 所示，右击 AR2 路由器，单击“数据抓包”→“Serial 2/0/1”，在出现的“eNSP--选择链路类型”对话框中选择 HDLC，打开抓包工具，在 PC1 上 ping PC2。

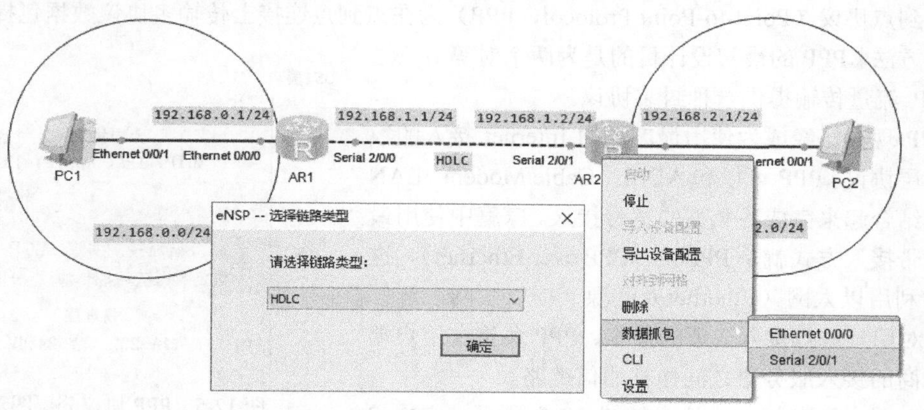

图 12-3 抓取 HDLC 帧

在抓包工具中，选中 ICMP 协议，可以看到数据链路层是 Cisco HDLC 协议，这意味着是思科公司定义的 HDLC 协议。Cisco HDLC 协议的帧首部有 3 个字段：地址字段、控制字段和协议字段。对比以太网帧，没有目标 MAC 地址和源 MAC 地址，如图 12-4 所示。

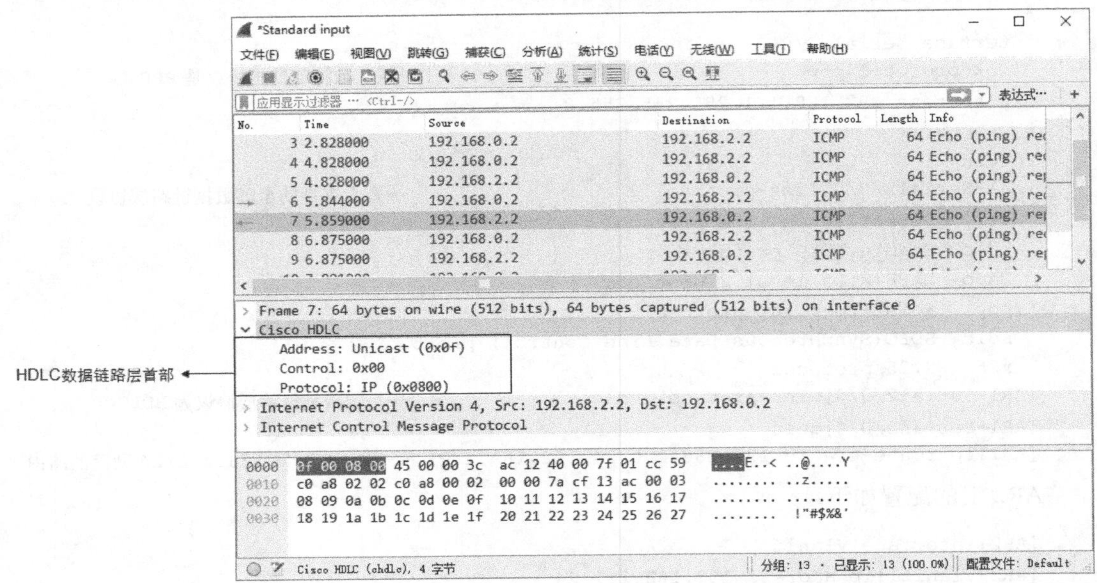

图 12-4 HDLC 帧格式

12.3 PPP 协议

12.3.1 介绍 PPP 协议

点到点协议（Point-to-Point Protocol，PPP）为在点到点连接上传输多协议数据包提供了一个标准方法。PPP 的最初设计目的是为两个对等节点之间的 IP 流量传输提供一种封装协议。

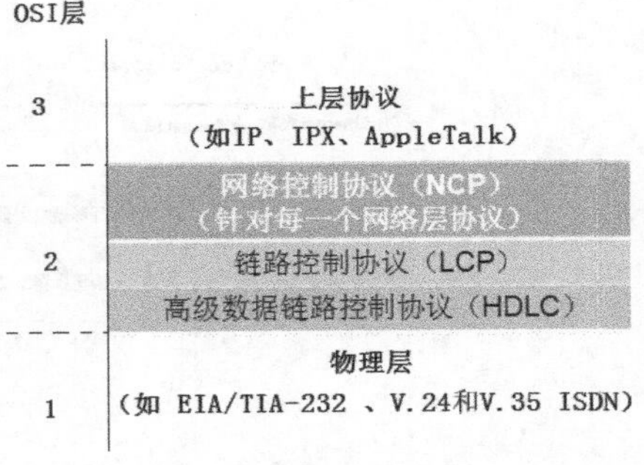

图 12-5 PPP 协议分层图示

PPP 现在已经成为使用最广泛的 Internet 接入的数据链路层协议。PPP 可以和 ADSL、Cable Modem、LAN 等技术结合起来完成各类型的宽带接入。家庭中使用最多的宽带接入方式就是 PPPoE（PPP over Ethernet）。这是一种利用以太网（Ethernet）资源，在以太网上运行 PPP 来对用户进行接入认证的技术，PPP 负责在用户端和运营商的接入服务器之间建立通信链路。

PPP 是一种分层的协议，如图 12-5 所示，它由 3

个部分组成。

- 建立、配置及测试数据链路的链路控制协议（Link Control Protocol，LCP）。它允许通信双方进行协商，以确定不同的选项。
- 针对不同网络层协议的网络控制协议（Network Control Protocol，NCP）体系。NCP为网络层协商可选的配置参数。
- 认证协议。最常用的是密码验证协议 PAP 和挑战握手验证协议 CHAP。PAP 和 CHAP 通常被用在 PPP 封装的串行线路上，提供安全性认证。

PPP 协议的特点：

- PPP 既支持同步传输又支持异步传输，而 X.25、FR（Frame Relay）等数据链路层协议仅支持同步传输，SLIP 仅支持异步传输。
- PPP 协议具有很好的扩展性，例如，当需要在以太网链路上承载 PPP 协议时，PPP 可以扩展为 PPPoE。
- PPP 提供了 LCP（Link Control Protocol）协议，用于各种链路层参数的协商。
- PPP 提供了各种 NCP（Network Control Protocol）协议（如 IPCP、IPXCP），用于各网络层参数的协商，能更好地支持网络层协议。
- PPP 提供了认证协议：CHAP（Challenge-Handshake Authentication Protocol）、PAP（Password Authentication Protocol），能更好地保证网络的安全性。
- 无重传机制，网络开销小，速度快。

12.3.2 配置 PPP 协议：身份验证用 PAP 模式

如图 12-6 所示，配置网络中的 AR1 和 AR2 路由器实现以下功能。

- 在 AR1 和 AR2 之间的链路上配置数据链路层协议使用 PPP 协议。
- 在 AR1 上创建用户和密码，用于 PPP 协议身份验证。
- 在 AR1 的 Serial 2/0/0 接口上，配置 PPP 协议身份验证模式为 PAP。
- 在 AR2 的 Serial 2/0/1 接口上，配置出示给 AR1 路由器的账号和密码。

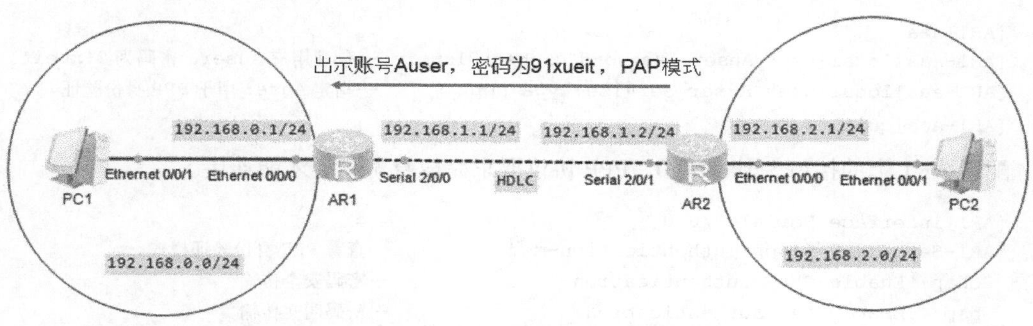

图 12-6 PPP 实验网络拓扑

12.2 节配置 AR1 和 AR2 之间的链路使用 HDLC 协议，使用 HDLC 的网络环境完成本节实验。

查看 AR1 路由器上 Serial 2/0/0 接口的状态。

```
[AR1]display interface Serial 2/0/0
Serial2/0/0 current state : UP                        --物理层状态
Line protocol current state : UP                      --数据链路层状态
Last line protocol up time : 2018-06-09 00:11:55 UTC-08:00
Description:HUAWEI, AR Series, Serial2/0/0 Interface
Route Port,The Maximum Transmit Unit is 1500, Hold timer is 10(sec)
Internet Address is 192.168.1.1/24
Link layer protocol is nonstandard HDLC           --数据链路层协议为 HDLC
Last physical up time   : 2018-06-09 00:03:05 UTC-08:00
......
```

配置 AR1 路由器上 Serial 2/0/0 接口的数据链路层使用 PPP 协议。

```
[AR1]interface Serial 2/0/0
[AR1-Serial2/0/0]li
[AR1-Serial2/0/0]link-protocol ppp
```

查看 AR1 路由器上 Serial 2/0/0 接口的状态。由于 AR2 上 Serial 2/0/1 接口的数据链路层协议为 HDLC，两端的数据链路层协议不一样，因此端口的数据链路层状态为 DOWN。

```
<AR1>display interface Serial 2/0/0
Serial2/0/0 current state : UP                        --物理层状态 UP
Line protocol current state : DOWN                    --数据链路层状态 DOWN
Description:HUAWEI, AR Series, Serial2/0/0 Interface
Route Port,The Maximum Transmit Unit is 1500, Hold timer is 10(sec)
Internet Address is 192.168.1.1/24
Link layer protocol is PPP                            --数据链路层协议为 PPP
LCP reqsent
......
```

在 AR1 上创建用于 PPP 身份验证的用户。

```
[AR1]aaa
[AR1-aaa]local-user Auser password cipher 91xueit --创建用户 Auser，密码为 91xueit
[AR1-aaa]local-user Auser service-type ppp         --指定 Auser 用于 PPP 身份验证
[AR1-aaa]quit
```

配置 AR1 上的接口 Serial 2/0/0，PPP 协议要求完成身份验证才能连接。

```
[AR1]interface Serial 2/0/0
[AR1-Serial2/0/0]ppp authentication-mode ?         --查看 PPP 身份验证模式
  chap  Enable CHAP authentication                 --密码安全传输
  pap   Enable PAP authentication                  --密码明文传输
[AR1-Serial2/0/0]ppp authentication-mode pap       --要求完成身份验证才能连接
```

取消 PPP 协议身份验证，执行以下命令：

```
[AR1-Serial2/0/0]undo ppp authentication-mode pap
```

在 AR2 上配置 Serial 2/0/1 接口的数据链路层使用 PPP 协议，指定向 AR1 出示的账号和密码。

```
[AR2]interface Serial 2/0/1
[AR2-Serial2/0/1]link-protocol ppp
[AR2-Serial2/0/1]ppp pap local-user Auser password cipher 91xueit
```

注意

在 AR2 的接口上没有执行`[AR2-Serial2/0/1] ppp authentication-mode pap`，说明 AR1 使用 PPP 连接 AR2 不需要出示账号和密码。

12.3.3 配置 PPP 协议：身份验证用 CHAP 模式

上面的配置只是实现了 AR1 验证 AR2。现在要配置 AR2 验证 AR1，在 AR2 上创建用户 Buser，密码为 51cto。配置 AR2 的 Serial 2/0/1 接口使用 PPP 协议，需要身份验证，身份验证模式为 CHAP，配置 AR1 的 Serial 2/0/0 接口出示账号和密码，如图 12-7 所示。

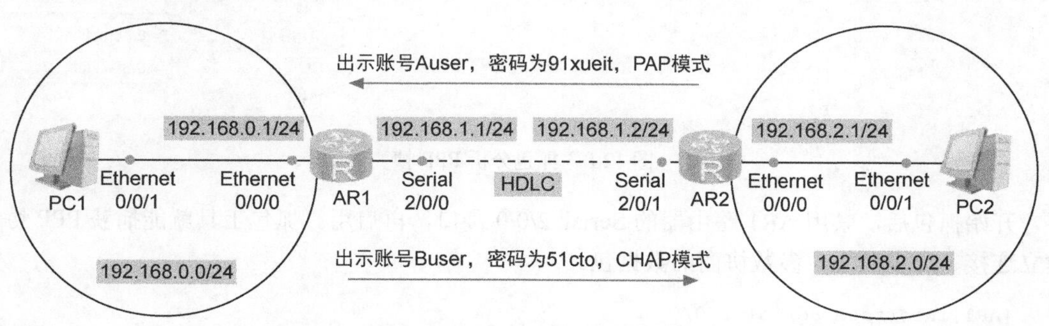

图 12-7 配置 PPP 协议：身份验证用 CHAP 模式

在 AR2 上创建 PPP 身份验证的用户，配置 Serial 2/0/1 接口，PPP 协议要求完成身份验证才能连接。

```
[AR2]aaa
[AR2-aaa]local-user Buser password cipher 51cto
[AR2-aaa]local-user Buser service-type ppp
[AR2-aaa]quit
[AR2]interface Serial 2/0/1
[AR2-Serial2/0/1]ppp authentication-mode chap          --要求完成身份验证才能连接
```

```
[AR2-Serial2/0/1]quit
```

AR1 上的配置如下，先指定用于 PPP 协议身份验证的账号，再指定密码。

```
[AR1]interface Serial 2/0/0
[AR1-Serial2/0/0]ppp chap user Buser                    --账号
[AR1-Serial2/0/0]ppp chap password cipher 51cto         --密码
[AR1-Serial2/0/0]quit
```

12.3.4 抓包分析 PPP 帧

如图 12-8 所示，通过抓包工具，既能捕获计算机通信的数据包，也能捕获 PPP 协议建立连接、身份验证、参数协商的数据包。右击 AR2，单击“数据抓包”→“Serial 2/0/1”，在出现的“eNSP--选择链路类型”对话框中选择“PPP”，单击“确定”。

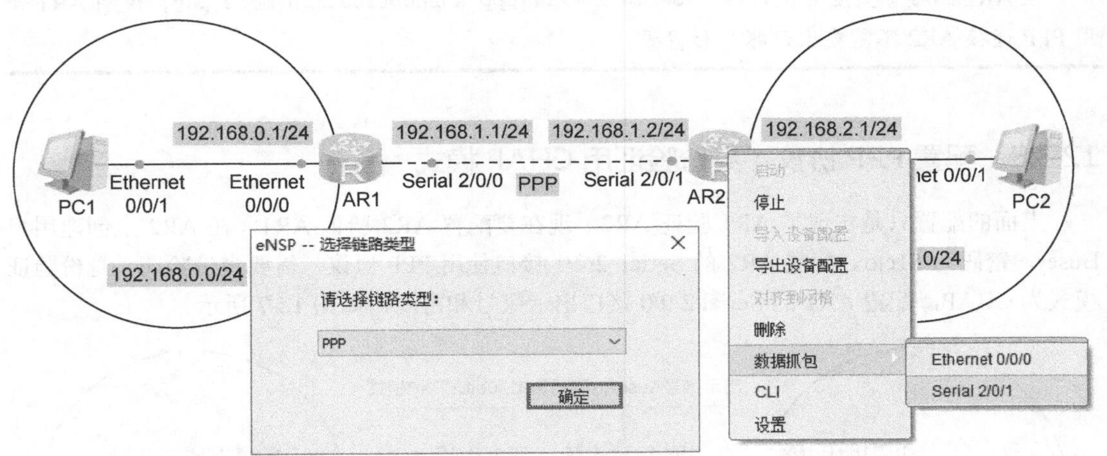

图 12-8 抓包分析 PPP 帧

开始抓包后，禁用 AR1 路由器的 Serial 2/0/0 接口，再启用。抓包工具就能捕获 PPP 协议建立连接、身份验证、参数协商的数据包。

```
[AR1]interface Serial 2/0/0
[AR1-Serial2/0/0]shutdown
[AR1-Serial2/0/0]undo shutdown
```

等一分钟，确保 PPP 协议的身份验证、参数协商过程已经完成，在 PC1 上 ping PC2。这样 PC1 ping PC2 的数据包也被捕获了，如图 12-9 所示。

可以看到从第 15 个数据包到第 19 个数据包，是 AR1 和 AR2 进行 PAP 和 CHAP 身份验证的过程。PAP 身份验证模式下，账户和密码明文传输，从第 15 个数据包就能看到用户名为“Auser”，密码为“91xueit”。CHAP 身份验证模式下，只能看到用户名为 Buser，VALUE 值是用于验证的信息，看不到密码。

身份验证通过后，从第 20 个数据包到第 23 个数据包是 PPP 协议的地址协商过程。

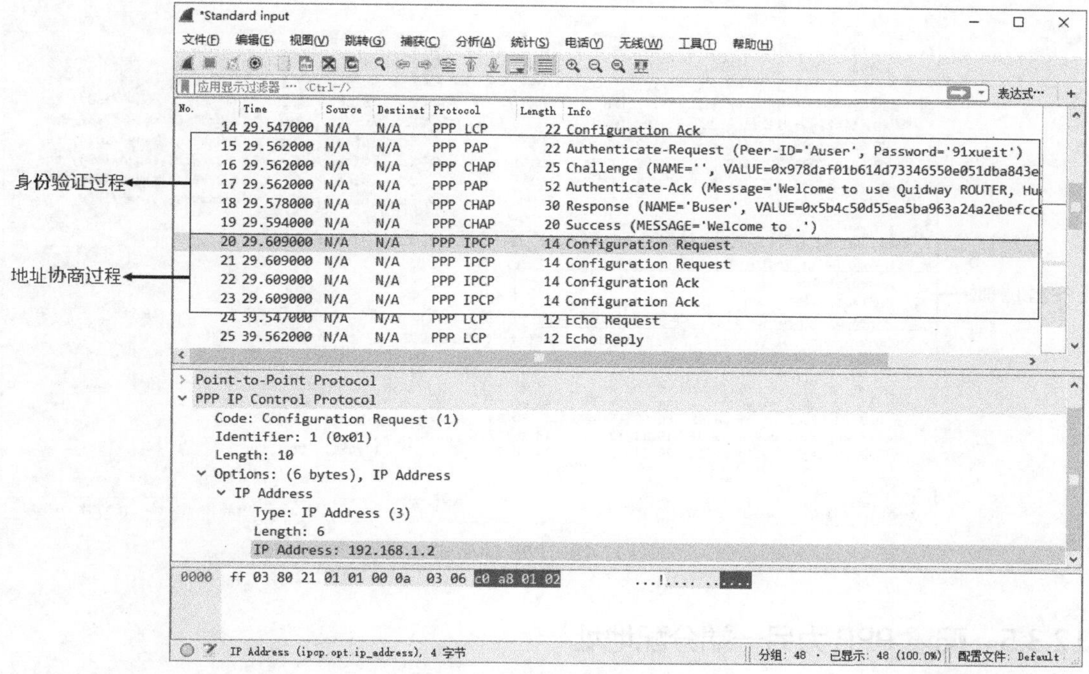

图 12-9 PPP 协议建立连接的过程

IP 地址协商包括两种方式：静态配置协商和动态配置协商。

静态 IP 地址的协商过程如下。

（1）每一端都要发送 Configure-Request 报文，在此报文中包含本地配置的 IP 地址。

（2）每一端接收到此 Configure-Request 报文之后，检查其中的 IP 地址，如果 IP 地址是一个合法的单播 IP 地址，而且和本地配置的 IP 地址不同（没有 IP 冲突），则认为对端可以使用该 IP 地址，回应一个 Configure-Ack 报文。

如图 12-10 所示，找到 ICMP 数据包，看到 PPP 帧首部有 3 个字段。

- Address 字段的值为 0xff，0x 表示后面的 ff 为十六进制数，写成二进制为 1111 1111，占一个字节长度。点到点信道的 PPP 帧中的 Address 字段形同虚设，可以看到没有源地址和目标地址。
- Control 字段的值为 0x03，写成二进制为 0000 0011，占一个字节长度。最初曾考虑以后对 Address 字段和 Control 字段的值进行其他定义，但至今也没给出。
- Protocol 字段占两个字节，不同的值用来标识 PPP 帧内信息是什么数据。

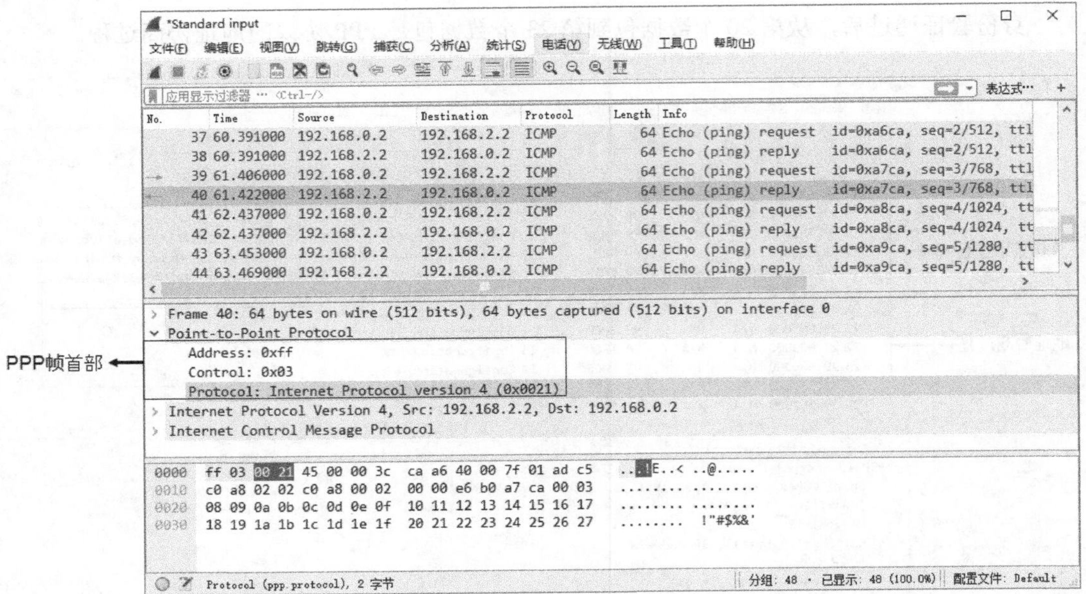

图 12-10 PPP 帧格式

12.3.5 配置 PPP 为另一端分配地址

PPP 协议能够为另一端分配地址，称为动态地址协商。

如图 12-11 所示，配置 AR2 为 AR1 分配 IP 地址。

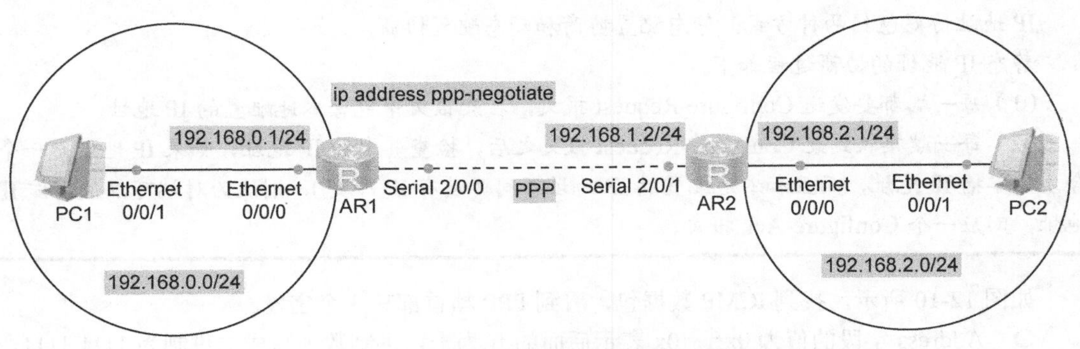

图 12-11 动态地址协商实验网络拓扑

在 AR1 上执行以下命令。

```
[AR1]interface Serial 2/0/0
[AR1-Serial2/0/0]undo ip address                  --删除 IP 地址
[AR1-Serial2/0/0]ip address ppp-negotiate         --配置地址使用 PPP 协商
```

在 AR2 上执行以下命令。另一端地址不固定的话，静态路由最好别写下一跳的 IP 地址了，直接协议出口更合适。

```
[AR2]interface Serial 2/0/1
[AR2-Serial2/0/1]remote address 192.168.1.1      --指定给远程分配的地址
[AR2-Serial2/0/1]quit
[AR2]undo ip route-static 192.168.0.0 24 192.168.1.1
[AR2]ip route-static 192.168.0.0 24 Serial 2/0/1
```

设置完成后，右击 AR2，单击“数据抓包”→“Serial 2/0/1”，在出现的“eNSP--选择链路类型”对话框中选择“PPP”，单击“确定”，开始抓包。在 AR1 上禁用、启用 Serial 2/0/0 接口，可以捕获 PPP 协议动态配置协商的过程，如图 12-12 所示。

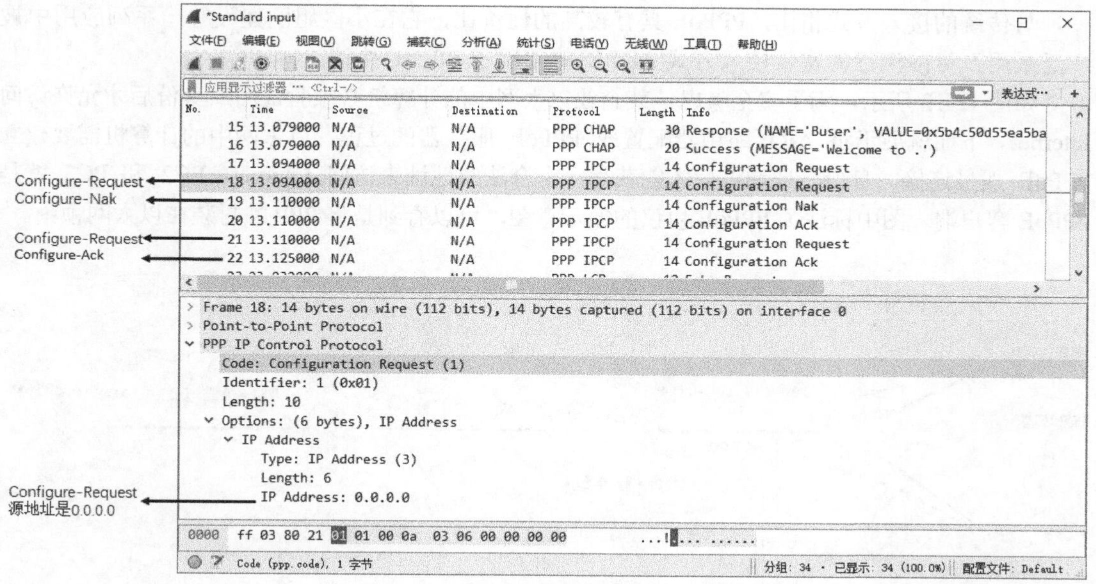

图 12-12 动态地址协商的过程

两端动态协商 IP 地址的过程如下。

（1）AR1 向 AR2 发送一个 Configure-Request 报文，此报文中会包含一个 IP 地址 0.0.0.0，表示向对端请求 IP 地址。

（2）AR2 收到上述 Configure-Request 报文后，认为其中包含的地址（0.0.0.0）不合法，使用 Configure-Nak 回应一个新的 IP 地址 192.168.1.1。

（3）AR1 收到此 Configure-Nak 报文之后，更新本地 IP 地址，并重新发送一个 Configure-Request 报文，包含新的 IP 地址 192.168.1.1。

（4）AR2 收到 Configure-Request 报文后，认为其中包含的 IP 地址为合法地址，回应一个 Configure-Ack 报文。

同时，AR2 也要向 AR1 发送 Configure-Request 报文以请求使用地址 192.168.1.2，AR1 认为此地址合法，回应 Configure-Ack 报文。

12.4 PPPoE

12.4.1 配置 Windows PPPoE 拨号上网

以太网协议不支持接入设备的身份验证功能。PPP 协议支持验证对方身份，并且为远程计算机分配 IP 地址。如果打算让以太网也有验证用户身份的功能，以及验证通过之后再分配上网地址的功能，那就要用到 PPP over Ethernet（PPPoE）协议。

与传统的接入方式相比，PPPoE 具有较高的性价比，它在小区组网建设等一系列应用中被广泛采用，目前流行的宽带接入方式 ADSL 就使用了 PPPoE 协议。

如图 12-13 所示，为了安全考虑，某企业以太网中的计算机必须验证用户身份后才允许访问 Internet。下面就展示将 AR1 路由器配置成 PPPoE 服务器的过程，以太网中的计算机需要建立 PPPoE 拨号连接，身份验证通过后才能获得一个合法的地址来访问 Internet，PC2 和 PC3 就是 PPPoE 客户端。图中标注了 PPPoE 协议的帧示意图，可以看到是将 PPP 帧封装在以太网帧中。

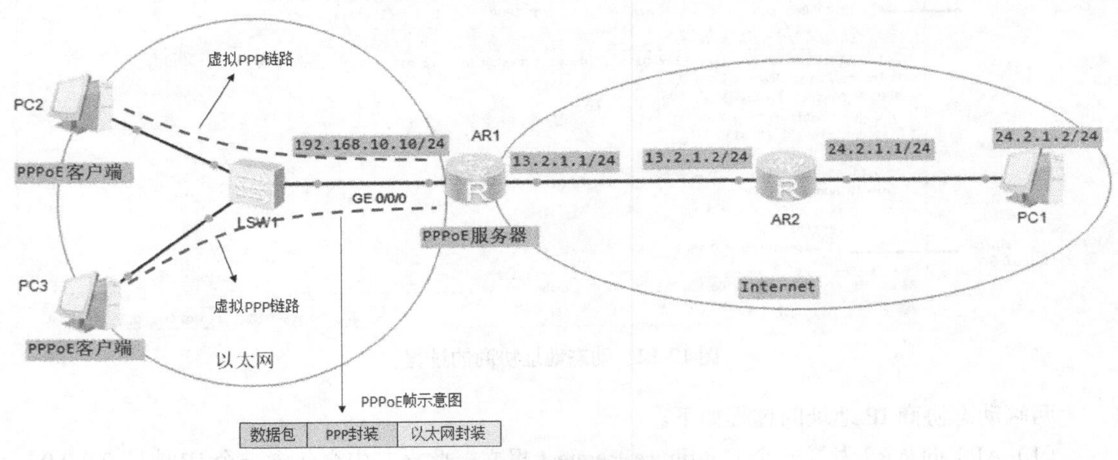

图 12-13 PPPoE 实验网络拓扑

图 12-13 中的 PC2 和 PC3 使用 VMWare Workstation 中的虚拟机替代。下面配置 AR1 路由器作为 PPPoE 服务器。

创建 PPP 拨号的账户和密码。

```
[AR1]aaa
[AR1-aaa]local-user hanligang password cipher 91xueit
[AR1-aaa]local-user lishengchun password cipher 51cto
[AR1-aaa]local-user hanligang service-type ppp
[AR1-aaa]local-user lishengchun service-type ppp
[AR1-aaa]quit
```

创建地址池，PPPoE 拨号成功，需要给拨号的计算机分配 IP 地址。

```
[AR1]ip pool PPPoE1
[AR1-ip-pool-PPPoE1]network 192.168.10.0 mask 24
[AR1-ip-pool-PPPoE1]quit
```

创建虚拟接口模板，虚拟接口模板可以绑定到多个物理接口。

```
[AR1]interface Virtual-Template ?
  <0-1023>  Virtual template interface number
[AR1]interface Virtual-Template 1
[AR1-Virtual-Template1]remote address pool PPPoE1     --指定该虚拟接口的远程地址池
[AR1-Virtual-Template1]ip address 192.168.10.100 24 --指定 IP 地址
[AR1-Virtual-Template1]ppp ipcp dns 8.8.8.8 114.114.114.114 --为对端设备指定主从 DNS 服务器
[AR1-Virtual-Template1]quit
```

将虚拟接口模板绑定到 GigabitEthernet 0/0/0 接口，该接口不需要 IP 地址。

```
[AR1]interface GigabitEthernet 0/0/0
[AR1-GigabitEthernet0/0/0]undo ip address                          --去掉配置的 IP 地址
[AR1-GigabitEthernet0/0/0]pppoe-server bind virtual-template 1 --将虚拟接口模板绑定到该接口
[AR1-GigabitEthernet0/0/0]quit
```

一个虚拟接口模板可以绑定到 PPPoE 服务器的多个接口。

如图 12-14 所示，路由器 AR1 有两个以太网接口，连接两个以太网，这两个以太网中的计算机都要进行 PPPoE 拨号上网，分配的地址都属于 192.168.10.0/24 这个网段，就可以将虚拟接口模板绑定到这两个物理接口。

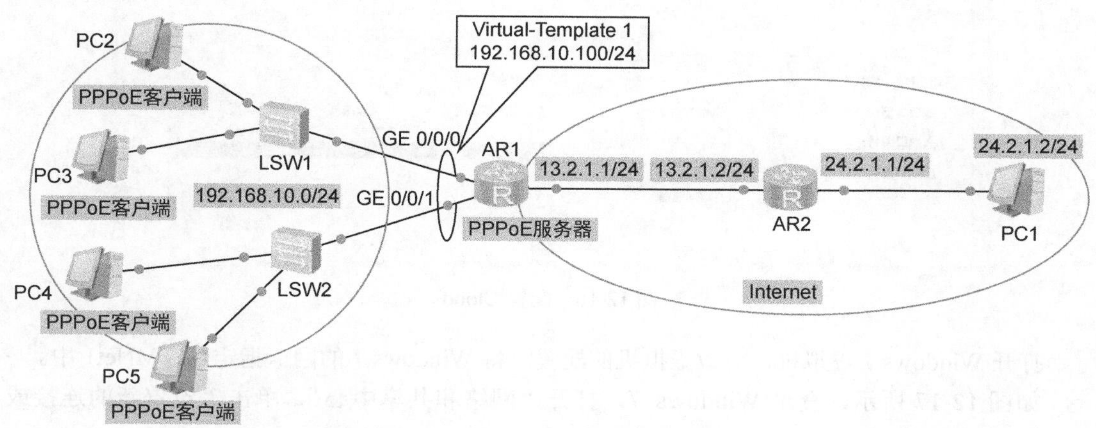

图 12-14 将虚拟接口模板绑定到物理接口的拓扑图

将 Windows 配置为 PPPoE 客户端，也就是在 Windows 操作系统上创建 PPPoE 拨号连接。

如图 12-15 所示，PPPoE 拨号在 VMWare Workstation 的 Windows 7 和 Windows 10 虚拟机中配置。

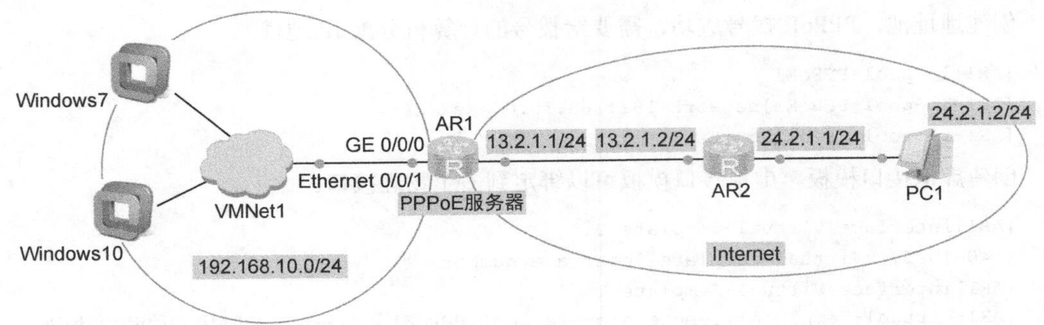

图 12-15 PPPoE 拨号连接拓扑图

如图 12-16 所示，拖放一个 Cloud，添加两个接口，一个和 VMNet1 网卡绑定，另一个绑定 UDP，并配置这两个接口能够通信。将 Cloud 和 AR1 的 GE 0/0/0 接口相连。

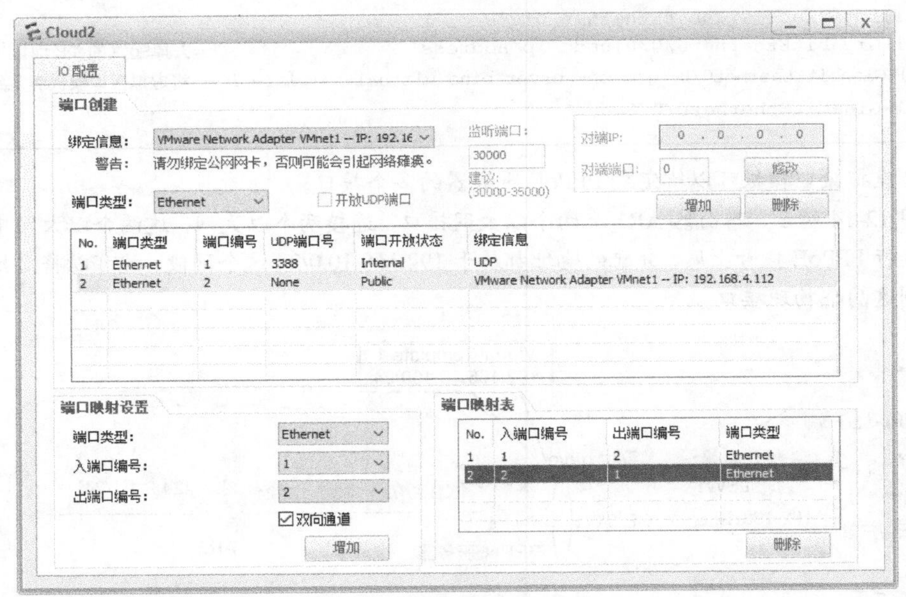

图 12-16 配置 Cloud

打开 Windows 7 虚拟机，更改虚拟机的配置，将 Windows 7 的网卡指定到 VMNet1 中。

如图 12-17 所示，登录 Windows 7，打开“网络和共享中心”，单击“设置新的连接或网络”。

在出现的“选择一个连接选项”对话框中，选中“连接到 Internet”，单击“下一步”。

在出现的设置想如何连接对话框中单击“宽带（PPPoE）”。

如图 12-18 所示，在出现的“键入您的 Internet 服务提供商（ISP）提供的信息”对话框中，输入用户名和密码以及连接名称，单击“连接”。

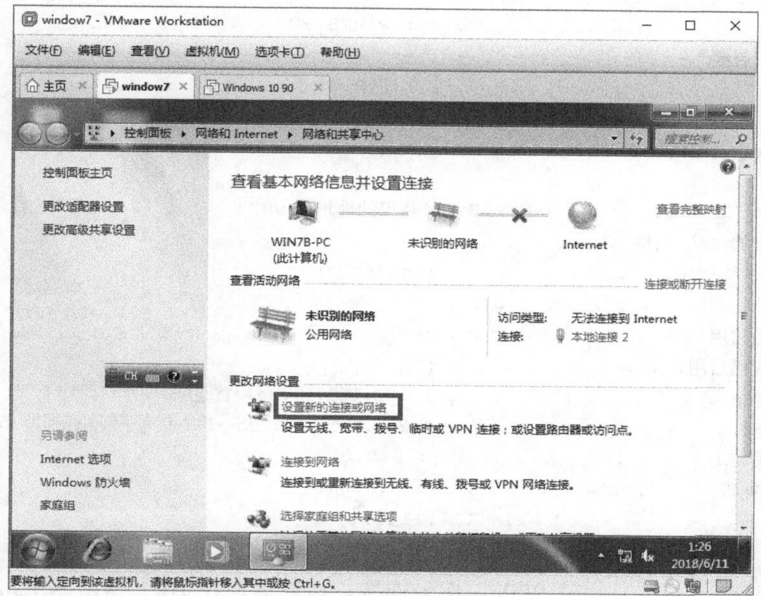

图 12-17　创建新的连接

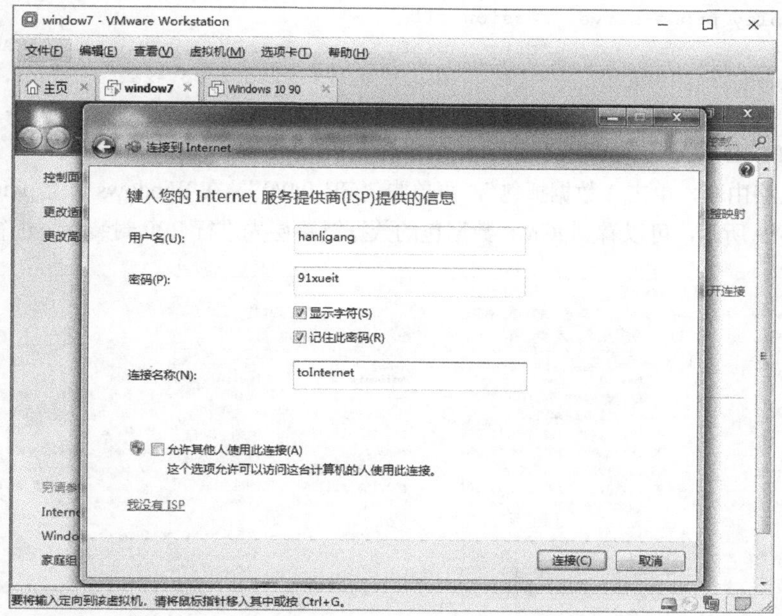

图 12-18　输入 PPPoE 拨号用户和密码

拨通之后，在命令提示符下，输入 ipconfig /all 以查看拨号获得的 IP 地址和 DNS。

```
C:\Users\win7>ipconfig /all
Windows IP 配置
```

```
   主机名  . . . . . . . . . . . . . . . . : win7B-PC
   主 DNS 后缀 . . . . . . . . . . . . . :
   节点类型  . . . . . . . . . . . . . . : 混合
   IP 路由已启用 . . . . . . . . . . . . : 否
   WINS 代理已启用 . . . . . . . . . . . : 否

PPP 适配器 to Internet:     --PPPoE 拨号获得的地址和 DNS
   连接特定的 DNS 后缀 . . . . . . . . :
   描述. . . . . . . . . . . . . . . . : toInternet
   物理地址. . . . . . . . . . . . . . :
   DHCP 已启用 . . . . . . . . . . . . : 否
   自动配置已启用. . . . . . . . . . . : 是
   IPv4 地址 . . . . . . . . . . . . . : 192.168.10.254(首选)
   子网掩码  . . . . . . . . . . . . . : 255.255.255.255--PPP 拨号子网掩码都为 255.255.255.255
   默认网关. . . . . . . . . . . . . . : 0.0.0.0
   DNS 服务器  . . . . . . . . . . . . : 8.8.8.8
                                   114.114.114.114
   TCPIP 上的 NetBIOS  . . . . . . . . : 已禁用
```

然后在 Windows 10 上创建 PPPoE 拨号连接。拨通后，在 AR1 路由器上可以查看有哪些 PPPoE 客户端拨入，还可以看到 PPPoE 客户端的 MAC 地址，也就是 RemMAC。

```
<AR1>display pppoe-server session all
SID Intf                    State   OIntf      RemMAC            LocMAC
1   Virtual-Template1:0       UP    GE0/0/0    000c.2996.42a2    00e0.fc4d.3146
2   Virtual-Template1:1       UP    GE0/0/0    000c.295b.dbc9    00e0.fc4d.3146
```

建立了 PPPoE 拨号连接后，下面用抓包来分析 PPPoE 数据包的帧格式。

右击 AR1 路由器，单击“数据抓包”，再单击“GE 0/0/0”。在 Windows 7 上 ping Internet 中的 PC1。如图 12-19 所示，可以看到 ICMP 数据包的数据链路层先进行 PPP 封装，再进行以太网封装。

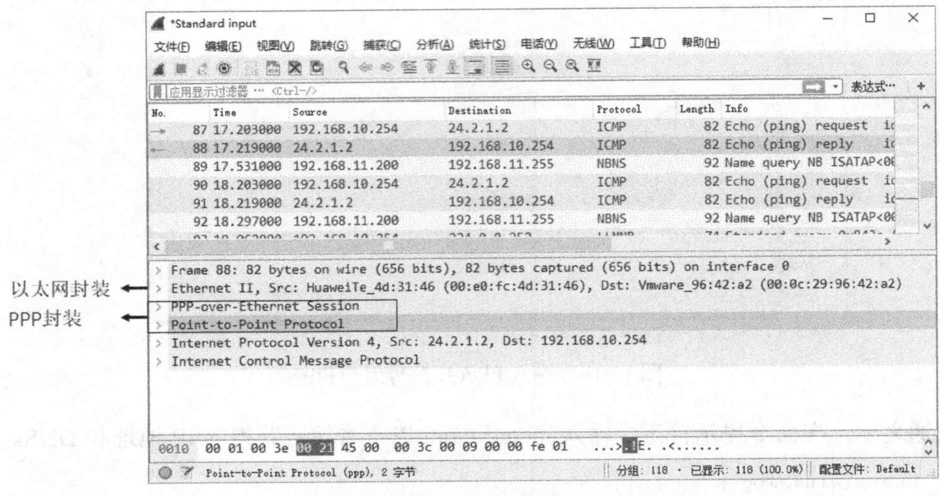

图 12-19 查看 PPPoE 数据包的帧格式

12.4.2 配置路由器 PPPoE 拨号上网

上面给大家演示的是将企业的路由器配置为 PPPoE 服务器，内网的计算机建立 PPPoE 拨号后访问 Internet。更多的情况是企业的路由器连接 ADSL Modem 接入 Internet，这就需要将企业的路由器配置 PPPoE 客户端。如图 12-20 所示，使用 eNSP 搭建实验环境，没有 ADSL Modem，也没有电话线，使用 LSW2 连接 ISP 的路由器和学校路由器，将 ISP 路由器配置为 PPPoE 服务器，学校 A 的路由器 AR1 和学校 B 的路由器 AR2 配置为 PPPoE 客户端，两个学校的内网都属于 192.168.10.0/24 网段。

下面就配置 ISP 路由器作为 PPPoE 服务器，配置学校 A 的 AR1 路由器作为 PPPoE 客户端，配置 NAPT 允许内网访问 Internet。

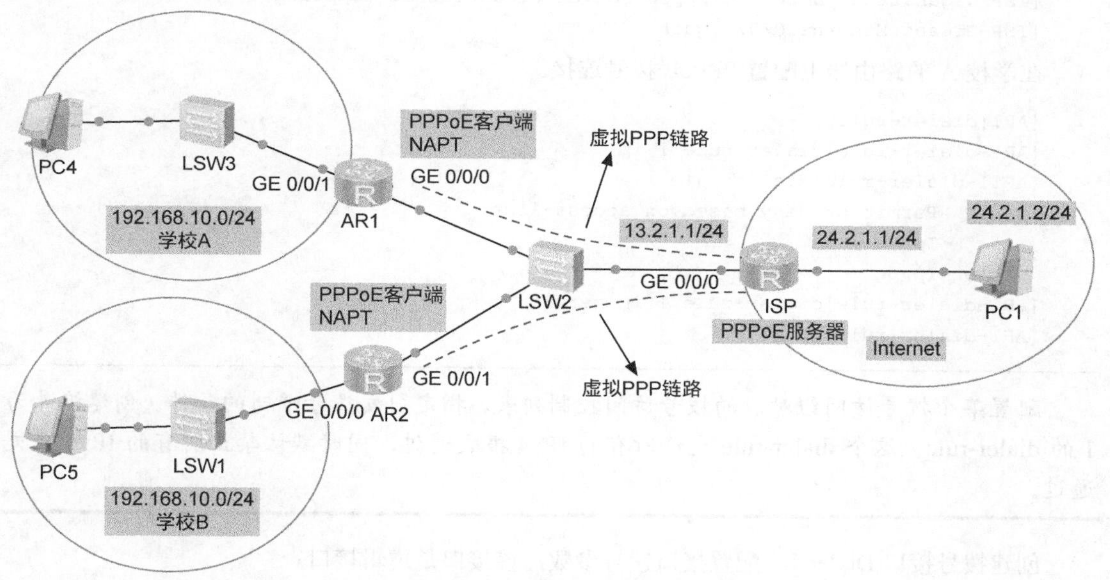

图 12-20 配置路由器 PPPoE 拨号实验拓扑

ISP 路由器上的配置如下。

创建 PPPoE 拨号账户，一个学校一个账户。

```
[ISP]aaa
[ISP-aaa]local-user schoolA password cipher 91xueit
[ISP-aaa]local-user schoolB password cipher 51cto
[ISP-aaa]local-user schoolA service-type ppp
[ISP-aaa]local-user schoolB service-type ppp
[ISP-aaa]quit
```

创建地址池。

```
[ISP]ip pool PPPoE1
```

```
[ISP-ip-pool-PPPoE1]network 13.2.1.0 mask 24
 [ISP-ip-pool-PPPoE1]quit
```

创建虚拟接口模板。

```
[ISP]interface Virtual-Template 1
[ISP-Virtual-Template1]remote address pool PPPoE1
[ISP-Virtual-Template1]ip address 13.2.1.1 24
[AR1-Virtual-Template1]ppp ipcp dns 8.8.8.8
[ISP-Virtual-Template1]quit
```

将虚拟机接口模板绑定到 GE 0/0/0 接口。

```
[ISP]interface GigabitEthernet 0/0/0
[ISP-GigabitEthernet0/0/0]undo ip address
[ISP-GigabitEthernet0/0/0]pppoe-server bind virtual-template 1
[ISP-GigabitEthernet0/0/0]quit
```

在学校 A 的路由器上配置 PPPoE 拨号连接。

```
[AR1]dialer-rule
[AR1-dialer-rule]dialer-rule 1 ip
[AR11-dialer-rule]dialer-rule 1 ?
  acl   Permit or deny based on access-list
  ip    Ip
  ipv6  Ipv6
[AR1-dialer-rule]dialer-rule 1 ip permit
[AR1-dialer-rule]quit
```

配置某个拨号访问组对应的拨号访问控制列表，指定引发拨号呼叫的条件。创建编号为 1 的 dialer-rule，这个 dialer-rule 允许所有的 IPv4 报文通过，同时默认禁止所有的 IPv6 报文通过。

创建拨号接口 Dialer 1，配置接口拨号参数，该接口是逻辑接口。

```
[AR1]interface Dialer 1
[AR1-Dialer1]link-protocol ?                       --查看支持的协议
  fr   Select FR as line protocol
  ppp  Point-to-Point protocol
[AR1-Dialer1]link-protocol ppp                     --指定链路协议为 PPP
[AR1-Dialer1]ppp chap user schoolA                 --指定拨号账户
[AR1-Dialer1]ppp chap password cipher 91xueit --指定拨号密码
[AR1-Dialer1]ip address ppp-negotiate              --地址自动协商
[AR1-Dialer1]dialer timer idle 300                 --如果超过 300 秒没有数据传输，断开拨号连接
[AR1-Dialer1]dialer user schoolA                   --指定拨号用户
[AR1-Dialer1]dialer bundle 1                       --这里定义一个 bundle，后面在接口上调用
[AR1-Dialer1]dialer-group 1                        --将接口置于一个拨号访问组
[AR1-Dialer1]quit
```

为拨号接口建立 PPPoE 会话，如果配置参数 on-demand，则 PPPoE 会话工作在按需拨号方式下。

```
[AR1]interface GigabitEthernet 0/0/0
[AR1-GigabitEthernet0/0/0]pppoe-client dial-bundle-number 1 on-demand
[AR1-GigabitEthernet0/0/0]quit
```

添加默认路由，出口指向 Dialer 1 接口，这样可以由流量触发 PPPoE 拨号。

```
[AR1]ip route-static 0.0.0.0 0 Dialer 1              --由流量触发拨号
[AR1]display dialer interface Dialer 1               --显示拨号接口状态
Dial Interface:Dialer1
  Dialer Timers(Secs):
  Auto-dial:300    Compete:20    Enable:5
  Idle:120   Wait-for-Carrier:60
```

配置 NAPT。

```
[AR1]acl number 2000
[AR1-acl-basic-2000]rule permit source 192.168.10.0 0.0.0.255
[AR1-acl-basic-2000]quit
[AR1]interface Dialer 1
[R1-Dialer1]nat outbound 2000
```

配置完成后，在 PC4 上 ping PC1，测试网络是否畅通。

在 AR1 路由器上查看拨号接口的状态，可以看到获得的 IP 地址。

```
<AR1>display interface Dialer 1
Dialer1 current state : UP
Line protocol current state : UP (spoofing)
Description:HUAWEI, AR Series, Dialer1 Interface
Route Port,The Maximum Transmit Unit is 1500, Hold timer is 10(sec)
Internet Address is negotiated, 13.2.1.254/32
Link layer protocol is PPP
```

12.5 帧中继

12.5.1 帧中继虚链路

帧中继（Frame Relay）是一种广域网技术，最初是为了让全国性或跨国性大公司在地理上分散的局域网实现通信而产生的。随着局域网与局域网之间进行互联的要求日益高涨，帧中继技术也迅速发展起来。

帧中继是一种使用了包交换方式的广域网技术。简单来说，就是为用户建立一条端到端的虚拟电路，中间经过的帧中继网络对于用户来说是透明的，用户用起来就感觉跟租用物理专线差不多，但是租用帧中继服务就比租用物理专线便宜得多。帧中继常用于分公司与总公司之间的连接。

帧中继的链路分为两种。一种是临时的虚拟链路，叫作 SVC（Switching Virtual Circuit）交换虚链路；另一种是永久的虚拟链路，叫作 PVC（Permanent Virtual Circuit）。SVC 跟 PVC 的主要区别在于，SVC 在节点之间仅为需要进行数据传送的时候才建立逻辑连接，而 PVC 则一直保持着连接状态。目前基本上使用的都是 PVC。

帧中继协议是一种统计复用的协议，它在单一物理传输线路上能够提供多条虚电路。每条虚电路都用数据链路连接标识（Data Link Connection Identifier，DLCI）来标识。

如图 12-21 所示，FRSW1 和 FRSW2 是帧中继交换机，北京总公司、上海分公司和天津分公司 3 个局域网通过帧中继网络连接。现在需要在帧中继交换机上配置永久虚链路，实现这 3 个局域网的相互连接。

AR1 和 AR2 路由器之间要建立一条虚链路，AR1 和 AR3 之间要建立一条虚链路，AR2 和 AR3 之间也要建立一条虚链路。这就要把路由器连接帧中继交换机的接口分成多个子接口，如图 12-22 所示，AR1 的 Serial 2/0/0 物理接口被分成两个子接口，Serial 2/0/0.1 和 AR2 的 Serial 2/0/0.1 子接口相连，Serial 2/0/0.2 和 AR3 的 Serial 2/0/0.1 子接口相连。AR2 的 Serial 2/0/0.2 子接口和 AR3 的 Serial 2/0/0.2 子接口相连。通过创建永久虚链路实现这些子接口之间的连接。

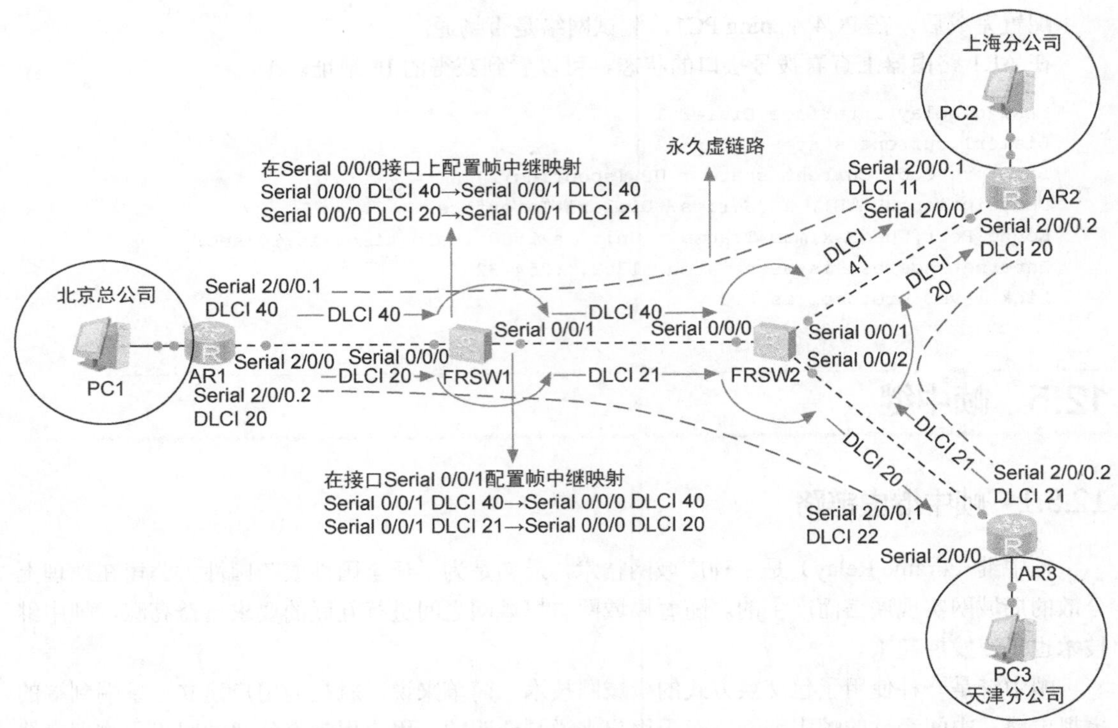

图 12-21 帧中继网络拓扑图

一条物理链路如何能够创建多条逻辑链路呢？帧中继使用数据链路连接标识（DLCI）来标识逻辑链路，本例在 FRSW1 的 Serial 0/0/0 接口上分配两个 DLCI，40 分配给 AR1 的 Serial 2/0/0.1 子接口，20 分配给 AR1 的 Serial 2/0/0.2 子接口。以后 AR1 的 Serial 2/0/0.1 子接口发出的帧，DLCI 是 40；AR1 的 Serial 2/0/0.2 子接口发出的帧，DLCI 是 20。

然后配置 FRSW1 的 Serial 0/0/0 接口，配置帧中继映射，如图 12-21 所示，将来自 Serial 0/0/0 接口的 DLCI 为 40 的帧转发到 Serial 0/0/1 接口，DLCI 为 40；将来自 Serial 0/0/0 接口的 DLCI 为 20 的帧转发到 Serial 0/0/1 接口，DLCI 为 21。注意，DLCI 只要求在同一条物理链路上唯一即可。同样对于 FRSW1 的 Serial 0/0/1 接口，也要配置帧中继映射，为 FRSW2 的每一个接口都要配置帧中继映射。这就是建立永久虚链路的过程。

配置好永久虚电路，路由器网络就变成了图 12-22 所示的逻辑拓扑，相互连接的子接口要占用独立的网段，这种子接口就是点到点子接口。这 3 个局域网需要添加静态路由或动态路由才能通信。

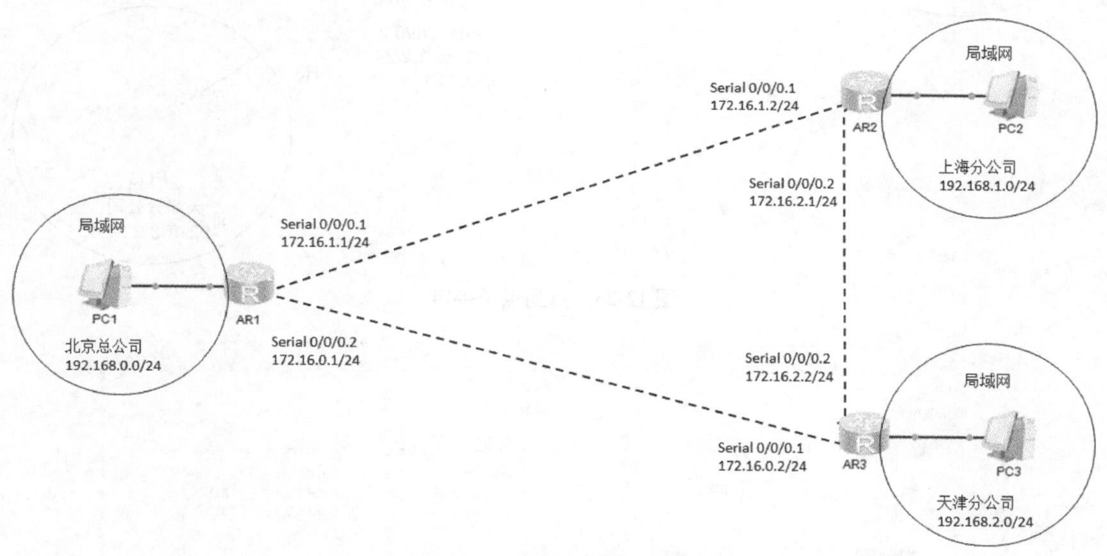

图 12-22　网络的逻辑拓扑

12.5.2 配置点到点帧中继接口

下面就使用 eNSP 搭建帧中继学习环境，配置路由器的串口链路层协议使用帧中继，创建子接口实现 3 个局域网的相互连接，配置帧中继交换机以创建永久虚链路。下面的操作均参照图 12-23 设置局域网地址和子接口地址以及 DLCI。

配置 FRSW1 以创建永久虚链路，如图 12-24 所示，添加接口和数据链路连接标识的映射，这就是创建永久虚链路的过程。

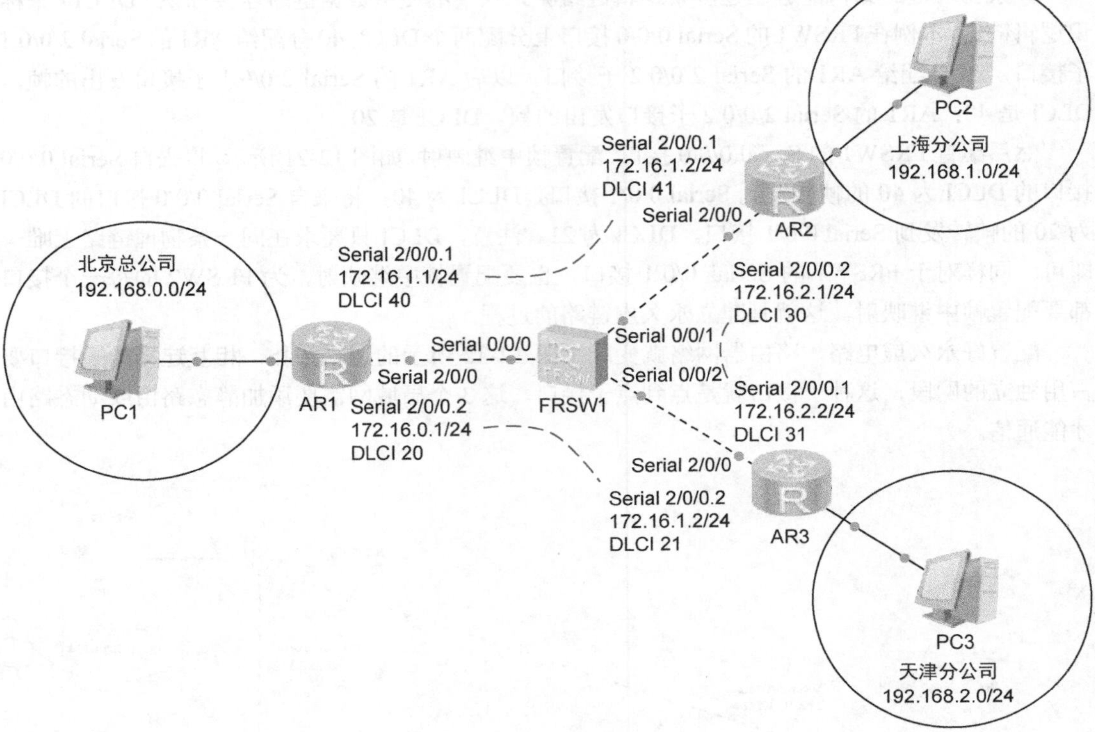

图 12-23 点到点子接口

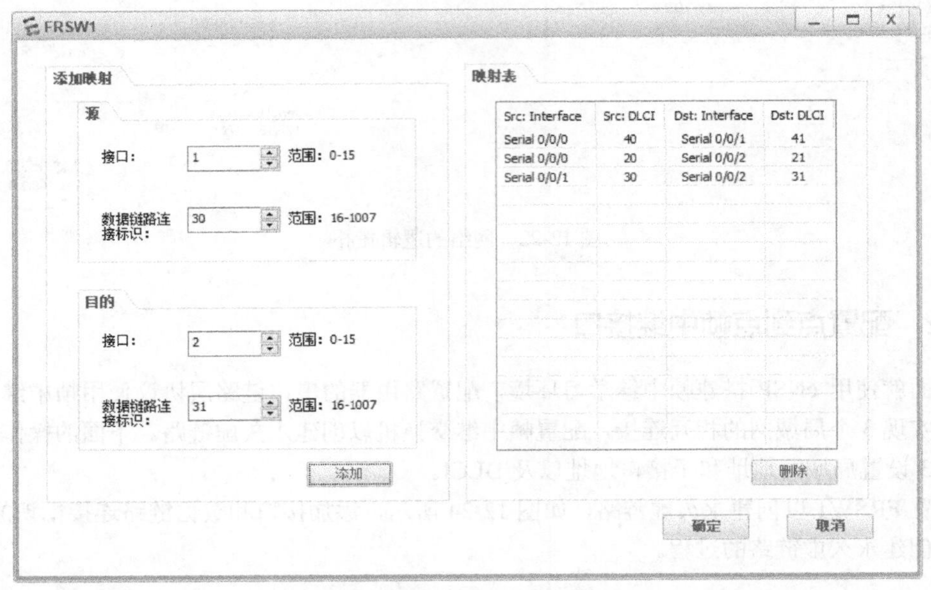

Src: Interface	Src: DLCI	Dst: Interface	Dst: DLCI
Serial 0/0/0	40	Serial 0/0/1	41
Serial 0/0/0	20	Serial 0/0/2	21
Serial 0/0/1	30	Serial 0/0/2	31

图 12-24 在 FRSW1 上创建永久虚电路

在 AR1 上配置物理接口的数据链路层协议，配置子接口、DLCI 和 IP 地址，添加静态路由。

```
[AR1]interface Serial 2/0/0                                    --配置物理接口
[AR1-Serial2/0/0]link-protocol fr                              --帧中继协议
[AR1-Serial2/0/0]fr interface-type dte                         --接口类型为 dte
[AR1-Serial2/0/0]quit

[AR1]interface Serial 2/0/0.1 ?
p2mp  One point to multipoint                                  --点到多点类型子接口
  p2p   Point to point                                         --点到点类型子接口
  <cr>  Please press ENTER to execute command
[AR1]interface Serial 2/0/0.1 p2p                              --点到点类型子接口
[AR1-Serial2/0/0.1]fr dlci 40                                  --指定子接口的 DLCI
[AR1-fr-dlci-Serial2/0/0.1-40]quit
[AR1-Serial2/0/0.1]ip address 172.16.1.1 24
[AR1-Serial2/0/0.1]quit
[AR1]interface Serial 2/0/0.2 p2p
[AR1-Serial2/0/0.2]fr dlci 20
[AR1-fr-dlci-Serial2/0/0.2-20]quit
[AR1-Serial2/0/0.2]ip address 172.16.0.1 24
[AR1-Serial2/0/0.2]quit

[AR1]interface Vlanif 1                                        --配置内网接口
[AR1-Vlanif1]ip address 192.168.0.1 24
[AR1-Vlanif1]quit

[AR1]ip route-static 192.168.1.0 24 172.16.1.2                 --添加静态路由
[AR1]ip route-static 192.168.2.0 24 172.16.0.2
```

在 AR2 上配置物理接口的数据链路层协议，配置子接口、DLCI 和 IP 地址，添加静态路由。

```
[AR2]interface Serial 2/0/0
[AR2-Serial2/0/0]link-protocol fr
[AR2-Serial2/0/0]fr interface-type dte
[AR2-Serial2/0/0]quit

[AR2]interface Serial 2/0/0.1 p2p
[AR2-fr-dlci-Serial2/0/0.1-41]quit
[AR2-Serial2/0/0.1]ip address 172.16.1.2 24
[AR2-Serial2/0/0.1]quit
[AR2]interface Serial 2/0/0.2 p2p
[AR2-Serial2/0/0.2]fr dlci 30
[AR2-fr-dlci-Serial2/0/0.2-30]quit
[AR2-Serial2/0/0.2]ip address 172.16.2.1 24
[AR2-Serial2/0/0.2]quit

[AR2]interface Vlanif 1
[AR2-Vlanif1]ip address 192.168.1.1 24
[AR2-Vlanif1]quit

[AR2]ip route-static 192.168.0.0 24 172.16.1.1
[AR2]ip route-static 192.168.2.0 24 172.16.2.2
```

在 AR3 上配置物理接口的数据链路层协议，配置子接口、DLCI 和 IP 地址，添加静态路由。

```
[AR3]interface Serial 2/0/0
[AR3-Serial2/0/0]link-protocol fr
[AR3-Serial2/0/0]fr interface-type dte
[AR3-Serial2/0/0]quit

[AR3]interface Serial 2/0/0.1 p2p
[AR3-Serial2/0/0.1]fr dlci 31
[AR3-fr-dlci-Serial2/0/0.1-31]quit
[AR3-Serial2/0/0.1]ip address 172.16.2.2 24
[AR3-Serial2/0/0.1]quit
[AR3]interface Serial 2/0/0.2 p2p
[AR3-Serial2/0/0.2]fr dlci 21
[AR3-fr-dlci-Serial2/0/0.2-21]quit
[AR3-Serial2/0/0.2]ip address 172.16.0.2 24
[AR3-Serial2/0/0.2]quit

[AR3]interface Vlanif 1
[AR3-Vlanif1]ip address 192.168.2.1 24
[AR3-Vlanif1]quit

[AR3]ip route-static 192.168.0.0 24 172.16.0.1
[AR3]ip route-static 192.168.1.0 24 172.16.2.1
```

抓包分析帧中继帧的格式。如图 12-25 所示，右击 FRSW1，单击“数据抓包”，再单击“Serial 0/0/0”。在出现的“eNSP--选择链路类型”对话框中选择“FR”，单击“确定”。

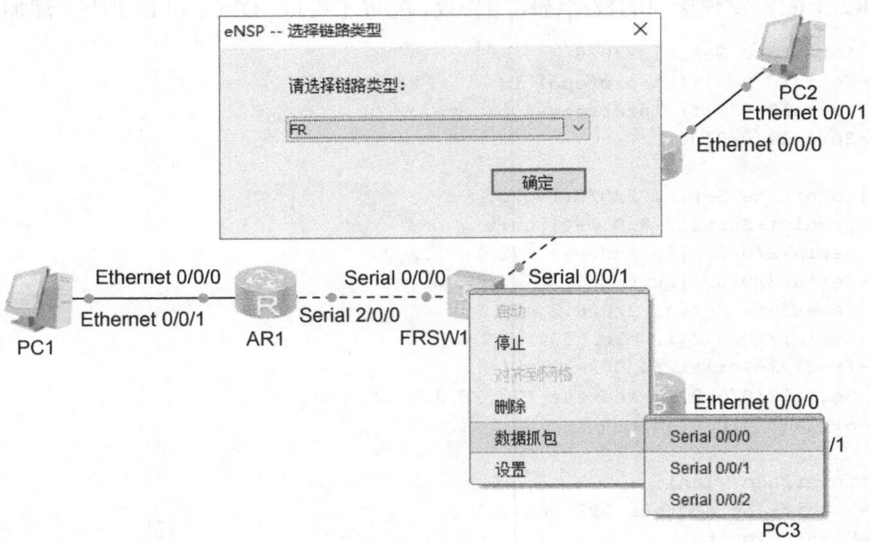

图 12-25 数据抓包

使用 PC1 ping PC2，观察抓包工具捕获的 ICMP 数据包。如图 12-26 所示，可以看到第 14 个帧的数据链路层协议是 Frame Relay，DLCI 为 40。截至现在，抓包分析了以太网帧、HDLC 帧、PPP 帧和帧中继帧，不同的数据链路层协议，帧格式也各不相同。

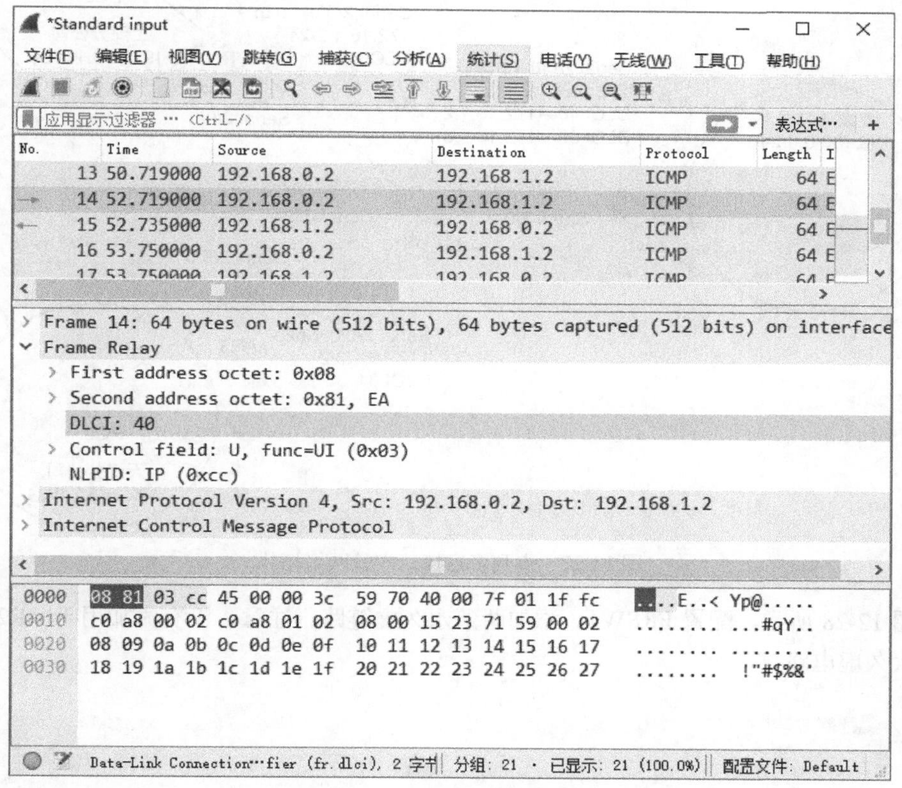

图 12-26 帧中继帧的格式

12.5.3 配置点到多点帧中继接口

前面给大家展示了在路由器上创建子接口，通过帧中继实现点到点连接，每条点到点链路占用一个网段。

如图 12-27 所示，两个分公司主要和总公司的网络连接，两个分公司之间相互很少访问。针对这种情况，在 FRSW1 上配置映射表，在 AR1 和 AR2 之间建立一条永久虚链路，在 AR1 和 AR3 之间建立一条永久虚链路即可。没有在 AR2 和 AR3 之间建立永久虚链路，AR2 和 AR3 之间通信时，数据包要经过 AR1 转发。

需要为 AR1 路由器上的 Serial 2/0/0 接口创建点到多点子接口，在 AR2 和 AR3 上创建点到点子接口，这些子接口在同一个网段。在点到多点子接口上，需要添加地址和 DLCI 的映射。这种情况下，这 3 个路由器上连接帧中继的接口的 IP 地址在一个网段。

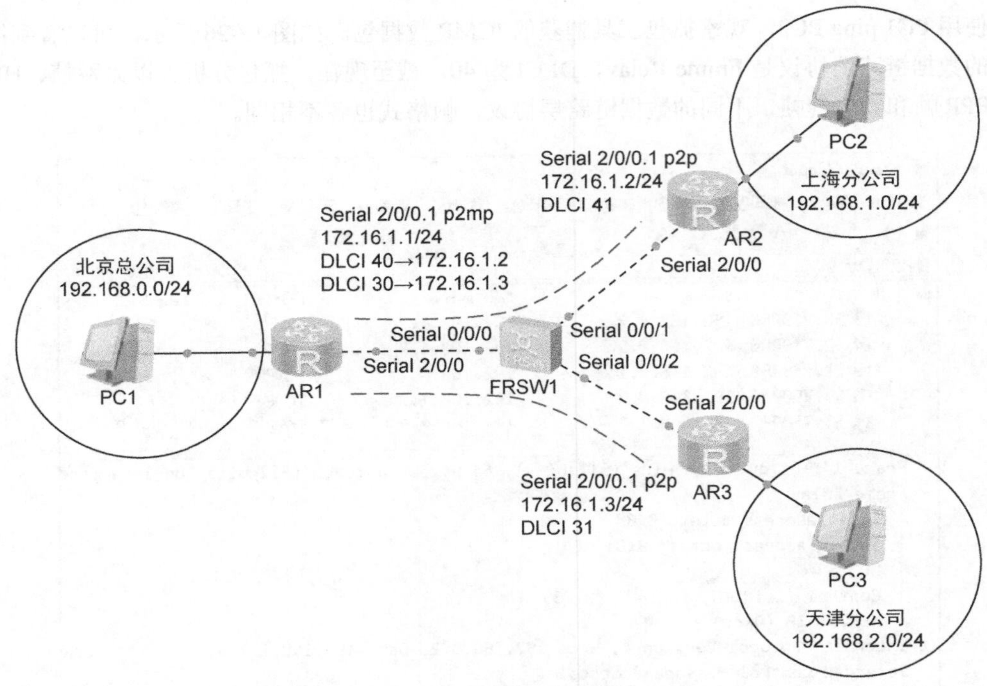

图 12-27 点到多点接口实验网络拓扑

如图 12-28 所示，配置 FRSW1，添加两条永久虚链路。注意：没有添加用于 AR2 和 AR3 通信的永久虚电路。

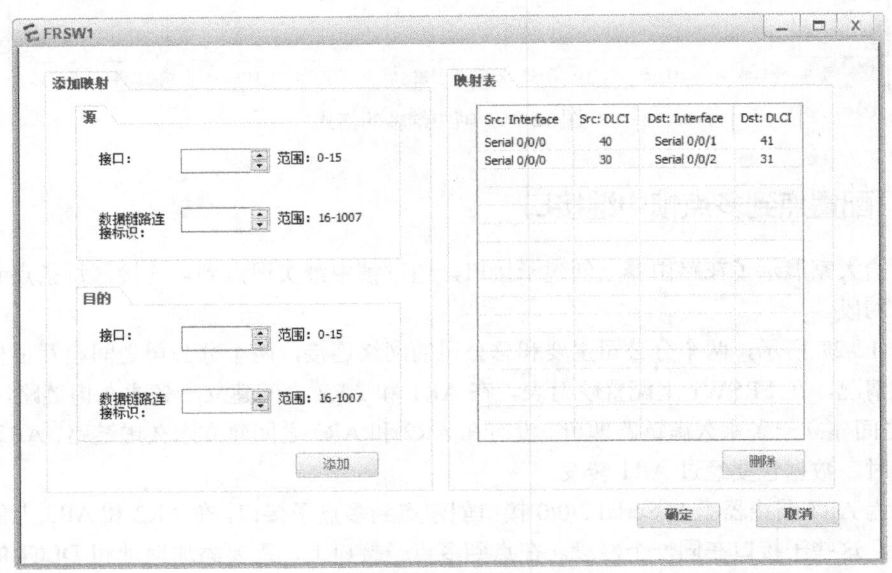

图 12-28 创建永久虚电路

在 AR1 上创建点到多点子接口。

```
[AR1]interface Serial 2/0/0
[AR1-Serial2/0/0]link-protocol fr
[AR1-Serial2/0/0]undo fr inarp                          --取消逆向 ARP
[AR1-Serial2/0/0]fr interface-type dte
[AR1-Serial2/0/0]quit
[AR1]interface Serial 2/0/0.1 p2mp                      --指定子接口为点到多点子接口
[AR1-Serial2/0/0.1]ip address 172.16.1.1 24
[AR1-Serial2/0/0.1]fr dlci 40                           --指定该子接口使用的 DLCI
[AR1-fr-dlci-Serial2/0/0.1-40]quit
[AR1-Serial2/0/0.1]fr dlci  30                          --指定该子接口使用的 DLCI
[AR1-fr-dlci-Serial2/0/0.1-30]quit
[AR1-Serial2/0/0.1]fr map ip 172.16.1.2 40 broadcast --将远端 IP 地址映射到一个 DLCI
[AR1-Serial2/0/0.1]fr map ip 172.16.1.3 30 broadcast --broadcast，允许多播数据包发到远端
```

由于配置 RIP 协议时使用多播地址 224.0.0.9 发送路由信息数据包，因此在做地址和 DLCI 映射时，broadcast 参数是必须有的。

查看 IP 地址与帧中继 DLCI 号的对应关系。

```
<AR1>display fr map-info
Map Statistics for interface Serial2/0/0 (DTE)
  DLCI = 30, IP 172.16.1.3, Serial2/0/0.1
    create time = 2018/07/22 11:25:47, status = ACTIVE
    encapsulation = ietf, vlink = 2, broadcast
  DLCI = 40, IP 172.16.1.2, Serial2/0/0.1
    create time = 2018/07/22 11:25:35, status = ACTIVE
    encapsulation = ietf, vlink = 1, broadcast
```

配置 RIP 协议。

```
[AR1]rip 1
[AR1-rip-1]network 192.168.0.0
[AR1-rip-1]network 172.16.0.0
[AR1-rip-1]version 2
[AR1]interface Serial 2/0/0
```

AR2 上的配置如下：

```
[AR2]interface Serial 2/0/0
[AR2-Serial2/0/0]link-protocol fr
[AR2-Serial2/0/0]fr interface-type dte
[AR2-Serial2/0/0]quit
[AR2]interface Serial 2/0/0.1 p2p     --点到点子接口
[AR2-Serial2/0/0.1]ip address 172.16.1.2 24
[AR2-Serial2/0/0.1]fr dlci 41
[AR2-fr-dlci-Serial2/0/0.1-41]quit
```

配置 RIP 协议。

```
[AR2]rip 1
[AR2-rip-1]network 172.16.0.0
[AR2-rip-1]network 192.168.1.0
[AR2-rip-1]version 2
```

AR3 上的配置如下：

```
[AR3]interface Serial 2/0/0
[AR3-Serial2/0/0]link-protocol fr
[AR3-Serial2/0/0]fr interface-type dte
[AR3-Serial2/0/0]quit
[AR3]interface Serial 2/0/0.1 p2p
[AR3-Serial2/0/0.1]ip address 172.16.1.3 24
[AR3-Serial2/0/0.1]fr dlci 31
[AR3-fr-dlci-Serial2/0/0.1-31]quit
[AR3-Serial2/0/0.1]quit
```

配置 RIP 协议。

```
[AR3]rip 1
[AR3-rip-1]network 172.16.0.0
[AR3-rip-1]network 192.168.2.0
[AR3-rip-1]version 2
[AR3-rip-1]quit
```

在 AR3 上查看 RIP 协议学到的路由。到 192.168.1.0/24 网段的下一跳地址是 172.16.1.1，而不是 172.16.1.2，Cost 是 2，意味着这条路由是通过 AR1 学到的。

```
<AR3>display ip routing-table protocol rip
Route Flags: R - relay, D - download to fib
------------------------------------------------------------------------------
Public routing table : RIP
        Destinations : 3        Routes : 3

RIP routing table status : <Active>
        Destinations : 3        Routes : 3

Destination/Mask    Proto   Pre  Cost       Flags NextHop         Interface

     172.16.0.0/16  RIP     100  1            D   172.16.1.1      Serial2/0/0.1
    192.168.0.0/24  RIP     100  1            D   172.16.1.1      Serial2/0/0.1
    192.168.1.0/24  RIP     100  2            D   172.16.1.1      Serial2/0/0.1

RIP routing table status : <Inactive>
        Destinations : 0        Routes : 0
```

在 PC3 上使用 tracert 跟踪到 PC2 的数据包。

```
PC>tracert 192.168.1.2
```

```
traceroute to 192.168.1.2, 8 hops max
(ICMP), press Ctrl+C to stop
 1  192.168.2.1    16 ms  15 ms  <1 ms
 2  172.16.1.1    31 ms  <1 ms  16 ms
 3  172.16.1.2    16 ms  31 ms  16 ms
 4  192.168.1.2    31 ms  15 ms  32 ms
PC>
```

可以看到数据包经过的路由器，AR3→AR1→AR2→PC2。

12.5.4 全互连的点到多点接口

上面的点到多点场景适用于分公司访问总公司的网络这种情景。如果总公司和分公司之间经常相互访问，这就要求帧中继为任意两个路由器配置永久虚电路。这些路由器连接帧中继的接口都要配置成点到多点接口。

如图 12-29 所示，在 AR1、AR2 和 AR3 之间建立全互连的永久虚链路。这种情况下，可以将路由器的物理接口配置为点到多点接口，然后添加到远端路由器的 IP 地址和 DLCI 的映射，从而使帧中继网络对路由器来说就像一台交换机，只不过帧中继网络是非广播类型网络。

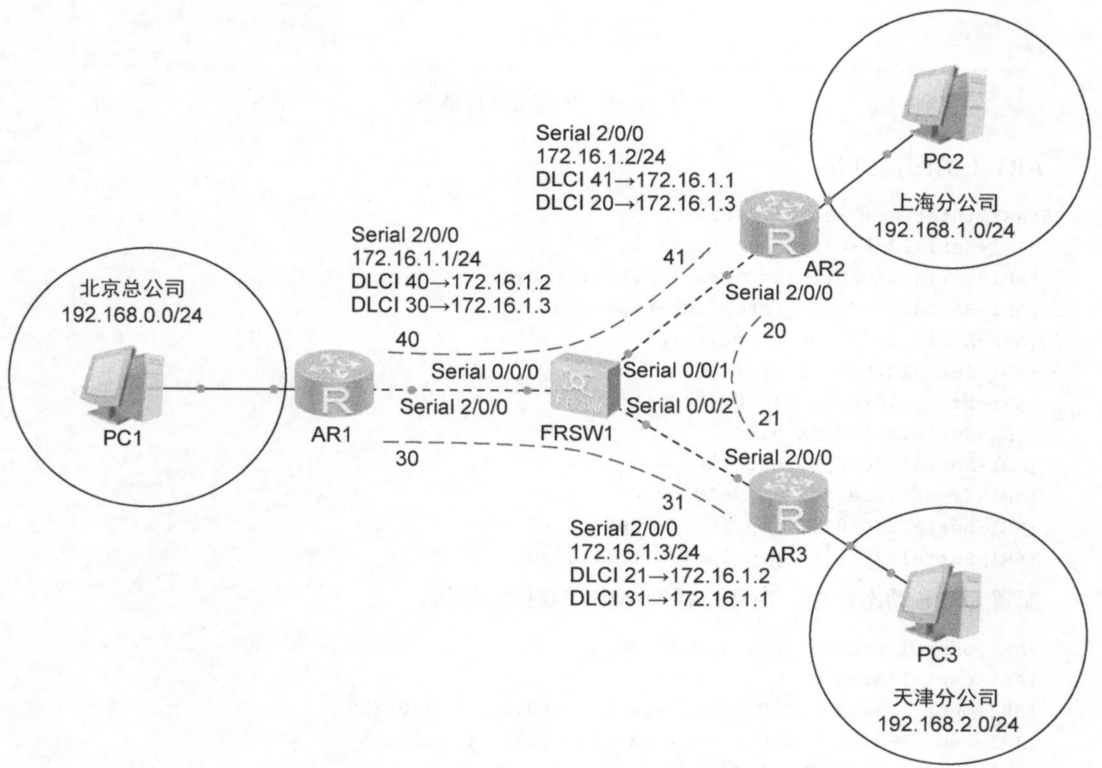

图 12-29 全互连的永久虚链路网络拓扑图

如图 12-30 所示，配置 FRSW1 帧中继交换机，创建 3 条永久虚链路以实现 AR1、AR2 和 AR3 的全互连。

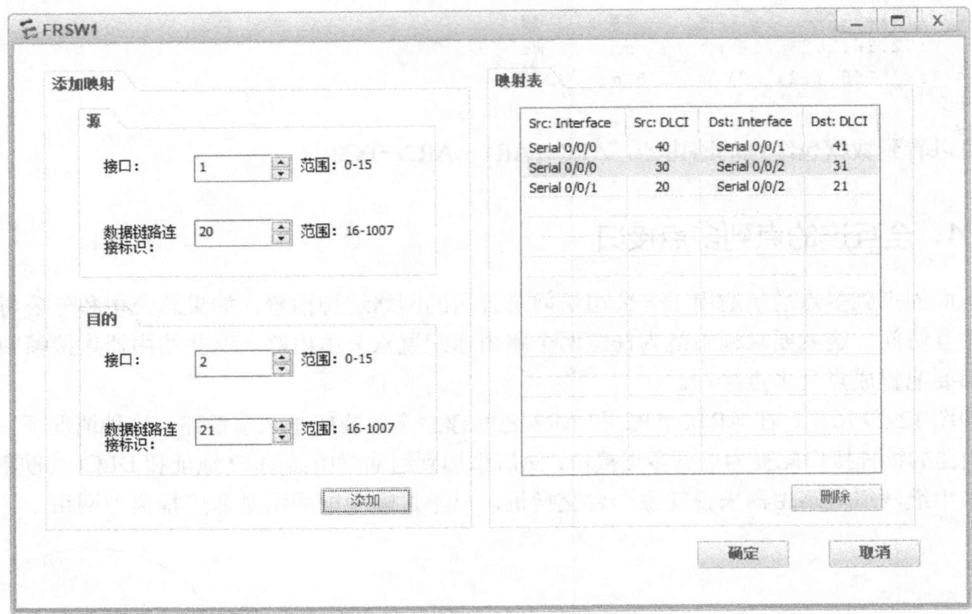

图 12-30 创建永久虚链路

AR1 上的配置如下：

```
[AR1]interface Serial 2/0/0
[AR1-Serial2/0/0]link-protocol fr
[AR1-Serial2/0/0]ip address 172.16.1.1 24
[AR1-Serial2/0/0]fr interface-type dte
[AR1-Serial2/0/0]undo fr inarp
[AR1-Serial2/0/0]fr dlci 40
[AR1-fr-dlci-Serial2/0/0-40]quit
[AR1-Serial2/0/0]fr dlc
[AR1-Serial2/0/0]fr dlci 30
[AR1-fr-dlci-Serial2/0/0-30]quit
[AR1-Serial2/0/0]fr map ip 172.16.1.2 40
[AR1-Serial2/0/0]fr map ip 172.16.1.3 30
```

配置 OSPF 动态路由，在非广播网络中需要指定邻居。

```
[AR1]ospf 1 router-id 1.1.1.1
[AR1-ospf-1]area 0
[AR1-ospf-1-area-0.0.0.0]network 192.168.0.0 0.0.0.255
[AR1-ospf-1-area-0.0.0.0]network 172.16.1.0 0.0.0.255
[AR1-ospf-1-area-0.0.0.0]quit
[AR1-ospf-1]peer 172.16.1.2              --在非广播网络中需要指定邻居
```

```
[AR1-ospf-1]peer 172.16.1.3                     --在非广播网络中需要指定邻居
```

AR2 上的配置如下：

```
[AR2]interface Serial 2/0/0
[AR2-Serial2/0/0]link-protocol fr
[AR2-Serial2/0/0]fr interface-type dte
[AR2-Serial2/0/0]fr inarp
[AR2-Serial2/0/0]ip address 172.16.1.2 24
[AR2-Serial2/0/0]fr dlci 41
[AR2-fr-dlci-Serial2/0/0-41]quit
[AR2-Serial2/0/0]fr dlci 20
[AR2-fr-dlci-Serial2/0/0-20]quit
[AR2-Serial2/0/0]fr map ip 172.16.1.1 41
[AR2-Serial2/0/0]fr map ip 172.16.1.3 20
```

配置 OSPF 动态路由。

```
[AR2]ospf 1 router-id 2.2.2.2
[AR2-ospf-1]area 0
[AR2-ospf-1-area-0.0.0.0]network 192.168.1.0 0.0.0.255
[AR2-ospf-1-area-0.0.0.0]network 172.16.1.0 0.0.0.255
[AR2-ospf-1-area-0.0.0.0]quit
[AR2-ospf-1]peer 172.16.1.1
[AR2-ospf-1]peer 172.16.1.3
```

AR3 上的配置如下：

```
[AR3]interface Serial 2/0/0
[AR3-Serial2/0/0]link-protocol fr
[AR3-Serial2/0/0]fr inarp
[AR3-Serial2/0/0]fr interface-type dte
[AR3-Serial2/0/0]ip address 172.16.1.3 24
[AR3-Serial2/0/0]fr dlci 31
[AR3-fr-dlci-Serial2/0/0-31]quit
[AR3-Serial2/0/0]fr dlci 21
[AR3-fr-dlci-Serial2/0/0-21]quit
[AR3-Serial2/0/0]fr map ip 172.16.1.1 31
[AR3-Serial2/0/0]fr map ip 172.16.1.2 21
```

配置 OSPF 动态路由。

```
[AR3]ospf 1 router-id 3.3.3.3
[AR3-ospf-1]area 0
[AR3-ospf-1-area-0.0.0.0]network 192.168.2.0 0.0.0.255
[AR3-ospf-1-area-0.0.0.0]network 172.16.1.0 0.0.0.255
[AR3-ospf-1-area-0.0.0.0]quit
[AR3-ospf-1]peer 172.16.1.1
[AR3-ospf-1]peer 172.16.1.2
```

查看路由表。

```
<AR1>display ip routing-table protocol ospf
Route Flags: R - relay, D - download to fib
------------------------------------------------------------------------------
Public routing table : OSPF
         Destinations : 2        Routes : 2

OSPF routing table status : <Active>
         Destinations : 2        Routes : 2

Destination/Mask    Proto   Pre  Cost      Flags NextHop         Interface

    192.168.1.0/24  OSPF    10   49          D   172.16.1.2      Serial2/0/0
    192.168.2.0/24  OSPF    10   49          D   172.16.1.3      Serial2/0/0

OSPF routing table status : <Inactive>
         Destinations : 0        Routes : 0
```

12.6 习题

1．下列哪项命令可以用来查看 IP 地址与帧中继 DLCI 号的对应关系？（　　）

A．display fr interface

B．display fr map-info

C．display fr inarp-info

D．display interface brief

2．在帧中继网络中，关于 DTE 设备上的映射信息，描述正确的是（　　）。

A．本地 DLCI 与远端 IP 地址的映射

B．本地 IP 地址与远端 DLCI 的映射

C．本地 DLCI 与本地 IP 地址的映射

D．远端 DLCI 与远端 IP 地址的映射

3．在配置 PPP 验证方式为 PAP 时，下面哪些操作是必需的？（　　）（选择 3 个答案）

A．把被验证方的用户名和密码加入到验证方的本地用户列表中

B．配置与对端设备相连接口的封装类型为 PPP

C．设置 PPP 的验证模式为 CHAP

D．在被验证方配置向验证方发送的用户名和密码

4．在华为 AR G3 系列路由器的串行接口上配置封装 PPP 协议时，需要在接口视图下输入的命令是（　　）。

A．link-protocol ppp

B．encapsulation ppp

C．enable ppp

D．address ppp

5．两台路由器通过串口连接且数据链路层协议为 PPP，如果想在两台路由器上通过配置 PPP 验证功能来提高安全性，则下列哪种 PPP 验证更安全？（　　）

A．CHAP

B．PAP

C．MD5

D．SSH

6．在以太网这种多点访问网络中，PPPoE 服务器可以通过一个以太网端口与很多 PPPoE 客户端建立起 PPP 连接，因此 PPPoE 服务器必须为每个 PPP 会话建立唯一的会话标识符以区分不同的连接。PPPoE 会使用什么参数建立会话标识符？（　　）

A．MAC 地址

B．IP 地址与 MAC 地址

C．MAC 地址与 PPP-ID

D．MAC 地址与 Session-ID

7．命令 ip address ppp-negotiate 有什么作用？（　　）

A．开启向对端请求 IP 地址的功能

B．开启接收远端请求 IP 地址的功能

C．开启静态分配 IP 地址的功能

D．以上选项都不正确

第13章

VPN

本章内容

- 虚拟专用网络
- 配置 GRE 隧道 VPN
- 配置 IPSec VPN
- 配置基于 Tunnel 接口的 IPSec VPN
- 远程访问 VPN

本章介绍虚拟专用网络，在路由器上配置站点间 VPN，即通过 Internet 实现公司异地私有网络的互联互通。还展示实现站点间 VPN 的 3 种类型 VPN，即 GRE 隧道实现的站点间 VPN、IPSec VPN 和基于 Tunnel 接口的 IPSec VPN。

最后展示在路由器上配置远程访问 VPN 的过程，远程访问 VPN 允许公司网络外的用户（计算机）建立到公司内网的 VPN 拨号连接，通过 Internet 访问企业私有网络。

13.1 虚拟专用网络

13.1.1 专用网络

在讲虚拟专用网络（VPN，Virtual Private Network）之前，先给大家介绍什么是专用网络。

专用网络也就是专线业务，大多面向企业、政府以及其他要求带宽稳定、对服务质量要求高的客户。一般具有固网 IP 地址，不需要进行接入认证；根据客户需求，不仅在接入层对带宽和接入业务类型有要求，而且会对业务的全程全网服务质量提出更详细的要求；而专线客户，往往由运营商提供更为主动、周全、及时、专业的客户服务支撑。

一家公司异地的局域网可以通过专线连接，如图 13-1 所示，北京、上海两个城市的局域网，可以通过数字数据网（DDN）专线业务、帧中继（FR）专线业务、数字用户线路（DSL）专线业务、同步数字（SDH）专线业务等进行连接。

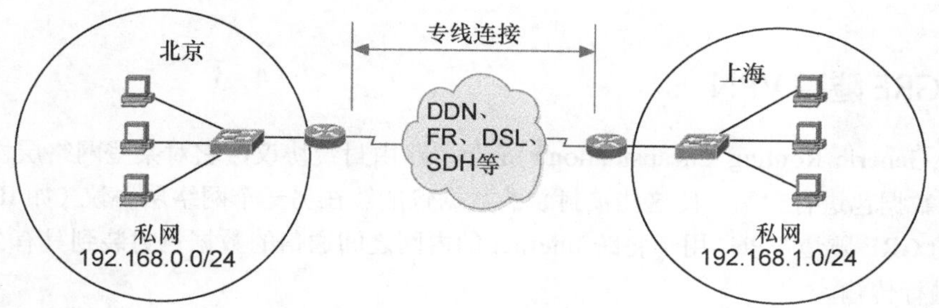

图 13-1 专用网络示意图

使用专线连接，成本高、通信质量好，专线通常用于内网通信，全网通常采用私有 IP 地址。

13.1.2 虚拟专用网络

如图 13-2 所示，企业在北京的网络接入了 Internet，在上海的网络也接入了 Internet，这两个局域网通过 Internet 连接起来，但由于北京和上海的两个网络是私网，因此不能通过 Internet 直接相互通信。

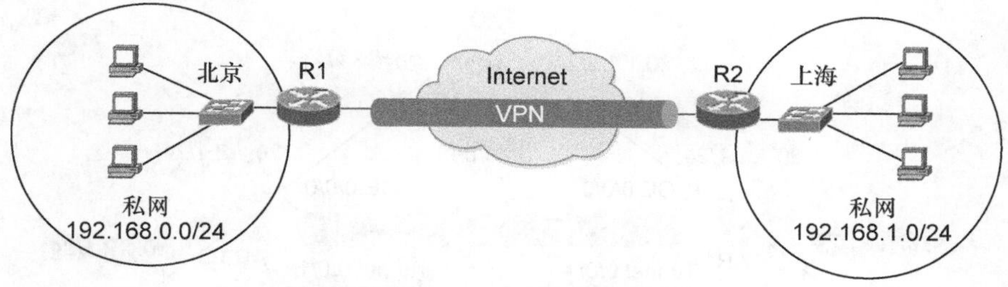

图 13-2 VPN 示意图

通过配置两端的路由器 R1 和 R2，可以为两个局域网创建一条隧道，让两个局域网之间能够相互通信。通过加密和身份验证技术实现数据通信的安全，能够达到像专线一样的效果。这种在公共网络中建立的连接多个局域网的隧道就称为虚拟专用网络（VPN），如图 13-2 所示。

通过 VPN，可利用 Internet 对两地的网络进行互联，只需要支付本地接入 Internet 的费用，费用低。使用 IPSec 能够保证数据通信安全，不改变使用习惯，使用私网地址和对方进行通信。

13.2 配置站点间 VPN

站点间 VPN 就是在 Internet 上创建 VPN 隧道，对多个局域网进行连接。后面还会讲到远程访问 VPN，在远程计算机上建立到企业内网的 VPN 连接，访问企业内网。

13.2.1 GRE 隧道 VPN

GRE（Generic Routing Encapsulation）是通用路由封装协议，它对某些网络层协议（如 IP 和 IPX）的数据包进行封装，使这些被封装的数据包能够在另一个网络层协议（如 IP）中传输。下面讨论的 GRE 隧道 VPN，用于将跨 Internet 的内网之间通信的数据包封装到具有公网地址的数据包中进行传输。

如图 13-3 所示，北京和上海的两个局域网通过 Internet 连接，在 AR1 和 AR3 上配置 GRE 隧道，这时候大家应该把这条隧道当成连接 AR1 和 AR3 的一根网线。AR1 隧道接口的地址和 AR3 隧道接口的地址在同一个网段。这样理解，就很容易想到，要想实现这两个私网间的通信，需要添加静态路由。在 AR1 上添加到上海网段的路由，下一跳地址是 172.16.0.2；在 AR3 上添加到北京网段的路由，下一跳地址是 172.16.0.1。

图 13-3 中也画出了 PC1 与 PC2 通信的数据包，在隧道中（也就是在 Internet 中）传输时的封装格式示意图，可以看到 PC1 到 PC2 的数据包的外面又有一层 GRE 封装，最外面是隧道的目标地址和源地址。

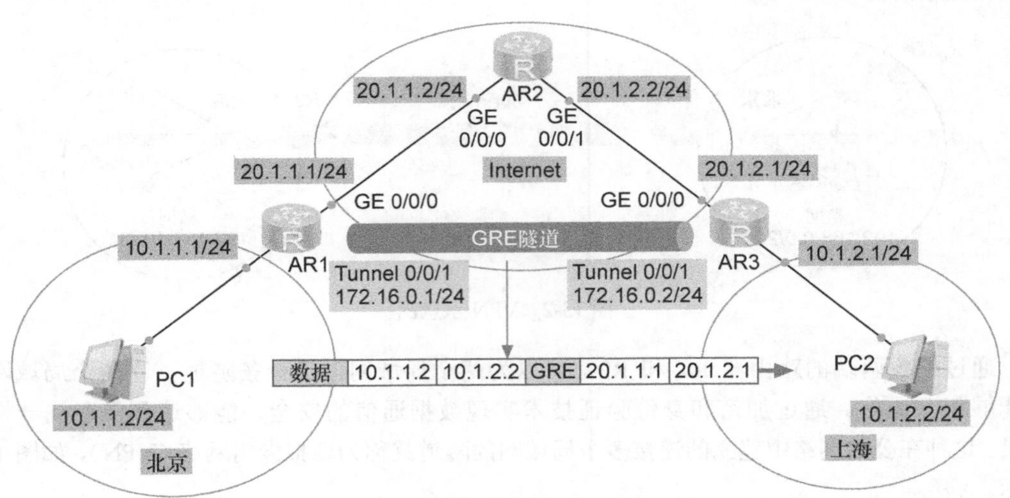

图 13-3 GRE 隧道 VPN 的网络拓扑

使用 eNSP 参照图 13-3 搭建实验环境。

AR1 上的配置如下：

```
[AR1]interface GigabitEthernet 0/0/0
[AR1-GigabitEthernet0/0/0]ip address 20.1.1.1 24
[AR1-GigabitEthernet0/0/0]quit
[AR1]interface Vlanif 1
[AR1-Vlanif1]ip address 10.1.1.1 24
[AR1-Vlanif1]quit
```

```
[AR1]ip route-static 20.1.2.0 24 20.1.1.2          --添加到 20.1.2.0/24 网络的路由
```

AR2 上的配置如下，不添加到北京和上海网络的路由，因为在 Internet 上的路由器中不会添加到私有网络的路由。

```
[AR2]interface GigabitEthernet 0/0/0
[AR2-GigabitEthernet0/0/0]ip address 20.1.1.2 24
[AR2-GigabitEthernet0/0/0]quit
[AR2]interface GigabitEthernet 0/0/1
[AR2-GigabitEthernet0/0/1]ip address 20.1.2.2 24
[AR2-GigabitEthernet0/0/1]quit
```

AR3 上的配置如下。

```
[AR3]interface GigabitEthernet 0/0/0
[AR3-GigabitEthernet0/0/0]ip address 20.1.2.1 24
[AR3-GigabitEthernet0/0/0]quit
[AR3]interface Vlanif 1
[AR3-Vlanif1]ip address 10.1.2.1 24
[AR3-Vlanif1]quit
[AR3]ip route-static 20.1.1.0 24 20.1.2.2          --添加到 20.1.1.0/24 网络的路由
```

现在，在 AR1 上创建到上海网络的 GRE 隧道接口，并添加到上海网络的路由。

```
[AR1]interface Tunnel 0/0/0                         --指定隧道接口编号
[AR1-Tunnel0/0/0]tunnel-protocol ?                  --查看隧道支持的协议
  gre         Generic Routing Encapsulation
  ipsec       IPSEC Encapsulation
  ipv4-ipv6   IP over IPv6 encapsulation
  ipv6-ipv4   IPv6 over IP encapsulation
  mpls        MPLS Encapsulation
  none        Null Encapsulation
[AR1-Tunnel0/0/0]tunnel-protocol gre                --隧道使用 GRE 协议
[AR1-Tunnel0/0/0]ip address 172.16.0.1 24           --指定隧道接口的地址
[AR1-Tunnel0/0/0]source 20.1.1.1                    --指定隧道的起点（源地址）
[AR1-Tunnel0/0/0]destination 20.1.2.1               --指定隧道的终点（目标地址）
[AR1-Tunnel0/0/0]quit
[AR1]ip route-static 10.1.2.0 24 172.16.0.2         --添加到上海网络的路由
```

添加到上海网络的路由，下一跳地址也可以使用 Tunnel 0/0/0 替换。

[AR1]ip route-static 10.1.2.0 24 Tunnel 0/0/0。

在 AR3 上创建到北京网络的 GRE 隧道接口，并添加到北京网络的路由。

```
[AR3]interface Tunnel 0/0/0
[AR3-Tunnel0/0/0]tunnel-protocol gre
[AR3-Tunnel0/0/0]ip address 172.16.0.2 24
```

```
[AR3-Tunnel0/0/0]source 20.1.2.1
[AR3-Tunnel0/0/0]destination 20.1.1.1
[AR3-Tunnel0/0/0]quit
[AR3]ip route-static 10.1.1.0 24 172.16.0.1
```

查看 Tunnel 0/0/0 接口的状态。

```
<AR3>display interface Tunnel 0/0/0
Tunnel0/0/0 current state : UP
Line protocol current state : UP
Last line protocol up time : 2018-06-16 01:37:01 UTC-08:00
Description:HUAWEI, AR Series, Tunnel0/0/0 Interface
Route Port,The Maximum Transmit Unit is 1500
Internet Address is 172.16.0.2/24
Encapsulation is TUNNEL, loopback not set
......
```

抓包分析 GRE 隧道中的数据包格式。如图 13-4 所示，右击 AR2 路由器，单击“数据抓包”，再单击“GE 0/0/0”接口。

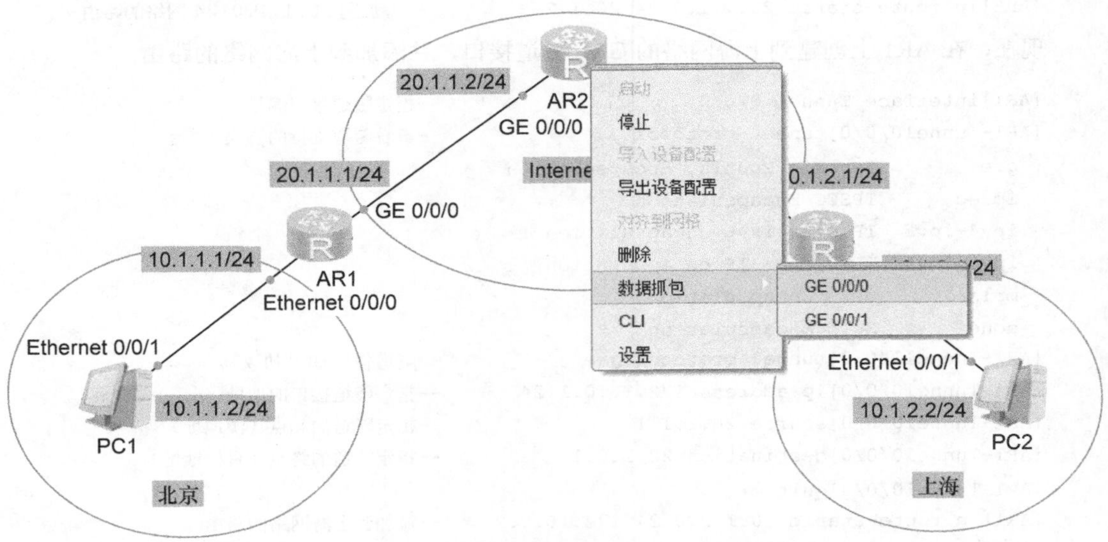

图 13-4 抓包分析 GRE 隧道中的数据包格式

开始抓包后，用 PC1 ping PC2，观察捕获的数据包，查看 GRE 封装，如图 13-5 所示。

上面给大家展示了创建 GRE 隧道 VPN，将两个城市的局域网连接起来。如果一个企业在北京、上海、石家庄 3 个城市都有局域网，如图 13-6 所示，创建 GRE 隧道 VPN，需要在每个路由器上创建两个 Tunnel 接口，分别定义好隧道的起点和终点，以及隧道接口地址，添加到远程网络的路由。

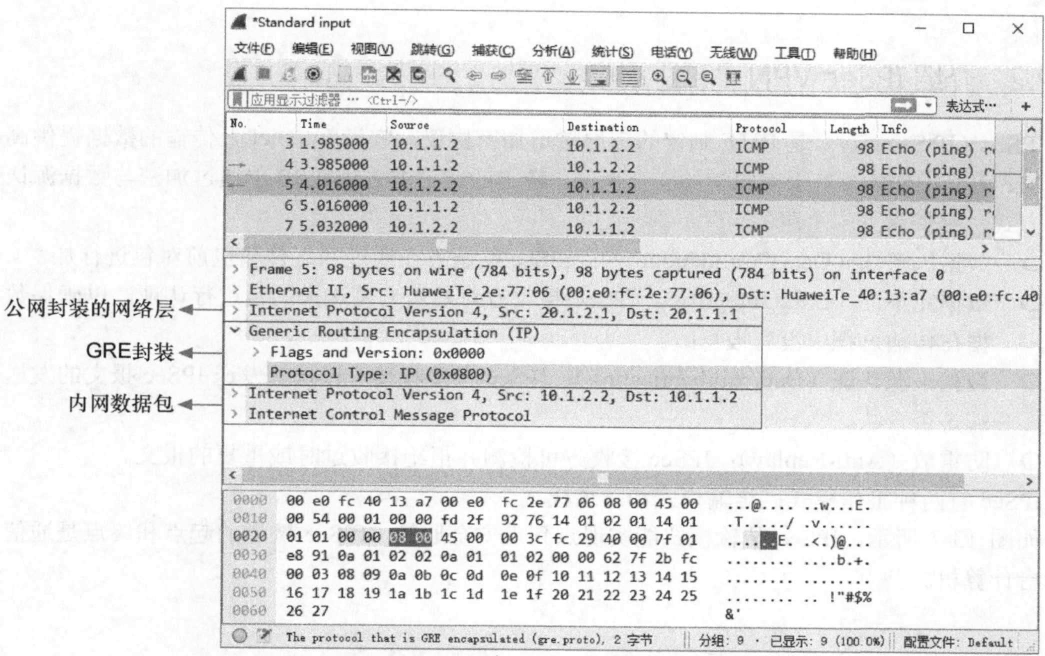

图 13-5 查看 GRE 封装的数据包格式

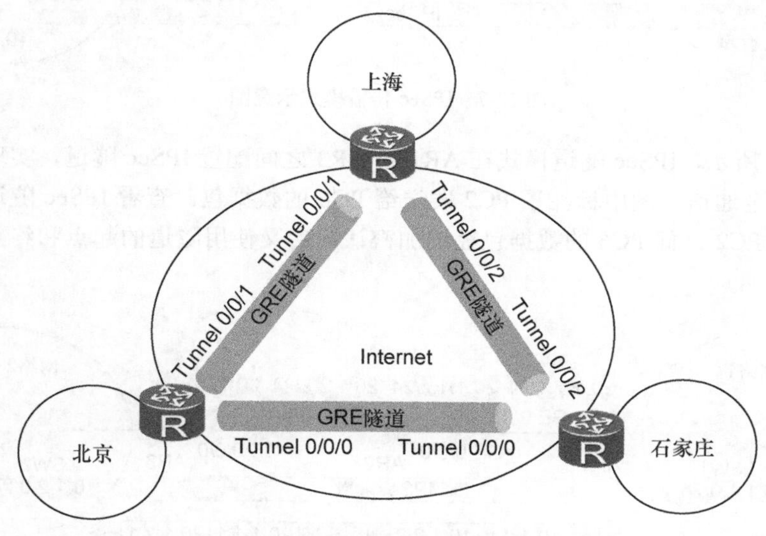

图 13-6 创建多 GRE 隧道以连接多个局域网

总结：GRE 是一个标准协议，支持多种协议和多播，能够用来创建弹性的 VPN，支持多点隧道，能够实施 QoS。

GRE 协议存在的问题有：缺乏加密机制，没有标准的控制协议来保持 GRE 隧道（通常使用协议和 kee palive)，隧道很消耗 CPU，出现问题时进行调试很困难。

13.2.2 介绍 IPSec VPN

IPSec（IP Security）是 IETF 制定的三层隧道加密协议，它为 Internet 上传输的数据提供高质量的、可互操作的、基于密码学的安全保证。特定的通信方之间在 IP 层通过加密与数据源认证等方式，提供以下安全服务。

- 数据机密性（Data Confidentiality）：IPSec 发送方在通过网络传输包前对包进行加密。
- 数据完整性（Data Integrity）：IPSec 接收方对发送方发送来的包进行认证，以确保数据在传输过程中没有被篡改。
- 数据来源认证（Data Authentication）：IPSec 在接收端可以认证发送 IPSec 报文的发送端是否合法。
- 防重放（Anti-Replay）：IPSec 接收方可检测并拒绝接收过时或重复的报文。

IPSec 有两种工作模式：传输模式和隧道模式。

如图 13-7 所示，IPSec 传输模式能实现点到点安全通信，IPSec 隧道的起点和终点是通信的两台计算机。

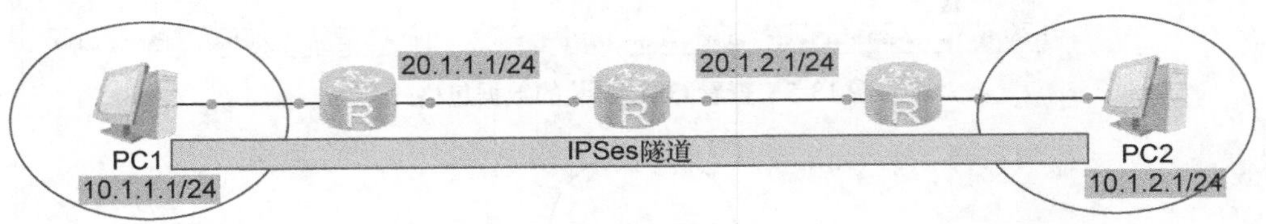

图 13-7 IPSec 传输模式示意图

如图 13-8 所示，IPSec 隧道模式在 AR1 和 AR3 之间配置 IPSec 隧道，实现网络 1 和网络 2 之间的安全通信，图中标注了 PC2 发送给 PC6 的数据包。查看 IPSec 隧道的封装示意图，可以看到 PC2 访问 PC6 的数据包经过加密认证后又使用隧道的起点和终点地址进行了封装。

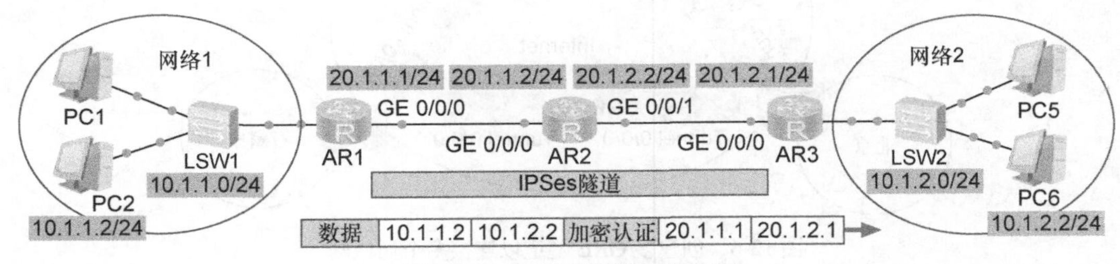

图 13-8 IPSec 隧道模式示意图

IPSec 隧道模式的这种数据包封装方式，正好可以被用于通过 Internet 连接两个局域网，对局域网通信的数据包进行二次封装，实现局域网的跨 Internet 通信。通过 IPSec 隧道模式建立两个局域网间的安全隧道，这就是 IPSec VPN。

13.2.3 配置 IPSec VPN

下面就使用 eNSP 搭建如图 13-9 所示的网络环境，在 AR1 和 AR3 上配置 IPSec 隧道，使得北京和上海的网络能够跨 Internet 通信。

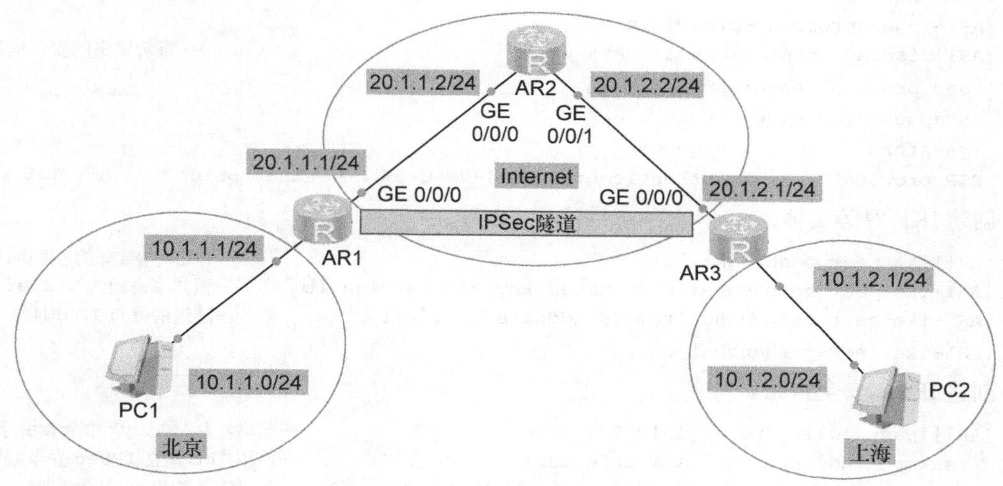

图 13-9　IPSec VPN 网络拓扑

配置 IPSec VPN 时，需要在 AR1 和 AR3 路由器上进行以下配置。

（1）定义需要保护的数据流，这里采用高级 ACL，对要保护的数据流的源/目的 IP 地址等信息进行限制，仅允许指定的数据流进入 IPSec 隧道中传输。

（2）确定 IPSec 安全提议，定义加密通信两端所采用的安全参数（AH 或 ESP，或同时都选用）、认证算法（MD5、SHA-1、SHA-2）、加密算法（DES、3DES、SM1）和报文封装格式（传输模式或隧道模式）。

（3）创建 IKE（Internet Key Exchange，Internet 密钥交换）对等实体，指定隧道的终点地址和进行身份验证的预共享密钥。

（4）配置安全策略，它是两端建立 SA（Security Association，安全联盟）的基础信息，包括引用前面定义的数据流保护 ACL 和 IPSec 安全提议，配置 IPSec 隧道的起点和终点 IP 地址，SA 出/入方向的 SPI 值以及 SA 出/入方向安全协议的认证秘钥和加密密钥。

（5）在接口上应用安全策略。

（6）添加到远程网络的路由。

AR1 上的配置如下。

定义要保护的数据流（感兴趣流）。

```
[AR1]acl 3000
[AR1-acl-adv-3000]rule permit ip source 10.1.1.0 0.0.0.255 destination 10.1.2.0 0.0.0.255
```

```
[AR1-acl-adv-3000]rule deny ip
[AR1-acl-adv-3000]quit
```

确定 IPSec 安全提议。

```
[AR1]ipsec proposal prol    --创建安全提议，名为prol
[AR1-ipsec-proposal-prol]esp authentication-algorithm sha1    --指定身份验证算法
[AR1-ipsec-proposal-prol]esp encryption-algorithm aes-128    --指定数据加密算法
[AR1-ipsec-proposal-prol]quit
[AR1]display ipsec proposal name prol    --查看定义的安全提议
IPSec proposal name: prol
 Encapsulation mode: Tunnel
 Transform          : esp-new
 ESP protocol       : Authentication SHA1-HMAC-96      Encryption    AES-128
```

创建 IKE 对等实体。

```
[AR1]ike peer toshanghai v1    --指定对等实体的名称和版本
[AR1-ike-peer-toshanghai]pre-shared-key simple 91xueit    --预共享密钥为 91xueit
[AR1-ike-peer-toshanghai]remote-address 20.1.2.1    --隧道的终点 IP 地址
[AR1-ike-peer-toshanghai]quit
```

创建 IPSec 安全策略。

```
[AR1]ipsec policy policy1 10 ?    --策略名为policy1,指定索引号10
  isakmp  Indicates use IKE to establish the IPSec SA --使用 IKE 建立 IPSec 安全联盟
  manual  Indicates use manual to establish the IPSec SA  --人工建立 IPSec 安全联盟
  <cr>    Please press ENTER to execute command
[AR1]ipsec policy policy1 10 isakmp
[AR1-ipsec-policy-isakmp-policy1-10]ike-peer toshanghai --指定 IKE 对等实体
[AR1-ipsec-policy-isakmp-policy1-10]proposal prol    --指定安全提议
[AR1-ipsec-policy-isakmp-policy1-10]security acl 3000 --指定感兴趣流
[AR1-ipsec-policy-isakmp-policy1-10]quit
```

把 IPSec 绑定到物理接口。

```
[AR1]interface GigabitEthernet 0/0/0
[AR1-GigabitEthernet0/0/0]ipsec policy policy1
[AR1-GigabitEthernet0/0/0]quit
```

添加到上海网络的路由，注意：下一跳地址是路由器 AR1 的 GE 0/0/0 接口地址。

```
[AR1]ip route-static 10.1.2.0 24 20.1.1.2
```

AR3 上的配置如下。

定义要保护的数据流。

```
[AR3]acl 3000
[AR3-acl-adv-3000]rule permit ip source 10.1.2.0 0.0.0.255 destination 10.1.1.0 0.0.0.255
[AR3-acl-adv-3000]rule deny ip
[AR3-acl-adv-3000]quit
```

确定 IPSec 安全提议。

```
[AR3]ipsec proposal prol
[AR3-ipsec-proposal-prol]esp authentication-algorithm sha1
```

```
[AR3-ipsec-proposal-prol]esp encryption-algorithm aes-128
[AR3-ipsec-proposal-prol]quit
```

创建 IKE 对等实体。

```
[AR3]ike peer tobeijing v1
[AR3-ike-peer-tobeijing]pre-shared-key simple 91xueit  --这个密钥一定要和 AR1 定义的相同
[AR3-ike-peer-tobeijing]remote-address 20.1.1.1
[AR3-ike-peer-tobeijing]quit
```

创建 IPSec 安全策略。

```
[AR3]ipsec policy policy1 10 isakmp
[AR3-ipsec-policy-isakmp-policy1-10]ike-peer tobeijing
[AR3-ipsec-policy-isakmp-policy1-10]proposal prol
[AR3-ipsec-policy-isakmp-policy1-10]security acl 3000
[AR3-ipsec-policy-isakmp-policy1-10]quit
```

把 IPSec 绑定到物理接口。

```
[AR3]interface GigabitEthernet 0/0/0
[AR3-GigabitEthernet0/0/0]ipsec policy policy1
[AR3-GigabitEthernet0/0/0]quit
```

添加到上海网络的路由，注意：下一跳地址是路由器 AR1 的 GE 0/0/0 接口地址。

```
[AR3]ip route-static 10.1.1.0 24 20.1.2.2
```

抓包分析 IPSec 隧道中的数据包格式。如图 13-10 所示，右击 AR2 路由器，单击“数据抓包”，再单击“GE 0/0/0”接口。

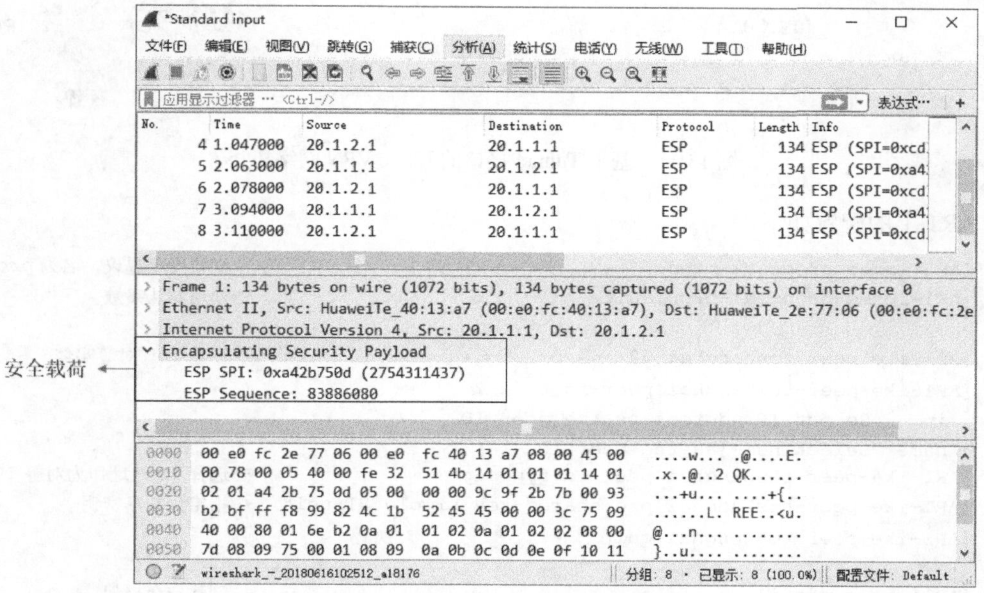

图 13-10 IPSec VPN 数据包结构

开始抓包后，用 PC1 ping PC2，观察捕获的数据包，查看 IPSec 隧道中的数据包，可以看到 PC1 发送给 PC2 中的数据包被封装在安全载荷中，不能看到数据包的内网地址信息。

13.2.4 基于 Tunnel 接口的 IPSec VPN

还有一种 IPSecVPN，就是基于 Tunnel 接口的 IPSec VPN。先创建连接局域网的隧道接口，添加到局域网的路由，再将 IPSec 策略绑定到隧道接口，这就不用使用 ACL 确定对哪些数据流进行 IPSec 保护了。

实验环境如图 13-11 所示，在 AR1 和 AR3 上配置基于 Tunnel 接口的 IPSec VPN，通过 Internet 连接北京和上海的两个网络。

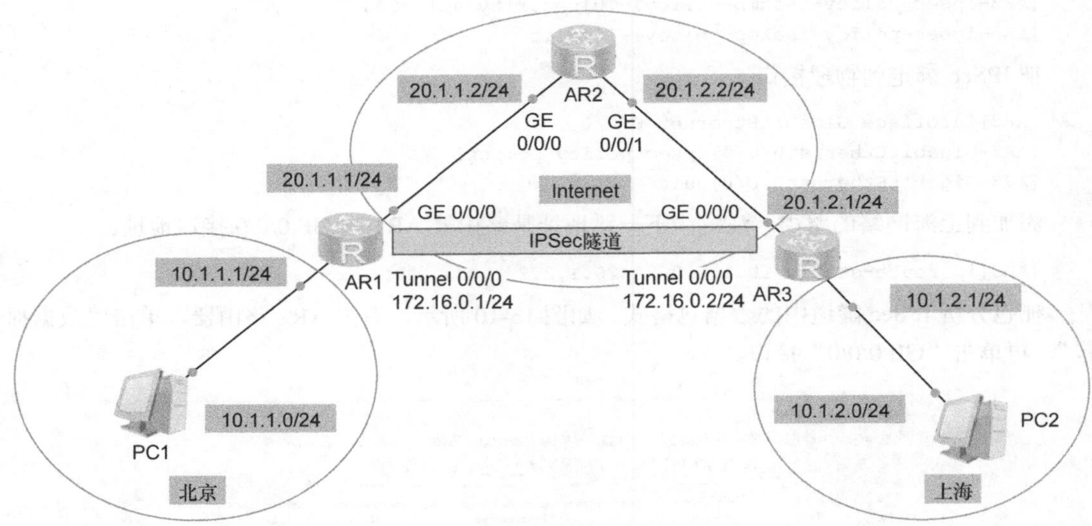

图 13-11 基于 Tunnel 接口的 IPSec VPN 网络拓扑

AR1 上的配置如下。

```
[AR1]ipsec proposal prop                                    --创建安全提议，名为 prop
[AR1-ipsec-proposal-prop]quit                               --使用默认参数

[AR1]ike peer toshanghai v2                                 --创建 IKE 对等实体
[AR1-ike-peer-toshanghai]peer-id-type ?
  ip    Select IP address as the peer ID
  name  Select name as the peer ID
[AR1-ike-peer-toshanghai]peer-id-type ip                    --选择 IP 地址作为对等 ID
[AR1-ike-peer-toshanghai]pre-shared-key simple 91xueit      --指定预共享密钥
[AR1-ike-peer-toshanghai]quit

[AR1]ipsec profile profile1                                 --创建安全框架
[AR1-ipsec-profile-profile1]proposal prop                   --指定安全提议
```

```
[AR1-ipsec-profile-profile1]ike-peer toshanghai        --指定 IKE 对等实体
[AR1-ipsec-profile-profile1]quit

[AR1]interface Tunnel 0/0/0                            --定义到上海网络的隧道接口
[AR1-Tunnel0/0/0]ip address 172.16.0.1 24              --指定隧道接口的地址
[AR1-Tunnel0/0/0]tunnel-protocol ?                     --查看隧道可以使用的协议
  gre          Generic Routing Encapsulation
  ipsec        IPSEC Encapsulation
  ipv4-ipv6    IP over IPv6 encapsulation
  ipv6-ipv4    IPv6 over IP encapsulation
  mpls         MPLS Encapsulation
  none         Null Encapsulation
[AR1-Tunnel0/0/0]tunnel-protocol ipsec                 --隧道协议使用 ipsec
[AR1-Tunnel0/0/0]source 20.1.1.1                       --定义隧道的起点（源地址）
[AR1-Tunnel0/0/0]destination 20.1.2.1                  --定义隧道的终点（目标地址）
[AR1-Tunnel0/0/0]ipsec profile profile1                --绑定 IPSec 框架
[AR1-Tunnel0/0/0]quit

[AR1]ip route-static 10.1.2.0 24 172.16.0.2            --添加到上海网络的路由
```

AR3 上的配置如下。

```
[AR3]ipsec proposal prop                               --创建安全提议，名为 prop
[AR3-ipsec-proposal-prop]quit                          --使用默认参数

[AR3]ike peer tobeijing v2                             --创建 IKE 对等实体
[AR3-ike-peer-tobeijing]peer-id-type ip                --选择 IP 地址作为对等 ID
[AR3-ike-peer-tobeijing]pre-shared-key simple 91xueit  --指定预共享密钥
[AR3-ike-peer-tobeijing]quit

[AR3]ipsec profile profile1                            --创建安全框架
[AR3-ipsec-profile-profile1]proposal prop              --指定安全提议
[AR3-ipsec-profile-profile1]ike-peer tobeijing         --指定 IKE 对等实体
[AR3-ipsec-profile-profile1]quit

[AR3]interface Tunnel 0/0/0                            --定义到北京网络的隧道接口
[AR3-Tunnel0/0/0]ip address 172.16.0.2 24              --指定隧道接口的地址
[AR3-Tunnel0/0/0]tunnel-protocol ipsec                 --隧道协议使用 ipsec
[AR3-Tunnel0/0/0]source 20.1.2.1                       --定义隧道的起点（源地址）
[AR3-Tunnel0/0/0]destination 20.1.1.1                  --定义隧道的终点（目标地址）
[AR3-Tunnel0/0/0]ipsec profile profile1                --绑定 IPSec 框架
[AR3-Tunnel0/0/0]quit

[AR3]ip route-static 10.1.1.0 24 172.16.0.1            --添加到北京网络的路由
```

13.3 远程访问 VPN

还有一种 VPN 是远程访问 VPN，这种 VPN 用于在外出差的员工通过 Internet 访问企业内网。将企业路由器配置成 VPN 服务器，在外出差的员工将计算机接入 Internet 就可以建立到企业内网的 VPN 拨号连接，拨通之后就可以像在公司内网一样访问网络资源。

如图 13-12 所示，AR1 是企业路由器，将其配置为 VPN 服务器，从 PC3 建立起到 AR1 的 VPN 拨号连接，VPN 服务器分配给 PC3 内网地址 192.168.1.4，注意：分配给远程计算机的 IP 地址位于一个独立的网段。PC3 访问 PC2 时，网络层先使用内网地址进行封装，我们称其为内网数据包，该数据包不能在 Internet 中传输；把内网数据包当作数据，使用 VPN 服务器的公网地址和 PC3 的公网地址再次封装为公网数据包，公网数据包就能通过 Internet 到达 VPN 服务器了；VPN 服务器再将公网封装的部分去掉，将内网数据包发送到企业内网。图 13-12 画出了 PC3 访问 PC2 时数据包在 Internet 和内网中的封装示意图，这里省去了数据包加密和完整性封装。

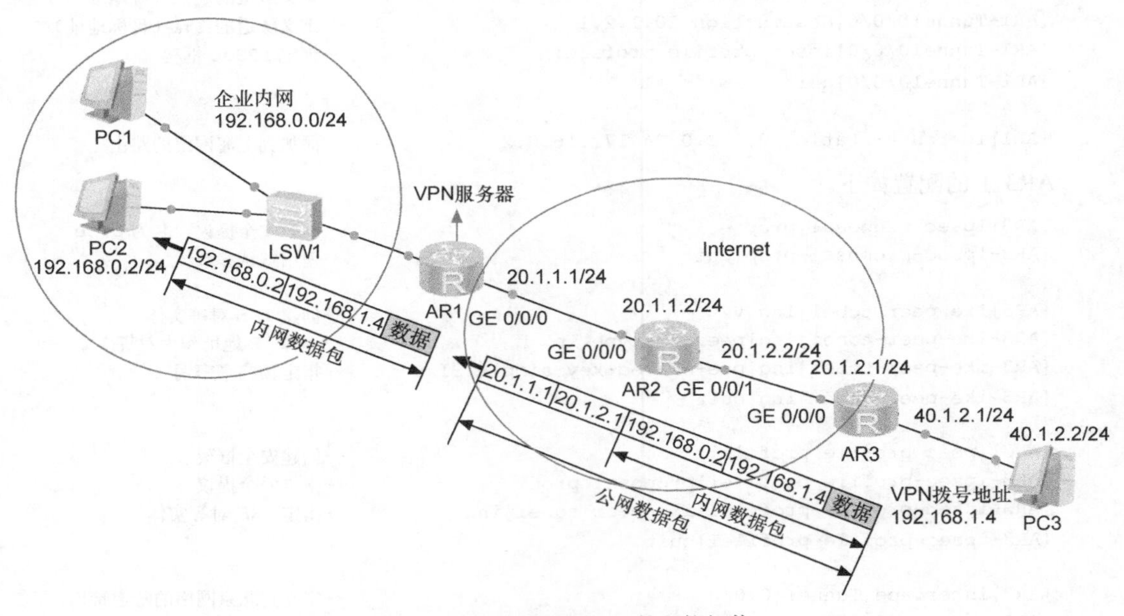

图 13-12 远程访问 VPN 的网络拓扑

远程访问 VPN 使用的协议有 L2TP、PPTP。L2TP 是 IETF 标准协议，意味着各种设备厂商的设备之间用 L2TP 一般不会有问题；而 PPTP 是微软提出的，有些非微软的设备不一定支持。

将 AR1 配置成 VPN 服务器，需要完成以下配置。

（1）创建 VPN 拨号账号和密码。

（2）为 VPN 客户端创建一个地址池。

（3）配置虚拟接口模板。

（4）启用 L2TP 协议支持，创建 L2TP 组。

AR1 上的配置如下。

创建 VPN 拨号账号和密码。

```
[AR1]aaa
[AR1-aaa]local-user hanligang password cipher 91xueit
[AR1-aaa]local-user hanligang service-type ppp
[AR1-aaa]quit
```

为 VPN 客户端创建一个地址池。

```
[AR1]ip pool remotePool
[AR1-ip-pool-remotePool]network 192.168.1.0 mask 24
[AR1-ip-pool-remotePool]gateway-list 192.168.1.1
[AR1-ip-pool-remotePool]quit
```

配置虚拟接口模板。

```
[AR1]interface Virtual-Template 1
[AR1-Virtual-Template1]ip address 192.168.1.1 24     --设置接口地址
[AR1-Virtual-Template1]ppp authentication-mode pap --PPP 身份验证模式
[AR1-Virtual-Template1]remote address pool remotePool --指定给远程计算机分配地址的地址池
[AR1-Virtual-Template1]quit
```

启用 L2TP 协议支持，创建 L2TP 组。

```
[AR1]l2tp enable                                     --启用 L2TP
[AR1]l2tp-group 1                                    --创建 L2TP 组
[AR1-l2tp1]tunnel authentication                     --启用隧道身份验证
[AR1-l2tp1]tunnel password simple huawei             --指定隧道身份验证密钥
[AR1-l2tp1]allow l2tp virtual-template 1             --虚拟接口模板允许使用 L2TP 协议
[AR1-l2tp1]quit
```

使用 VMWare Workstation 中的 Windows 7 虚拟机充当图 13-12 中的 PC3，在 Windows 7 中安装华为 VPN 客户端软件 VPNClient_V100R001C02SPC702.exe。

安装完成后，运行该软件，出现新建连接向导，如图 13-13 所示，选中“通过输入参数创建连接”，单击“下一步”。

图 13-13　选择创建方法

出现输入登录设置对话框，如图 13-14 所示，输入 VPN 服务器的地址、拨号账号和密码，单击“下一步”。

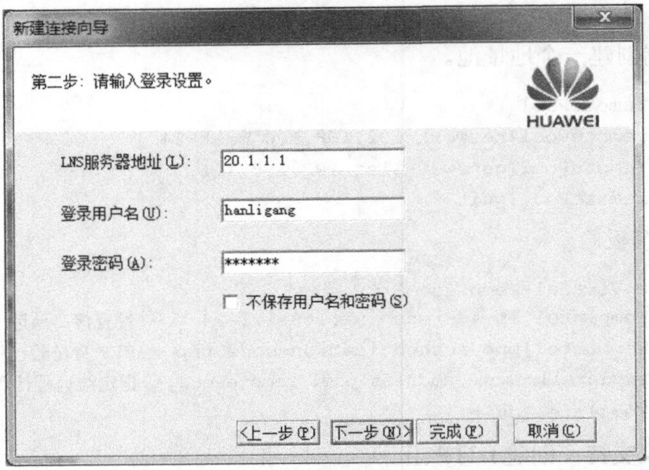

图 13-14 输入登录设置

如果 13-15 所示，出现输入 L2TP 设置对话框，选中“启用隧道验证功能”，输入隧道验证密码，单击“下一步”。

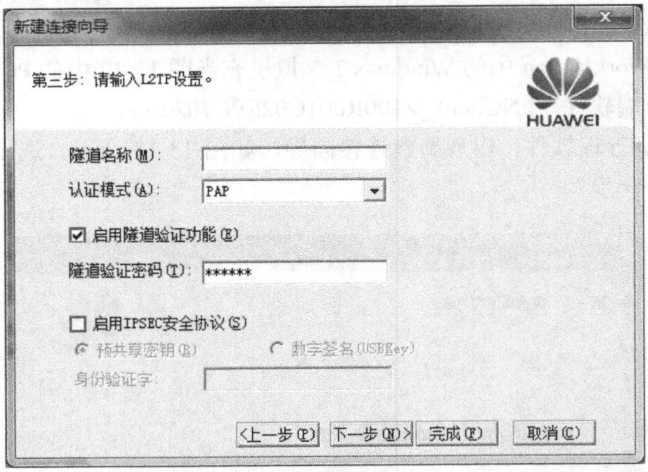

图 13-15 输入 L2TP 设置

如果 13-16 所示，出现新建连接完成对话框，输入连接的名称，单击“完成”。

VPN 拨号成功后，在 Windows 7 虚拟机的命令提示符下输入 ipconfig，查看拨号建立的连接和从 VPN 服务器获得的 IP 地址。

图 13-16 完成新建连接

```
C:\Users\win7>ipconfig
Windows IP 配置
以太网适配器 本地连接* 12:                  --VPN 拨号建立的连接
   连接特定的 DNS 后缀 . . . . . . . :
   本地链接 IPv6 地址. . . . . . . . : fe80::99ea:c587:55ff:b385%23
   IPv4 地址 . . . . . . . . . . . . : 192.168.1.254
   子网掩码  . . . . . . . . . . . . : 255.255.255.0
   默认网关. . . . . . . . . . . . . : 192.168.1.1

以太网适配器 本地连接 2:
   连接特定的 DNS 后缀 . . . . . . . :
   本地链接 IPv6 地址. . . . . . . . : fe80::7c8a:eb3c:50b2:4cfe%17
   IPv4 地址 . . . . . . . . . . . . : 20.1.3.200
   子网掩码  . . . . . . . . . . . . : 255.255.255.0
   默认网关. . . . . . . . . . . . . :
```

建立 VPN 拨号后，ping 内网中的 PC1 和 PC2，测试是否能够访问企业内网。如果不通，则需要关闭 Windows 7 中的防火墙。

13.4 习题

1．两台主机之间使用 IPsec VPN 传输数据，为了隐藏真实的 IP 地址，使用 IPsec VPN 的哪种封装较好？（ ）

A．AH

B．传输模式

C．隧道模式

D．ESP

2．如图 13-17 所示，两台私网主机之间希望通过 GRE 隧道进行通信。当 GRE 隧道建立之后，网络管理员需要在 RTA 上配置一条静态路由，将主机 A 访问主机 B 的流量引入隧道中，下列静态路由配置能满足要求的是（　　）。

图 13-17　通信示意图

A. `ip route-static 10.1.2.0 24 GigabitEthernet 0/0/1`

B. `ip route-static 10.1.2.0 24 200.2.2.1`

C. `ip route-static 10.1.2.0 24 200.1.1.1`

D. `ip route-static 10.1.0.24 tunnel 0/0/1`

部分习题答案

第1章

1．B
2．C
3．A
4．A
5．C
6．C
7．

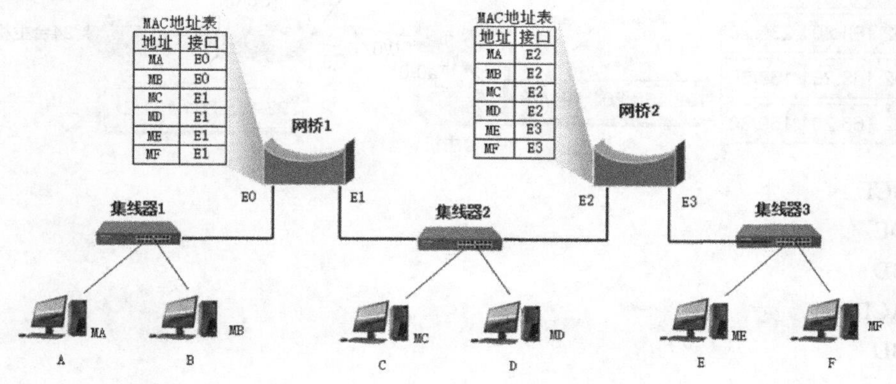

第2章

1．C
2．B
3．D

4. C
5. C
6. C
7. B
8. D
9.

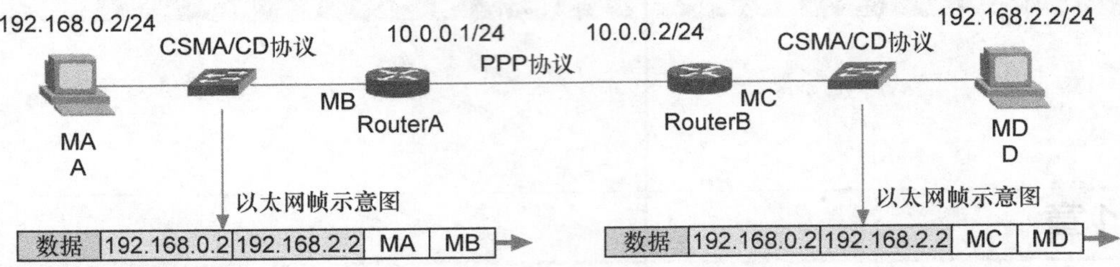

第3章

1.

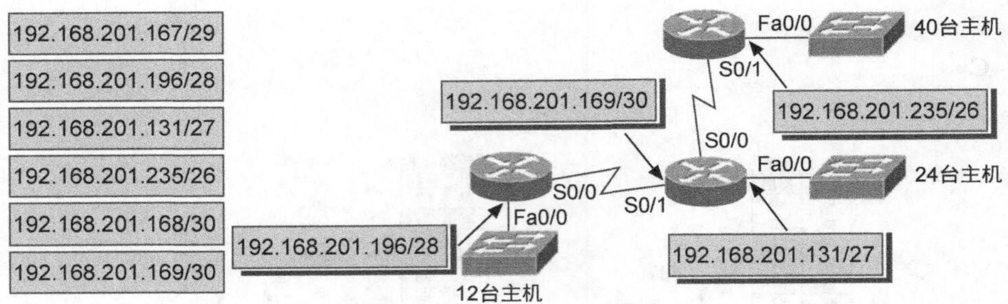

2. BCE
3. DE
4. BD
5. ACD
6. BD
7. D
8. C
9. B
10. C
11. C
12. D
13. D

14．A

15．D

16．C

17．D

18．

	第一个可用地址	最后一个可用地址	子网掩码
A 网段	192.168.10.1	192.168.10.126	255.255.255.128
B 网段	192.168.10.129	192.168.10.190	255.255.255.192
C 网段	192.168.10.193	192.168.10.222	255.255.255.224

第4章

1．B

2．B

3．A

4．A

5．B

6．A

7．A

8．A

9．C

10．B

11．B

12．C

13．D

14．C

15．B

16．ABC

17．ABC

18．C

19．D

第5章

1．A

2．A

3．C
4．B
5．B
6．D
7．B
8．B
9．A
10．
[RouterA]ip route-static 192.168.2.0 24 10.0.0.2
[RouterB]ip route-static 192.168.0.0 24 10.0.0.1
11．
[R1]ip route-static 192.168.2.0 24 12.8.1.2
[R2]ip route-static 192.168.2.0 24 12.8.2.1
[R3]ip route-static 192.168.1.0 24 12.8.4.2
[R4]ip route-static 192.168.1.0 24 12.8.3.1
12．

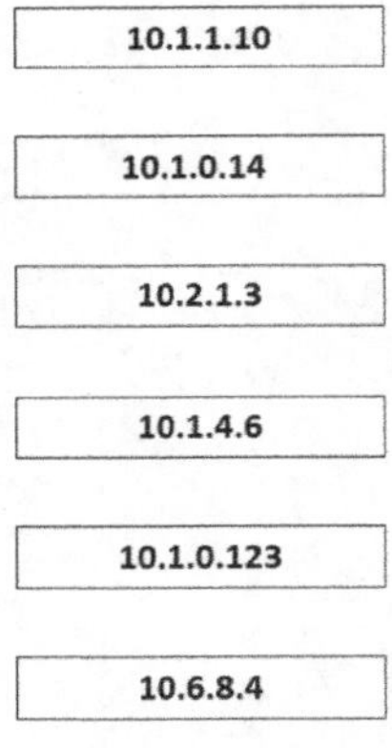

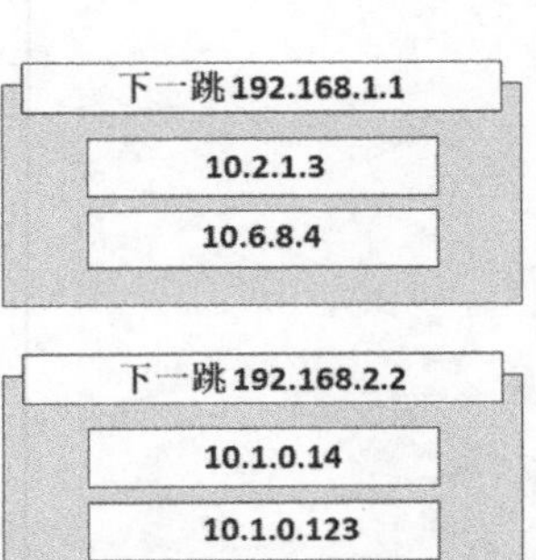

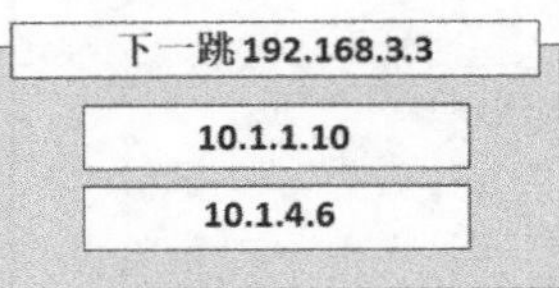

13．C
14．C
15．A
16．A
17．A
18．C
19．B
20．D

21．C

22．答案

整改方案如下图所示，将分公司网络的内网和外网合并，网段更改为 192.168.3.0/24，对于主机上的网关，设置 R1 接口的地址为 192.168.3.254，在 R1 路由器上添加到总公司网络的路由。

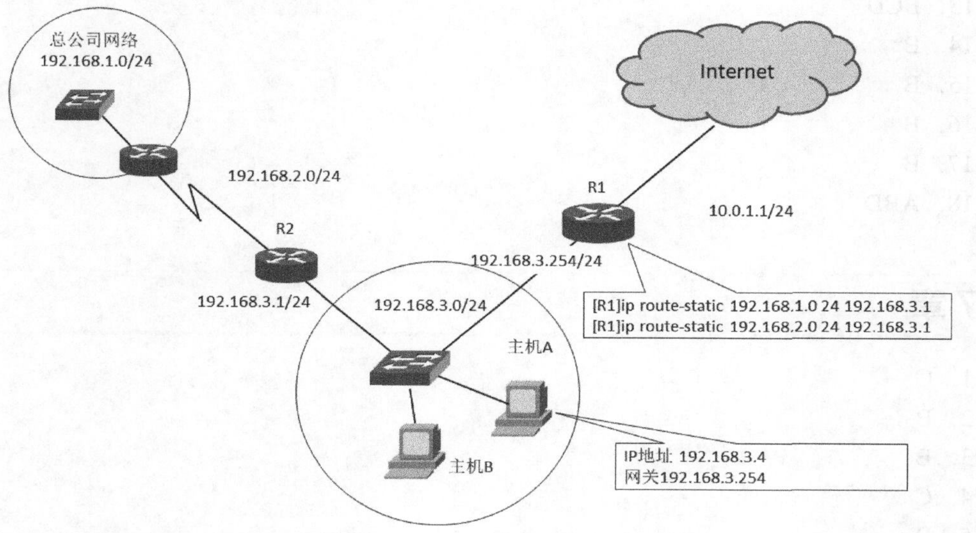

第6章

1．A

2．A

3．B

4．C

5．C

6．B

7．C

8．AC

9．

[A]rip 1

[A-rip-1]network __172.16.0.0__

[A-rip-1]network __192.168.1.0__

[A-rip-1]network __192.168.0.0__

[C]rip 1

[C-rip-1]network __172.17.0.0__

[C-rip-1]network 172.16.0.0

10．B

11．A

12．D

13．BCD

14．B

15．B

16．B

17．B

18．ABD

第7章

1．C

2．B

3．B

4．C

5．B

6．C

7．D

8．D

9．A

10．C

11．ABC

12．BCD

13．C

14．C

15．C

16．B

17．A

18．D

19．A

20．A

21．B

22．D

23．B

第8章

1．C

2．D

3．BD

4．B

5．B

6．BC

7．AB

8．A

9．需要创建高级ACL。在ACL中创建两条规则，第一条禁止10.0.0.0/8网段访问10.0.0.0/8网段，第二条允许所有网段访问。将该ACL绑定到GigabitEthernet 0/0/0、GigabitEthernet 0/0/1和GigabitEthernet 0/0/2接口的入站方向。

```
[RTA]acl 3001
[RTA-acl-adv-3001]rule 10 deny ip source 10.0.0.0 0.255.255.255 destination 10.0.0.0
0.255.255.255
[RTA-acl-adv-3001]rule 20 permit ip
[RTA-acl-adv-3001]quit
[RTA]interface GigabitEthernet 0/0/0
[RTA-GigabitEthernet0/0/0]traffic-filter inbound acl 3001
[RTA-GigabitEthernet0/0/0]quit
[RTA]interface GigabitEthernet 0/0/1
[RTA-GigabitEthernet0/0/1]traffic-filter inbound acl 3001
[RTA-GigabitEthernet0/0/1]quit
[RTA]interface GigabitEthernet 0/0/2
[RTA-GigabitEthernet0/0/2]traffic-filter inbound acl 3001
[RTA-GigabitEthernet0/0/2]quit
```

第9章

1．A

2．C

3．ABD

4．C

5．C

第 10 章

1．ABD
2．B
3．B
4．B

第 11 章

1．AD
2．AD
3．BC
4．C
5．B
6．A
7．B
8．AB

第 12 章

1．B
2．A
3．ABD
4．A
5．A
6．D
7．A

第 13 章

1．C
2．D